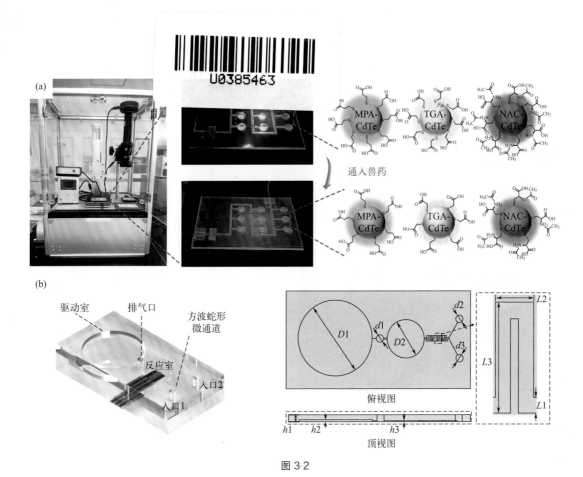

(a)

MPA-CdTe TGA-CdTe NAC-CdTe

通入兽药

MPA-CdTe TGA-CdTe NAC-CdTe

(b)

驱动室 排气口 方波蛇形微通道

反应室

入口2

入口1

$D1$ $d1$ $D2$ $d2$ $d3$

$L2$ $L3$ $L1$

俯视图

$h1$ $h2$ $h3$

顶视图

图 3-2

(a)

DO T1 T2 T3

端口
阀
泵阀

肝脏 卵巢

模块间传输
模块内再循环
系统再循环

AC T5 T4

宫颈外膜

子宫 输卵管

(b)

阀门关闭
(未通电状态)

阀门开启
(通电状态)

弹簧舒展

弹簧压缩

电磁铁(断电)

电磁铁(通电)

垫圈

垫圈

执行机构头
(PC按钮)

执行机构头
(PC按钮)

变形的薄膜

微流控通道(关闭)

微流控通道(打开)

薄膜

图 3-3

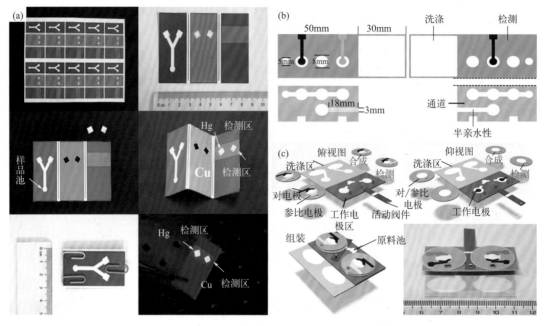

图 3-4

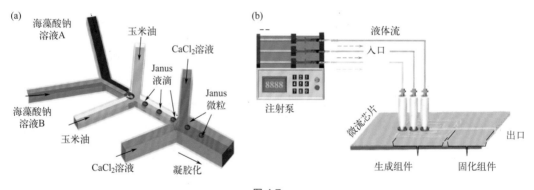

图 4-7

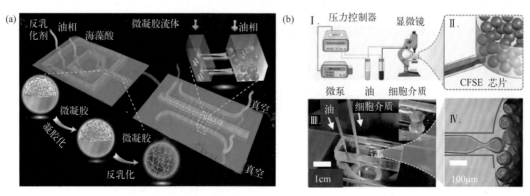

图 4-8

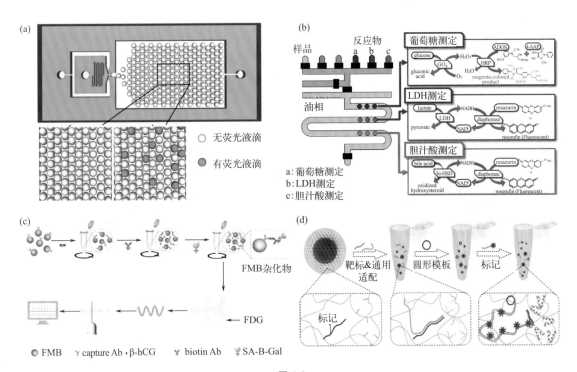

图 4-9

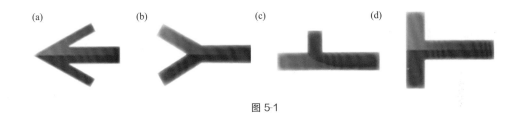

图 5-1

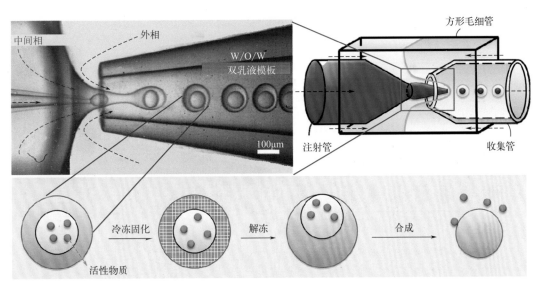

图 5-2

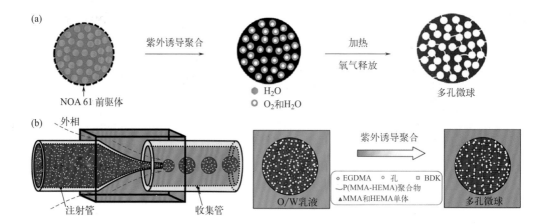

(a) 紫外诱导聚合 加热 氧气释放

NOA 61 前驱体　　●H_2O　　○O_2和H_2O　　多孔微球

(b) 外相　　紫外诱导聚合

注射管　　收集管　　O/W乳液　　○EGDMA　○孔　□BDK　〜P(MMA-HEMA)聚合物　▲MMA和HEMA单体　　多孔微球

图 5-3

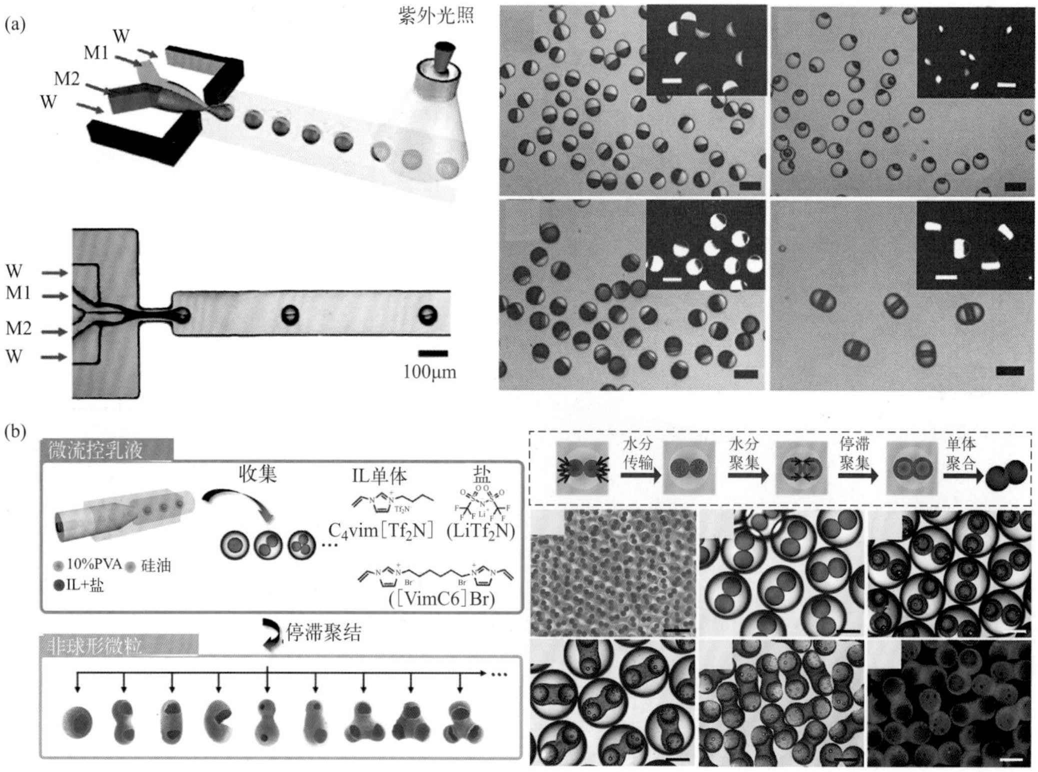

(a) 紫外光照

W M1 M2 W

W M1 M2 W

100μm

(b)

微流控乳液

收集　　IL单体　　盐

$C_4vim[Tf_2N]$　(LiTf$_2$N)

([VimC6]Br)

●10%PVA　●硅油　●IL+盐

停滞聚结

非球形微粒

水分传输　水分聚集　停滞聚集　单体聚合

图 5-4

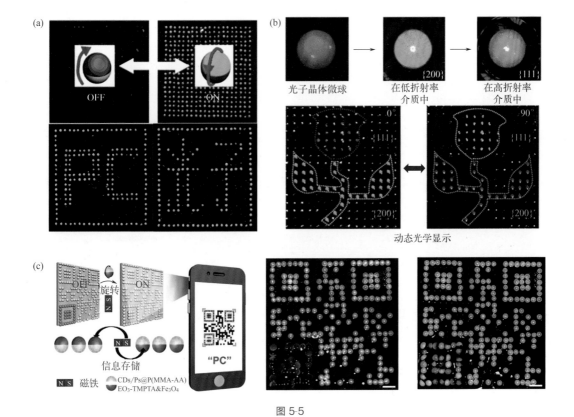

(a)

OFF ON

(b) 光子晶体微球 在低折射率介质中 在高折射率介质中

动态光学显示

(c) OFF 旋转 ON 信息存储 "PC"

磁铁 CDs/Ps@P(MMA-AA) EO₃-TMPTA&Fe₃O₄

图 5-5

(a) pNPP Cd²⁺ S²⁻ CdS NP hv H⁺

(b)

| Mg²⁺ | Li⁺ | Fe³⁺ | Pb²⁺ | Ni²⁺ |
| Cu²⁺ | Cd²⁺ | Zn²⁺ | Co²⁺ | 空白 |

100μm

图 5-6

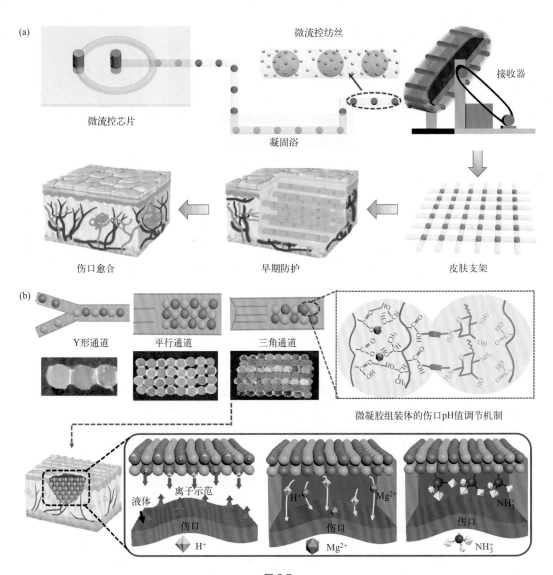

(a)

微流控纺丝

接收器

微流控芯片

凝固浴

伤口愈合

早期防护

皮肤支架

(b)

Y形通道

平行通道

三角通道

微凝胶组装体的伤口pH值调节机制

液体

离子示范

伤口

H^+

伤口

Mg^{2+}

伤口

NH_3^+

H^+

Mg^{2+}

NH_3^+

图 5-7

(a)
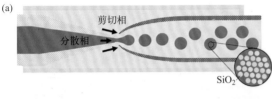

(b)
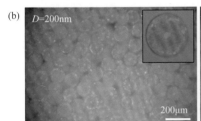

(c)

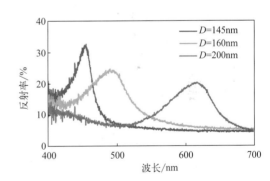

图 5-9

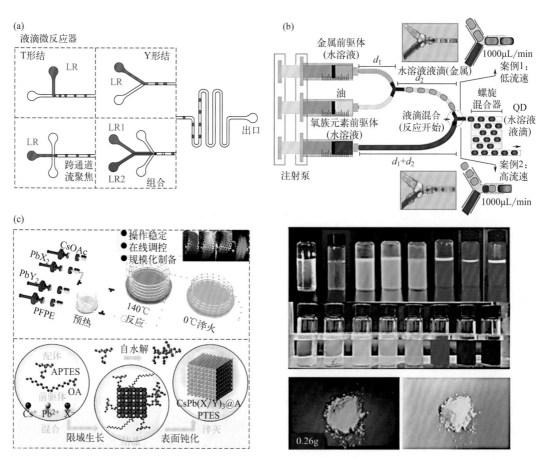

图 6-3

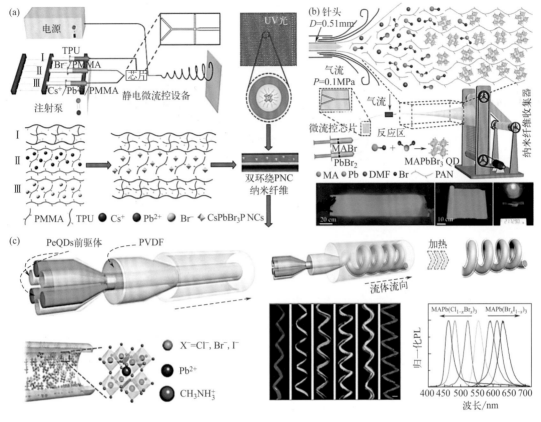

图 6-4

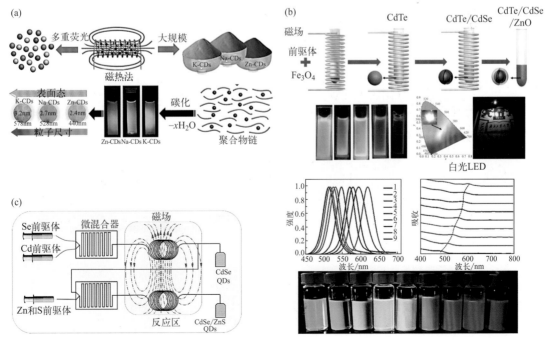

图 6-5

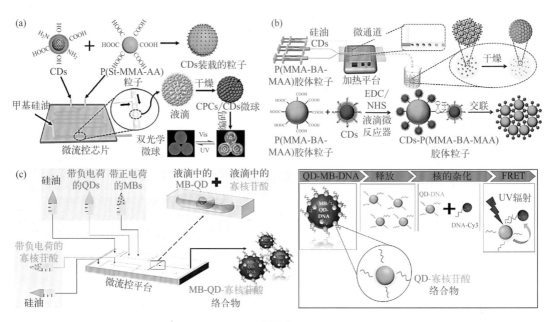

图 6-6

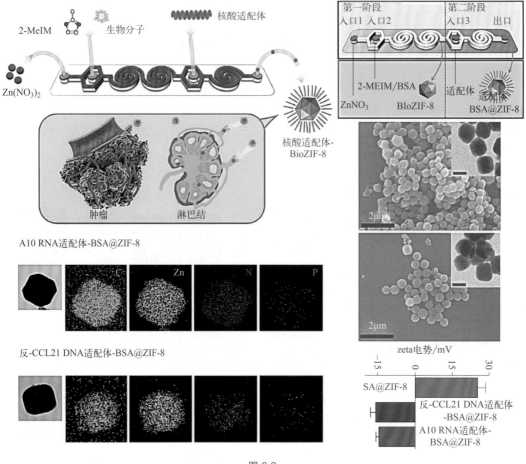

图 6-8

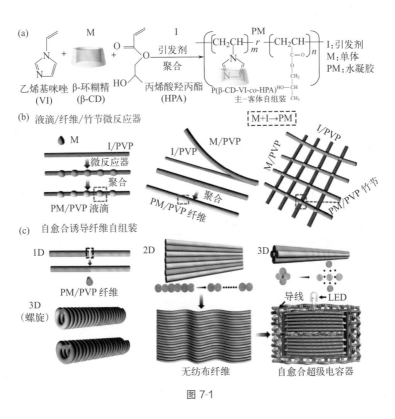

图 7-1

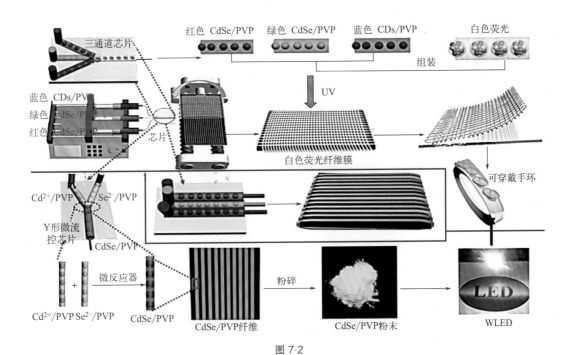

图 7-2

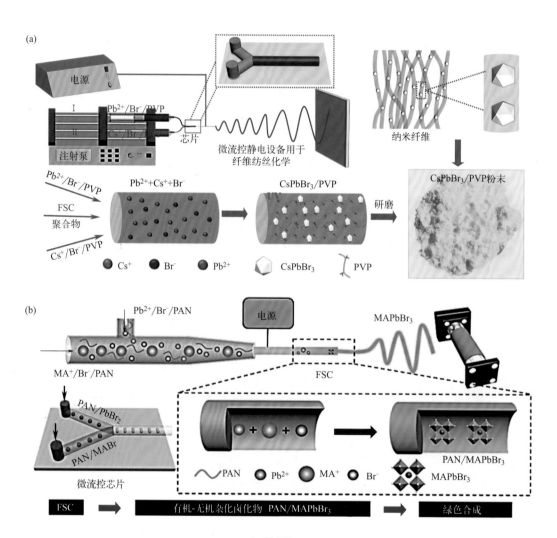

(a)

电源

Pb²⁺/Br⁻/PVP

注射泵

I

II

Cs⁻/Br⁻/

芯片

微流控静电设备用于
纤维纺丝化学

纳米纤维

Pb²⁺/Br⁻/PVP

FSC
聚合物

Cs⁺/Br⁻/PVP

Pb²⁺+Cs⁺+Br⁻

CsPbBr₃/PVP

研磨

CsPbBr₃/PVP粉末

● Cs⁺   ● Br⁻   ● Pb²⁺   ⬡ CsPbBr₃   ⌇ PVP

(b)

Pb²⁺/Br⁻/PAN

电源

MAPbBr₃

MA⁺/Br⁻/PAN

PAN/PbBr₂

PAN/MABr

微流控芯片

FSC

⌇ PAN   ● Pb²⁺   ● MA⁺   ● Br⁻

PAN/MAPbBr₃

MAPbBr₃

FSC   ➡   有机-无机杂化卤化物 PAN/MAPbBr₃   ➡   绿色合成

图 7-3

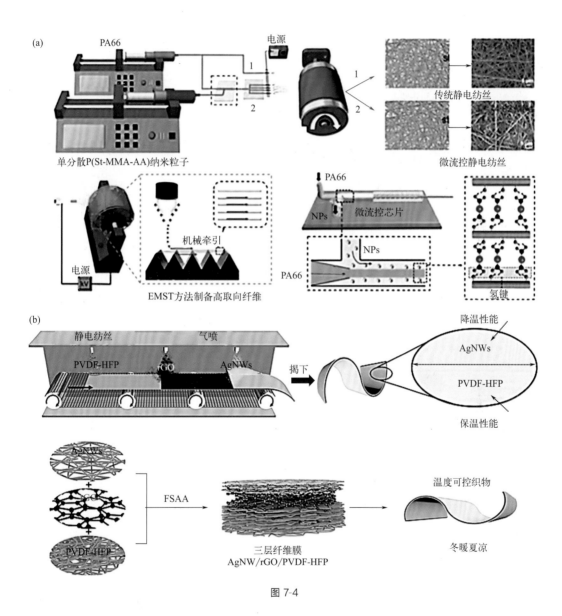

(a)

电源

PA66

单分散P(St-MMA-AA)纳米粒子

传统静电纺丝

微流控静电纺丝

电源

机械牵引

EMST方法制备高取向纤维

PA66

NPs

微流控芯片

PA66

NPs

氢键

(b)

静电纺丝

气喷

PVDF-HFP

rGO

AgNWs

揭下

降温性能

AgNWs

PVDF-HFP

保温性能

AgNW

rGO

PVDF-HFP

FSAA

三层纤维膜
AgNW/rGO/PVDF-HFP

温度可控织物

冬暖夏凉

图 7-4

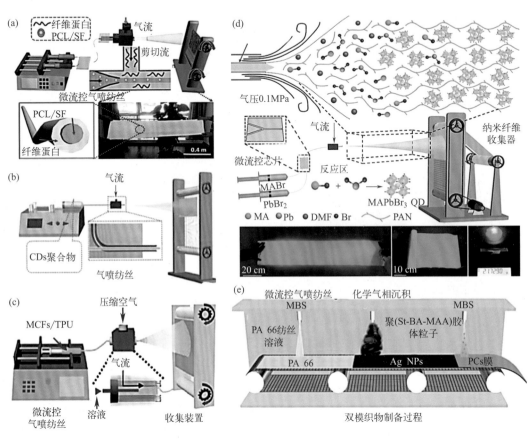

(a) 纤维蛋白
PCL/SF
气流
剪切流
微流控气喷纺丝
PCL/SF
纤维蛋白
0.4 m

(b) 气流
CDs聚合物
气喷纺丝

(c) 压缩空气
MCFs/TPU
气流
微流控
气喷纺丝
溶液
收集装置

(d) 气压0.1MPa
微流控芯片
气流
反应区
纳米纤维
收集器
MABr
PbBr₂
MAPbBr₃ QD
● MA ● Pb ● DMF ● Br ⌇ PAN
20 cm
10 cm

(e) 微流控气喷纺丝   化学气相沉积
MBS
MBS
PA 66纺丝溶液
聚(St-BA-MAA)胶体粒子
PA 66
Ag NPs
PCs膜
双模织物制备过程

图 7-5

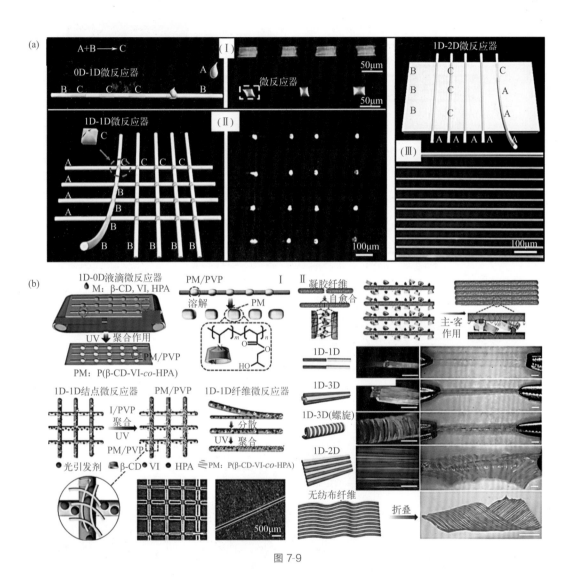

图 7-9

15

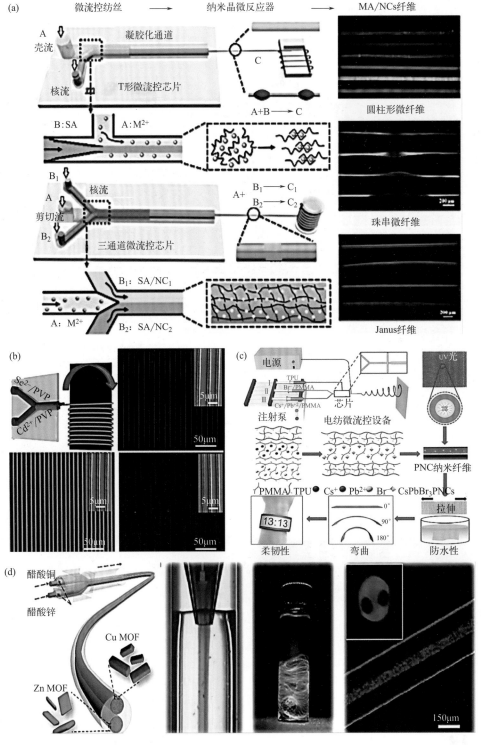

图 7-10

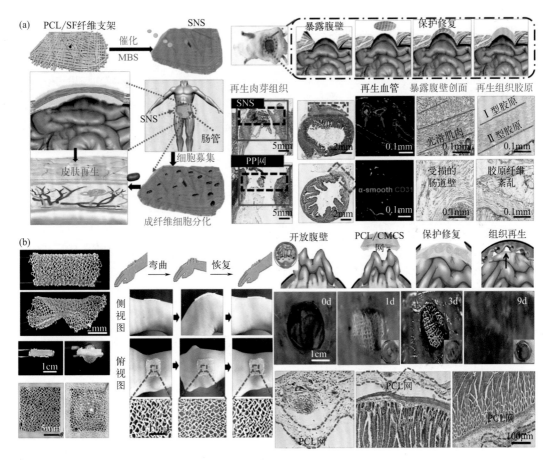

图 7-11

17

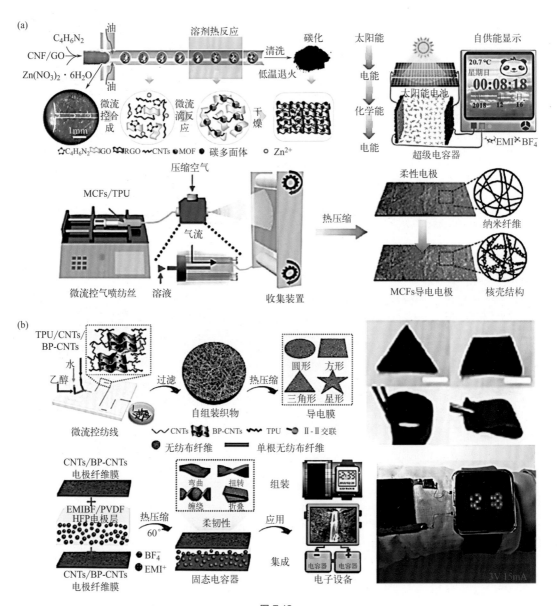

图 7-12

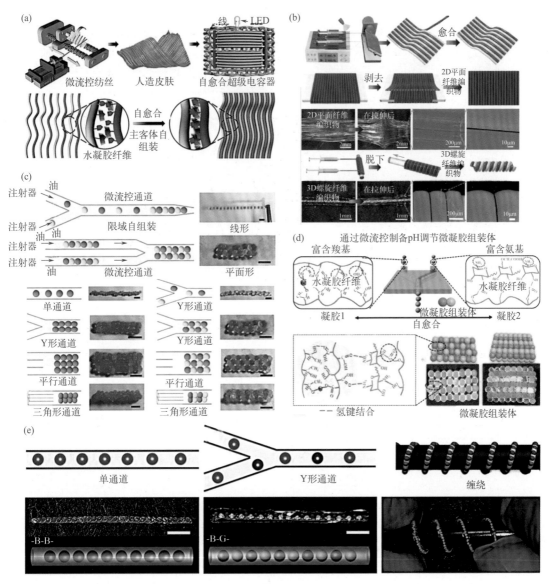

图 8-2

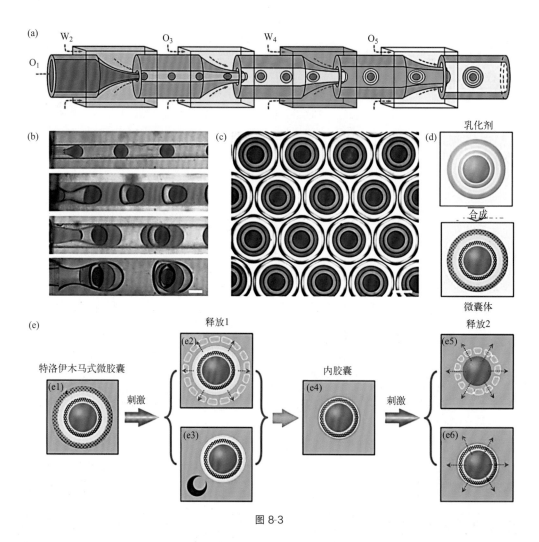

(a) O_1 W_2 O_3 W_4 O_5

(b) (c) (d) 乳化剂

合成

微囊体

(e) 释放1 释放2

特洛伊木马式微胶囊 内胶囊

(e1) 刺激 (e2) (e3) (e4) 刺激 (e5) (e6)

图 8-3

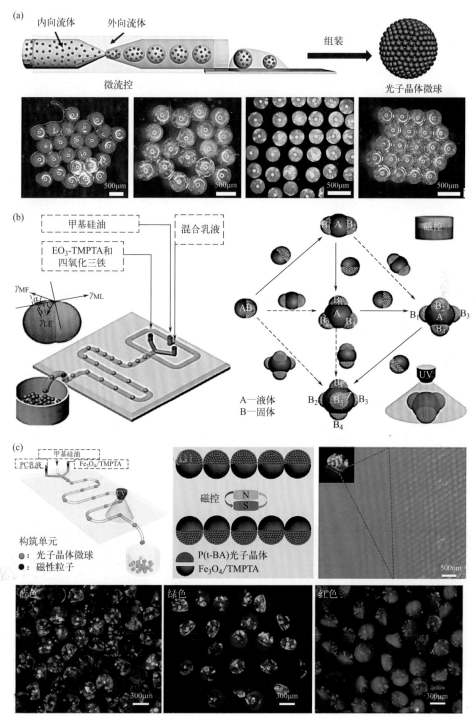

(a)

内向流体　外向流体　　　　　　　　　　　　组装

微流控　　　　　　　　　　　　　　　　光子晶体微球

500μm　　500μm　　500μm　　500μm

(b)

甲基硅油　　混合乳液

EO₃-TMPTA和
四氧化三铁

磁控

A—液体
B—固体

UV

(c)

甲基硅油
PC乳液　　Fe₃O₄/TMPTA

UV

构筑单元
●：光子晶体微球
●：磁性粒子

磁控　N
　　　S

P(t-BA)光子晶体
Fe₃O₄/TMPTA

500nm

蓝色　　　　　　绿色　　　　　　红色

300μm　　　　300μm　　　　300μm

图 8-4

21

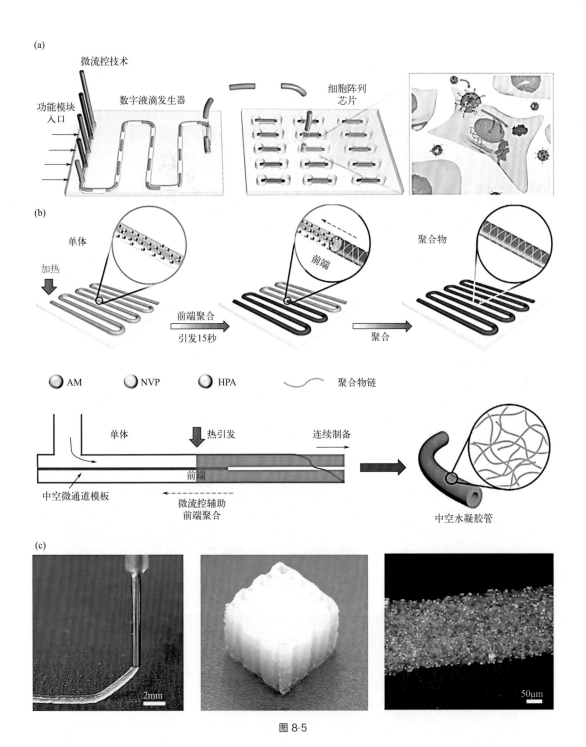

(a)

微流控技术

功能模块入口

数字液滴发生器

细胞阵列芯片

(b)

单体

加热

前端聚合
引发15秒

前端

聚合物

聚合

AM   NVP   HPA   聚合物链

单体   热引发   连续制备

中空微通道模板

前端

微流控辅助前端聚合

中空水凝胶管

(c)

2mm

50μm

图 8-5

22

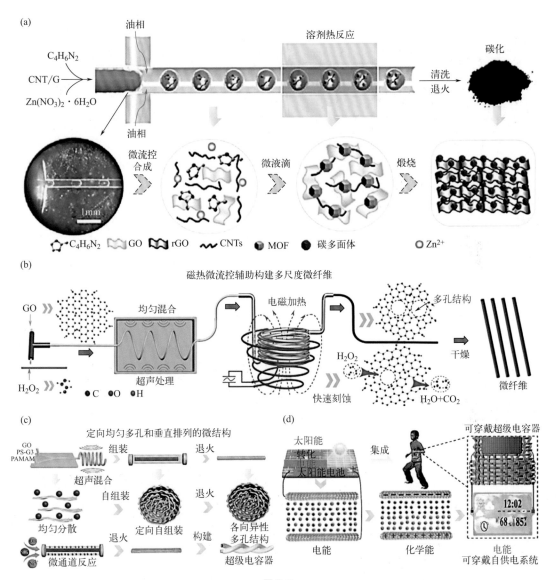

图 8-6

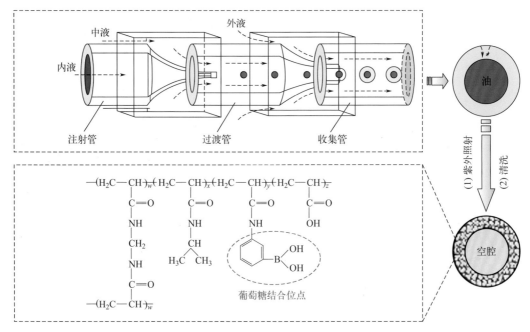

图 8-8

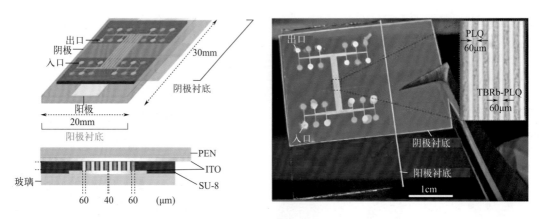

图 8-10

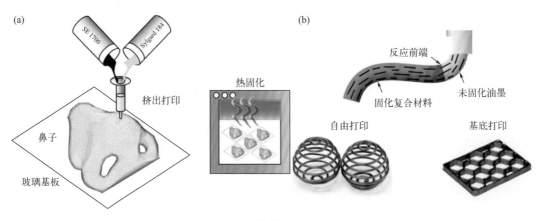

图 10-4

24

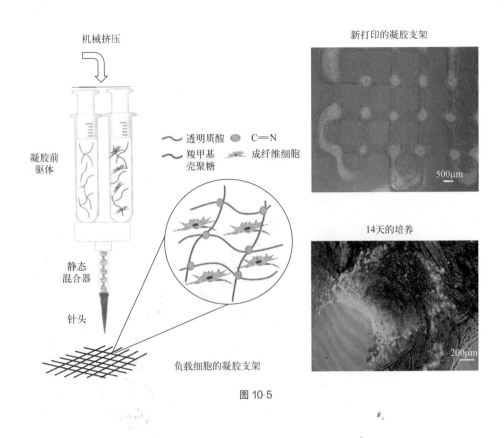

图 10-5

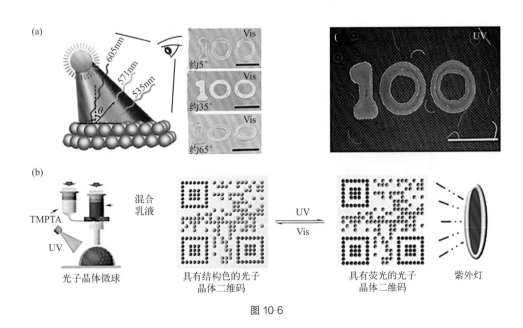

图 10-6

25

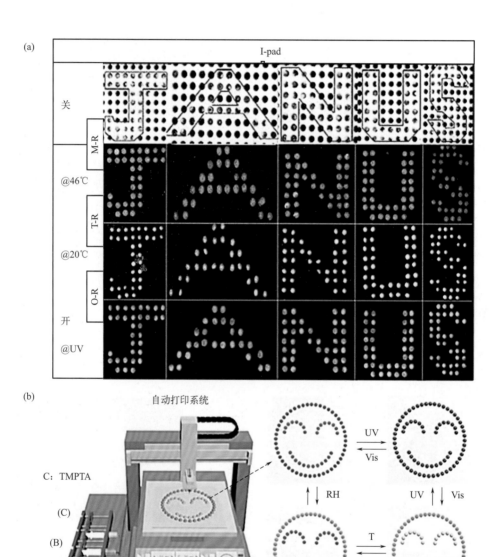

图 10-7

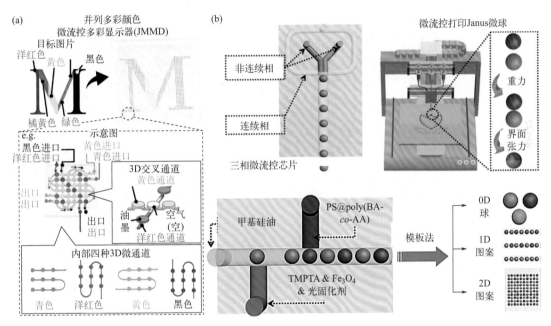

(a)

并列多彩颜色
微流控多彩显示器(JMMD)
目标图片
洋红色 黄色 黑色

橘黄色 绿色

e.g. 示意图

黑色进口 黄色进口
洋红色进口 青色进口

出口
出口

3D交叉通道
黄色通道

油墨 空气(空)
洋红色通道

出口
出口

内部四种3D微通道

青色 洋红色 黄色 黑色

(b)

非连续相

连续相

三相微流控芯片

微流控打印Janus微球

重力

界面张力

甲基硅油 PS@poly(BA-*co*-AA)

TMPTA & Fe₃O₄ & 光固化剂

模板法

0D 球

1D 图案

2D 图案

图 10-8

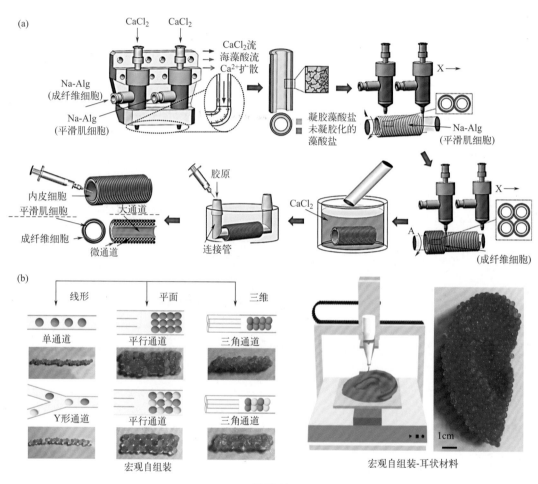

(a)

CaCl₂ CaCl₂

CaCl₂流
海藻酸流
Ca²⁺扩散

Na-Alg
(成纤维细胞)

Na-Alg
(平滑肌细胞)

凝胶藻酸盐
未凝胶化的
藻酸盐

X→

Na-Alg
(平滑肌细胞)

X→

(成纤维细胞)

内皮细胞
平滑肌细胞
成纤维细胞

大通道

微通道

胶原

连接管

CaCl₂

A

(b)

线形   平面   三维

单通道   平行通道   三角通道

Y形通道   平行通道   三角通道

宏观自组装

宏观自组装-耳状材料

1cm

图 10-11

28

普通高等教育"新工科"系列精品教材

微化工概论与典型实验

Introduction to
Micro
Chemical
Engineering
and
Typical
Experiments

陈苏 李晴 著

化学工业出版社
·北京·

内容简介

本书对微流控技术近年来在相关领域的发展动态及典型实验案例进行了详细介绍，主要包括绪论、微流控技术基本特性及参数测定、微流控芯片设计与制备、微流控液滴的制备与混合、微流控技术制备微球、微流控技术制备纳米材料、微流控纺丝及纺丝化学、微流控技术制备先进材料、微流控反应合成精细化学品、微流控技术构筑 2D 和 3D 结构材料、微化工典型工业化装置等内容。充分体现"微尺寸、微流控、微结构"三微合一的化工未来发展理念。

本书主要可用作高等院校化工、安全及生物化工等专业的教材，以为师生从事相关领域科学研究工作提供重要参考；同时，本书可为微化工技术、新材料、生物化工、纳米材料、高分子材料等领域的技术人员提供理论与技术借鉴。

图书在版编目（CIP）数据

微化工概论与典型实验 / 陈苏，李晴著．— 北京 ：
化学工业出版社，2023.11（2025.2重印）
普通高等教育"新工科"系列精品教材
ISBN 978-7-122-44185-0

Ⅰ．①微…　Ⅱ．①陈…　②李…　Ⅲ．①化工过程-高
等学校-教材　Ⅳ．①TQ02

中国国家版本馆 CIP 数据核字（2023）第 176822 号

责任编辑：张　艳　　　　　　　　　　文字编辑：任雅航
责任校对：边　涛　　　　　　　　　　装帧设计：刘丽华

出版发行：化学工业出版社（北京市东城区青年湖南街 13 号　邮政编码 100011）
印　　装：涿州市般润文化传播有限公司
787mm×1092mm　1/16　印张 16　彩插 14　字数 394 千字　2025 年 2 月北京第 1 版第 2 次印刷

购书咨询：010-64518888　　　　　　　　售后服务：010-64518899
网　　址：http://www.cip.com.cn
凡购买本书，如有缺损质量问题，本社销售中心负责调换。

定　　价：79.00 元

前　言

　　壬寅年金秋，当敲下最后一个字符时，《微化工概论与典型实验》一书已完成。遥想 21 年前携 300 美金远渡美国追寻学术前沿，意气风发，而今回归已 18 载，两鬓渐白。然初心未改，激励后辈，责任在肩。此次将对微化工的粗浅认识与实践落在纸上，与学人共同探讨化工的未来。

　　化学工程科学给人类带来了空前的成就，在解决人类生存问题方面做出了巨大的贡献。然而化学工程在取得空前辉煌的同时，其高能耗、高污染、低安全性等问题为化工可持续发展带来前所未有的挑战。微化工所具有的传热传质速率快、安全可控、节能高效等优点，使其近年来引起了广泛关注，给化工本征安全带来了希望。微流体控制技术（微流控技术、微流体技术）是典型的微化工技术，涉及研究微尺度下流体的基本流动、反应和传递规律，近年来在各个领域都取得了长足的进步。本书对这些领域近年来的发展动态及典型实验案例进行了详细介绍，目的在于让读者迅速一览微化工的动态、了解微化工的优势与魅力、探究微化工桌面工厂的前景，并向读者传递"微尺寸、微流控、微结构"三微合一的化工未来发展理念。

　　本书分为 11 章，包括绪论、微流控技术基本特性及参数测定、微流控芯片设计与制备、微流控液滴的制备与混合、微流控技术制备微球、微流控技术制备纳米材料、微流控纺丝及纺丝化学、微流控技术制备先进材料、微流控反应合成精细化学品、微流控技术构筑 2D 和 3D 结构材料、微化工典型工业化装置。

　　本书主要作为高等院校化工及生物化工等专业的教材，旨在普及与推广微化工技术，并为师生从事相关领域科学研究工作提供重要参考；此外，本书可为从事微化工技术、新材料、生物化工、纳米材料、高分子材料领域的技术人员提供理论与技术借鉴，以期推动相关领域技术的革新与突破。

　　本书由陈苏和李晴著写，在写作过程中，得到了朱亮亮、王彩凤、于晓晴、郭佳壮、于淑贞、邱慧、李阁、董婷、王佳伟、李府赪、陈林涛、董岳、张念祥和吴婕的大力协助，在此表示由衷的感谢。此外，感谢南京工业大学化工学院、材料化学工程国家重点实验室提供良好的科研条件和实验平台，在此也表示由衷的谢意。由于微流体的复杂性，该领域涉及很多跨学科的知识，同时限于著者的学识水平，书中难免有遗漏和不当之处，恳请相关专家和广大读者批评指正。谨以此书献给化工等领域的耕耘者。

著者
2022 年 10 月

目 录

第七章 微流控纺丝及纺丝化学 / 117

第十章　微流控技术构筑 2D 和 3D 结构材料 / 213

第十一章　微化工典型工业化装置 / 239

第一章

绪论

二十世纪以来，化学工程科学在人类活动中占据着举足轻重的地位，极大地促进了社会生产力的发展和人类文明的进步。合成氨、农药等化学品的问世，解决了人口增长引起的全球性粮食问题；尼龙（锦纶）、涤纶等的出现，解决了人类冷暖的问题；新药的研发，保障了人类的生命健康与安全。然而化学工程在取得空前辉煌的同时，其高能耗、高污染、低安全性等问题日趋成为化学工业发展的严峻挑战。丰富化学工程的理论与方法，以解决这些问题，并进一步指导未来化学工程的发展是当今国际社会极具挑战性的课题。微化工以其传质传热速率快、安全可控、节能高效等优点，为化学工程学科的基础研究指出了全新的方向，为化工产业的发展提供了新的模式。

以微流控技术为代表的微化工技术，涉及微尺度下流体的基本流动、反应和传递规律的研究，特别是当流体及其相关化学反应缩小到微米以及纳米尺度时所产生的一系列独特的理论与规律的研究[1-5]。例如，特征尺寸在数十到数百微米的微通道使得微流体设备具有较高的比表面积和极大的换热效率，可有效避免常规反应器下局部温度过高的情况。同时，在反应过程中，反应物流速的精确调控、反应时间的精确控制、较小的通道尺寸使得反应物间的扩散速率大幅提高，从而实现目标产物的高效制备，有效避免了因为反应时间过长、局部浓度过高等因素而产生的反应副产物。借助微流控技术在实际工业运行中快速开停车、过程响应快、安全性高、可实现柔性生产和分布移动式生产的优势，许多化工企业逐渐将间歇式反应转变为微流体控制条件下的连续流反应。如：2016 年 4 月，美国礼来公司宣布投资近4000 万美元建立一个新的连续化生产设施，用于药品的生产；2016 年 7 月，美国食品及药物管理局批准了 Vertex 投资 3000 万美元在波士顿新建 4000 平方英尺连续制造工厂，用于生产新的囊性纤维化的药物 Orkambi。同时，化工的微型化也给化工本征安全带来了希望。

微流控技术专注于对小体积流体的精确操作，通常是在层流条件下，小的特征尺寸决定了微流控系统的过程由界面张力、黏性力和毛细管作用力主导。微流控的概念最早由 Andreas Manz 在 20 世纪 90 年代提出[6]，此后，以研究微米及亚微米管道中微升、纳升和皮升级流体理论、行为和应用的微流控技术得到飞速发展。随着对微通道内多相流型、分散尺度的调控机制等基本规律的深入认识，微流控技术在生物、能源、化工等诸多领域都取得了长足的进步。与传统的化工合成技术相比，微流控技术表现出一些明显的优势：①通过调节微通道的几何尺寸形态以及流体的界面性质和化学性质，实现单元操作过程的精确控制；②微流控技术可以实现连续的快速反应，具有大规模生产的前景；③在密闭微通道中均匀的混合/反应/自组装过程，保证了产品形貌可控、尺寸均匀性好等优异性能；④通过多步耦合合成工艺，可轻松制备微/纳米复合粒子，在自下而上的方法中，各种类型的纳米材料通过连续相（流动相）、固体表面、液-液或气-液界面被组织成复杂的结构。由于这些独特的优势，微流控技术被广泛应用于化学、物理学和生物学等领域，尤其是在纳米材料的合成方面，呈现出巨大的发展潜力和广阔的应用前景。

液滴微流控技术主要采用互不相溶的两种（多种）液体分别作为连续相和非连续相（分散相），通过界面张力调节、控制微通道结构和两相流速比实现液滴的生产。在微流泵的驱动下，连续相和非连续相以固定体积流率分别进入不同的微通道，两种流体在交叉点相遇后，非连续相流体在连续相流体的剪切和挤压作用下以微液滴的形式分散于连续相中。液滴微流控技术具有合成速度快、尺寸均一可调、连续生产等优点，在生物分析、化学反应及纳米材料合成领域具有独特的应用优势。

微流控纺丝技术是一种在微/纳米尺度上控制流体的纺丝方法，在将一种液体分散到另一种不混溶液体中后，纺丝溶液在微流体通道内通过物理过程或化学反应产生独立的连续纤维。与其他纺丝方法相比，微流控纺丝技术可将微流控技术与化学反应相结合，并使用微流控芯片实现精确的流体控制。内相溶液利用其层流特性沿液体流动方向在微流控芯片的微通道中流动，而不接触微通道内壁。它经历物理或化学转化以在微通道内或喷涂后产生固体纤维。该技术不需要大量的化学品和复杂的设备，操作简单灵活，可在温和的温度和压力下连续生产直径均匀的超细纤维。同时，通过控制试剂浓度、流速、黏度、固化策略，并设计特定的纺丝芯片，可以生产出尺寸、结构和材料组成受控的纤维，为制造可广泛应用的具有先进结构的纤维提供了强大的平台。

材料工程的核心问题是材料工程化、高性能化和结构功能一体化。利用纳-微-宏多层次结构构筑与分子组装手段制备综合性能卓越的先进材料一直是学者们孜孜以求的重要目标。在这方面，先进微加工集成新技术被寄予厚望。同时，以材料功能为导向的分子设计，在纳-微-宏多尺度下揭示杂化材料结构、性能与加工的规律，以丰富材料工程的相关理论基础，是十分重要的理论与实践探索。

微结构功能材料是先进化工新材料中最具活力与发展潜力的一个重要分支，通过微结构单元的尺寸、构型和组装方式等的设计可实现本体材料物理、化学性质的精准调控和协同增效[7]。以单分散胶体粒子组装成的光子晶体是典型的有序微结构材料，由于其折射率的周期性空间调制和光互作用，可通过光子晶格的各向异性扩张在宽泛的波长范围内变化，使其成为柔性显示、微反应器等领域最具发展潜力的构筑材料之一[8,9]。此类有序微结构材料通常在纳-微尺度上长程有序，具有独特的分离、传感、光学等化学与物理性质，在膜分离、光催化、化学分析、化学传感、能源化工、电化学等领域有着广阔的应用前景。微流控技术以其精确调控、连续操作等特点已成为光子晶体及其杂化微球制备和组装的有力工具。在微流控实施过程中，研究流体流速、表面张力、微通道形状和表面性质等参数对杂化微球的组装行为及光子晶体微球的最终形态与性能的影响规律，发展微流控技术在纳-微-宏跨尺度下的量产。"精密复合"光子晶体微球的新技术为实现光子晶体微球结构与性能的调控与剪裁提供可能。

量子点是一类纳米结构材料，由于其独特的量子效应、优良的荧光稳定性，使其在生物医学、能源、光电子和光催化等领域引起了广泛的研究兴趣[10]。在传统的量子点合成过程中，反应物的传质效果、反应温度等因素对量子点的性能影响显著。而微流控技术由于其密闭的微通道、快速的传质传热、较大的比表面积和易于连续反应等特点，在量子点的绿色合成和连续制备方面具有广阔的应用前景。通过微通道内流体流速、加热部分长度、温度和前驱体浓度等因素的调节，可实现对量子点性质的精确控制，同时也大大提高了制备的可重复性。这在很大程度上克服了传统间歇式反应中重复性较差、不同批次差异明显的缺点。此外，通过对微流体管道或芯片的精确设计以构筑多样化、功能化的微流控反应器，调节流体的流动混合过程，甚至将层流转变成湍流，加速流体间的传递过程；将微流控反应器与现代检测仪器进行偶联，实现对反应过程的实时监控和调控；通过在微反应器上施加光、电、磁等外场，对反应进行外场的调节。微流控技术为量子点的连续可控生产提供了一种新方法，对实现量子点的工程化和绿色生产具有十分重要的意义[11]。

微/纳米纤维具有高比表面积、强界面相互作用和多种表面功能，已被应用于纺织面料、组织工程、电子传感器、高效过滤和新能源材料。从天然纤维到合成纤维，人们一直致力于开发新型结构纤维、多功能纤维和高性能纤维。微流控纺丝技术能够有效控制纤维的尺寸、结构和材料组成，近年来已成为高性能纤维制造的有效手段。相比于传统纺丝方法（湿法纺丝、熔融纺丝和干法纺丝），微流控纺丝技术不仅易于对纺丝液进行精确操纵，还可在常温常压下纺丝，在高性能纤维、纳米纤维、生物/化学纳米传感器、组织工程等领域具有广泛的应用。随着微流控纺丝技术的深入研究，研究者将微流控纺丝技术和微反应器结合，发展了独特的纺丝化学理论，即利用相互交叉的聚合物纤维在结点处的交叠融合、离子扩散发生化学反应。微流控纺丝技术可方便制备出多维度反应器，为固-固、固-液界面反应提供微反应平台[12,13]。

认识和发展微化工技术的核心问题是在化工产品工程的设计与构筑过程中，如何通过研究微流控基本构造中的运动、能量传递、化学反应及单元集成来实现材料的多功能化、高性能化、结构与功能一体化和产业化，尤其是微流控多级尺度范围内结构可控化、产业化。为从根本上达到这一目的，通过对化工新材料构筑单元的分子设计、构筑及其可控组装以实现纳-微-宏多尺度结构的微流控构筑被寄予厚望。其解决的基本科学问题是：①在微流控纳-微水平上对材料的有机或者无机单元微观结构进行分子裁剪与修饰以达到理论预期结构和性能；②在微流控纳-微-宏多尺度或者跨尺度上对结构单元进行组装和构筑，通过外场作用力的可控调节和定向诱导来实现多尺度上功能结构的组装、排列和有序集成；③理解微流控多尺度先进材料在微通道中的物质及能量传递、分子组装和化学本征特性，设计集成新型多通道微流控设备以实现功能化材料的大规模制备。这些问题的解决有利于丰富结构可控、功能可调的先进新材料的微流控设计与制备的相关理论基础，亦是十分重要的微化工理论与实践探索。

举例来说，针对微结构材料微流控设计与调控的研究，对理解微流控下有序微结构材料与其构筑单元的内在联系、构效关系、能量传递等具有深刻的学术意义。以产品工程的应用为导向的纳-微-宏多层次新材料结构构筑涉及四个方面的内涵，即纳-微基本粒子制备、功能复合体的组装、多尺度功能材料的集成和功能化工新材料的产业化。

(1) 微流控下纳-微基本粒子的制备 纳-微基本粒子是"自下而上"构筑有序微结构新材料的初始单元，也是决定材料最终功能与结构的关键因素。因此，如何获得特定粒径与功能的纳-微基本粒子是构筑有序微结构的前提。自 2002 年，Andrew J. deMello 及其同事[14] 首次提出在微流控芯片中合成纳米粒子以来，微流控纳-微基本粒子的制备便得到了广泛关注。微流控技术在微米尺度操控通道中的流体，可大幅度提高反应得率，并改善粒径和形貌分布，实现纳米颗粒的高度重复和高通量制备。Stephan Förster 等[15] 采用聚二甲基硅氧烷（polydimethylsiloxane，PDMS）基微流控芯片，在毫秒级时间尺度上成功合成了

2.6nm 和 3.2nm 粒径的 CdS 量子点。将微流控合成装置与原位光学表征技术相结合，实现了对量子点合成过程的实时追踪与反馈。Rustem F. Ismagilov 等[16] 通过改进微流控装置将量子点的成核与生长阶段分开，以毫秒级时间控制合成 CdS 量子点，相比于传统量子点合成策略，该方法所获得的量子点具有更高的光致发光量子产率。陈苏等[17] 基于高效液滴微反应器系统，实现铯铅卤化钙钛矿纳米晶体的放大生产。此外，在微流控制备亚微米尺度粒子方面，Michael J. Sailor 等[18] 利用微流体反应器制备了 150~350nm 多孔硅纳米粒子，具有快速、可再现、高产量特点。杨冬等[19] 基于液滴微流体反应器，高效地合成了 Fe_3O_4@SiO_2@$mSiO_2$ 纳米粒子，为微流控构筑有序微结构材料又添一新的构筑单元。

(2) 微流控下功能复合体的组装 以纳-微基本粒子为构筑单元，利用分子间作用力（如静电作用力、范德华力、氢键等）自组装形成功能复合体。自 G. M. Whitesides 等[20] 首次提出在微流控下将纳-微粒子作为构筑单元来构筑特殊结构的纳-微功能材料后，研究人员在此方面做了大量的工作并取得显著进展。微流控系统对单分散乳液液滴的连续化制备过程的实时监测与调控，成为制备多样化纳-微基本粒子的关键；微通道的高比表面积和连续流特征提高了液相流动的稳定性，进而实现了高度分散性液滴的构筑；微反应器的结构可设计性和多样性，为制备形貌多样、结构可控的纳-微粒子提供了优良的模板[21,22]。如 Jesus Santamaria 等[23] 开发了一种三级微流控系统实现了 SiO_2-Au 纳米粒子的快速制备。Rohit Karnik 等[24] 将含 CdSe/ZnS 量子点的四氢呋喃溶液作为内相，树脂水溶液用作外相，在微通道剪切作用下获得了包裹量子点的树脂粒子。每个树脂粒子中精准地包覆 3~4 个量子点，表明了微流控技术对粒子合成的精准控制作用。Zahi A. Fayad 等[25] 利用微流控芯片制备了高密度脂蛋白粒子。利用微通道实现树脂材料和蛋白质对疏水性药物或无机纳米晶体的包载，获得了高度均一性的脂蛋白粒子，在诊疗一体化的生物医学领域展现出良好的应用前景。陈苏等[26] 利用磁场将超顺磁性 Fe_3O_4 粒子组装成线形结构，为在微流控下外场驱动组装纳-微粒子的功能复合体提供了借鉴。除此之外，陈苏等[27] 提出了纺丝化学理论，通过微流控纺丝技术实现了 $CsPbBr_3$/聚甲基丙烯酸甲酯（PMMA）纳米复合纤维的批量制备，该纳米复合纤维具有可调的高亮度荧光且加工性能优越，可用作液晶显示器的颜色转换器。

(3) 微流控下多尺度功能材料的集成 以化工新材料应用为导向，从纳-微粒子基本单元到复合体再到材料与系统的集成是先进材料走向实际应用的必要条件，探索这一微流控过程的方法与演变规律亦是设计新材料重要的一环。近年来，作为微化工技术核心的微流体控制技术，以其精确的操作和调控特点，已成为可控制备微/纳米材料的最有效方法之一，并为单分散亚微米或微米粒子以及功能性复合微球的连续化大批量生产提供了新的思路和指导依据[28]。在微流控过程的实施中，利用外加电、磁、剪切场对流体和粒子进行控制，可以得到规整球状、饼状、多面异质状和线形有序微结构[29]。最近，研究人员借助微流控技术和油包水液滴的模板作用，成功获得了一系列具有荧光特性的有序微结构微球和线形结构[30,31]，这在制备功能性有序微结构材料方面是一个有益的探索。此外，陈苏课题组利用磁场将有序 Janus 微球进行组装，形成更为复杂的多层纳米光子晶体微结构，探索了高效合成多维功能化有序纳米材料的方法[32,33]。基于微流控技术制造的纳米基础元件存在纳-微结构的跨尺度互连，具有多维度和纳-微-宏多尺度特征，为制纳-微互连、微观可调和宏观可用（生物化学传感、柔性显示、微反应器等）的有序微结构材料提供原理和技术支撑，并对微化工技术的理论发展和技术支持起到借鉴作用。

(4) 微流控下功能化工新材料的产业化 微流控技术具有高效、安全、可控、节能等优势。利用微流控设备进行自由基聚合、化合反应等,可制备出尺寸均一的单分散多功能化纳米有序微结构,既可用于封装活性材料,也可作为模板自组装成新的有序结构,具有巨大的技术潜力和应用价值。但相较于传统化工,微化工的产量较低,目前主要通过简单并联多个液滴发生装置来解决这一问题。Takasi Nisisako 等[34] 通过集成 144 个微流控发生装置使得液滴产量最高可达 180mL/h。D. Conchouso 等[35] 使用聚甲基丙烯酸甲酯制备三维多并联微流体液滴发生装置,液滴产量增加到 1L/h。然而这些现有的方法需要多个进料口和通道来分散或收集液滴,造成微流控芯片复杂化,进而大大增加设备制造和复制的难度。因此,开展微流控发生装置的优化与集成,并在此基础上结合化学反应制备出大小均一、单分散、多功能化纳米有序微结构具有非常重要的工业应用价值。

这些案例从功能化微-纳米复合结构入手,利用自组装行为与微流体控制耦合这一全新技术以期实现纳-微结构的跨尺度集成;以量子点、聚合物单分散复合微球为基本构筑单元来可控制造特定结构尺寸和功能的有序微结构新材料,应用于柔性显示器和微反应器等领域。在此基础上,丰富流体和相关化学反应在微流体通道内所产生的独特的化学工程理论与规律。通过改进微流控设备技术实现功能化微纳粒子的连续化大规模制备,完善微流控反应在微化工技术中的相关理论及其在化工新材料合成中的实践[36]。

微流体控制技术制备化工新材料展现出广阔的前景,再结合分子设计,达到无机-聚合物纳米微球复合结构的跨尺度互连。纳米微球复合单元形成后,继而采用微流控技术调控最终结构的尺寸、形貌与位置精度,驱使纳-微复合单元集成为特定功能的多维有序微结构材料。以纳米粒子为初始结构单元的纳-微-宏逐级组装过程涉及纳-微结构的跨尺度互连和集成两个最基本的问题。微流体控制技术的表面和界面效应在纳-微结构的跨尺度互连中占主导地位,对纳米与微米结构的界面所产生的分子间力或表面力作用进行基础研究十分必要。纳-微-宏互连结构的运动及相互作用等行为是集成过程的基本行为,对最终元件的物理及化学性能将起到本质作用,对理解纳-微-宏结构单元的自组装规律有重要的指导意义。到目前为止,基于自组装与微流控耦合技术操控纳-微-宏结构跨尺度集成有序微结构材料的微流控研究尚在发展中,而兼备"自上而下"和"自下而上"的工艺集成技术优势仍属于未来化工发展的方向。微尺度下流体流动形态及其传递机制等相关理论也不够完善,且在传感、柔性显示和微反应器等领域也面临着构筑基元的创制、工艺革新的挑战。因此,对多尺度微观构成与宏观性能关系进行探索,掌握微流体反应传递的规律,乃至促进微流控技术工业化的应用发展都具有深刻的科学意义。

上述案例,充分说明微流体控制技术在先进材料、精细化学品及微液滴领域具有十分广阔的应用前景,其没有放大效应、节能环保、绿色安全高效及桌面化工的特点,使其成为未来化工发展的重要方向及必由之路。

参考文献

[1] Whitesides G M. The origins and the future of microfluidics [J]. Nature, 2006, 442 (7101): 368-373.

[2] Lan W J, Li S W, Luo G S. Numerical and experimental investigation of dripping and jetting flow in a coaxial microchannel [J]. Chemical Engineering Science, 2015, 134: 76-85.

[3] 骆广生, 王凯, 吕阳成, 等. 微尺度下非均相反应的研究进展 [J]. 化工学报, 2013, 64 (1): 165-172.

[4] 陈光文，赵玉潮，乐军，等. 微化工过程中的传递现象 [J]. 化工学报，2013，64（1）：63-75.

[5] 李静海. 浅谈 21 世纪的化学工程 [J]. 化工学报，2008，59（8）：1879-1883.

[6] Manz A，Graber N，Widmer H M. Miniaturized total chemical analysis systems：A novel concept for chemical sensing [J]. Sensors and Actuators B：Chemical，1990，1（1-6）：244-248.

[7] 丁海波，刘柯良，卫孟萧，等. 微结构可控材料的制备及其在生物医学的应用 [J]. 中国科学，2021，51（11）：1501-1510.

[8] Zhao Y J，Xie Z Y，Gu H C，et al. Bio-inspired variable structural color materials [J]. Chemical Society Reviews，2012，41（8）：3297-3317.

[9] Cong H L，Yu B，Tang J G，et al. Current status and future developments in preparation and application of colloidal crystals [J]. Chemical Society Reviews，2013，42（19）：7774-7800.

[10] Yin Y，Alivisatos A P. Colloidal nanocrystal synthesis and the organic-inorganic interface [J]. Nature，2005，437（7059）：664-670.

[11] Hou L，Zhang Q，Ling L，et al. Interfacial fabrication of single-crystalline ZnTe nanorods with high blue fluorescence [J]. Journal of the American Chemical Society，2013，135（29）：10618-10621.

[12] Du X Y，Li Q，Wu G，et al. Multifunctional micro/nanoscale fibers based on microfluidic spinning technology [J]. Advanced Materials，2019，31（52）：1903733.

[13] Steinbacher J L，McQuade D T. Polymer chemistry in flow：new polymers，beads，capsules，and fibers [J]. Journal of Polymer Science Part A：Polymer Chemistry，2006，44（22）：6505-6533.

[14] Edel J B，Fortt R，deMello J C，et al. Microfluidic routes to the controlled production of nanoparticles [J]. Chemical Communications，2002（10）：1136-1137.

[15] Seibt S，Mulvaney P，Förster S. Millisecond CdS nanocrystal nucleation and growth studied by microfluidics with in situ spectroscopy [J]. Colloids and Surfaces A：Physicochemical and Engineering Aspects，2019，562（5）：263-269.

[16] Shestopalov I，Tice J D，Ismagilov R F. Multi-step synthesis of nanoparticles performed on millisecond time scale in a microfluidic droplet-based system [J]. Lab On a Chip，2004，4（4）：316-321.

[17] Geng Y H，Guo J Z，Wang H Q，et al. Large-scale production of ligand-engineered robust lead halide perovskite nanocrystals by a droplet-based microreactor system [J]. Small，2022，18（19）：2200740.

[18] Roberts D S，Estrada D，Yagi N，et al. Preparation of photoluminescent porous silicon nanoparticles by high-pressure microfluidization [J]. Particle & Particle Systems Characterization，2017，34（3）：1600326.

[19] 高可奕，杨百勤，雷蕾，等. 纳米级 $Fe_3O_4@SiO_2@mSiO_2$ 粒子的微流控合成及其有机污染物的吸附分离应用 [J]. 陕西科技大学学报，2021，39（3）：70-74.

[20] Whitesides G M，Grzybowski B. Self-assembly at all scales [J]. Science，2002，295（5564）：2418-2421.

[21] 刘一寰，胡欣，朱宁，等. 基于微流控技术制备微/纳米粒子材料 [J]. 化学进展，2018，30（8）：1133-1142.

[22] 郭希颖，魏巍，王坚成，等. 微流控技术在纳米药物输送系统中的应用 [J]. 药学学报，2017，52（10）：1515-1523.

[23] Gomez L，Arruebo M，Sebastian V，et al. Facile synthesis of SiO_2-Au nanoshells in a three-stage microfluidic system [J]. Journal of Materials Chemistry，2012，22（40）：21420-21425.

[24] Valencia P M，Basto P A，Zhang L，et al. Single-step assembly of homogenous lipid-polymeric and lipid-quantum dot nanoparticles enabled by microfluidic rapid mixing [J]. ACS Nano，2010，4（3）：1671-1679.

[25] Kim Y，Fay F，Cormode D P，et al. Single step reconstitution of multifunctional high-density lipoprotein-derived nanomaterials using microfluidics [J]. ACS Nano，2013，7（11）：9975-9983.

[26] Yin S N，Wang C F，Yu Z Y，et al. Versatile bifunctional magnetic-fluorescent responsive Janus supraballs towards the flexible bead display [J]. Advanced Materials，2011，23（26）：2915-2919.

[27] Ma K，Du X Y，Zhang Y W，et al. In situ fabrication of halide perovskite nanocrystals embedded in polymer composites via microfluidic spinning microreactors [J]. Journal of Materials Chemistry C，2017，5（36）：9398-9404.

[28] Elvira K S，Solvas X C，Wootton R C R，et al. The past，present and potential for microflidic reactor technology in chemical synthesis [J]. Nature Chemistry，2013，5（11）：905-915.

［29］ Wang W，Zhang M J，Chu L Y. Functional polymeric microparticles engineered from controllable microfluidic emulsions ［J］. Accounts of Chemical Research，2014，47（2）：373-384.

［30］ Fenzl C，Hirsch T，Wolfbeis O S. Photonic crystals for chemical sensing and biosensing ［J］. Angewandte Chemie International Edition，2014，53（13）：3318-3335.

［31］ Jordi A S，Darren B. Synthesis and applications of metal-organic framework-quantum dot（QD@MOF）composites ［J］. Coordination Chemistry Reviews，2016，307（2）：267-291.

［32］ Xu L L，Wang C F，Chen S. Microarrays formed by microfluidic spinning as multidimensional microreactors ［J］. Angewandte Chemie International Edition，2014，126（15）：4069-4073.

［33］ Zhang Y，Wang C F，Chen L，et al. Microfluidic-spinning-directed microreactors toward generation of multiple nanocrystals loaded anisotropic fluorescent microfibers ［J］. Advanced Functional Materials，2015，25（47）：7253-7262.

［34］ Nisisako T，Torii T. Microfluidic large-scale integration on a chip for mass production of monodisperse droplets and particles ［J］. Lab On a Chip，2008，8（2）：287-293.

［35］ Conchouso D，Castro D，Khan S A，et al. Three-dimensional parallelization of microfluidic droplet generators for a litre per hour volume production of single emulsions ［J］. Lab On a Chip，2014，14（16）：3011-3020.

［36］ 杨东，高可奕，杨百勤，等. 微流控合成体系的装置分类及其用于纳米粒子的制备 ［J］. 化学进展，2021，33（3）：368-379.

第二章

微流控技术基本特性及参数测定

2.1 引言

微流控技术是指在微观尺度下（数十到数百微米）控制、操作和检测微小流体（体积为纳升到阿升）的技术，是一门涉及材料与化工、流体物理、生物学和生物医学工程的新兴交叉学科[1,2]。借助微尺度环境下产生独特的流体现象，微流控技术可以实现一系列常规方法所难以完成的微加工和微操作。因其具有微型化、集成化等特征，微流控装置通常被称为微流控芯片，亦称为芯片实验室或微全分析系统[3]。在微流体通道内，随着尺度减小到微米级，传统的流体流动理论不再适用，表现出微尺度效应。正是由于其显著的微尺度效应，微通道内流体单位体积（或面积）上的传热、传质能力得到显著增强。举例来说，微换热器中的传热系数可达 $25000W/m^2 \cdot K$，较常规换热器大 $1\sim2$ 个数量级；在微混合器中的流层厚度可维持在几十微米，甚至可达纳米级，因此微混合器中的混合时间可达毫秒级。微通道的比表面积可达 $10000\sim50000m^2/m^3$，而常规容器的比表面积一般不超过 $1000m^2/m^{3[4]}$。因此，微流控技术具有传质传热高效、节能环保、安全、直接放大、高度可控的连续化生产等特点，可以实现强放热反应的等温操作及快速混合过程，是未来化工领域的技术关键[5,6]。

2.2 微流控技术的基本特性

微流控技术能够在微平台上灵活组合多功能元件，集成微型实验室进行反应，相较于传统设备，其具有以下突出的优势（基本特性）：

(1) 反应过程连续、高度可控　通过控制微通道的尺寸和构型，设计不同微阀门和流道，搭配多功能化和小型化的反应器元件，能够让整个微流控网络的多个反应单元同时进行，而各单元之间相互隔绝，互不干扰。并且，微通道中原料的连续流动让其在反应期间的停留时间缩短，反应过程高度可控，同时提高了生产效率。而传统化工反应器中原料的停留时间过长，易生成过渡产物。

(2) 安全可靠　与传统反应釜相比，微通道内化学原料连续流动、试剂用量远低于常规反应器、反应物在反应单元腔体内停留时间短、反应进程精确可控、反应散热快，在高温、高压和超临界等非常规条件下，能够保证反应温度稳定，发生安全和质量事故的风险大大降低。

（3）传质传热效率高、生产效率高　传统化工中，间歇式反应釜均匀混合反应物的时间相对较长，无法在有限的时间获得均匀混合的反应物料；此外，体系整体换热效率不高，反应器内局部过热现象导致化学选择性和收率降低。对于一些活性较高的试剂可能存在反应失控、爆炸等安全隐患。而微反应设备极短的扩散距离（微尺寸）使原料能够快速混合均匀，避免浓度不均引起的副反应；反应器的微尺度效应增大了反应物的比表面积，提高了换热效率，能够及时调控腔内体系温度，避免了局部过热引起的副反应。因此，微反应器内均一的反应物浓度和反应温度，以及较高的传质传热效率，可有效避免副产物的产生从而提高目标产物产率。

（4）绿色环保　微反应设备具有小型化特征，因此微通道内反应单元腔体较小，使单次通过的试剂消耗量大大降低，可有效避免原料的浪费及环境污染问题，具有绿色环保特征。

（5）易于放大　不同于传统化工通过增大设备尺寸实现工艺放大过程，微反应设备基于数量放大的基本准则，通过增加微通道数量，将实验室研究成果快速转化为工业生产，缩短了小试到中试的工艺开发时间，具有技术更新快、创新风险低、成本低和可大规模连续生产等突出优势。

基于以上优势，微流控技术在现代科技中已成为一种战略性技术，在不同类型的合成反应及先进材料制造中均有重要作用，在各个领域也呈现出重要的应用前景。

2.3　微流控技术的物理参数测定

理想的合成平台不仅仅是一个用于生产的容器，更是一个控制工具。对于传统的大尺寸和逐步操作的间歇式反应器来说，温度、压力、化学计量比和催化剂参数，是控制产品产量和质量的关键。而微流控技术拥有独特的控制参数，主要包括流体流速、流体通道尺寸与构型、试剂停留时间和运输方式等[7,8]。微流控系统可以通过调整这些参数来轻松控制微反应器内的合成过程，包括通过引入加热组件来控制温度、使用可编程注射泵控制流速、改变微反应器的几何形状来控制流路、以精确的时间间隔注射或通过调整入口的位置来控制试剂运输。

在微尺度环境下，流体将呈现出不同形态的特性，如层流和柱状流等。借助这些形态各异的流体流型，可以完成常规方法所难以实现的微反应，在工业界和学术界（生物学、诊断学、化学合成等学科）都备受关注[9]。而微尺度下各种相关物理参数对材料的制备、分离和检测都会产生至关重要的影响。

2.3.1　无量纲参数测定

微通道中液滴的形成可分为生长阶段、分离阶段和流动阶段，其中前两个阶段统称为生成阶段。在不同的通道微观结构和不同的操作条件下，通道内流体的流动模式呈现各种形态。由于微通道的尺寸微型化，界面张力和黏性力在液滴和微泡的产生中起着比重力、浮力和惯性力更重要的作用。在微流体领域常用毛细管数（Ca）、雷诺数（Re）、韦伯数（We）和 Bond 数（Bo）等无量纲参数共同描述和反映流体状态[10]。

（1）毛细管数（Ca）　描述黏性力与界面张力之间的相对关系，这是液滴形成中关键的参数之一。微通道内毛细管数（Ca）一般在 $10^{-4} \sim 10^{1}$，其中界面力占主导作用。在微分散体系中，界面力和黏性力影响着流体分散的快慢和流动状态，具体影响规律需根据实际情况加以分析讨论。

$$Ca = \frac{\mu u}{\gamma} \qquad (2\text{-}1)$$

式中，μ 为流体黏度，Pa·s；u 为平均流速，m/s；γ 为两相之间的界面张力，N/m。

（2）雷诺数（Re） 表示惯性力和黏性力之间的相对关系，是流体力学中重要的无量纲参数之一，表示各种情况下的流体行为。与传统化工设备不同，微通道内流体的雷诺数 Re 一般小于 10，呈层流运动。而流动阻力随微通道长度和直径之比（长径比）的增大而减小，一般会设计长径比大于 75 的微通道来减小阻力。为了强化微尺度下流体的混合和传质，调控流体的黏性力大小至关重要。

$$Re = \frac{\rho u d_h}{\mu} \qquad (2\text{-}2)$$

式中，ρ 为流体密度，kg/m^3；d_h 是微通道的尺寸，μm。

（3）韦伯数（We） 表示惯性力与界面张力的比值。当流体处于高流速条件下，惯性力的影响就会表现出来。

$$We = \frac{\rho u^2 d_h}{\gamma} \qquad (2\text{-}3)$$

（4）Bond 数（Bo） 将重力与界面张力进行比较，只有当两相之间的密度差足够大时才会考虑。

$$Bo = \frac{\rho g d_h}{\gamma} \qquad (2\text{-}4)$$

式中，g 为重力加速度，m/s^2。

2.3.2 多相微流体的性能传递

2.3.2.1 微流控传热性能

微通道中的流体流动和传热对于精确控制反应过程具有重要作用。微通道反应器一般具有非常大的换热面积，热交换效率较高，因此微通道内发生的热交换速度较快，这有利于控制反应温度，实现反应选择性以及收率的精确控制[9,11]。

微通道内传热系数主要受微通道的特征尺寸影响，对于微米级的反应器来说，其传热系数主要由传热通道的特征尺寸决定。

微通道的材料对传热系数也有影响，微化工系统常采用的材料有金属（不锈钢、钛材、镍合金等）以及陶瓷材料。对于耐腐蚀要求不高的体系比如微换热器等，通常使用热导率更高的黄铜[9]。通道尺度越小，体系的均一性越强，传递性能越高，对合成材料的影响就会越显著。对于微米级的微通道，合理的设备选材能够更好地提升热导率，此外，多变的微通道形状能够改变流体流型，从而提升传热效率。而对于毫米级的微通道，流道形状的改变能够在一定程度上弥补材料换热能力的差距。在微通道构型设计中，加强传热效果的对流强化技术分为：表面改性法、流体流型法和混合法。表面改性法就是优化微通道内的换热形貌，如增加换热面积、增大壁面的粗糙度等；流体流型法则是对传热介质本身进行优化，如将层流变为湍流、增加扰流元件等；混合法是结合上述两种方法。目前微通道设计的主要思路是增加流体扰动，在不增加功耗的前提下将流体流型发展为湍流，从而提升传热效率。

与光滑微通道相比，粗糙的壁面会导致通道内热边界层的重新生成，有利于提高局部努

赛尔数 (Nu)：

$$Nu = \frac{hL}{k} \tag{2-5}$$

式中，h 为对流换热系数，$W/m^2 \cdot K$；L 为流体的特征长度，m；k 为热导率，$W/m \cdot K$。在流体表面的热传递中，平流或扩散对流时对流热量与传热热量相似，$Nu \approx 1$。

因此粗糙微通道的传热性能优于光滑微通道，但是表面粗糙度增加同样导致了流动阻力的增大，使设备的压降更大。同时，设备的比表面积以及流体的物理性质等共同影响着总体传热效率。

在非均相体系中，通常通过体积传热系数 (Ua) 反映传热速率的快慢。

$$Ua = \frac{UA}{V} \tag{2-6}$$

式中，Ua 为体积传热系数，$W/m^3 \cdot K$；U 为传热系数，$W/m^2 \cdot K$；A 为传热面积，m^2；V 为传热体积，m^3；A/V 相当于传热比表面积，m^2/m^3。微通道设备内的体积传热系数 Ua 随连续相毛细管数 Ca 的增加而增加，与 Ca 数近似呈线性关系。

根据换热速率 (q) 的计算公式可知，换热速率与反应器的换热面积、材料的换热系数以及冷热介质的温差成正比：

$$q = UA\Delta T_{lm} \tag{2-7}$$

式中，q 为换热速率，W；ΔT_{lm} 为对数平均温差，K。

2.3.2.2 微流控传质性能

微通道内多相物质相间传递是多相物质扩散到相界面，在相界面上溶解，自界面向多相主体扩散的过程。单相中的传质机理分为分子扩散和对流传质。分子扩散通过浓度梯度驱动，使分子从高浓度向低浓度扩散；对流传质是流体间通过相界面的物质传递。

微观尺度下，互溶的两相流体相互碰撞后存在一个接触界面，通过对流扩散在一定时间内快速混合。而层流状态下，流体间往往只能通过界面扩散混合达到稳态[12]。因此，在互溶流体接触时会短暂存在界面。微通道内的溶液形成浓度梯度，随着相互接触时间的延长，由于纵向（沿着流体流动方向）和横向（垂直于流体流动方向）的扩散，会使相界面逐渐变得模糊[12]。其中，扩散系数为多相物质的传递性质，与温度、压力、混合相的浓度及种类等有关，分为气相扩散系数和液相扩散系数。目前尚不能准确预测分子扩散系数，只能通过实验测定的经验和半经验模型，推理计算一组分在另一组分的分子扩散系数。在常温或高温条件下，气相扩散系数一般在 $0.05 \sim 1cm^2/s$ 之间，液相扩散系数在 $10^{-5} cm^2/s$ 左右。

(1) 气相扩散系数 (D_g)

$$D_g = D_0 \left(\frac{T}{T_0}\right)^{1.75} \times \frac{P_0}{P} \tag{2-8}$$

式中，D_0 为物质在 T_0、P_0 时的扩散系数，m^2/s；T 为实验环境温度；T_0 为气相扩散时的初始温度，℃；P 为实验环境压强，Pa；P_0 为气相扩散时的初始压强，Pa。

(2) 液相扩散系数 (D_l)

$$D_l = D_0 \frac{T}{T_0} \times \frac{\mu_0}{\mu} \tag{2-9}$$

式中，D_0 为物质在 T_0、μ_0 时的扩散系数；T_0、μ_0 为液相扩散时的初始温度和黏度。

可用爱因斯坦方程来估算微通道内分子传质达到稳态的扩散距离 (x)：

$$x = (2tD)^{1/2} \tag{2-10}$$

式中，t 为扩散时间，s；D 为扩散系数，m^2/s。

对于不互溶的两相流体，界面处的扩散作用受到抑制，能够在两相之间长时间保持清晰的界面。相间传质速率同样取决于分子扩散系数，爱因斯坦方程仍然适用。在微米通道内，传质时间仅需几十秒。界面的形态会受流体黏度、界面张力、流速、通道特征尺寸等因素影响，形成分层流、波浪层流、倾斜界面层流、滴状流、柱状流以及环形流等多种不同流型。不互溶多相微流体的界面控制是微流控技术中的关键技术之一[13]。

微观条件下，液-固、液-气、液-液相之间的界面张力起主导作用[14]。改变通道形状能够控制多相不互溶流体的形态，如单个滴状流可以分为水/油和油/水液滴以及微气泡。不同尺寸、不同材料和不同相态的乳液都有不同的应用。例如，在超声造影中，微泡可以作为超声造影剂，而在 $100\mu m$ 范围内的液滴有利于在 RNA 测序中封装细胞和引物。因此，微流控装置中连续均匀的流体流动可以极大地提高单分散、可调控液滴和微气泡的生成。流动模式的性质主要取决于内外相的流速比、内外相之间的界面张力以及分散乳液与通道之间的相对大小。骆广生等人设计了特殊的微孔阵列芯片，研究了微流控装置中液滴的生成过程，仔细分析了通道结构、孔道排列和分散相加料方式对液滴平均尺寸和分布的影响，建立了准确预测微分散尺寸变化的数学模型。调整流动参数（如油/水、水/油和液滴大小）以改变壁面润湿性；通过接触角进行量化，分散液体与通道壁之间的接触角越大，分散的液滴就越小。当表面活性剂的浓度高于临界胶束浓度时，连续相中多余的表面活性剂可以吸附到微通道壁上以改变后者的润湿性能。

因此，微通道中的液滴形成涉及两个不混溶相之间连续形成新界面，由于表面活性剂的动态吸附，导致动态界面张力高于平衡状态下的静态界面张力。当表面活性剂浓度高于其临界胶束浓度时，表面活性剂在新鲜界面上的吸附可分为四个步骤：第一步是游离表面活性剂分子和表面活性剂胶束的扩散和对流；第二步是将表面活性剂胶束分解成单个分子；第三步是将表面活性剂分子吸附到新的界面；最后一步是将吸附的分子重组达到平衡状态。骆广生等人[15] 以己烷/水-Tween 20 为实验体系，研究了不同 Tween 20 浓度的表面活性剂在 T 形通道中的不饱和吸附与饱和吸附，直接改变了分散相和连续相之间的动态界面张力，从而改变了液滴大小。可用一个半经验方程来表征界面张力和液滴直径之间的关系：

$$\Gamma = \frac{\gamma^* - \gamma^0}{\gamma^\infty - \gamma^0} = 0.127 \left(\frac{C_{\text{Tween 20}}}{\text{CMC}} \right)^m \left(\frac{u_D}{u_C} \right)^n \left(\frac{\tau}{t} \right)^p \tag{2-11}$$

式中，Γ 是无量纲界面张力；γ^* 是具有不饱和吸附的动态界面张力，mN/m；γ^∞ 是无表面活性剂的静态界面张力，mN/m；γ^0 是具有饱和表面活性剂的静态界面张力，mN/m；u_D 和 u_C 分别是分散相和连续相的平均速度，mm/s；τ 是液滴形成时间，s；$C_{\text{Tween 20}}$ 为 Tween 20 的摩尔浓度，mol/L；CMC 为临界胶束浓度，mol/L；t 为液滴形成时间，s；m 为无量纲界面张力常数，$m = -11/10$；n 为无量纲界面张力常数，$n = -2/7$；p 为无量纲界面张力常数，$p = -3/4$。

骆广生等人[16] 使用同轴微流控装置系统地研究了表面活性剂类型和浓度对液滴形成的动态影响。与 Tween 20 等大分子表面活性剂不同，十二烷基硫酸钠（SDS）等小分子表面活性剂只需比其临界胶束浓度高 1.5 倍的体相浓度即可达到饱和吸附和平衡界面张力。Tostado 等人[8] 将不同分子量的 SDS 和聚乙二醇（PEG）混合成复合表面活性剂，发现复合表面活性剂体系产生的液滴尺寸小于单独使用 SDS 产生的液滴尺寸，动态界面张力随着 PEG 分子的减少而减小。总之，液滴形成过程中的动态界面张力与表面活性剂的类型和浓度、两个不混溶相的相对速度和液体黏度有关。此外，徐建鸿等人[5] 结合表面活性剂的动态吸附计算液滴形成过程中内外相的传质系数。通过液滴内外传质阻力，创建了一个修正参数的半经验方程来评估传质系数。

外部传质系数方程：

$$Sh_c = 2.17 \times Re^{0.5} Sc_c^{0.5} \tag{2-12}$$

式中，Sh_c 是舍伍德特征数（$k_{of}d/D$，反映包含待定传质系数的无量纲群，表征为对流传质与扩散传质的比值），$k_{of}d$ 是液滴外的传质系数，D 是表面活性剂的扩散系数）；Sc_c 是施密特数（$\mu/\rho D$，用来描述同时有动量扩散及质量扩散的流体）。

利用修正参数，计算得 Sh_c 为 $450 \sim 900$。其中，流速的不同、对流性的强弱、雷诺数的大小都会导致传质系数的变化。式中相对误差均小于 5%，说明采用典型的半经验传质关联式可以较为准确地估算表面活性剂的传质系数。

考虑到液滴中的内部对流，内部传质系数 k_{if} 方程为：

$$k_{if} = C'\left(\frac{D}{\pi t}\right)^{0.5} = 36.8\left(\frac{D}{\pi t}\right)^{0.5} \tag{2-13}$$

式中，C' 为修正参数；t 为扩散时间，s。利用修正参数可以计算出实验中不同流速流体的平均传质系数为 $10^{-4} \sim 10^{-3}$ m/s。在液滴外表面活性剂传质的研究中，式中相对误差小于 3%，表明根据该半经验传质关联式可以较为准确地拟合表面活性剂的传质系数。

2.3.3 微通道内流体特性

2.3.3.1 流体状态与控制

微尺度下流体受黏性力的主导做层流运动，多相流体的混合主要依靠扩散。为了提高混合效率，通常利用通道内的几何结构或流体特性产生涡流，从而达到理想的混合效果。形成涡流最有效的办法是在微通道内部设计有源搅拌部件，通过外部电动力、磁动力、压电或超声波等控制流体状态形成涡流，加速流体混合[17]。也可设计被动式微混合器，如弯曲式、分合式、回流循环式或旋流式等，提高多相流体间的接触面积，提升混合效果[18]。雷诺数可以用来判断流体的流动状态，从而考虑相应的解决方案。当 $Re \leqslant 10$ 时，设计弯曲式微混合器能够促使流场出现涡流。当 $10 \leqslant Re < 100$ 时，利用三维不对称的微通道结构能有效产生涡流。当 $Re > 100$ 时，通过在微通道内设计各向异性不对称线槽，产生的阻力能够使流体局部旋转，达到涡旋状态。

2.3.3.2 微流控反应器中流体的表面张力测定

微流控反应器的尺寸大幅度减小时，微通道的比表面积与体积比大大增加，在微尺度下流体的流动性质与常规尺度流体有一定差别，常规尺度下的一些主要作用力（如重力）在微尺度下不再发挥作用，此时表面张力对流体流动起主导作用。液滴通过最小化其表面积来使其自由能最小化。形成这种情况的有效力称为表面张力（γ）。一般采用双毛细管法测量微通道内不同样品的表面张力：

$$\gamma = \frac{\Delta h \rho}{\Delta h_0 \rho_0} \gamma_0 \tag{2-14}$$

式中，Δh 为实验液面高度差，m；Δh_0 是标准液体在两个不同半径毛细管中的液面高度差；ρ 为实验液体密度，kg/m^3；ρ_0、γ_0 分别是标准液体的密度和表面张力。

2.3.3.3　微流体的流体黏度特性

在微尺度下，流体在不同截面形状的微管道中流动时，流体黏度各不相同，与通道尺寸、截面形状和压强等因素有关。

通常采用黏度仪测量液体黏度，同步电机以稳定的速度旋转，连接刻度圆盘，再通过游丝和转轴带动转子旋转。如果转子未受到液体的阻力，则游丝、指针与刻度圆盘同速旋转，指针在刻度盘上指出的读数为"0"。反之，如果转子受到液体的黏滞阻力，则游丝产生扭矩，与黏滞阻力抗衡最后达到平衡，这时与游丝连接的指针在刻度圆盘上指示一定的读数。将读数乘上特定的系数即得到液体的黏度[19]。

$$\eta = K\alpha \tag{2-15}$$

式中，η 为黏度；K 为黏度系数；α 为指针所指读数（偏转量）。

2.3.4　微反应器参数测定

2.3.4.1　微反应器结构与尺寸测定

微反应器的形貌结构和通道尺寸是微流控系统的研究基础，利用微加工手段制备形貌各异、大小不同的微反应器后，常要借助测量工具来表征其基本形貌及尺寸。常用的有轮廓测量仪、光学显微镜、扫描电子显微镜等。

（1）轮廓测量仪　轮廓测量仪分为机械探针式轮廓仪和光学轮廓仪。机械探针式轮廓仪是接触式测量，通过触针在被测表面之间滑动，根据信号传递能够准确计算出表面轮廓曲线的形状；光学轮廓仪是非接触式测量，利用干涉原理或者面共轭特性来实现表面形貌的测量[12]。

机械探针式轮廓仪利用触针沿微反应器表面或者内部移动，移动的触针对横向和纵向的移动距离反映出微反应器的形貌和光学性质。机械探针式轮廓仪适用于毫米级微流控通道尺寸的测量，但是该方法应用于面壁较软的反应器时，可能会破坏反应器表面；受探针尺寸限制，测量反应通道的边缘位置容易出现曲线失真。光学轮廓仪将聚焦光束作为触针，通过偏离显微物镜焦点的线性测量值展现被测元件的微观形貌。该方法测量系统较复杂，测量范围在微米到毫米级。

（2）光学显微镜　光学显微镜使用光波的折射成像原理，利用凸透镜的放大成像，将人眼难以分辨的很微小的物体放大到人眼能分辨的尺寸。光学显微镜具有微米级的分辨率，可以实时观察微反应器的结构形貌，对反应元件进行几何数测量。在测量过程中能够随时改变待测样品的位置，对不同角度的结构尺寸进行观测，操作简单便捷。

（3）扫描电子显微镜　扫描电子显微镜利用电子束扫描被测样品表面，激发出二次电子，接收器将信号发送至显示屏显示出被测样品的几何形貌。

扫描电镜常用作测量微系统的结构形貌，具有纳米级分辨率。但要求样品必须导电，这就需要对微流控芯片表面进行导电处理。该方法主要用于文献中的定性照片，一般不作为日常测量手段使用。

2.3.4.2　微流控反应器中流体温度测定

温度在反应和分离过程中至关重要，通过温度检测能够了解反应体系的温度分布和变化状况。现有的测温技术较多，包括红外探测仪测温、微型热电偶测温和荧光强度测温等。

(1) 红外探测仪测温 红外探测仪工作原理：通过接受流体散发出来的红外辐射能量，能准确测量物体表面温度[20]。红外探测仪测温时，要将仪器对准被测物体并控制好探测仪和物体的距离。红外探测仪只能测量表面温度，内部温度测量可能不准确，不同的环境条件也可能影响测温精度。

(2) 微型热电偶测温 热电偶测温工作原理：两种成分不同的导体（热电偶丝或热电极）组成闭合回路，当两端结合点的温度不同时，回路中会生成电动势[21]。热电偶常用于绝对或差分测量，经济效益高。但精度低，温度分布不能平面成像。

(3) 荧光强度测温 荧光强度测温工作原理：将有机荧光染料作为温度指示剂，当激发光强度恒定时，荧光染料的荧光强度随温度而变化。荧光强度测温作为一种非接触性测温技术，对设备要求低，测温范围广，响应速度快。该方法适用于微通道内部或细胞内的测温。

2.3.4.3 微流控反应器中流体流速测定

微流控系统中监测流体流速能够了解反应体系中流体的流动分布和反应状态的变化，通过对反应体系的混合和分离状况进行监测，可以精确控制反应进程以确保反应顺利进行。微流体流速测定技术主要有：在微通道内放置流速仪传感器；在流体中引入示踪微粒作为标记物，进行微粒成像测速；微粒的共聚焦荧光显微镜测速等。

(1) 内置电磁流速仪传感器 电磁流速仪传感器工作原理：把水流作为导体，在一定的磁场中切割磁力线，即产生电动势，其电压与流速成正比。当水流在其表面流动时，电极上产生微量电压信号，用导线将信号传送到计数器上，经放大和模数转换等电路处理，即可直接显示流速。

(2) 微粒成像测速 微粒成像测速工作原理：在流体中引入微粒或脂质体作为示踪粒子，连续记录示踪粒子的位置变动情况，从而得到流体的流速及流型。

(3) 共聚焦荧光检测测速 共聚焦荧光检测测速工作原理：利用荧光物质作为示踪粒子，共聚焦荧光显微镜检测单位时间内示踪粒子的移动距离，获得扩散速度和流体流速等信息。

2.4 实验案例

2.4.1 毛细管测表面张力实验

2.4.1.1 实验目的

① 掌握毛细管升高法测液体表面张力系数的原理和方法。
② 了解微流控参数的测定原理。
③ 掌握微流控参数的测定方法。

2.4.1.2 实验原理

液体表面存在一种相互吸引的力，类似紧绷的弹性薄膜，液面向内收缩的力使液滴呈现球形。表面张力的方向与液面垂直，将毛细管插入水中，水对玻璃的浸润作用让管内的水面形成凹面，如图 2-1 所示。由于液面总是趋向平整，弯曲的液面会对下层液体施加压力，水面会沿毛细管壁上升。当液体不再上升，表明液面的上下压强趋于平衡。毛细管内受力平衡方程为：

$$F_1 + mg - F_2 - f\cos\theta = 0 \tag{2-16}$$

式中，F_1 为毛细管内液面上部压强，N；F_2 为下部托力，N，液柱下端与管外水面等高，压力为大气压力，则 $F_1 = F_2$；$mg = \rho gh\pi r^2$，为液柱的重力（h 为毛细管内液柱上端凹面到管外液面的高度，mm），N；$f\cos\theta$ 为表面张力，N/m；$f = 2\gamma\pi r$，r 为毛细管内半径，mm；θ 为液面接触角，(°)。

理想状态下，纯净水与光滑玻璃间的接触角 $\theta = 0°$ 时，则式（2-16）可简化为：

$$\rho gh\pi r^2 = 2\gamma\pi r \tag{2-17}$$

$$\gamma = \frac{1}{2}\rho ghr \tag{2-18}$$

当接触角 $\theta = 0°$ 时，液柱凹面为半球形，凹面周围液体体积等于半径为 r、高为 r 的圆柱体积减去半球体积，相当于管中 $r/3$ 高的液柱体积，式（2-18）中的 h 应当增加 $r/3$ 的修正值，则表面张力系数（γ）为：

$$\gamma = \frac{1}{2}\rho gr\left(h + \frac{r}{3}\right) \tag{2-19}$$

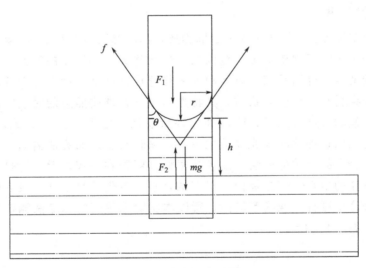

图 2-1　实验原理示意图

2.4.1.3　化学试剂与仪器

不同内径的毛细管（5 个）、刻度尺（1 个）、游标卡尺（1 个）、50mL 烧杯（1 个）、温度计（1 个）、支架（1 个）、蒸馏水（1 瓶）。

2.4.1.4　实验步骤

① 用游标卡尺测量不同尺寸的毛细管内径。

用游标卡尺测量不同尺寸的毛细管内径至少 5 次，求平均值，并标记好每根毛细管。

② 将不同尺寸毛细管插入水中，待液柱上升稳定，记录每根毛细管对应的水柱高度。

a. 将不同尺寸毛细管和烧杯清洗干净；

b. 将毛细管烘干，冷却；

c. 将烧杯内注入蒸馏水，置于铁架台上；

d. 将不同尺寸毛细管插入烧杯中并用夹子固定，使其垂直于水面，刻度尺测量液柱高度 h，重复测量 5 次取平均值。

③ 测蒸馏水温度。

用温度计测量烧杯内蒸馏水的温度，并查出该温度下水的密度。

④ 数据处理，根据上述推导式计算水的表面张力。

2.4.1.5 思考题

① 哪些因素影响表面张力测定结果？如何减小以致消除这些因素对实验的影响？

② 对实验的误差分析：水和玻璃管是否绝对纯净，所用测量仪器的精确度是否准确？

③ 对该实验进行讨论并提出改进意见。

2.4.2 示踪法测流体流速

2.4.2.1 实验目的

① 了解微流体通道内的流体流动形态。

② 掌握微流体流速的测定方法。

2.4.2.2 实验原理

示踪法的基本原理：在流体中注入示踪物质，示踪物质会随着流体运动，在流体稳定运动范围内检测记录示踪物质从运动范围的一端到达另一端所用的时间，用两端的距离除以运动的时间就可以得到示踪物质运动的平均速度，经修正后就可以近似得到流体的平均流速。荧光染料是一种化学物质，其特性是在被紫外线照射的时候，会形成另一种独特状态，这时候就会发出荧光，待这种独特状态消失之后，就会恢复成原来的样子。荧光示踪法就是利用这种化学荧光物质的特性，来进行辅助研究所需研究的对象的。当荧光物质和所要研究的物质进行结合或者是很好地吸附在一起之后，通过荧光物质可以了解所要研究流体的信息。荧光标记有很多的优点，首先就是不会有放射性的污染，其次就是操作起来简单可行，准确率较高，所以本实验采用荧光示踪法测定微通道中微流体的流速变化，如图 2-2 所示。

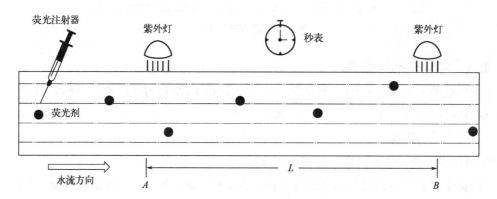

图 2-2 流速测量示意图

2.4.2.3　化学试剂与仪器

微流泵（1个，南京捷纳思新材料有限公司）、注射器（1个）、热塑性聚氨酯弹性体（TPU）微管（50cm）、LUYOR-6200水基荧光示踪剂（1个，上海路阳仪器有限公司）、紫外灯（1个）、秒表（1个）、蒸馏水（1瓶）。

2.4.2.4　实验步骤

① 首先将微流泵、注射器和TPU微管组装成连续的流动模块。

a. 将装满蒸馏水的注射器与内径为3mm的TPU微管相连接；

b. 将注射器置于微流泵，固定TPU微管使其垂直于实验台。

② 处理LUYOR-6200水基荧光示踪剂，荧光示踪剂为黄绿色液体，用于测量微通道内的流动速度。

a. 将荧光示踪剂在去离子水中稀释至1%的浓度；

b. 将稀释后的荧光示踪剂放置于另一注射器中，并将针头插入充满水的TPU微管中；

c. 打开微流泵，使注射器中的蒸馏水流入微通道；

d. 待水流稳定，将另一注射器中的荧光示踪剂缓慢注入微管；

e. 使用秒表手动记录微通道内荧光示踪剂从A点流到B点所需要的时间。

③ 整个实验过程需要在微通道内的A、B区域测量十次微球的流动速度，将实验数据进行详细记录。

2.4.2.5　思考题

① 测定微通道内流体流速的办法还有哪些？

② 微通道内流体流速的影响因素有哪些？

参考文献

[1] 赵兰杰，郑振坤，张媛媛. 微型生物反应器研究进展[J]. 化学与生物工程，2018，35（4）：12-15.

[2] Liu Y，Jiang X. Why microfluidics? Merits and trends in chemical synthesis[J]. Lab On a Chip，2017，17（23）：3960-3978.

[3] 张芳娟，刘海兵，高梦琪，等. 浓度梯度微流控芯片在药物筛选中的应用[J]. 化学进展，2021，33（7）：1138-1151.

[4] 陈光文，权袁. 微化工技术[J]. 化工学报，2003，54（4）：428-436.

[5] Chen Y，Liu G，Xu J，et al. The dynamic mass transfer of surfactants upon droplet formation in coaxial microfluidic devices[J]. Chemical Engineering Science，2015，132：1-8.

[6] Huang D，Man J，Jiang D，et al. Inertial microfluidics：Recent advances[J]. Electrophoresis，2020，41（24）：2166-2187.

[7] Zhou J，Papautsky I. Viscoelastic microfluidics：progress and challenges[J]. Microsystems & Nanoengineering，2020，6（1）：1-24.

[8] Tostado C P，Xu J H，Du A W，et al. Experimental study on dynamic interfacial tension with mixture of SDS-PEG as surfactants in a coflowing microfluidic device[J]. Langmuir，2012，28（6）：3120-3128.

[9] Ahmed I，Iqbal H M N，Akram Z. Microfluidics engineering：recent trends，valorization，and applications[J]. Arabian Journal for Science and Engineering，2018，43（1）：23-32.

[10] van Stee J，Adriaenssens P，Kuhn S，et al. Liquid-liquid mass transfer in microfluidic reactors：Assumptions and realities of non-ideal systems[J]. Chemical Engineering Science，2022，248：117232.

[11] Darhuber A A，Troian S M，郑旭. 表面应力调制的微流控技术的驱动原理[J]. 力学进展，2007（1）：113-129.

［12］ 李宇杰，霍曜，李迪，等 . 微流控技术及其应用与发展［J］. 河北科技大学学报，2014，35（1）：11-19.

［13］ 叶思施，唐巧，乔军帅，等 . P507-煤油体系物性测量及其在澄清槽内的 CFD 模拟［J］. 化工学报，2016，67（2）：459-467.

［14］ 廖飒懿，杨代军，明平文，等 . 微流道气-液两相流研究及其在 PEMFC 中的应用进展［J］. 化工进展，2021，40（9）：4734-4748.

［15］ Wang K，Lu Y C，Xu J H，et al. Determination of dynamic interfacial tension and its effect on droplet formation in the t-shaped microdispersion process［J］. Langmuir，2009，25（4）：2153-2158.

［16］ Xu J H，Dong P F，Zhao H，et al. The dynamic effects of surfactants on droplet formation in coaxial microfluidic devices［J］. Langmuir，2012，28（25）：9250-9258.

［17］ 黄笛，项楠，唐文来，等 . 基于微流控技术的循环肿瘤细胞分选研究［J］. 化学进展，2015，27（7）：882-912.

［18］ Geng Y，Ling S，Huang J，et al. Multiphase microfluidics：fundamentals，fabrication，and functions［J］. Small，2020，16（6）：1906357.

［19］ 张宝瑜 . NDJ-1 型旋转式粘度计试测小结［J］. 江苏陶瓷，1983（1）：54-58.

［20］ 张志强，王萍，赵三军，等 . 目标距离与角度对红外热成像仪测温精度影响分析［J］. 天津大学学报（自然科学与工程技术版），2021，54（7）：763-770.

［21］ 陈栩颖，倪伟 . 热电偶温度测量系统中电磁继电器的影响分析［J］. 家电科技，2022（1）：116-121.

第三章

微流控芯片设计与制备

3.1 引言

微流控芯片（microfluidic chip）技术是一种在微米尺度空间对流体进行操作和控制的科学技术，因其将生物、化学等实验室的基本功能微缩到一个几平方厘米的芯片上，所以又被称为芯片实验室（lab-on-a-chip）[1]。在现阶段，主流形式的微流控芯片大多由微通道形成网络，其中流体贯穿整个系统，用以实现常规化学或生物等实验室的各种功能。微流控芯片的基本特征和最大优势是多种单元技术可以在微小平台上灵活组合，并能实现规模化集成[2]。

微流控芯片作为一项具有战略意义的科技成果，其发展具有内在必然性。微流控芯片与信息科学、信息技术之间的特殊联系是其战略地位的重要体现。20世纪，人们通过信息在半导体或金属中的流动，创造了信息科学和信息技术。到了21世纪，人们利用微流体控制芯片中的液体，了解和理解生命。生命与信息是当今科技发展的重心，将两者有机地结合起来，将铸就具有战略性的新科技[3]。举例来说，基于微流控技术的数字液滴、数字PCR（聚合酶链式反应）等技术，其基础是液滴技术，即将两种互不相溶的液体，以其中的一种作为连续相，另一种作为分散相，分散相以微小体积单元（$10^{-15} \sim 10^{-9}$ L）的形式和极快的速度（$10^3 \sim 10^6$ 个/秒）分散于连续相中，形成可以用作微反应器的液滴[4]。因此，利用液滴发生器，可以使宏观样品在单个分子水平上实现大规模、超低含量的快速反应。该技术具有形状多样、控制灵活、尺寸均匀、传热传质良好等优点，在药物制备、材料筛选、高附加值微粒材料制备等方面具有很大的应用前景。在不久的将来，随着越来越多的先进电子技术进入微流控芯片领域，可以预见越来越多的智能微流控芯片将改变人们的生活[5]。

微流控芯片的研究涉及芯片的材料选择、尺寸设计、结构设计、加工和表面修饰等，这些参数决定了芯片的功能。芯片作为微流控技术的核心，决定了未来芯片实验室领域的竞争首先将是微流控芯片设计与制造的竞争。

3.2 微流控芯片的种类

微流控芯片的技术优势在于其可以灵活组合、规模化集成，能够实现反应装置的小型化与自动化。微流控芯片技术可被用于新药物的合成与筛选、环境监测、刑事科学、食品和商品检验、军事科学和航天科学等重要应用领域。根据应用方式的不同，微流控芯片被分为三种：合成筛选芯片、检测分析芯片以及器官芯片。

3.2.1 合成筛选芯片

微流控芯片具有较高的传质传热效率，能够提高反应速率、反应选择性和操作安全性，能够实现反应的高效进行，是一种绿色、环保的新科学研究技术平台。在微流控芯片中进行的反应原料利用率高，可以降低高价格、有毒、污染大的反应物用量，同时使得反应过程中产生的污染物减少，实现实验过程低污染或零污染。通过在原有微尺度混合强化的基础上施加光、电、磁等多物理场，还可影响化学反应和分子自组装等的进程，进而合成与制备出性能更加优良的材料。微流控芯片克服了常规间歇式合成过程中颗粒尺寸不均匀的问题，为新型材料的合成提供了新思路，同时也为纳米药物的输送提供了一个新途径。例如采用油包水或水包油乳液为模板，可以用来制备各种水溶性或油溶性单体的微细粒子，并可根据模板液滴的成分调整和优化微粒的化学成分，实现微粒的功能调控。另外，微流控技术可在微通道内连续地生产和操作乳液微珠，也使它能与多种装置结合，为球状或非球状微粒的连续可控合成提供多种合成条件，实现球形甚至非球形微颗粒的连续可控制备[6]。微流控芯片的筛选功能主要是依靠微液滴操控系统，微液滴操控系统能够将分析样品由连续流分割为分散流或微液滴，微液滴由不相溶的惰性物质连续包裹而成，极大地提高了微粒子内部活性成分的抗干扰能力。此外，由于各微液滴均为单独的分析单位，故其测定的重现性也随之增加。以介质为基础的电润湿方法对微滴的操纵具有很强的灵活性，利用计算机程序控制，可以准确地完成微液滴的输送、混合和分离[7]。

如图 3-1(a) 所示，戈钧等人[8] 开发了一种在微流控层流中合成酶包埋多金属氧化物纤维的方法。在合成的过程中，微流控芯片中的梯度混合过程中金属-有机骨架（MOF）前驱体浓度的不断变化导致了产品的结构缺陷，这种缺陷使 MOF 呈现多模式孔径分布，使基质更好地接触到微囊化的酶，同时保持对酶的保护。与传统的本体溶液合成相比，所制备的酶-MOF 复合材料显示出更高的生物活性，这项工作表明微流控流动合成在制备高活性酶-MOF 复合材料方面具有光明的前景。姜洪源等人[9] 开发了一种灵活的微流控合成方法，以实现高效的连续微混合和微反应。在不对称排列的微加热器的作用下，微流体因受热不均形成了热浮力对流，诱发微涡，从而引起了有效的流体界面扰动，促进了扩散和对流传质。通过这种方法，他们成功合成了纳米级的氧化铜。此外，本尼迪克特试剂与葡萄糖缓冲液得到了有效混合，其颗粒粒径可通过调整本尼迪克特试剂的电压和浓度进行调节。这种微量混合器的适用范围非常广泛，在需要进行样品均匀混合的各种应用领域都具有很高的吸引力。Akbari 等人[10] 提出一种基于藻酸盐微粒的微流控芯片来检测抗体分泌细胞的方法。将单抗体分泌细胞封装在直径为 $35 \sim 40 \mu m$ 的藻酸盐微粒中，利用功能化藻酸盐捕获单抗体分泌细胞分泌的抗体，防止相邻封装细胞之间的串扰。通过对不同微粒中的单细胞进行分析，可以从抗体分泌细胞的混合物中筛选出抗 TNF-α 抗体分泌细胞。

近年来，由于抗生素过度使用，全球出现了抗生素耐药菌的问题，迫切需要新的、快速、廉价的抗生素敏感性筛查方法。Kirov 等人[11] 开发了一种用于检测抗生素耐药性的微流控设备，该装置可以在 6 小时内快速检测出微生物的耐药情况。该芯片由三个通道组成，包括两个培养通道和一个真空通道，每个培养通道都包含 69 个单独的培养室。培养室与培养通道相连，保证了物质养料的传输［图 3-1(b)、(c)］。基于聚二甲基硅氧烷（PDMS）的气体渗透性，通过施加真空，该系统可以从培养室中抽出空气，使得细胞能够填充到各个培养室中。它同时保护细胞不受剪切力的影响，因此能够在其中不受干扰地培养细胞［图 3-1 (d)］。分析实验拍摄到的细胞图像便可估计细菌生长情况，多个培养室能够确保筛选过程的可靠性［图 3-1(e)］。该系统是微流控系芯片作为细菌抗生素耐药性检测装置的一个很好的例子，为开发出可靠、可重复，并且具有成本效益的微生物细胞筛选实验方法提供了一种可行思路。

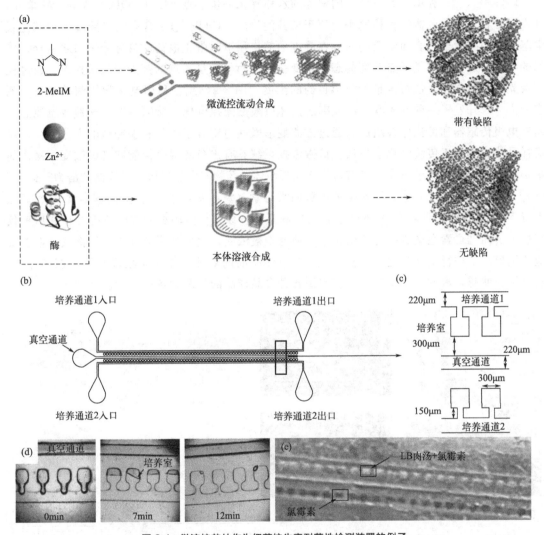

图 3-1 微流控芯片作为细菌抗生素耐药性检测装置的例子

（a）用于合成酶-MOF复合材料纤维的微流控芯片[8]；（b）～（e）用于细菌抗生素药敏筛查的微流控装置[11]；（b）微流控芯片示意图；（c）局部细节放大图；（d）正在填充细菌的培养室；（e）细菌在不同培养条件下生长繁殖

3.2.2 检测分析芯片

微流控检测分析芯片以分析化学为基础，以微机电加工技术为依托，是当前检测分析系统领域发展的重点。微流控技术的使用，极大地降低了样品和试剂的用量，同时也减小了检测仪器的体积。由于流体在微通道中的流动为层流，因此微流控技术可以对物质进行稳定的控制，从而提高检测的准确率和灵敏度[12]。微流控技术可以将采样、稀释、加试剂、反应、分离、检测等多个功能模块集成在一个微小的芯片中，能够模拟整个分析实验室的功能，降低人力成本和仪器设备成本，同时解决了传统检测过程中的不封闭、不安全、易污染等问题。根据检测项目来区分，微流控检测分析芯片的常见检测领域有血糖类、心血管类、凝血/溶栓类、感染因子类、血气电解质类、妊娠类、肿瘤标志物类、肾脏标志物类、酒精检测类等细分领域。目前在微流控领域中应用的检测技术主要是光学检测、电化学检测、质谱检测等。

陈苏等人[13]利用具有三种不同配体的水相碲化镉量子点（CdTe QDs）作为传感单元，开发了一种可视化的微流控检测平台用于兽药的检测。CdTe QDs含有大量羧基，羧基是吸电基团，使得量子点表面带负电荷。在静电力的作用下，带正电荷的目标分子与之结合，体系的酸度增加，使得量子点表面能态发生变化，进而导致量子点的荧光衰减或猝灭，通过检测荧光颜色的强度，便可定量检测出兽药的浓度［图 3-2(a)］。利用电化学检测的原理，胡宁等人[14]开发了一种低成本、高效率的抗坏血酸微流控电化学检测装置。这种微流控芯片由三电极传感器和微流体泵组成，通过方波蛇形微通道实现了样品和缓冲液的充分混合，所需样品体积远小于传统电化学方法。该微流控系统具有出色的混合性能和高灵敏度，操作简单，成本低，样品需求量小，具有应用于生理流体、药物和食品领域即时检测的潜力［图 3-2(b)］。许丹科等人[15]建立了花生油中黄曲霉毒素（黄曲霉毒素 B_1、黄曲霉毒素 B_2、黄曲霉毒素 G_1、黄曲霉毒素 G_2）的快速自动检测系统。该系统由固相萃取微流控芯片和质谱仪组成。黄曲霉毒素在微流控芯片固相萃取通道中被浓缩，然后洗脱并被引入质谱仪，在多反应检测模式下进行定性和定量分析。该系统将样品的前处理工作完全集成到微流控芯片中，实现了黄曲霉毒素的在线检测，可扩展到各种食品样品的检测领域中使用。

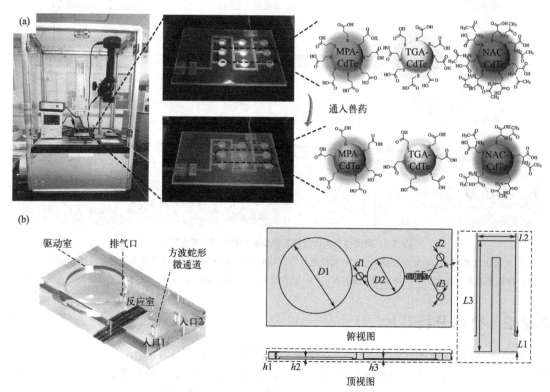

图 3-2　使用不同检测原理的微流控检测分析芯片（见文前彩插）

（a）量子点光学检测芯片[13]；（b）电化学检测芯片[14]

3.2.3 器官芯片

器官芯片是一种在芯片上构建的生理微系统，以微流控芯片技术为核心，通过与细胞生物学、生物材料和工程学等领域多种技术相结合，研究对象可以包含人体细胞、组织、血液、脉管等，可观察体液在组织和器官中的流动，模拟人体真实环境、行为及状态[16]。迄今为止，动物研究仍然是药物开发中药物临床前验证的黄金标准，然而临床前动物实验有很多弊端，例如花费极大，耗时极长，存在动物权、动物伦理等问题，从动物研究中获得的结果的准确性和可重复性不适合人类[17]。鉴于对人类的不同反应和意外毒性，即使在通过动物模型进行临床前评估后，约 40% 的新开发药物也未能通过临床试验[18]。因此器官芯片是对哺乳动物细胞及其微环境进行操控极其重要的技术平台，可望大规模替代小白鼠等模型动物，用于验证候选药物，开展药物毒理和药理作用研究，实现个体化治疗。

器官芯片是一种集成化、微型化、高通量、低消耗、快速分析的技术，它还可以对化学浓度梯度、流体剪切力等多种系统参数进行精密调节，从而可以模拟器官的复杂结构、微环境和生理功能。与常规的毒理学动物实验比较，器官芯片可以更好地反映人体的实际状况，可以避免在动物实验中出现错误，而且比静态培养法更能体现组织的敏感性和特异性。此外，由于该方法可以降低对动物研究的需求，所以它在生命科学、疾病模拟、药物开发等方面有着广阔的应用前景，同时也引起了政府、科学界和工业界的高度重视[19]。

采用器官芯片可以获得人类遗传学、生理学、病理学等方面的多样性资料，从而降低药物研发的风险并推动个体化治疗。现阶段的器官芯片平台运用微流控技术和三维细胞培养技术构建微米级的人体组织和器官，减少了动物模型、细胞培养和临床研究之间安全性和有效性的差异，从而加速药物研发[4]。单器官芯片专注于模拟人体器官功能，而多器官芯片集成多个器官单元，如用于药物吸收的肠道隔室、用于药物代谢的肝隔室和用于药物消除的肾隔室，在一个芯片中可以实现更全面的功能。James J. Hickman 等人[20] 开发了心脏-肝脏-皮肤三器官系统，用于分析急性和慢性药物暴露对心脏和肝功能的影响。此外，他们还在微流控芯片上培养肝脏、心肌和骨骼肌以及神经元，构建了一种多功能、多器官系统。每个组织模块在经过表面化学修饰的平板上进行培养，这种经化学处理的平板可以促进细胞附着并充当细胞外基质。该器官芯片中，心脏、骨骼和神经元模块均设有多个电极阵列，利用电信号可以刺激和记录组织亚型活动。这一微流控器官芯片系统展示了基于人类细胞的体外培养系统在评估药物的靶向疗效和非靶向毒性方面的有效性，提高了临床前研究中药物评价的效率[21]。Donald E. Ingber 等人[22] 开发了一个由高度分化的人支气管呼吸道上皮和肺内皮细胞组成的微流控支气管呼吸道芯片，该芯片由两个平行的微通道组成，通道之间由涂有细胞外基质的多孔膜隔开，原代人肺支气管气道基底干细胞被培养在气道通道膜的一侧，与在血管通道中培养的原代人肺内皮相接触。这一呼吸道芯片可以模拟病毒感染、菌株依赖的毒力、细胞因子的产生和循环免疫细胞的招募，提高了不同预防药物的识别性能和药物再利用的可能性。Teresa K. Woodruff 等人[23] 为研究卵巢激素对女性生殖道下游及周围组织的调控作用，将卵巢、输卵管、子宫、宫颈和肝脏组织培养在微流控系统中，该微流控集成平台能够实现器官之间相互作用的动态和精确控制，在实验过程中运行长达一个月。这种器官芯片是一种强大的体外工具，在药物发现和毒理学研究中具有巨大的潜力（图 3-3）。

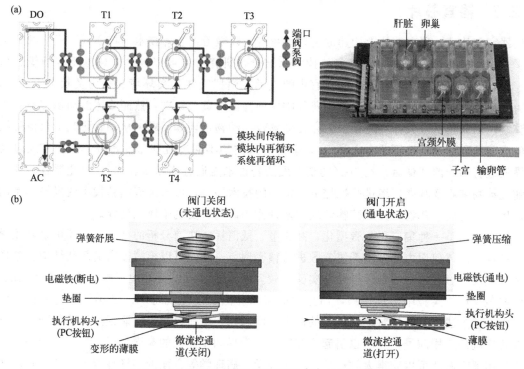

图 3-3　女性生殖系统微生理系统芯片[23]（见文前彩插）

（a）五个组织模块（卵巢、宫颈外膜、子宫、输卵管和肝脏）的通路连接图；（b）电磁微泵结构示意图

3.3　微流控芯片的材料

　　微流控芯片的材料最初主要由硅和玻璃基板组成，随着该领域的推进，其他材料也得到了广泛应用。这些材料可以分为三大类：无机材料、聚合物基材料和纸基材料。无机材料最初主要包括硅和玻璃，随着技术的发展，目前已扩展到低温共烧陶瓷和玻璃陶瓷等基板；聚合物基材料包括弹性体材料和热塑性塑料；而将纸基材料用作微流体材料则是近年来新兴的一种技术，它与由聚合物或无机材料制成的设备有很大不同。在实际应用中，一般根据需要选择合适的材料，或者结合多种不同材料的优点来制作芯片。

3.3.1　无机材料

　　（1）硅　微流控芯片的制作技术由半导体行业的微机电系统工艺技术发展而来，包括光刻、湿法/干法蚀刻和添加剂等方法，因此硅是第一种被用于制作微流控芯片的材料[24]。硅材料具有良好的化学惰性，对有机溶剂有着良好的耐受能力；其次它具有优越的导热性，热稳定性良好；而且硅材料能够很容易进行金属沉积，可以实现具有不同结构功能的微流控芯片的设计制作。

　　硅材料也有一些缺点：由于硅的弹性模量较高，通常能够达到 $130\sim180GPa$，因此很难将其制成诸如阀门或泵的有源微流控部件；而且由于硅材料不能透过可见光，这使得由硅材料制作的微流控芯片难以应用在荧光检测或流体成像方面。所以在实际工作中，研究者们往往将硅材料与透明的聚合物或玻璃材料进行结合来制作微流控芯片[25]。此外由于近年来基于硅烷醇基团（—Si—OH）的硅表面化学发展迅速，所以还可以通过硅烷对硅材料的表面进行改性，丰富了硅基微流控芯片的应用领域[26]。

（2）玻璃　由于硅材料芯片的成本较高，制作难度大，因此玻璃材料也一度成为微流控芯片的首选材料。与硅芯片制作过程类似，玻璃材料的微结构制作同样采用湿法刻蚀或干法刻蚀。由于玻璃也具有较大的弹性模量，因此阀门和泵等有源元件也需要通过附加的方式来制作。

玻璃具有良好的生物相容性，且其非特异性吸附性相对较低，能够与生物样品相容。玻璃也具有低的背景荧光，并且与硅一样，可以使用基于硅烷醇等化学物质进行表面修饰改性；而且玻璃本身也可以超薄玻璃片的形式集成为活性成分[27]；此外，玻璃的热稳定性和化学稳定性较好，在实验结束后通过加热芯片或用化学品清洗可以有效清洁设备[28]。玻璃微流控芯片的成分通常由钠钙玻璃、硼硅酸盐玻璃和熔融石英组成，由于其透明度高，因此玻璃微流控芯片可用于光学检测[29]。尽管玻璃价格便宜，但制造芯片的成本很高，劳动力消耗大，这也成为限制玻璃材质微流控芯片广泛应用的一种因素[30]。

（3）陶瓷　陶瓷是近年来在制作微流控芯片时使用较为广泛的一种材料，这里的陶瓷通常指的是基于氧化铝的陶瓷材料，也称之为低温共烧陶瓷。将这种材料进行图案化之后在高温下加热烧制便能制作微流控芯片。

低温共烧陶瓷技术在小批量的军事武器、航空航天材料和大批量的民用便携式无线设备、汽车零部件等的应用都已经十分成熟。低温共烧陶瓷具有良好的电器性能和力学性能，使用该陶瓷技术制作的微流控芯片可靠性很高，而且可以制造出集精密的微机电系统、微型光电系统于一体的芯片，能够同时实现电子参数的测量、信号的控制与调整。基于这种优势，电学、光学信号的检测，气体及流体的流动等均可在同一个封装好的芯片中实现，这一优势也是低温共烧陶瓷相对于硅、玻璃和聚合物技术芯片的主要优势。此外，低温共烧陶瓷价格与硅材料相比具有很大的优势，开发周期也短，因此近年来被广泛应用。然而陶瓷在尺寸稳定性、孔隙率和脆性方面存在一些局限性，这使得难以将各种类型的材料集成到完整的微系统中[29]。

3.3.2　聚合物基材料

（1）硅弹性体　硅弹性体通常指的是聚二甲基硅氧烷（PDMS）材料，这种材料首次应用在微流控芯片当中是在 20 世纪 90 年代后期[31]。由于 PDMS 材料的成本适中，制作芯片的流程比较便捷，因此其也是目前实验室中使用最为广泛的一种制作微流控芯片的材料。

制作 PDMS 微流控芯片的方法以传统的加工或光刻方法为主。首先利用光刻技术制作出具有微通道的模具，之后在这些模具中浇筑 PDMS 溶液，待 PDMS 固化后便能形成具有所需通道的微流控基板。通过将具有不同结构的微流控基板进行堆叠，便可以很轻松地创建具有复杂流体通道的微流控芯片。

由于 PDMS 具有较低的弹性模量，通常为 $300\sim500\mathrm{kPa}$，因此这种材料可以很容易地被制成阀门或泵。此外由于 PDMS 材料的透气性较好，使用 PDMS 制作的芯片可以应用于研究细胞中氧气和二氧化碳的运输。但是在使用 PDMS 芯片的过程中，由于溶液的侵蚀，PDMS 中的低分子量聚合物链可能会溶解浸出到溶液当中，这将会对细胞的研究产生负面影响[32]。此外 PDMS 的孔隙率也使其成为一种吸附材料，其中许多分子可以扩散，这使得在一些有机溶剂（包括己烷、甲苯和氯仿等[33,34]）存在的情况下，PDMS 微流控芯片会发生膨胀。目前，PDMS 材料在微流控技术的基础研究方面得到了广泛应用，其对于原型的快速检验设计具有很高的价值，然而其在商业上应用较少。

（2）热塑性塑料 当加热到热塑性塑料玻璃化转变温度时可以加工改变其形状，温度降低后，这种形状可以被冷却固定下来。基于这一特性，热塑性塑料也常常被加工制成不同形状的工业产品。热塑性塑料的种类繁多，在进行挑选时，应着重考虑其耐久性能、微加工性能及光学透明性能。

聚苯乙烯（PS）是细胞培养和分析的理想微流体材料。由于 PS 表面疏水，因此在制作芯片的过程中通常采用等离子体氧化或化学修饰才能使其亲水。

聚碳酸酯（PC）由双酚 A 和光气聚合而成，具有重复的碳酸酯基团，耐用性良好。由于 PC 具有非常高的软化温度，通常能达到 145℃，因此其成为 DNA 热循环应用的理想选择。

聚甲基丙烯酸甲酯（PMMA）由甲基丙烯酸甲酯聚合形成，是一种无定形热塑性塑料，其溶剂相容性略优于 PDMS[35]，并且没有小分子吸收。PMMA 是光学透明的，具有高达 3.3GPa 的弹性模量，有着良好的力学性能。PMMA 微流控芯片的图案可以通过热压花或注塑成型形成，并允许在小规模生产中进行表面改性和原型设计，这些特性对于研究生理微环境很有用，特别是对于器官芯片设备和微生理系统。

环烯烃共聚物（COC）具有良好的光学透明性，能够在水溶液和绝大多数溶剂中使用，而且 COC 具有良好的成型性和低背景荧光，其在检测领域具有很高的应用价值。同样由于 COC 也是疏水性聚合物，因此其在加工制作芯片的过程中，往往也需要进行亲水处理。

全氟化聚合物，例如全氟烷氧基烷烃（Teflon PFA）、氟化乙烯-丙烯（Teflon FEP）和聚四氟乙烯（PTFE），具有热加工性、化学惰性、与有机溶剂的相容性和优异的防污性能，特氟龙还具有光学透明性和对气体的适度渗透性，这些特性使得这种材料可被用于细胞培养、高精度测定、超洁净工具以及阀门和泵的制造中[36]。此外，PTFE 还被应用于制作合成设备，它可以耐受各种化学物质和高达 240℃ 的温度，并且由于其疏水性，PTFE 在使用过程中不易堵塞[36]。然而全氟化聚合物由于弹性差以及加工过程比较困难，因此目前使用含氟聚合物作为实际微流控芯片的例子还比较少[33]。

水凝胶由亲水性聚合物链组成，具有多孔三维网络，允许小分子和生物颗粒的扩散。水凝胶具有生物相容性、低细胞毒性、生物降解性、可控的孔径以及高渗透性等优点。此外水凝胶类似于细胞外基质，具有模仿细胞黏附、增殖和分化的天然机械和结构线索的内在关键特征[35]，这些特性使水凝胶成为组织工程研究中 3D 培养细胞封装的理想选择，可用于输送溶液、细胞和其他物质，或作为传感器和执行器。尽管水凝胶是制作芯片的理想材料，然而目前实际中用水凝胶作为微流控芯片的案例较少，这是因为水凝胶在保持器件的完整性方面非常具有挑战性，这一缺点也可能成为长期限制水凝胶在微流控领域应用的关键因素。但是水凝胶通常可在由刚性材料制成的芯片内发挥微流体组件功能，例如半透性屏障和智能阀门[34]。

3.3.3 纸基材料

自 2007 年以来，人们一直在探索基于纸张的微流控芯片来作为其他昂贵材料的替代品。纸张是一种柔性的纤维素基材料，它具有资源丰富、价格低廉、可再生、易处理、易运输、易化学改性、稳定性好、生物相容性好等优点[35]。

纸张的流体流动主要受纤维素基质中产生毛细管作用的内聚力和黏合力的影响。流体的表面张力可与纸张纤维素纤维之间可以产生特殊的接触角，这种现象允许通过对基质中的某些区域进行疏水改性从而精确引导流体流动[35]。在发展中国家，基于纸张的芯片系统对于快速的临床诊断测试和医学筛查具有很大的优势，通常主要与比色法或电化学读数一起使用以检测目标生物分子[37]。此外，纸基微流控芯片操作简单，对设备的要求较低，可以直接和原位操作，这一特点使得其被认为是今后现场分析或测试领域中最有前途的解决方案之一[38]。然而受到纸张本身性质的影响，纸基微流控芯片在潮湿状态下的机械强度差，并且难以满足对透明度和厚度的特殊要求；此外由于流体的流动过程是被动泵送，这也对流动过程的精确设计造成了挑战[39]。

目前纸基材料已被广泛应用于各种快速测试。利用现代印刷技术，研究者们可以很容易地制备出用于分离、分析、检测的纸基微流控装置。pH 试纸便是最好的例子——传统的试纸测试由于其操作简单、使用方便、价格低廉等优点而得到了广泛的应用，但通常不能做多重分析和定量分析。而微流控纸芯片的应用将会更好地解决这个问题，并且使得检测过程朝着微型化、集成化和多功能化的方向发展[40]。

图 3-4 所示的是几个不同形式的微流控纸芯片。陈令新等人[41] 提出了一种在纸基微流控装置上制造可移动阀以操纵毛细管驱动流体的新策略。活动阀以空心铆钉为夹持中心，通过控制纸通道在不同层的运动从而控制通道的连接或断开，这种纸基微流控芯片装置稳健、通用，并且可与具有不同复杂程度的微流控纸基分析设备兼容。其课题组还提出了一种新型的三维折纸离子印迹聚合物微流控纸基芯片装置，用于特异性、灵敏和多路检测 Cu^{2+} 和 Hg^{2+}。在该装置中，通过氨基处理与 CdTe QD 接枝形成 Cu^{2+} 或 Hg^{2+} IIPs 和 CdTe QDs 复合物，导致 QDs 的荧光猝灭［图 3-4(a)］，该方法可以将液相 QDs@IIPs 转移到固体玻璃纤维纸上，提高了器件的便携性[42]。葛慎光等人[43] 提出了一种策略，将分子印迹聚合物

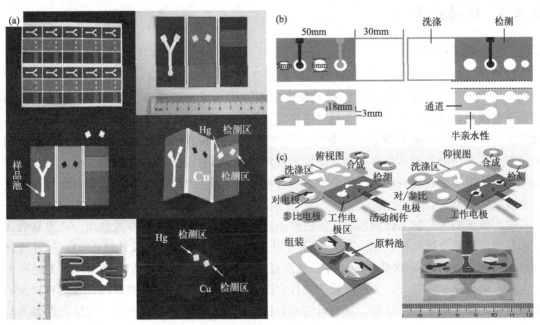

图 3-4　不同形式的微流控纸芯片（见文前彩插）

(a) 用于检测 Cu^{2+} 和 Hg^{2+} 的微流控 3D 纸基芯片[42]；(b) 一种双折叠微流控电化学纸芯片[43]；

(c) 一种带有可移动微阀的微流控电化学纸芯片[44]

（MIPs）添加到微流控纸芯片中，利用杂交链反应能够实现超灵敏检测目标糖蛋白卵清蛋白［图 3-4（b）］，这一方法在临床诊断和其他相关领域具有潜在的应用价值。此外，陈令新等人[44]也开发了一种新的无抗体生物标志物分析策略，利用带有可移动微阀的微流控纸基电化学装置进行 MIPs 的原位合成，并利用 MIPs 进行生物标志物的检测。这种微流控设备上的可移动阀门能够连续便捷地输送流体，从而保证了在长时间电聚合过程中制造的 MIPs 结构的性能［图 3-4（c）］。该策略可以利用分子印迹在纸基设备上直接检测抗原，大大降低了临床测试的成本，减少了烦琐的洗涤程序，并且在酶联免疫吸附试验中无需考虑抗体的保存问题。

3.4　微流控芯片的加工方法

微流控芯片的加工是利用微处理技术，将微反应池、微泵、微阀、检测单元等多种功能单元整合在一起。目前加工方法主要分为三种：机械方法（微切割加工、超声波加工）、能量辅助方法（电火花加工、电化学加工、激光烧蚀加工、电子束加工、聚焦离子束加工）和传统的微机电系统（microelectromechanical systems，MEMS）方法。与半导体集成电路的芯片的处理方式相比，微通道的深宽比及截面形状是微流控的主要参数。深宽比是指在衬底表面形成的微观结构的深、宽特性的比率，高深宽比结构的加工难度较大。对于直接加工的方式，微通道的形状特性与腐蚀方向相关，各向同性和各向异性会产生不同的形貌特征；对于复制加工方法，例如热模压、模塑成型等，微通道的几何尺寸与模板的形状和加工的工艺有着直接的关系。

3.4.1　机械方法

3.4.1.1　微切割加工

微切割法制作微流控芯片时使用的切削工艺包括钻孔和铣削，钻头的直径通常小于 3mm，并且转头的转度较之于传统机械加工中使用的转速要高很多。微加工用到的转头通常是带有碳化钨涂层的钻头，钻头材料通常为氮化钛、钛氮化铝或金刚石。微型工具的钻头通常由分辨率较小的研磨方法进行制造，目前最小的转头直径可以达到 $25\mu m$[45]。在使用微切割工艺制作微流控芯片时，加工不同的材料往往也需要选择不同的钻头。例如对于需要高表面光洁度的软质材料通常使用金刚石或带有金刚石涂层的钻头，而对于硬质材料，则使用立方氮化硼钻头。

使用微切割工艺加工微流控芯片的过程中，计算机向电机和服务器发送指令，刀具的速度和位置由雕刻系统软件控制。该方法还可以直接使用计算机辅助设计（CAD）软件或计算机辅助制造（CAM）软件中的文件，制造过程方便快捷。与传统方法相比，加工过程中也无需考虑热膨胀问题，因为在微铣削过程中通常涉及较小尺度的细微结构，其具有较大的比表面积，非常利于散热冷却。目前研究者们还开发出了高速铣削的方法，能够允许刀具与工件保持几乎恒定的接触，以最大限度地提高材料的去除率，因此使用微切割工艺可以很容易地加工出通道、通孔和腔室等相关结构[46]。

微切割工艺还具有许多吸引人的特性，例如它可以很容易地制造出具有倾斜角度和高纵横比 3D 结构，这对脱模具有非常有益的意义[47]。而且这种加工技术可加工的材料广泛，能够加工包括金属、聚合物、复合材料和陶瓷在内的多种材料。特别是其可以加工具有良好耐磨性和高寿命的不锈钢材料，而不锈钢材料通常难以使用传统的微机电系统方法加工。此外由于其周转时间比微机电系统工艺短，不涉及掩模制造和光刻，所以微切割工艺对于简单性设计及原型设计非常有吸引力。同时由于刀具在加工过程中与工件接触，因此也可以很容易地跟踪加工表面的位置。

与其他方法相比，微切割的主要限制是其能实现的最小特征尺寸和表面光洁度相对较差，而且芯片通道的尖角往往很难获得[48]。另外刀具和工件的弹性变形、加工机床的振动和刀具本身的热变形都会影响加工的精度。此外，微切割工艺用于加工非常坚硬或易碎材料时也非常困难，虽然可以通过以较小的深度和较低的进给速率进行加工，但这种方法会提高刀具的磨损率。而且由于加工的转头尺寸较小，因此很难预测或检测转头的破损，所以往往需要额外的系统对刀具状态进行监测，例如激光刀具测量或刀具工件电压监测，这增加了微流控芯片加工过程的成本及复杂性[49]。

3.4.1.2 超声波加工

超声波加工是利用以超声波频率振动的磨料颗粒来对材料的表面进行打磨清洁，从而实现微流控通道制作的一种方法。超声波加工使用的磨料是硬质材料，如碳化硼、氧化铝和碳化硅，通常以水或油将磨料混合成浆料使用。加工过程中，刀具的刀头引起磨料颗粒的振动，磨料颗粒的冲击使得工件表面消融，进而起到雕刻的目的。随着浆料被不断注入焊头和工件之间，磨损的磨料得以替换，并带走撞击产生的工件碎屑和热量。磨料颗粒的大小和振动的幅度对加工的精度和表面粗糙度有重大影响，刀具磨损、工件材料和加工深度也会对精度产生影响。浆料中空化气泡的破裂会向磨料颗粒发送冲击波，进而影响工件，因此该方法也被称为超声波冲击研磨。

超声波加工不会直接接触工件以去除材料，因此在工件上产生的残余应力很小。而且由于是间接接触，加工过程中对工件产生的热效应也很小。超声波加工比较适合脆性材料，如陶瓷、硅和玻璃，软质或延展性较好的材料则难以使用超声波加工的方法，因为大部分振动被弹性吸收，或者由于材料的延展性使得工件不容易被碎裂。超声波加工的主要限制是材料的去除率低、刀具的磨损率高和加工精度低[50]。高刀具磨损是由对刀具和工件的磨蚀作用造成的，因此难以加工深孔；此外长时间的加工也可能需要不断更换刀具，而且刀具的振动特性还容易导致刀具脱落等问题。

3.4.2 能量辅助方法

3.4.2.1 电火花加工

电火花加工是通过火花的侵蚀过程来去除材料，从而实现微流控芯片的加工。工件和刀具都是导电的，浸泡在电解液中并彼此靠近放置。在加工的过程中会在工件和刀具上施加电压脉冲，由于两者之间的距离较小，因此很容易形成高电场使得介电体被电击穿。电击穿产生的电弧使得工件的局部发生熔化从而实现加工目的。介质流体不断被冲洗，以带走燃烧的材料和加工过程中产生的热量。冲洗过程很重要，因为燃烧的材料在流体中会重新凝固为颗粒，并且可以快速积聚，颗粒的积聚将会导致电短路并使得加工过程停止。电火花加工的重要参数通常包括脉冲能量、脉冲速率、极性、刀具的材料和几何形状、电解液的类型、刀具与工件之间的间隙以及电解液的冲洗等。

电火花加工的优势在于工件材料和几何形状选择面较广[51]，而且电火花加工工艺可以加工硬度较高的工件材料。此外由于是非接触式加工，加工力和工件上的残余应力也可以忽略不计。电火花加工也具有一些局限性，例如：电火花加工的速度相对较慢，随着加工的进行，工件表面的材料会逐渐消耗，而电极也会慢慢磨损。这导致电极与工件之间的间隙逐渐扩大，这种间隙的增大会影响加工的精度；刀具磨损难以预测，导致难以识别刀具的位置；此外电火花加工通常会在加工区留下一层熔化和再固化的材料（重铸），这种材料往往又硬又脆，使得设备的疲劳强度降低，对于长期重复使用的微流控芯片，需要进一步加工以去除该层；另外，加工过程中介电流体的冲洗可能很困难，特别是当加工的通道很深并且刀具与工件之间的间隙只有几微米时。虽然在某些机器中可以通过振荡的方式来提高冲洗效率，但这种方式也会降低芯片的加工精度。

3.4.2.2　电化学加工

电化学加工是利用施加电势使工件在电解质中发生电化学溶解实现的。电化学加工的操作方式类似于电镀，不同的是工件在阳极，而工具或电极是阴极。为了对工件定点溶解以进行加工，可以对刀具或电极调节，以实现不均匀的电流密度。不同的溶解率可以通过调整刀具和工件之间的间隙、刀具或工件部分绝缘、提高电流密度和电压脉冲持续时间来实现[52]。电解质的选择也很重要，依工件材料选择合适的电解质注入刀具和工件之间，既可以避免电镀和改变工具的形状，而且也能带走工艺中产生的热量。电解质的冲洗还可以防止碎片或气体在间隙中积聚，从而可以减缓由于密度变化或过程短路而引起的溶解。

由于电化学加工采用的是类似机械加工的雕刻技术，因此电化学加工的设计和设置相对容易，操作技术要求不高，运行成本相对较低，此外可加工的材料种类也比较丰富。由于加工是基于非接触和材料的溶解，因此在工件表面上不会残留多余的热效应[53]。电化学加工的缺点与电火花加工的缺点类似，即单位时间材料的去除率小，所以处理时间可能很长。而且由于刀具不直接与工件接触，加工精度会受到影响。此外电解质的流动模式和温度也会影响精度。另外一个问题是电化学加工机器的初始投资较高，这将阻碍该方法的广泛应用。

3.4.2.3　激光烧蚀加工

准分子激光微加工依赖于紫外脉冲激光辐射与待加工材料之间的相互作用。紫外脉冲激光辐射具有较短的波长，这种短波能够被大部分材料表层有效吸收，因此其加工材料的种类也非常广泛。此外该脉冲波长的持续时间较短，能够确保高峰值吸收功率密度。紫外脉冲激光辐射可以使得金属和陶瓷的表层发生汽化，聚合物发生光消融分解，利用界面效应每次可剥离厚度达几微米的薄膜。紫外脉冲激光辐射的能量密度通常在 $1\sim10\text{J/cm}$，重复频率高达几千赫，加工的速率约为每次激光射程的十分之一微米。

当激光束击中工件表面时，会发生光束的反射、吸收和传导。当工件材料强烈吸收入射波长时，辐射的吸收会导致材料化学键的断裂或使材料发生汽化，吸收率越高，消融效率越高。为了增加吸收并减少反射，可以使用诸如改变表面光洁度、应用表面涂层和氧化工件表面等方法[54]。在使用塑料制作微流控芯片时，通常采用准分子激光，准分子激光是一种特殊类型的激光，其光子能级与一些分子的振动能级相匹配。塑料是由大量分子组成的高分子材料，它们之间通过共价键连接。当准分子激光的光子与塑料分子的分子键能级相匹配时，它们可以产生共振吸收。这种共振吸收使得塑料材料对准分子激光更加敏感，因此在使用准分子激光加工塑料微流控芯片时，能够更有效地与塑料发生相互作用，实现精确的切割、加工或微加工。使用金属材料制作微流控芯片时，通常利用氧气来提高加工能力，因为金属具有更高的反射和热传导，往往会消耗入射能量。气体辅助反应类似于氧乙炔切割过程。

加工过程的主要影响因素是激光的脉冲宽度，飞秒和皮秒的超短脉冲激光可提供更高的能量，工件材料的升华发生在聚焦点。由于工件是局部受热，因此工件中的热影响区可忽略不计。激光消融的最小横向尺寸主要与光学元件和光的波长有关，较小的波长通常精度更高。光束功率和质量也会影响最小特征尺寸。激光烧蚀的优势主要是材料广泛，金属、聚合物、陶瓷、复合材料、半导体、金刚石、石墨和玻璃等材料均可被加工。由于它也是一种无机械磨损的非接触式加工，因此可以在大气环境中很好地工作。激光加工的潜在限制主要是通道深度的不均匀性和侧壁的易倾斜性，而且需要多次照射才能达到目标深度。并且由于焦点的大小不易控制，较小的特征公差通常难以实现，且光束的轮廓并不完全清晰[53]。而且激光烧蚀过程中材料的去除率通常很小，因此该过程缓慢并且设备成本相对较高。

3.4.2.4 电子束加工

电子束加工利用入射电子的冲击力来加工工件。该机器通常由电子产生源、工件载体和真空室组成。电子束加工的电子产生源主要是热离子钨丝或场发射枪，该装置是一种可以聚焦电子束的静电或磁性光学元件。来自电子枪的电子被加速和聚焦，并高速轰击工件，工件材料在电子轰击产生的热能下熔化或汽化。电子束加工的优点是分辨率高，可以很容易地制造出具有纳米尺度的特征图案，而且该方法是非接触式的，因此几乎没有热残余应力。该方法无需遮罩，可以进行直接图案化，因此它是制造用于平版印刷的光掩模的主要手段。电子束加工的主要限制是加工时间，通常需要花费数小时才能暴露很小的晶圆区域。由于需要使用真空室，这使得可加工的尺寸范围较小，而且电子束机器所需的初始资本投资也很高。

3.4.2.5 聚焦离子束加工

聚焦离子束加工利用具有高动能的离子，通过动量传递去除或添加材料。来自离子源的离子被加速并撞击到工件上或引入工艺气体的表面上。由于离子比电子重得多，离子束能够以更大的能量轰击目标，并且与电子束相比，散射相对较小。对于减材制造工艺，离子通过轰击直接溅射工件材料，或者通过使用气体进行蚀刻，通电的气体分子与工件材料反应形成挥发性物质，并通过真空除去。对于增材制造工艺，使用气体注入系统，并在靠近基板表面（通常为 $100\mu m$）的地方注入前体气体。气体被吸附到工件表面，通过与化学气相沉积类似的过程被离子轰击分解，在工件表面形成非挥发性物质，挥发性副产物通过真空除去。

聚焦离子束加工可以通过 CAD 文件在工件上直接雕刻或沉积图案，该方法还可以通过模板掩模使用，通过掩模投影到工件上从而形成所需图案。聚焦离子束的应用主要集中在掩模修复、器件修改、电路调试、在线检测和制造纳米结构或透镜上，所有过程都在真空室中进行。溅射操作过程中，离子能、离子种类、光束入射角、工件材料的表面黏接能等因素对工件的材料去除率都很重要[55]。聚焦离子束加工工艺具有很高的分辨率，而且它可以在各种材料上工作，包括金属、无机半导体和陶瓷等材料。与电子束一样，它的缺点是处理速率非常低，而且必须在真空环境中运行，并且一次只能形成一个很小的区域。

3.4.3 微机电系统方法

MEMS 方法是较为传统的制作微流控芯片的方法，通常使用硅为材料，见图 3-5，其发源于集成电路芯片。光刻与湿法刻蚀是硅材料加工的两大传统工艺。硅材料由于其表面光洁、加工技术十分成熟，被广泛应用于微泵、微阀等流体驱动及控制装置的加工，也可应用于热压成型、模塑成型等。光刻技术是利用光胶、掩模、紫外线等技术来实现的，该工艺一般分为三个步骤：薄膜沉积、光刻、刻蚀[56]。

光刻方法中使用的重点聚合物材料是光刻胶 SU-8，因为它们可形成厚而高纵横比的结构。SU-8 可以实现厚度超过 1mm，纵横比约为 40∶1 的结构[57]。通常波长在 320～450nm 之间的设备便能进行光刻，形成的模板结构通常具有光滑的表面。图 3-5 是利用 MEMS 方法制作的 PDMS 微流控芯片[58]。对于具有较高纵横比的结构，例如 100∶1，首选波长较短的 X 射线光刻，具有小散射高度准直的 X 射线能够实现高达 50nm 的分辨率。

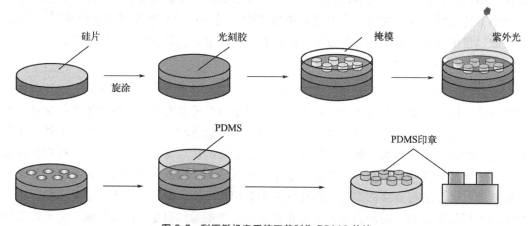

图 3-5 利用微机电系统工艺制作 PDMS 芯片

通过上述方法创建的母版通常还要被进一步加工以延长其使用寿命，如进行表面修饰，使其便于后续加工的进行。例如许多聚合物倾向于黏附在硅上，所以通常使用电镀来改善这一问题。镍及其合金，例如镍钴、镍铁或镍铜，通常被用作电镀材料。将 X 射线光刻、电镀和模塑相结合的过程称为 LIGA（lithographie，galvanoformung and abformung）。LIGA 工艺可以制造出高纵横比电镀模具，并具有良好的表面光滑度。电镀工艺的缺点是沉积速度慢，沉积层内部残余应力高，会使母版变形。用紫外（UV）光刻代替 X 射线光刻的变体方法也被广泛使用，通常称为 UV-LIGA 或改性 LIGA。UV-LIGA 具有更广泛的设备可用性的好处，但代价是降低了可实现的纵横比。

3.5　实验案例

3.5.1　纸基微流控芯片

3.5.1.1　实验目的

① 了解不同种类纸基微流控芯片的构造原理。
② 利用绘图法制备二维纸基微流控芯片。
③ 熟练掌握微流控纸芯片制备的实验技术。

3.5.1.2　实验背景及原理

　　微流控纸芯片是一种利用纸（如滤纸、色谱纸、纤维纸）作为芯片制作材料或生化分析平台的微流控芯片[59]。与常规的试纸条相比，微流控纸芯片具有如下特点：①由微通道构成的纸芯片可以控制流体在整个体系中流动，具有定量、定速、流体均匀等特点，并能同时对多种样品进行多项指标的检测，从而提高测试的效率；②纸芯片的最小宽度可达 $100\mu m$，只需少量的试剂和样本就能完成微量的测定，从而大大节约了测试费用；③纸张芯片也可以进行立体的装配，一次进样就可以实现多步分离、纯化和检验。目前纸芯片技术已经进入了临床医学、食品安全等各个领域，在实际应用中有着十分广阔的前景。

　　纸芯片的制作材料包括疏水性和亲水性两种。疏水性材料如光刻胶、PDMS、蜡、聚苯乙烯、烷基烯酮二聚体等；亲水性材料则是纸芯片的基质材料，如滤纸、硝酸纤维素膜、棉布等。目前，制作纸芯片的方法主要有光刻法、绘图法、打印法等，本实验将利用绘图法，使用蜡作为疏水屏障在亲水性纸基材料上绘制微流控纸芯片，如图 3-6 所示。

图案绘制　　　　　　　　　　烘箱加热　　　　　　　　　修剪并滴加试剂

图 3-6　纸芯片制作示意图

3.5.1.3　化学试剂与仪器

　　化学试剂：甲基橙溶液、酚酞溶液、紫色石蕊溶液、盐酸溶液、氢氧化钠溶液。

　　仪器设备：Whatman No.1 滤纸、蜡笔、烘箱、绘图尺、剪刀。

3.5.1.4　实验步骤

　　① 借助绘图尺，使用蜡笔在滤纸的两面绘制出预先设计好的通道形状，如图 3-7 所示。

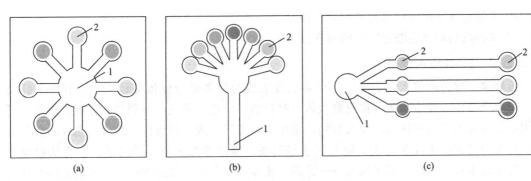

(a)　　　　　　　　　　(b)　　　　　　　　　　(c)

图 3-7　形态各异的微流控纸芯片

1—进样区；2—检测区

　　② 将绘制好的带有图案的滤纸放入烘箱（约 $150\,℃$）进行烘烤，时间大约为 5 分钟，烘烤的过程中石蜡会发生熔化并渗入滤纸，烘烤结束后将滤纸从烘箱中取出并待其冷却，凝固

后的石蜡便会在滤纸上形成疏水壁。

③ 使用滴管在微流控纸芯片的检测区分别滴加不同的指示试剂，例如甲基橙溶液、酚酞溶液或紫色石蕊溶液，每个检测区滴加一滴试剂即可。滴加完毕待试剂风干后便可使用剪刀将微流控纸芯片从滤纸上裁下。

④ 使用微流控纸芯片时，将待检测溶液例如盐酸或氢氧化钠溶液等滴加在微流控纸芯片的进样区，在毛细作用下，待检测液会自动进入检测区，并与检测试剂发生反应，使得检测区的颜色发生变化。通常：甲基橙溶液在 pH 小于 3.1 的溶液中呈红色，在 pH 大于 4.4 的溶液中呈黄色；酚酞溶液遇碱溶液变红色；紫色石蕊溶液遇酸变红，遇碱变蓝。

3.5.1.5 实验记录与数据处理

天气	室温/℃	大气压/Pa	湿度/%

通道形状	烘箱温度	加热时间
（a）		
（b）		
（c）		

3.5.1.6 注意事项

① 在石蜡熔化和固化的过程中严格控制好加热温度和时间，进而控制蜡的下渗深度。

② 由于烘箱的温度较高，使用时应佩戴防护手套，谨防烫伤。

3.5.1.7 思考题

① 在滤纸上绘图的过程中为何要将滤纸的两面都绘制上图案？

② 使用绘图法制作纸基微流控芯片时如何提高芯片的通道精确度？

3.5.2 毛细管微流控芯片

3.5.2.1 实验目的

① 了解毛细管微流控芯片的构造原理。

② 掌握两相玻璃毛细管芯片的制作方法。

3.5.2.2 实验背景及原理

近年来，单分散纳米粒子的有序组装已发展成为制备光子胶体晶体微球、有序大孔结构、细胞微载体、药物载体、催化剂载体等材料的一个重要手段。特别是制备特定形状、可控大小、可变组成的胶体晶体模板材料，至今仍然充满挑战。然而传统微流控芯片的制作方法主要是通过刻蚀法或者是软模板复制法来制备二维或者准三维流体通道。该方法过程复杂、加工成本高、芯片的封装耦合条件苛刻，流体往往贴附于通道内壁，而通道的浸润性对流体的行为具有较大的影响。所以需要根据不同的要求对通道的不同部位进行有选择的浸润性修饰，往往过程复杂，且难以实现理想的效果。

而由毛细管组装的三维微流控芯片，流体不需要与通道内壁相接触，可以很好地避免传统微流控芯片的弊端[60]。而且其流道可设计性高、结构尺寸固定，极大地简化了液滴乳化方法。因此毛细管玻璃微流控芯片近年来得到了迅速发展，特别适合用于科学研究。毛细管芯片制作简单，通过简单的组装便可很容易地构建出两相或三相微流控通道，如图3-8所示。利用具有不同性质的连续相与分散相液体，例如亲水性或疏水性，在流体剪切力、压力以及表面张力的共同作用下，便可以形成单分散、粒径可控和分布均匀的微球。毛细管芯片通常能够形成直径跨度在微米级到毫米级的单分散微球，适合制备 $50\sim500\mu m$ 尺度范围内的单分散微球。

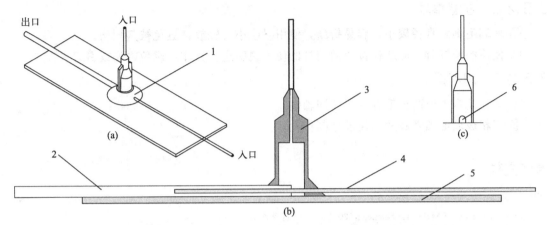

图3-8 毛细管微流控芯片（a）、芯片剖面（b）及平口针头局部细节图（c）
1—环氧树脂胶；2—玻璃毛细管（外）；3—平口针头；4—玻璃毛细管（内）；5—载玻片；6—平口针头开孔处

3.5.2.3 化学试剂与仪器

不同内径规格的玻璃毛细管（0.3mm、0.5mm、0.9~1.1mm、1.2~1.4mm 和 1.3~1.8mm）、载玻片、平口针头（21G）、砂轮、砂纸、酒精灯、手术刀、AB胶。

3.5.2.4 实验步骤

① 挑选一个毛细管组合（一根内径较细的毛细管和一根内径较粗的毛细管），要求较细的毛细管能够插入较粗的毛细管中。

② 使用酒精灯加热手术刀的刀片处，如图3-8(c) 所示，利用手术刀片的高温将平口针头入口处中间熔化并去除，形成一个凹槽，使得外层毛细管可以完全卡入。

③ 使用砂轮将内侧毛细管一分为二，并用砂纸将切口打磨平整，插入外毛细管。

④ 按照图3-8的顺序依次将载玻片、毛细管、平口针头进行组装，并用AB胶将各个接口处固定。

⑤ 静置24h，待AB胶完全凝固。

3.5.2.5 实验记录与数据处理

天气	室温/℃	大气压/Pa	湿度/%

项目	玻璃毛细管内径	
	内部毛细管	外部毛细管
(a)		

续表

项目	玻璃毛细管内径	
	内部毛细管	外部毛细管
(b)		
(c)		

3.5.2.6　注意事项

① 玻璃毛细管直径较小，容易折断，使用时应小心轻放，避免被其划伤。

② 使用酒精灯时，应严格按照酒精灯的使用说明进行操作，避免烫伤或引起火灾。

3.5.2.7　思考题

① 如何使得内外两根毛细管保持同轴？

② 三相玻璃毛细管芯片如何设计制作？

参考文献

［1］ Niculescu A，Chircov C，Bîrcă A C，et al. Fabrication and applications of microfluidic devices：A review ［J］. International Journal of Molecular Sciences，2021，22 (4)：2011.

［2］ 张铭. 微流控芯片多种流体微混合的研究 ［D］. 长春：长春工业大学，2013.

［3］ 林炳承. 微纳流控芯片实验室 ［M］. 北京：科学出版社，2015.

［4］ Shrimal P，Jadeja G，Patel S. A review on novel methodologies for drug nanoparticle preparation：microfluidic approach ［J］. Chemical Engineering Research and Design，2020，153：728-756.

［5］ 林炳承. 微流控芯片的研究及产业化 ［J］. 分析化学，2016，44 (4)：491-499.

［6］ 汪伟，谢锐，巨晓洁，等. 微流控法制备新型微颗粒功能材料研究新进展 ［J］. 化工学报，2014，65 (07)：2555-2562.

［7］ 张凯，胡坪，梁琼麟，等. 微流控芯片中微液滴的操控及其应用 ［J］. 分析化学，2008，36 (4)：556-562.

［8］ Hu C，Bai Y，Hou M，et al. Defect-induced activity enhancement of enzyme-encapsulated metal-organic frameworks revealed in microfluidic gradient mixing synthesis ［J］. Science Advances，2020，6 (5)：eaax5785.

［9］ Zhang K，Ren Y，Hou L，et al. Continuous microfluidic mixing and the highly controlled nanoparticle synthesis using direct current-induced thermal buoyancy convection ［J］. Microfluidics and Nanofluidics，2020，24 (1)：1-14.

［10］ Akbari S，Pirbodaghi T. A droplet-based heterogeneous immunoassay for screening single cells secreting antigen-specific antibodies ［J］. Lab On a Chip，2014，14 (17)：3275-3280.

［11］ Grigorov E，Peykov S，Kirov B. Novel microfluidics device for rapid antibiotics susceptibility screening ［J］. Applied Sciences，2022，12 (4)：2198.

［12］ 曹超羽，田苗，许夏瑜，等. 机器学习在即时诊断中的应用进展 ［J］. 中国科学：化学，2021，51 (12)：1590-1614.

［13］ Li G，Li H，Zhai J，et al. Microfluidic fluorescent platform for rapid and visual detection of veterinary drugs ［J］. Rsc Advances，2022，12 (14)：8485-8491.

［14］ Liu X，Li M，Zheng J，et al. Electrochemical detection of ascorbic acid in finger-actuated microfluidic chip ［J］. Micromachines，2022，13 (9)：1479.

［15］ Chen J，Liu F，Li Z，et al. Solid phase extraction based microfluidic chip coupled with mass spectrometry for rapid determination of aflatoxins in peanut oil ［J］. Microchemical Journal，2021，167：106298.

［16］ 高安秀. 低成本、易操作的微流控细胞芯片的构建及其在肿瘤细胞研究中的应用 ［D］. 重庆：西南大学，2016.

［17］ Day C，Merlino G，Van Dyke T. Preclinical mouse cancer models：A maze of opportunities and challenges ［J］. Cell，2015，163 (1)：39-53.

［18］ Van Norman G A. Limitations of animal studies for predicting toxicity in clinical trials：Is it time to rethink our current approach？［J］. JACC：Basic to Translational Science，2019，4（7）：845-854.

［19］ 刘鑫磊，林铌，周晓冰，等 . 肝器官芯片的研究进展［J］. 中国医药生物技术，2022，17（03）：245-249.

［20］ Pires De Mello C P，Carmona-Moran C，Mcaleer C W，et al. Microphysiological heart-liver body-on-a-chip system with a skin mimic for evaluating topical drug delivery［J］. Lab On a Chip，2020，20（4）：749-759.

［21］ Mcaleer C W，Long C J，Elbrecht D，et al. Multi-organ system for the evaluation of efficacy and off-target toxicity of anticancer therapeutics［J］. Science Translational Medicine，2019，11（497）：eaav1386.

［22］ Si L，Bai H，Rodas M，et al. A human-airway-on-a-chip for the rapid identification of candidate antiviral therapeutics and prophylactics［J］. Nature Biomedical Engineering，2021，5（8）：815-829.

［23］ Xiao S，Coppeta J R，Rogers H B，et al. A microfluidic culture model of the human reproductive tract and 28-day menstrual cycle［J］. Nature Communications，2017，8（1）：14584.

［24］ Guzman N A，Phillips T M. Immunoaffinity capillary electrophoresis：A new versatile tool for determining protein biomarkers in inflammatory processes［J］. Electrophoresis，2011，32（13）：1565-1578.

［25］ Washburn A L，Gunn L C，Bailey R C. Label-free quantitation of a cancer biomarker in complex media using silicon photonic microring resonators［J］. Analytical Chemistry，2009，81（22）：9499-9506.

［26］ Wu Z，Chen H，Liu X，et al. Protein adsorption on poly（N-vinylpyrrolidone）-modified silicon surfaces prepared by surface-initiated atom transfer radical polymerization［J］. Langmuir，2009，25（5）：2900-2906.

［27］ Yalikun Y，Tanaka Y. Large-scale integration of all-glass valves on a microfluidic device［J］. Micromachines，2016，7（5）：83.

［28］ Ofner A，Moore D G，Rühs P A，et al. High-throughput step emulsification for the production of functional materials using a glass microfluidic device［J］. Macromolecular Chemistry and Physics，2017，218（2）：1600472.

［29］ Singh A，Malek C K，Kulkarni S K. Development in microreactor technology for nanoparticle synthesis［J］. International Journal of Nanoscience，2010，09（01n02）：93-112.

［30］ Campbell S B，Wu Q，Yazbeck J，et al. Beyond polydimethylsiloxane：Alternative materials for fabrication of organ-on-a-chip devices and microphysiological systems［J］. Acs Biomaterials Science & Engineering，2021，7（7）：2880-2899.

［31］ Effenhauser C S，Bruin G J M，Paulus A，et al. Integrated capillary electrophoresis on flexible silicone microdevices：Analysis of dna restriction fragments and detection of single dna molecules on microchips［J］. Analytical Chemistry，1997，69（17）：3451-3457.

［32］ Berthier E，Young E W K，Beebe D. Engineers are from PDMS-land，biologists are from polystyrenia［J］. Lab On a Chip，2012，12（7）：1224.

［33］ Zuo X，Chang K，Zhao J，et al. Bubble-template-assisted synthesis of hollow fullerene-like MoS_2 nanocages as a lithium ion battery anode material［J］. Journal of Materials Chemistry A，2016，4（1）：51-58.

［34］ Nielsen J B，Hanson R L，Almughamsi H M，et al. Microfluidics：innovations in materials and their fabrication and functionalization［J］. Analytical Chemistry，2020，92（1）：150-168.

［35］ Ren K，Zhou J，Wu H. Materials for microfluidic chip fabrication［J］. Accounts of Chemical Research，2013，46（11）：2396-2406.

［36］ Mofazzal Jahromi M A，Abdoli A，Rahmanian M，et al. Microfluidic brain-on-a-chip：perspectives for mimicking neural system disorders［J］. Molecular Neurobiology，2019，56（12）：8489-8512.

［37］ Soum V，Park S，Brilian A I，et al. Programmable paper-based microfluidic devices for biomarker detections［J］. Micromachines，2019，10（8）：516.

［38］ Liu Q，Lin Y，Xiong J，et al. Disposable paper-based analytical device for visual speciation analysis of ag（i）and silver nanoparticles（agnps）［J］. Analytical Chemistry，2019，91（5）：3359-3366.

［39］ Schaumburg F，Berli C L A. Assessing the rapid flow in multilayer paper-based microfluidic devices［J］. Microfluidics and Nanofluidics，2019，23（8）：98.

［40］ 齐云龙，丁永胜 . 图解纸芯片制作及应用进展［J］. 现代仪器与医疗，2013，19（03）：7-14.

［41］ Li B，Yu L，Qi J，et al. Controlling capillary-driven fluid transport in paper-based microfluidic devices using a movable valve [J]. Analytical Chemistry, 2017, 89 (11): 5707-5712.

[42] Qi J, Li B, Wang X, et al. Three-dimensional paper-based microfluidic chip device for multiplexed fluorescence detection of Cu^{2+} and Hg^{2+} ions based on ion imprinting technology [J]. Sensors and Actuators B: Chemical, 2017, 251: 224-233.

[43] Sun X, Jian Y, Wang H, et al. Ultrasensitive microfluidic paper-based electrochemical biosensor based on molecularly imprinted film and boronate affinity sandwich assay for glycoprotein detection [J]. Acs Applied Materials & Interfaces, 2019, 11 (17): 16198-16206.

[44] Qi J, Li B, Zhou N, et al. The strategy of antibody-free biomarker analysis by in-situ synthesized molecularly imprinted polymers on movable valve paper-based device [J]. Biosensors and Bioelectronics, 2019, 142: 111533.

[45] Adams D P, Vasile M J, Benavides G, et al. Micromilling of metal alloys with focused ion beam-fabricated tools [J]. Precision Engineering, 2001, 25 (2): 107-113.

[46] Scott S M, Ali Z. Fabrication methods for microfluidic devices: An overview [J]. Micromachines, 2021, 12 (3): 319.

[47] Alting L, Kimura F, Hansen H N, et al. Micro engineering [J]. CIRP Annals, 2003, 52 (2): 635-657.

[48] Giboz J, Copponnex T, Mélé P. Microinjection molding of thermoplastic polymers: a review [J]. Journal of Micromechanics and Microengineering, 2007, 17 (6): R96-R109.

[49] Gandarias E, Dimov S, Pham D T, et al. New methods for tool failure detection in micromilling [J]. Proceedings of the Institution of Mechanical Engineers, Part B: Journal of Engineering Manufacture, 2006, 220 (2): 137-144.

[50] Sayad A, Ibrahim F, Mukim Uddin S, et al. A microdevice for rapid, monoplex and colorimetric detection of foodborne pathogens using a centrifugal microfluidic platform [J]. Biosensors and Bioelectronics, 2018, 100: 96-104.

[51] Becker H, Gärtner C. Polymer microfabrication methods for microfluidic analytical applications [J]. Electrophoresis, 2000, 21 (1): 12-26.

[52] Kim B H, Ryu S H, Choi D K, et al. Micro electrochemical milling [J]. Journal of Micromechanics and Microengineering, 2005, 15 (1): 124-129.

[53] Masuzawa T. State of the art of micromachining [J]. CIRP Annals, 2000, 49 (2): 473-488.

[54] Uriarte L, Herrero A, Ivanov A, et al. Comparison between microfabrication technologies for metal tooling [J]. Proceedings of the Institution of Mechanical Engineers, Part C: Journal of Mechanical Engineering Science, 2006, 220 (11): 1665-1676.

[55] Tseng A A. Recent developments in nanofabrication using focused ion beams [J]. Small, 2005, 1 (10): 924-939.

[56] Bhatia S N, Ingber D E. Microfluidic organs-on-chips [J]. Nature Biotechnology, 2014, 32 (8): 760-772.

[57] Williams J D. Study on the postbaking process and the effects on UV lithography of high aspect ratio su-8 microstructures [J]. Journal of Micro/Nanolithography, MEMS, and MOEMS, 2004, 3 (4): 563.

[58] Maurya R, Bhattacharjee G, Gohil N, et al. Chapter one-design and fabrication of microfluidics devices for molecular biology applications [M]. 2022: 1-8.

[59] 王潇悦，汪柯佳，张豪哲，等. 基于纸基微流控芯片的手持式食品添加剂检测仪 [J]. 分析仪器，2019 (01)：4.

[60] 朱梦琦. 毛细管微流控芯片中收集通道形态对液滴生成的影响研究 [D]. 哈尔滨：哈尔滨工业大学，2021.

第四章

微流控液滴的制备与混合

4.1 引言

以微流控为代表的微化工技术，其重要特征之一是界面张力和黏性力在流体传输中起主导作用。借助独特的芯片技术可使各组成均匀分布，形成独具特性的微液滴产品，在生物制药、病毒检测、生物医学微载体以及食品/化妆品加工领域具有广泛的应用前景。所谓微流控（微流体）液滴是指在微尺度通道内通过微流控技术操控多相流体剪切所形成的液滴（微液滴）。其中以微通道中体积流率固定的液体作为连续相，与其不相溶液体作为分散相，经微流控技术操控使得两相在微通道交叉点相遇，分散相在连续相施加的剪切力和挤压力下连续、稳定地形成液滴。这种微流体液滴技术的优点在于生产具有高度单分散尺寸的单乳液和多重乳液液滴是可控的，并且可对液滴所含组分、数目、尺寸、比例以及液层外部的组分、液层厚度等进行精确调控。微流控液滴法作为新型、稳健的液滴合成方法之一，具有以下显著优势：①小型化：鉴于微尺度流体优良的相界面特性（如界面萃取、界面聚合、多重乳液和液滴融合）、特殊的层流效应和流型操控性能等，其在合成化学成分独特及形状可控微液滴方面具有极好的灵活性[1]。液滴反应器小，在亚纳升的范围内，使单细胞或分子分析成为可能。②分隔化：由于微流体通道传质传热效率高、反应条件稳定、体系封闭、试剂消耗量少、能有效避免交叉污染、后处理简便，因此可作为反应的单个单元产生可独立操控的液滴。③平行化：微流控法制得尺寸相同、具有单分散的液滴为高通量分析提供了大规模定量反应平台[2]。

而传统的液滴制备方法（逐层沉积法、界面聚合法、高速搅拌法和膜乳化法等）通常需经多级处理以合成特定乳液配方，难以精确调控复杂微液滴结构与组成，如内部腔室结构及壳层厚度和组分，同时后续固化形成的微颗粒的力学性能、稳定性以及各相间的渗透性存在诸多问题。此外，传统合成工艺所用的可变性高剪切力致使存在微液滴大小不均一、粒径分布宽及形态难以控制等问题。相比之下，微流控液滴技术有效克服了传统制备法的不足，可适用于活性组分的有效封装，为实现生物医学、农药乳化、精细化学品加工等[3-5]提供了有效的手段。

例如，在生物制药、病毒检测方面，微流体可产生数百万个小液滴（如水包油液滴）用于大规模测试，而每一个小液滴可作为单独的反应室进行成分检测或单细胞或单个可扩增的靶核酸（PCR、LAMP 等）检测。检测结果可根据液滴的荧光或吸光度来控制合并、分裂或分类。裴昊课题组提出了一种一步法、快速 DNA 步行器平台用于超多重的超高通量细菌检测方法，其中多步骤、可计算的行走模式可将液滴按照荧光强度和发射波长编码为二维

（2D）条形码，用于病原体同时识别和多重检测，从而扩展了基于液滴的微流体的多路复用能力[4]。

4.2　微液滴制备方法

在制备微液滴过程中，如何实现微液滴均匀分布、精确控制、稳定及有效传递驱动力至关重要，利用合成模板和芯片实验室的微反应器属性，可确保其恒定、可控和可预测的结果。同时，精确控制液滴尺寸和分布，对于满足各种应用需求尤其重要[6]。例如，当液滴体积调控在 μL 到 nL 范畴内，需要应用更小的液滴，如用直径几百纳米的液滴来生产纳米液滴和纳米粒子（表 4-1）[7]。而有时需要用不同体积的液滴序列，如将多体积液滴数字聚合酶链式反应（PCR）用于精确和定量检测。

表 4-1　新型液滴法对液滴大小的调控

方法	基本原理	液滴大小	频率
滑动芯片法	滑动剪切	约 12nL	
液滴裂分法	界面亲疏水性	9.7fL～83.5pL	
顺序操作液滴阵列系统	可编程的"抽吸-沉淀-移动"法，x-y-z 平台	60pL～1.98nL	
跨界面乳化法	振动器振动,表面张力	pL～nL	约 500/s
基于毛细管的开放式微流控装置	毛细管与容器底面的间隙	10～300μm	约 10^3/s
基于毛细管的开放式微流控装置	挤压剪切		
旋转毛细管液滴生成法	离心力、表面张力	25～230μm	200/s
仿生猪笼草表面液滴生成法	界面剪切,毛细效应	5～25μm	
手持式数字移液器	电磁致动器敲击	5nL～10μL	500/s
声波打印液滴	声波振动	nL～μL	约 10^3/s
高频超声波制备液滴	高频超声波,瞬间接触	fL～nL	约 10^2/s

为了保证微液滴制备过程中流体相在微流体通道中的性能稳定性，所采用的驱动力需具备稳定性和可测量性。其中压力是最常见的驱动力，即利用流体通道出入口之间的相对压差来输送流体。通常，恒定的压力差可确保液体传输的稳定性和可控性，是制备微液滴的关键。

流体通过空气压力推动构建出连续稳定的系统[8]。静态空气压力由压力调节器监测，流体驱动力除了可使用外部机械力外，还可由自身重力充当。如顾忠泽等人[9] 所述，通过垂直放置的漏斗，流体落入微流体通道（见图 4-1）。在这种方法中，从两个方面确保了可持续和超稳定的驱动力，分别是流体通过储液器的连续抽取以及借助机电控制器固定漏斗的高度。继而，多个流体相在受限的几何结构微通道中相遇，不同相的集成及其相互作用产生动态响应，最终导致界面变形，分散相被夹断生成液滴。从能量角度看，连续进料流体的破裂和分离导致的液滴生成是一个能量输入过程，多余能量被转化为生成乳状液滴的界面能。基于微流体的液滴形成方法，目前常用的方法有主动法和被动法，其中主动法由外场驱动，如采用热、气压、压电、微阀、磁场等来控制微流体的表面能。被动法可直接利用微通道几何结构的限制而不需要外场施加作用便可促使流场交界面变形，界面不稳定性增加而产生离散相液滴。由被动液滴法产生的连续液滴串单分散度好、尺寸及空间分布均匀[10]，而且能够有效地避免外界干扰，消除交叉污染。总之，微流控法制备微液滴具有方法简单、稳定性好及操控性佳等优点，在生命健康、食品及精细化学品等方面将随着人们对其深刻的认知而展现出广阔的应用前景。

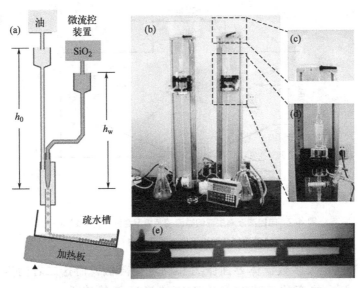

图 4-1　微流控系统中重力驱动装置［（a）、（b）］系统工作流程示意图，水库（c）和漏斗（d）的放大图片以及微流体中液滴形成的图像（e）[9]

4.2.1　微流控"主动法"生成液滴

微流控"主动法"生成液滴的核心在于如何借助液滴形成的能量来源，使之连续形成液滴。具体能量设计可借助于电控法、热控法、机械法和磁控法，这些方法成为微流控"主动法"生成液滴的主要方法。

第一种是电控法，微液滴的控制与生成可通过对微通道中的流体施加电压来实现。所施加电压可由交流电压或直流电压构成，在交流电压控制中，液滴的产生频率由电压的波动频率控制，其中在高频交流电压控制下，液滴生成的频率低于控制信号频率；而在直流电压控制的流体中，电压在液滴生成的整个过程中保持恒定。如图 4-2(a) 所示，David A. Weitz 等人[11] 提出了液滴生成芯片设计，由直流电压控制芯片中的液滴生成。用于驱动电压接触的两个氧化铟锡（ITO）电极位于平面流动聚焦芯片管道底部，从而使得流体与电极直接接触[12]。水相充当导体，油相充当绝缘体，因此，水-油界面可作为电容器。电化学反应后，界面上积累了自由电荷。除了界面张力和黏性力外，液滴破碎还受到附加电场力的辅助，可通过调整电场强度或交流电压来精确控制液滴的大小。

第二种是热控法，热控法依靠结点处的聚焦激光束或局部电阻加热实现液滴的生成及

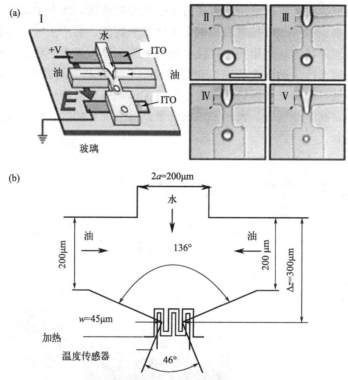

图 4-2 电控法液滴生成的微流控装置示意图[11]（a）及
热控法液滴形成的微流控装置示意图[13]（b）

控制。随温度的升高，大多数流体界面张力和黏度会降低，而这二者的变化最直接的反映是毛细管数（Ca）的变化，其本质是流体的温度依赖特性。Nam-Trung Nguyen 等人[13] 报道了一种电阻加热生成液滴技术，其设计结构如图 4-2(b)，利用集成温度传感器和加热器控制液滴形成过程，其中保持所有几何参数及流速不变，可通过控制破碎位置的温度来调整液滴大小。液滴直径与界面张力和动态黏度之间的比率成正比。在室温以上的低温范围内，流体黏度与界面张力可归一化为温差函数，并证明了液滴状态和直径可通过温度调控。

　　第三种是磁控法，依赖于磁场对特殊流体（磁性流体）的动态体积响应以控制微液滴的生成。将含有悬浮磁性颗粒的液体（如铁磁流体）作为磁性流体，由于其具有超顺磁性，经磁化将失去磁性记忆。一旦移除外部磁场，纳米粒子就会在铁磁流体中失去磁性。铁磁流体可由水基或油基构成，被用作离散相和连续相均可。在微通道中，基于被动控制的 T 形结构和流动聚焦结构芯片可实现磁控法生成微液滴[14]。Nam-Trung Nguyen 等人[15] 以水基铁磁流体作为分散相，硅油作为连续相在流动聚焦微通道中制备液滴。液滴的大小随着磁场强度的增加而增加，且液滴大小对磁场的敏感性取决于连续相流体和分散相流体的流速。在没有磁场的情况下，由于压降、黏性拖曳力和界面张力之间的相互作用，流动聚焦通道中会出现几个相反的流动。压降和黏性拖曳力推动铁磁流体向前移动，而界面张力使尖端向后移动。在存在磁场的情况下，铁磁流体尖端由于额外的磁力而被向前拉动，螺纹和尖端变长，以形成更长的线，然后断裂成液滴。

　　第四种是机械法，机械控制流体界面的物理变形导致微液滴生成。其中气动、液压、压电等动力是引起界面变形的主要方式。微流控装置上的集成阀门负责执行液压，气动流路控制机械部件的通断，通过调整压力脉冲来控制生成液滴的尺寸。2009 年，林炳承等人[16] 提出了基于 T 形结构的集成气动 PDMS 微阀设计，该装置通过依次打开或关闭微阀按需生成单个液滴，能够控制液滴的形成、液滴大小和成分的变化、液滴的可重复和高效融合，此外可用于微流控装置中的单个液滴的操作和处理，所能生成微液滴的最小体积为 1.3nL。

综上所述，"主动法"生成液滴具有以下优点：①可以灵活地控制液滴大小和生产频率，并且在某些情况下可以按需产生液滴。②相较于被动控制，主动控制下稳定液滴生成所需的时间短得多，产生稳定液滴所需的时间可从被动控制方法所需的几秒钟甚至几分钟减少到几毫秒。③主动控制提高了水性两相和高黏度流体中液滴形成的稳健性。

随着未来对液滴的要求日益提高，要求在有跟踪和监测环境下完成其生产和检测：如何找到一种方法来处理或编码液滴或液滴序列，即将单个液滴或液滴序列进行标记和编码信息，之后所有操作任务均可通过编码机制获得信息。编码机制是基于光学或磁性原理，通过集成在微流控装置中的器件进行无线编码和解码。一个液滴包或串联编码可以类似于数字电子学中的串行位流。液滴可具有启动液滴、停止液滴、信息存储液滴和错误检查液滴等基本规定功能，这在信息学中已经得到了很好的验证。

4.2.2　微流控"被动法"生成液滴

"被动法"生成液滴不受外界干预，液滴形成的条件温和，与"主动法"微流控相比，"被动法"微流控生成液滴具有成本低、装置设计简单及能耗低等优点，从而具有更广泛的应用。具体而言，被动混合器的优点在于：①操作可靠。"被动法"依靠液滴在静止通道内的运动，无需任何外部能量从而避免了外部能量引起的不稳定性。②反应条件适中。液滴内的外部能量（如热或电场）可能破坏某些脆弱分子或使某些敏感生物分子失活。③装置易于搭建。基于上述优点，"被动法"微流控生成液滴已经应用于 DNA 杂交分析、聚合酶链式反应（PCR）、细胞活化和化学分析领域[17]。

其方法在于微通道内微液滴的产生和操控都是以多相流的形式存在，根据微通道的结构以及液体相流动方向的不同，芯片主要分为 T 形交叉（T junction）结构、共轴（co-flow）结构以及流动聚焦式（flow focusing）结构。在以上结构中，流体行为可由一些重要的无量纲数来表征，这些无量纲数可由条件和几何特征参数、流体性质计算获得。这种无量纲数有助于定义不同力的相对重要性。如雷诺数 Re，可用于测量惯性力和黏性力。正常流速下，Re 通常非常小，故可忽略惯性力作用。因此液滴将产生由局部剪切应力致使毛细压力产生的变形阻力以及界面变形和扩展两种竞争效应。其中黏性力与界面张力是液滴微流体中最重要的力。毛细管数 Ca 可用于对比界面力和黏性力的相对强度，液滴形成及其尺寸可由 Ca 预测[18]。韦伯数 We 用于比较界面张力和惯性。在高流速下，离散液滴在惯性效应下转变为连续射流而起作用。上述三种无量纲数和相关力至关重要。在某些情况下，若干其他力包括重力、浮力和弹性力也与此相关，也可以通过相应的无量纲数来定义。

"被动法"液滴生成装置中，第一种常见的是 T 形交叉结构。其原理是：分散相在通道交汇处与连续相接触形成界面，液滴是通过连续相对界面的剪切和挤压作用使得分散相在交汇处颈缩产生表面张力夹断所形成的。因分散相阻挡连续相而建立剪切梯度，最终使得分散相伸长并破裂成液滴。剪切应力决定了液滴大小[19]。Guillot Pierre 等人[20] 观察到，流动状态随流动速率、流体黏度和通道横截面纵横比的变化而变化。在一段平行流之后，液滴可能在 T 形交叉处或通道下游产生。更明确地说，三种不同液滴生成模态可区分为挤压式、滴流式和射流式。Howard A. Stone 等人[21]通过数值研究证明在压缩状态下，当 Ca 值较小时，分散相的尖端处阻碍并扩展到连续相，因此界面的颈部因压力增加导致挤压直至夹断。当 Ca 值进一步增大时，喷射状态下的液滴在通道下游破裂形成射流。当 Ca 值足够大时，在滴落状态下因黏性剪切力破坏界面张力从而形成液滴。

第二种常见的"被动法"液滴生成装置是共轴结构，这种结构提供了真正意义上的 3D 流体通道。其原理是将锥形玻璃毛细管固定在截面为圆形或方形的通道中心，分散相和连续相分别通过毛细管和毛细管与通道之间的空隙进入，连续相包裹着分散相呈同轴流动，在尖端剪切力的作用下形成液滴。根据液滴的生成模态，可分为滴流式和射流式。其中滴流式条件下，分散相在靠近毛细管口处收缩，断裂后形成液滴。射流模式中，液滴在毛细管口下游一定距离处形成。

Peter Fischer 等人[22]报道了第一个共流实验装置，该装置将喷嘴组成的毛细管插入矩形流道，而分散相以同轴几何形状注入连续相中。实验表明液滴的大小受流体性质和流速的影响，这是由于在较大的黏性剪切应力下，液滴尺寸会随连续相流速增大而减小；而随着分散相流体在破碎前进入液滴，液滴尺寸会随分散相流速增大而增大。由于液滴夹断阻力较低，尺寸随着界面张力的减小而增大。与这些参数相比，两相的黏度对液滴尺寸的影响较小。作者还对两种不同液滴状态进行分类：即滴落状态为液滴在毛细尖端附近生成；而喷射状态是在下游液滴破碎之前形成延伸的液体射流的状态。此外，还对滴落和喷射之间的过渡过程进行了详细研究，通过状态图观察、分析和表征液滴行为，表明在两相低流速下，会发生滴落。相反通过单独增大连续相或分散相流速，在破碎前会产生变窄或加宽的射流[23][图 4-3(a)]。

这两类从滴落到喷射的过渡表明了不同主导力的不同机制。在第一类中，当连续相流体速率大时，黏性剪切应力占主导地位，黏性力和界面张力之间的平衡决定了从滴流到窄射流的过渡。因此，该过程可以通过连续相的毛细管数 Ca 来表征。在第二类中，当分散相流速较大时，惯性效应占主导地位，惯性力和界面张力之间的平衡决定了从滴落到宽喷射的转变。因此，该过程可以通过分散相的韦伯数 We 来表征。

"被动法"液滴生成装置中，第三种常见的是流动聚焦式结构。其原理是：连续相和分散相汇合于十字交叉处，中间的分散相经两股连续相相对流动对其挤压，从而破裂成为液滴。从某种程度上讲，流动聚焦式结构相当于两个 T 形结构的合并。其流动模态与 T 形结构相似，也可以分为挤压式、滴流式和射流式。但流动聚焦式结构较 T 形交叉式结构更复杂，通道的长、宽等几何参数较多，因此在控制液滴大小上有更大的灵活性。微液滴的生成过程较 T 形结构也更加稳定。液滴的大小与通道的主要尺寸参数之间没有简单的比例关联定律，主要是通过各相流体流速比和总流速来调控。

早期报道的实验装置是平面流动聚焦几何装置，在该装置中两种不混溶流体相被迫通过一个小孔。尽管没有简单的模型对液滴尺寸进行预测，但大量理论研究和实验表明，液滴的形成受到通道流速、几何形状、流体黏度和表面活性剂添加的影响。通常，这种方法可以制造小液滴，因为破碎过程与狭窄区域收缩的大小密切相关。Shelley L. Anna 等人[24]在表面活性剂存在的情况下，进一步将流量配置分为四种状态，如图 4-3(b) 所示。在"几何控制破碎"状态下 Ca 值较小时，分散相气流挤压狭窄区域流体使得动压增大而被夹持成液滴。

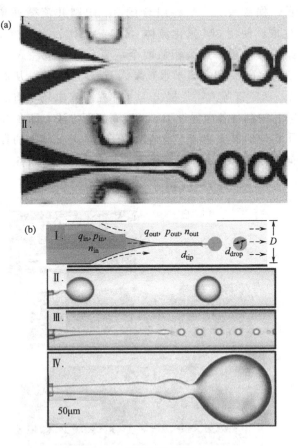

图 4-3 微液滴的不同状态

（a）在流动聚焦微流控装置中形成的具有代表性的两种液滴模式图像：

Ⅰ. "螺纹形成"状态和Ⅱ. 喷射状态[23]；（b）共轴结构微液滴生成：Ⅰ. 器件的几何形状、

Ⅱ. 显微图像下液滴生成的滴落态、Ⅲ. 窄喷射态和Ⅳ. 宽喷射态[24]

Ca 值的增大导致了滴流状态，其中分散的相控器更薄，液滴小于孔直径。Ca 值的持续增大导致喷射状态，其中分散相指状物进一步延伸，液滴在孔出口处破碎，尺寸大于滴状状态。当添加中等浓度的表面活性剂并将 Ca 值设置在前两种状态之间的值时，出现了一种称为"线型液体线"的细液体线，经分解形成大液滴。

总之，"被动法"生成液滴具有方法简单、生成条件温和及低能耗等优点，在细胞筛选、DNA 分析和生物检测等方面展现出广阔的应用前景。

4.2.3 微流体中复杂液滴的形成

微流控液滴技术在方便制备液滴的同时，其重要的特点之一是其优良的精确操控性，但其价值远不止简单地制备均匀液滴，而是通过复杂的流体通道设计制备具有各向异性和特殊特征的复杂液滴。比如通过使用平行通道，可以制备 Janus 或多组分液滴；通过组合三类液滴生成模块，可以生成双重或多重乳液。而双乳液、复杂的复合微液滴因具有可控复合型结构，在食品、化妆品和制药等相关领域内具有很大的应用潜力。

（1）多组分液滴 液滴各向异性的直接设计通常采用平行通道组合同时乳化不同分散

相。如图 4-4（a）所示，程易等人[25] 将组合的 3D 印刷共流微通道用于磁性离子液体（MIL)-水 Janus 液滴生成。使用 3M 氟化流体（FC-40）作为生成核壳液滴的替代连续相。液体通过注射泵分别泵入微通道，连续相从两个垂直分支通道注入。在完全润湿主 PTFE 微通道后，将两种分散相（MIL 和去离子水）泵入 theta 毛细管，从而产生 Janus 液滴。此外，如图 4-4（b）所示，李冬青等人[26] 提出了一种在直流电场下将氧化铝（Al₂O₃）纳米粒子悬浮液在微流控芯片中制备各向异性 Janus 液滴的新方法。即在氧化铝纳米颗粒悬浮液中用带正电的纳米粒子均匀地覆盖油滴，当纳米粒子响应外部施加的直流电场而累积到液滴的一侧时，形成了各向异性的 Janus 液滴，实现了多组分液滴的制备。

(a)

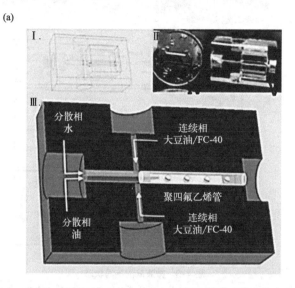

(b)

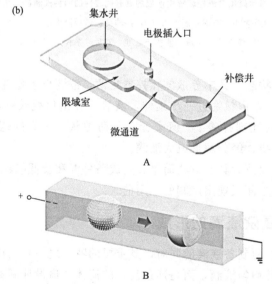

图 4-4 微流控技术合成 Janus 微液滴实例

（a）Janus 微液滴的微流体生成：Ⅰ. 在 Solidworks 中设计的微通道结构、Ⅱ. 微通道的透明 3D
打印模块、Ⅲ. 用于产生 MIL-水 Janus 微液滴的组合 3D 印刷共流微通道示意图[25]；
（b）微流控芯片的结构示意图及直流电场作用下 Janus 液滴生成示意图[26]

（2）双乳化液滴　实现液滴几何形状复杂化的另一种方法是实施多级乳化，通过多级乳化可以按需生成双或多个微乳液液滴。较小的液滴所形成的分级系统广泛应用于封装和释放两个领域[27]。通过采用三种基本液滴生成模块，可以生成双乳液。为此，研究人员设计了一种两步 T 形结器件。对于水包油包水（W/O/W）乳液，在上游疏水 T 形接头中产生油包水（W/O）乳液液滴；然后，亲水 T 形接头处所产生的液滴被下游的另一水相包裹，从而产生 W/O/W 双乳液，如图 4-5（a）所示[28]，通过改变形成点的流动条件可重复形成均匀大小的液滴，且粒径大小易调控。通过调整两个结点处破碎速率之间的关系，可以控制封闭液滴的数量。此外，油包水包油（O/W/O）乳液可以通过互换疏水性和亲水性组分实现，从而达到实现制备双乳化液滴的目的。

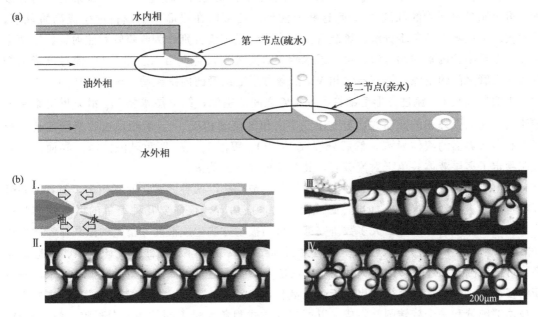

图 4-5　微流控技术合成双乳化液滴实例

（a）两步 T 形微通道中的 W/O/W 乳液生成[28]；（b）突然膨胀通道中的双乳化液生成：

Ⅰ. 具有两个接头的微流体装置的示意、Ⅱ. 第一个接合处聚焦的流动形成的油滴、

Ⅲ. 第二个接合处注水后形成的双乳状液滴、Ⅳ. 收集的双乳状液滴[29]

除了组装基本液滴发生器外，Shin-Hyun Kim 等人[29] 还引入了一种具有新颖几何设计的两步毛细管装置。如图 4-5（b）所示，该装置的主要部分由突然膨胀通道和一个变窄的通道组成。在第一步中，水包油（O/W）乳液液滴通过流动聚焦产生；第二步，当油滴流经变窄的通道时，累积的压力和速度的增加使油滴迁移加速，从而使得惯性效应明显增强。在抛物线流场的作用下，水滴的前部向前移动并进入膨胀通道，而水滴的后部则向内凹陷并松弛成球形。因此，W/O/W 双乳液可以通过连续相的水插入来形成。通过三相同时收敛为一点也可形成双乳化液滴（一步法生成）。顾忠泽等人[30] 使用带有四毛细管的四通道共流装置制备了双乳化液滴。四种不同的油液作为不同的分散相注入每个通道，周围的水状流体作为连续相，以相同的方向流动。四种油相在接触时倾向于在通道出口处聚结，因此产生多组分液滴。由于每个液相都是单独注入的，因此可以通过注射泵独立调节其流速。并行和多级乳化的设计可以耦合，如通过使用不同内相或中间相流体的平行通道，制备了具有多核或

壳的双乳化液滴。此外，利用毛细管微流控技术制备出双乳液液滴模板，在双内相溶液中分别掺入不同的功能性纳米粒子，再通过对各相溶液流速的精确调节，实现乳液液滴功能和成分的可控制备[31]。在某些情况下，通过外力（例如气动控制、电力、机械振动）可调节双乳液的产生，这些手段为双乳液制备提供了新机遇。

（3）多重乳化液滴 除双乳液外，还可以通过基本液滴发生器的多种组合或通过一步乳化方法制备具有分级洋葱状结构的高阶乳液。研究人员通过光刻工艺设计了多级流聚焦装置，该装置的基本模块是具有空间润湿性的聚焦液滴发生器，串联这些模块可以逐步制造单、双、三、四和五重乳液[32]。此外，通过使用连续毛细管组件可获得更灵活的三步共流装置。该装置由注射管、过渡管和收集管组成，它们以良好的同轴对齐顺序插入。三重乳液是以高度可控的方式生成的，因为可以调整每层液滴的大小和数量，通过添加更多的过渡管，可以制备更高阶的乳液[33]。除这些方法外，还可以在更简单的设备中生成高阶乳液，从而实现多层界面的单步分解，该装置由两个锥形毛细管分别作为收集管和注射管。这两个管在方形毛细管内端对端组装，第一层水相 W_1 流过注入管；第二层油相 O_2 流过方形毛细管和注入管之间的空隙；第三层水相 W_3 沿着方形毛细管的内壁流动；这三相在同一方向流动。第四层油相 O_4 流过方形毛细管和收集管之间的空隙；第五层水相 W_5 沿方形毛细管的壁流动。这两个外相的流动方向与上述三个内相的流动相反[34]。液相通过收集管的孔口形成具有多层界面的液体射流，然后分裂成 $W_1/O_2/W_3/O_4/W_5$ 四重乳液液滴。界面的空间限制稳定了多层液体并免于射流破裂，其是这种设计的关键。

综上所述，液滴制备可分为"主动法"与"被动法"两种方式，两者相比，前者需要外部能量才能进行液滴操控，如电、磁或离心力，而后者，仅需要几种简单的微流控芯片结构，便可产生液滴，因此，大多数研究都是采用被动方法生成液滴和衍生的微载体。然而被动方法要实现量产，往往依赖于多通道并行通量生成液滴，导致器件设计复杂、制造成本高。可以预测未来还将转向扩大使用"主动法"产生高通量液滴来制造微载体。近来，一种新的多通道离心旋转系统被提出用于高通量制备单分散微凝胶。该装置设计简单，主要由多个玻璃毛细管和一个旋转圆筒组成，以可控的方式制备大量不同结构的微凝胶，包括微球、Janus 微球和微胶囊，并用作药物包埋的微载体[35]，这一新技术为宏量制备液滴带来了新机遇。

4.3 液滴的混合

液滴微流控技术所具有的高通量和易于放大的优势使其便于进行平行反应。当反应试剂包含于液滴内时，反应物之间的接触混合可通过不同液滴之间的聚并得以实现，同时该技术也是控制液滴内部组分浓度的有效手段。一个液滴分裂成两个甚至多个更小的液滴，说明单个液滴可作为微型反应器，且易实现反应器数量放大和体积缩小，而迅速混合不同反应物是提高混合和反应效率的关键。在化学反应中，混合度与反应效率密切相关。在连续流微流控模型中，反应物的混合度越大，反应效率也会越高。由于 Re 值较小，在通道里流体为层流状态，流体间的混合效率难以用湍流的方式提高，混合液滴主要依靠缓慢分子扩散来实现，因此混合速度极慢。但在基于液滴的反应过程中，各组分可以通过液滴运动过程中的混沌对流效应实现快速混合[36]。

当液滴微通道和尺寸处于同一量级时，流体的混合效应可通过分段液滴大大加强。当连续相薄膜会对液滴速度产生影响，流体速度为 V_d 且体积较大的液滴在微通道内移动时，一层连续相薄膜将会在液滴与通道壁之间形成。在矩形通道中，当液滴的外部流场速度大于液滴移动速度 V_d，流速大于 V_d 的流体粒子会追上液滴，当其运动到液滴界面时仅改变运动方向。并且微通道中流体离壁面越远、流速越大，通道中心处流体流速越大。外部连续相流体与液滴之间无法混合，导致通道内流场变化。在液滴附近分布循环区域和停滞点，界面上的停滞点被分为两类：分离点和汇聚点。其中较为有效的加强整体混合效果的方法是采用弯曲微通道，这使得直通道中原本对称的流动状态得以打破[37]。

通道中上下两部分流体不能很好地混合，而只经过拉伸和折叠，流体缺乏转向[38]。Rustem F Ismagilov 等人[39] 比较了液体混合效率与有无转向效应之间的关系，如图 4-6 所示，贝克变形作为基本模型会产生一系列的拉伸、折叠、转向过程，整个液滴内流体得到快速混合。与直通道相比，弯曲微通道在以下几方面有显著优势：①在 S 形通道内液滴会形成混沌对流或者循环回流，与直形通道相比显著促进液滴的混合；②通道长度在相同尺寸的芯片上加长从而增加混合时间。例如 Rustem F. Ismagilov 等人[40] 报道了一种快速、简便控制液滴内样品混合的方法。将芯片设计成 S 形的内孔弯道，当液滴流经不同弧度的弯道时，液滴内部因间歇性的构型变化而形成对流。在弯曲的通道中通道曲率半径的变化，将会导致靠近外壁面的流速和靠近内壁面的流速不再对称，从而引起流动剪切力发生变化。液滴内部的流动漩涡的大小也将发生变化，即曲率半径大的一侧漩涡变大，而曲率半径小的一侧漩涡尺寸变小，即 S 形弯曲的管道内外壁两侧的漩涡交替变化。依靠这种对流作用可以完成液滴内极快速的混合过程（约 2ms）。此外，借助 DEP 或 EWOD 力、局部机械振荡或温度诱导的马兰戈尼（Marangoni）效应（又称为热毛细效应），可以通过电气控制积极协助混合。例如 Charles N Baroud 等人[41] 证明，通过使用两个具有适当开关频率的固定聚焦激光束，液滴内部的对称流动模式将消失，并且由于热毛细效应可能产生混沌流动可以增强两部分液滴的混合，在液滴输运过程中外加压力须大于液滴的额外压力差，方能驱动流体向前运动。连续相的剪切力和界面张力的竞争将决定液滴能否分裂，这种力受到支通道流量比、液滴初始大小、毛细数影响，克服液滴之间流体薄膜的分离作用使得液滴界面失稳从而实现液滴的融合。液滴在通道中运动时内部会形成循环区域并产生混沌对流现象，而整体混合效果可以通过采用弯曲微通道得以增强。

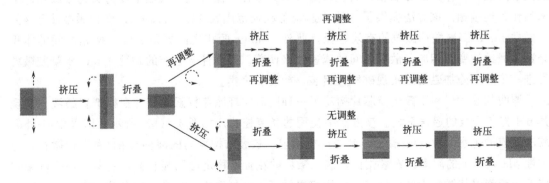

图 4-6　微流控装置中的液滴混合贝克变形模型：有无转向效应两种情况下液体混合效率的比较[39]

总之，化学反应一般涉及两种或两种以上的试剂，故液滴的融合可将特定目标样品加入液滴中并充分混合，完成反应和产物的分析检测等功能。故液滴混合是通过设计芯片的结构从而克服两液滴之间的界面张力来完成对液滴的操纵。而作为液滴相关应用的基础，液滴的生成与操控技术是研究过程中重要的一个环节，这最终决定了微流控技术能否向生物技术、化学分析、环境保护等诸多领域拓展。

4.4　微液滴在不同领域的应用

微流控液滴技术作为一种多样化的实用，实现了液滴在微小通道中的流动控制，同时能实现液滴在尺寸、结构形貌和功能特性等方面的可控设计和精确操控，从而为生物、化学、医学等研究搭建了一个全新的平台，并且已经在材料合成（如微/纳米颗粒制备）以及生物医学（如细胞分析、细胞培养以及生物检测）等领域得到广泛应用。

4.4.1　微流控液滴技术应用于材料合成领域

液滴反应器因具有分隔、小型化、单分散性和高通量等优势，可用于高质量合成纳米材料。此外，液滴本身可作为软模板，在其界面上实现物理和化学过程修饰，从而能够合成具有柔性形态、微/纳米结构和多种成分的微尺度材料。总体而言，微流控液滴技术为具有高度可控物理和化学性质的纳米和微尺度材料的合成提供了强大的工具。

陈苏等人[42] 提出了一种通用、高效的方法，以实现图案化胶体光子晶体的可视化自组装。这种可视化过程高度依赖于疏水力驱动自组装（HFSA）模式。微流控技术首先用于形成微滴，其中将密度高于水、高疏水性和挥发性的氟碳油作为油相，将聚苯乙烯（PS）胶体悬浮液切割成单分散微滴。然后，这些大小相同的微滴作为印刷油墨自组装成固定结构。在疏水力和氟碳油挥发的驱动下，可在几分钟内快速获得胶体光子晶体，并实现原位可视化。由于该体系中的疏水相互作用能够显著加快胶体颗粒的组装，从而提高组装效率和促进结构颜色的快速出现。此外，利用微液滴的非同步运动速度进一步获得由不同 PS 颗粒尺寸构成的二元结构色。

基于微流控乳液的外部凝胶方法，Takasi Nisisako 等人[43] 利用微流控芯片合成了一种双组分单分散 Janus 海藻酸钙水凝胶微粒 [图 4-7(a)]。其中将黑色氧化铁纳米颗粒与海藻酸钠水溶液混合作为磁分散相；荧光羧酸微球分散在海藻酸钠水溶液中作为荧光分散相；玉米油作为连续相。该方法提供了一种快速制备粒径范围在 $148\sim179\mu m$、变异系数小于 4% 的磁性 Janus 海藻酸钙微粒的有效途径。此外，Janus 两相之间界限清晰，两相之间的体积分数可通过改变其相应分散相之间的流速比来调节。该条件下生产的磁性 Janus 水凝胶微粒可进一步通过施加磁场以实现磁性自组装、旋转和聚集。

谭明乾等[44] 利用微流控芯片构建了一种同时实现原花青素保护并在模拟胃肠液中实现其 pH 控制释放的递送系统。该方法中使用的微流控芯片如图 4-7(b) 所示，即采用内-外凝胶法生成油包水（W/O）模板，制备尺寸均匀、核壳结构均匀的海藻酸钠/壳聚糖微粒。与中性 pH 条件下的游离花青素相比，嵌入微粒的花青素稳定性明显提高，并且在 pH 刺激响应下花青素可从微粒中释放出来。此研究提供了一种制造集成型微流控芯片的方法，以制备稳定性高且具有 pH 刺激响应型的原花青素输送系统，这种方法具有可拓展性。

微流控液滴系统已被广泛用于生产包含细胞的水凝胶微球，然而，现有的微流控液滴系

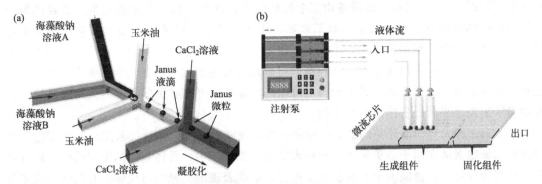

图 4-7 具有 Janus 几何形状的海藻酸钠水溶液液滴的形成示意图[43]
(a)和用于制备核壳微粒的微流控芯片示意图[44]（b）（见文前彩插）

统大多基于复杂的芯片，与培养板不相容而且液滴微流体产生的微球需从油中破乳和纯化，无疑会增加时间成本，同时也可能损害细胞活力。董文飞等人[45]提出了一种简单的一步法，用于微流控装置的组装生产和水凝胶微球的纯化。作者选择含有1%全氟聚醚-聚乙二醇（PFPE-PEG）嵌段共聚物氟表面活性剂的 HFE7500 氟化油作为连续相，含0.4%光引发剂苯基（2,4,6-三甲基苯甲酰基）膦酸锂的缓冲液/光交联明胶作为分散相。液滴可以在设备管中产生并固化，然后将获得的水凝胶微球转移到充满细胞培养基的组织培养板上，并在37℃下蒸发油来破乳，油的去除导致凝胶状微球释放到细胞培养基中。这种一步微球生成法在自动化球状体和类器官培养以及药物筛选中显示出良好的应用潜力，并可能为细胞/微凝胶技术的转化带来机遇。

基于微流控液滴技术，研究者们已制备了具有多腔室结构的微胶囊和高度单分散的核壳型微粒，其中微粒形貌、尺寸、壳层厚度和单分散度等可通过改变流质物性参数、液相流率和通道几何构型等进行精确调控。但基于该技术制备的微颗粒主要集中于各类水凝胶、部分无机物和无机-有机复合型微粒，其种类有限从而极大地限制了其应用范围，基于微流控液滴技术合成的微颗粒种类和应用领域还需进一步拓展。

4.4.2 微流控液滴技术应用于生物医学领域

微流控液滴技术的发展为高通量制造单分散、尺寸可控、特定形态和功能的微粒提供了一种有效途径。由于其优良的工作特性和灵活的安装结构，在生物医学分析、生命科学等领域中的应用也起到不可替代的作用。

4.4.2.1 3D 细胞培养

3D 细胞培养是一种可以在培养过程中为细胞提供更接近体内条件的微环境参数的技术，其生理相关性明显强于传统的 2D 细胞培养。目前，3D 培养系统大致可分为两种类型：基于支架的培养系统和无支架的培养体系。基于支架的培养系统通常使用天然或合成的聚合物材料进行细胞培养，从而为细胞生长提供 3D 物理支撑。近年来，微流控液滴技术已广泛应用于 3D 培养领域，因为液滴衍生的微载体可以用作支架。例如，微流控液滴技术产生的水凝胶胶囊可以使细胞在 3D 环境中培养和生长，并且以可重复和高通量的方式生产类器官，可用于干细胞培养和分化、癌症研究、药物筛选和组织工程。

林玲等人[46]设计了一个集成微流控设备，作为多功能和生物相容性的动态 3D 细胞培养平台。如图 4-8(a) 所示，该设备由三个模块组成：首先，利用水溶性钙生产富含细胞的均质海藻酸钠微球发生器；二是微球萃取器，用于快速、无损地提纯细胞负载的微凝胶球体，并将其提取到新鲜培养基中，该模块还保留了流动灌注培养的主通道；第三，动态培养为细胞生长创造了一个活泼稳定的微环境，可以原位监测细胞的形态和生化变化。整个过程是在微流控装置上一步完成。该平台与生理微环境兼容，并在扩展的肿瘤内皮细胞共培养模型中显示出高水平的血管生成蛋白表达。

Tal Dvir 等人[47] 设计并制造了一种聚焦微流控液滴系统。该系统采用乳液微流控装置将多能干细胞封装在用于心脏组织工程的水凝胶生成微滴中，具体是以油为连续相，以含细胞水凝胶为分散相。液滴大小和细胞浓度可控，系统表现出优异的再现性。心肌细胞或多能干细胞包裹在具有良好形态和功能的液滴中。最终，将装有细胞的液滴注射到小鼠腓肠肌中，以验证细胞在宿主组织中的存活、增殖和分化能力。

秦建华等人[48] 提出了一种用于生成壳芯胶囊的全水微流控装置。核壳胶囊的产生依赖于海藻酸钠（NaA）和壳聚糖（CS）与相反电荷的界面络合。通过包封人源性多能干细胞的胰腺内分泌细胞，核壳胶囊可以形成大量人胰岛类器官。获得的胰岛类器官可表达胰腺特异性基因、合成蛋白、分泌胰岛素以响应葡萄糖刺激。

如图 4-8(b) 所示，李铁军等人[49] 开发了一种基于液滴的微流控芯片，该芯片在单个设备中集成了细胞分布、三维体外细胞培养和原位细胞监测三项功能。利用微流体"同流分步乳化"方法，成功制备了具有超高体积分数（72%）的紧密填充液滴阵列，可以防止细胞黏附在芯片表面，从而实现三维细胞培养，并使可扩展和高通量细胞培养成为可能。研究人员已成功地将该系统应用于酿酒酵母细胞培养，在单分散液滴（$\Phi = 50.15\mu m \pm 1.13\mu m$）中培养 200 分钟，增殖发生率达到 $80.34\% \pm 3.77\%$，展现出较好的应用前景。

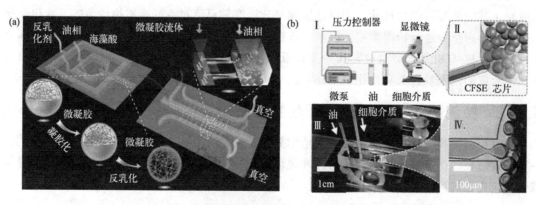

图 4-8　集成微流控设备实例（见文前彩插）

(a) 多功能集成微流控装置模型，该微流控芯片包括两个独立的子设备：第一个 PDMS 设备显示微凝胶液滴的生成，第二个 PDMS 装置显示动态调节下的油提取和培养细胞载微凝胶芯片[46]；(b) 液滴生成：Ⅰ.3D 细胞培养系统示意图、Ⅱ."同流分级乳化"示意图、Ⅲ.细胞介质和油泵入微通道过程、Ⅳ.细胞培养基破裂成乳状液滴[49]

综上所述，细胞生物学与微加工技术结合可构建多种细胞 3D 培养平台，并已广泛应用到癌细胞研究、药物研发、疾病建模生物学等领域。其中，微流控细胞 3D 培养的仿真生理微环境可在载玻片大小的芯片上构建，并可用来评估人体对各种药物或外界刺激产生的反应，也可在体外模拟各种组织和器官的结构、功能及其两者的联系，将会在药物研发、生物医学、毒性筛选和个性化医疗等领域有广泛的应用前景[50]。

4.4.2.2 生物医学检测

生物分子检测在各种疾病的诊断中发挥着越来越重要的作用，其中包括小分子代谢物和大分子（如蛋白质和核酸）检测。微流控液滴技术在取代烦琐的生化实验室操作方面具有独特的优势。微流控芯片的按需制造特性允许各种类型的反应条件，而且微流控液滴的优异单分散性确保了实验结果的高重复性和可比性。此外，微流控液滴的高通量平台可以满足同时采集大量数据的要求。因此，微流控液滴技术已广泛用于生物分子的检测。

液滴数字 PCR（ddPCR）是液滴生物分析平台中最具代表性的例子之一。通常，液滴数字 PCR 系统可用于目标的绝对定量并且在检测核酸方面具有绝对优势。如图 4-9（a）所示，赵建龙等人[51] 提出了一种油饱和聚二甲基硅氧烷微流控芯片的系统，用于肺癌细胞相关微 RNA（miRNA）的绝对定量分析。通过 PDMS 微流控装置产生具有优异单分散性的油包水单乳液液滴，用于后续检测和分析。结果表明，与常规定量实时 PCR 相比，液滴数字 PCR 系统在检测限和 miRNA 的小倍数变化方面具有显著优势。Alexander Revzin 等人[52] 开发了一种利用自动化的微流控平台，通过计算机控制微型阀和阀控交叉点来创建样品和测定试剂溶液的层流共流，并将样品试剂混合物离散为油包水小液滴，从而对微升样品量中的分析物进行多重检测［图 4-9（b）］。曾勇等人[53] 利用微流控液滴和多色荧光检测的高灵敏度蛋白质检测方法，该方法不需要结构复杂的微流控芯片［图 4-9（c）］。多色荧光检测器（SECM）的使用使得数据的统计分析更加简单和直观。双荧光的同时检测消除了假阳性信号的干扰，确保了检测结果的准确性。这两种方法都可以用于对微量样本的分析，具有很大的应用前景。未来，微流控技术可能会被重新设计，以增加多路传输能力，并可能与器官芯片设备集成，用于器官间通信的自动采样和监测。

微流控液滴技术在生物样品、生物标志物筛选研究中也具有一定的应用价值，用于制备条形码，以实现多重生物分子检测。例如，赵远锦等人[54] 开发了一种新型水凝胶光子晶体条形码，具有核壳结构，用于微 RNA 的多重检测。如图 4-9（d）所示，使用单乳液微流控装置，利用二氧化硅纳米颗粒的自组装制备光子晶体微球。通过调整二氧化硅纳米颗粒的尺寸，可以制备不同颜色的光子晶体微球。然后通过模板牺牲法制备了具有核壳结构的水凝胶光子晶体条形码，其中核壳结构厚度可以通过蚀刻时间来控制。生成的光子晶体条形码具有独特的光学特性和特征反射峰，可以避免其他荧光信号的干扰或光漂白。在实际应用中，光子晶体条形码的外壳可以为靶向反应和滚环扩增提供均匀的水环境，而条形码的核心可以提供稳定的光学编码，从而实现不同微 RNA 的多重检测。此外，使用光子晶体条形码，多个 miRNA 的检测限可以达到飞秒级。

总之，传统免疫学检测需依靠大型且昂贵的仪器和熟练的操作人员，敏感性却低，测量时间长。随着检测需求不断上涨，临床需要一种高敏感、高准确度、快速、便携的即时诊断方式。而微流控芯片具有高敏感、自动化、高通量等优点，与临床即时诊断需求相契合。其中基于微流控液滴的单细胞 ID 和 AST 技术发展的终极目标是临床转化。为了满足临床环境使用，该技术需达到可扩展复用、可集成制备和临床上相应的敏感度。微流控液滴的灵敏度适用于从尿液中检测病原体，但对于病原体载量低的样本，如血液，其灵敏度仍须提高。iPPA 和 SCALe-AST 在多路复用和筛选能力方面有显著的进步，但在串行工作中仍需提升产量以便与临床实验室需求相匹配。而商业化的液滴微流控平台（如 BioRad Technologies、

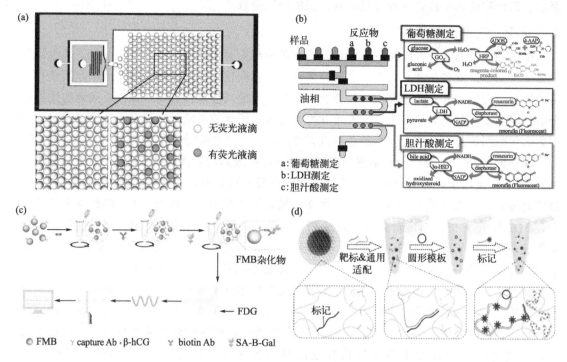

图 4-9 微流控液滴技术应用于生物医学检测实例（见文前彩插）
（a）使用油饱和聚二甲基硅氧烷微流控芯片进行数字 miRNA 检测的示意图[51]；
（b）基于液滴的生化分析示意图：可以同时完成葡萄糖、乳酸脱氢酶和胆汁酸三种不同的生化检测[52]；
（c）微流控液滴检测 β-hCG 和多色荧光检测图[53]；
（d）多孔水凝胶封装的 PhC 条形码用于 RCA 检测 miRNA 的示意图[54]

（b）图式中英文含义：

glucose—葡萄糖；gluconic acid—葡萄糖酸；GO$_x$—气态氧；HRP—辣根过氧化酶；4-AAP/ADOS—显示试剂；magenta-colored product—品红色产物；lactate—乳酸；pyruvate—丙酮酸；LDH—乳酸脱氢酶；diaphorase—黄递酶；resazurin—刃天青；resorufin（fluorescent）—试卤灵（荧光）；bile acid—胆汁酸；oxidized hydroxysteroid—氧化羟基类固醇；diaphorase—黄递酶

（c）图式中英文含义：

FBM—荧光磁珠；β-hCG—绒毛膜促性腺激素；capture Ab—β-hCG 单克隆抗体；biotin Ab—生物素标记的 β-hCG 单克隆抗体；SA-B-Gal—链霉亲和素共轭的半乳糖苷酶；FDG—荧光素半乳糖苷酶

Rain Dance Technologies）实现临床转化的关键在于是否具有小型化 LIF 检测、集成流体控制和用户友好界面（包括配套数据分析软件）的简单平台。这些基于液滴微流控的单细胞 ID 和 AST 技术的每一次迭代都将帮助人类向临床诊断迈出一步，从而实现数据驱动的抗菌药物改善患者症状，缓解抗生素耐药性上升的威胁[55]。

4.5 小结与展望

微流控液滴技术为解决高通量生化实验领域富有挑战性的问题提供了简单有效的解决方案。从用户角度出发，了解液滴组件的功能和优势是保证方法有效性、控制成本和可用性的关键。微流控液滴技术作为一项成熟的技术，其相关的挑战很容易被人忽视。因此，认识到该方法的局限性对该技术的发展是非常重要并且具有指导意义的。

与固体反应器相比，微流体液滴是一种类似于渗透细胞膜的软容器，故其稳定性较差。而且液滴有效载荷的复杂性（例如细胞裂解物）也是破坏液滴完整性的重要因素。其次液滴未被完全隔离从而使得液滴之间的某种物质交换时刻发生。一方面这种现象可以带来新的机遇，另一方面特别是小分子运输会引起不必要的交叉污染。最后，物质交换在小容量和密闭的环境中会受到严重限制，不能满足细胞的自然生存环境。具有低黏度、透气性和细胞毒性的氟化油，长期以来一直是细胞实验的首选，但这种液滴所提供的环境并不适合长期培养。这些问题的解决方案可能超出了核心微流体本身的研究范围，未来将期待新材料或其他革命性技术的出现。

微流控芯片在理想情况下是只使用一次的消耗品，目的是减少交叉污染，并确保流体处理性能最佳和高重复性。尽管微流控器件制造所使用的玻璃和塑料等原材料价格便宜，但结构化的微流控芯片价格昂贵，这将在某种程度上限制基于芯片的系统及微流控芯片的广泛使用。制造成本如此之高的关键原因是微流体的使用场景具有高度可变性。因此，微流控芯片耗材的价格要达到 96 孔板的水平还需要很长一段时间。换言之，基于液滴的 scRNA-Seq 的巨大成功之后，可以设想更多的企业将液滴微流体技术用于其他领域，这可能会推动微流控芯片实现模块化和接口的标准化。

4.6 实验案例

4.6.1 微流控单相液滴的制备

4.6.1.1 实验目的

① 熟悉微流控液滴技术的基本原理。
② 了解基于微流控技术液滴的生成方式及基本操作。
③ 掌握微流控单相液滴的制备。

4.6.1.2 实验原理

微流体控制技术制备液滴是在微流控芯片上产生液滴，使其中一相流体分散于另一相不互溶或部分互溶流体中的过程。以其中的一种流体作为连续相，另一种互不相溶的流体作为分散相，分散相将以微小体积（$10^{-15} \sim 10^{-9}$ L）单元的形式分散于连续相中，从而形成液滴[56]。在微流控领域主要采用被动法来制备液滴。

本实验采用微流控高效反应/组装仪和 T 形微流控芯片，如图 4-10 所示。该微流控装置由 30 G 毛细管钢针、T 形芯片和 PDMS 微管组成流体通道，30 G 针头通过医用注射器与微流体泵连接。在注射泵的推动下，两相流体在针头末端汇聚。在液滴剪切应力和表面张力的共同作用下，流速比较慢的水溶液（分散相）被流速较快的甲基硅油（连续相）剪切成单分散的液滴模板，并随甲基硅油从 PDMS 微管的出口流出、收集。

4.6.1.3 化学试剂与仪器

化学试剂：甲基硅油（黏度＝5000mPa·s，麦克林）、罗丹明 B、去离子水（自制）。

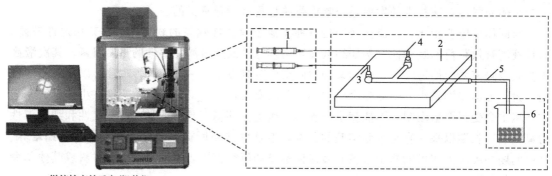

微流控高效反应/组装仪

图 4-10 实验装置与实验流程图

1—微流体泵；2—T 形芯片；3—剪切相进料口；4—流动相进料口；5—PDMS 软管；6—收集烧杯

仪器设备：微流控高效反应/组装仪与 T 形微流控芯片（南京捷纳思新材料有限公司）、烧杯、PDMS 软管（15cm）。

4.6.1.4 实验步骤

① 分散相的配制。

称量 20g 去离子水，加入适量的罗丹明 B 搅拌溶解。将制备的水溶液吸入连接 30 G 毛细管钢针的注射器中，将其与微量注射泵连接作为分散相。

将甲基硅油吸入连接 PDMS 微管的注射器中并将其作为连续相。

② 微流体泵参数测定。

设定分散相的流速在 0.1～0.8mL/h 之间的任意一个数值，连续相的流速设定在 5～20mL/h 之间的任意一个数值。启动连续相和分散相的注射泵，通过控制分散相与连续相的相对流速控制液滴模板的尺寸。

③ 液滴的收集。

为了得到粒径分布均匀的液滴，待分散相开始形成液滴至 5min 体系稳定后开始收集。在收集过程中，保持液滴之间具有一定的距离以防止液滴合并。

4.6.1.5 实验记录与数据处理

室温/℃	大气压/Pa	分散相流速/(mL/h)	连续相流速/(mL/h)

4.6.1.6 注意事项

① 制备微流控简易芯片的时候注意规范使用明火，避免引发安全事故。

② 微流体泵中分散相、连续相流速参数变动时，要静置 5min 待到体系稳定再进行液滴收集。

③ 液滴收集时，为避免液滴聚集，每个液滴间应该保留一定的距离。

4.6.1.7　思考题

① 微流控制备微液滴的优点有哪些？
② 微流控生成微液滴的方式有哪几种，分别具有什么特点？

4.6.2　Janus 几何结构液滴的制备

4.6.2.1　实验目的

① 熟悉微流控液滴技术的基本原理。
② 了解基于微流控技术液滴的生成方式及基本操作。
③ 掌握 Janus 几何结构液滴的制备。

4.6.2.2　实验原理

微流控液滴技术通过复杂的流体通道设计，可以制备具有各向异性和特殊特征的复杂液滴。微流控技术已成为制备 Janus 液滴即两段不同性质的液滴的主流方法。通过 Y 形芯片从两个不同的分支分别引入两种类型的有机流体。然后，两种流体合并成一个两相分散流，并通过剪切鞘流一起破碎成液滴。分散相流体可以是混溶的或不混溶的。在不混溶的情况下，Janus 液滴的结构以及颗粒的结构由扩散系数决定。扩散系数（S）由下式给出：

$$S = \gamma_{AB} - (\gamma_A + \gamma_B)$$

式中，γ_{AB} 是两个分散相之间的界面张力；γ_A 是分散相 A 和连续相流体之间的界面张力；γ_B 是分散相 B 和连续相流体之间的界面张力。液滴具有 Janus 几何形状，有两个不同的半部（本案例详述该机制）。在此机制中，由于微流体系统中的 Re 值较低，流体保持层流，两种有机物流的混合主要是通过扩散而非对流传输，过程相当缓慢。因此，存在清晰的相边界，这保证了 Janus 液滴形成的可行性。

本实验采用微流控高效反应/组装仪和 Y 形微流控芯片，如图 4-11 所示，分别以聚苯乙烯胶体粒子和乙氧基化三羟甲基丙烷三丙烯酸酯作为分散相，甲基硅油作为连续相。实验中，通过在聚苯乙烯胶体粒子的分散液中加入聚乙二醇辛基苯基醚调节聚苯乙烯胶体粒子分散液的表面张力。基于三相界面张力的平衡，成功形成 Janus 几何结构液滴。此外，最终 Janus 几何结构液滴的尺寸可通过调节流速来进行调整。

4.6.2.3　化学试剂与仪器

化学试剂：甲基硅油（黏度＝5000mPa·s，麦克林）、聚苯乙烯乳液（南京捷纳思新材料有限公司，质量分数50％）、聚乙二醇辛基苯基醚（上海凌峰化学试剂）、乙氧基化三羟甲基丙烷三丙烯酸酯（阿拉丁）。

仪器设备：PDMS 软管（15cm）、微流控高效反应/组装仪与 Y 形微流控芯片（南京捷纳思新材料有限公司）、烧杯。

4.6.2.4　实验步骤

① 分散相的配制。

分散相1：配制聚苯乙烯胶体粒子的分散液，使其质量分数为40％，在聚苯乙烯胶体粒子的分散液中分别加入质量分数为 0.067％、0.134％、0.200％、0.267％和 0.333％的聚乙二醇辛基苯基醚来调节聚苯乙烯胶体粒子分散液的表面张力。

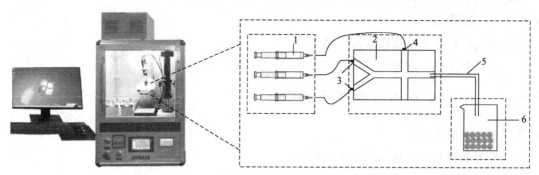

微流控高效反应/组装仪

图 4-11　实验装置与实验流程图
1—微流体泵；2—Y 形芯片；3—剪切相进料口；4—流动相进料口；5—PDMS 软管；6—收集烧杯

分散相 2：乙氧基化三羟甲基丙烷三丙烯酸酯。

② 磁性 Janus 液滴的制备。

将分散相 1（调节好表面张力的聚苯乙烯分散液）与分散相 2（乙氧基化三羟甲基丙烷三丙烯酸酯）分别移入两个注射器中，连接软管，再与针头连接，最后将注射器放置于注射泵上。选择甲基硅油作为连续相。调节泵参数，设置分散相及连续相流速，分别设定分散相流速为 0.15mL/h，连续相流速为 5mL/h。在针尖处产生均匀稳定的 Janus 液滴。

③ 液滴的收集。

待液滴生成 3min 后采用 PE 材质的收集杯收集液滴，事先在 PE 收集杯中注入能漫过整个液滴的甲基硅油，然后置于 PDMS 微管的出口处收集。在收集过程中，移动收集杯防止生成的液滴相互碰撞合并。

4.6.2.5　实验记录与数据处理

室温/℃	大气压/Pa	分散相 1 流速/(mL/h)	分散相 2 流速/(mL/h)	连续相流速/(mL/h)

4.6.2.6　注意事项

① 微流体泵中分散相、连续相流速参数变动时，要静置 5min 待到体系稳定再进行液滴收集。

② 液滴收集时，为避免液滴聚集，每个液滴间应该保留一定的距离。

4.6.2.7　思考题

① 相较于传统方法，基于微流控技术制备液滴有何优势？

② 连续相和分散相流速对液滴大小有何影响？

参考文献

[1] 刘赵淼，杨洋，杜宇．微流控液滴技术及其应用的研究进展［J］．分析化学评述与进展，2017，45（2）：282-296.

[2] Shang L，Cheng Y，Zhao Y. Emerging droplet microfluidics［J］. Chemical Reviews，2017，117（12）：7964-8040.

[3] 赵静．不同结构微通道内液滴生成特性研究［D］．北京：北京工业大学，2019.

[4] Xiao M，Zou K，Li L，et al. Stochastic DNA walkers in droplets for super-multiplexed bacterial phenotype detection［J］. Angewandte Chemie International Edition，2019，58（43）：15448-15454.

[5] Le T N Q，Tran N N，Escribà-Gelonch M，et al. Microfluidic encapsulation for controlled release and its potential for nanofertilisers［J］. Chemical Society Reviews，2021，50（21）：11979-12012.

[6] 府香钰．基于液滴微流控技术的大尺寸液滴生成与计数方法研究［D］．哈尔滨：哈尔滨工业大学，2021.

[7] Zhu P，Wang L. Passive and active droplet generation with microfluidics：A review［J］. Lab On a Chip，2017，17（1）：34-75.

[8] Bong K W，Chapin S C，Pregibon D C，et al. Compressed-air flow control system［J］. Lab On a Chip，2011，11（4）：743-747.

[9] Gu H，Rong F，Tang B，et al. Photonic crystal beads from gravity-driven microfluidics［J］. Langmuir，2013，29（25）：7576-7582.

[10] 范昭璇．喷墨打印技术与微流控技术的液滴生成及应用［D］．北京：北京科技大学，2021.

[11] Link D R，Grasland-Mongrain E，Duri A，et al. Electric control of droplets in microfluidic devices［J］. Angewandte Chemie-International Edition，2006，45（16）：2556-2560.

[12] 郑杰，王洪，闫延鹏．微流控芯片液滴生成与检测技术研究进展［J］．应用化学，2021，38（1）：1-10.

[13] Nguyen N T，Ting T H，Yap Y F，et al. Thermally mediated droplet formation in microchannels［J］. Applied Physics Letters，2007，91（8）：084102.

[14] 王洪．基于液滴生成及控制技术的数字微流体芯片研究［D］．重庆：重庆理工大学，2020.

[15] Liu J，Tan S H，Yap Y F，et al. Numerical and experimental investigations of the formation process of ferrofluid droplets［J］. Microfluidics and Nanofluidics，2011，11（2）：177-187.

[16] Zeng S，Li B，Su X O，et al. Microvalve-actuated precise control of individual droplets in microfluidic devices［J］. Lab On a Chip，2009，9（10）：1340-1343.

[17] Xi H D，Zheng H，Guo W，et al. Active droplet sorting in microfluidics：A review［J］. Lab On a Chip，2017，17（5）：751-771.

[18] 杨凌枫．基于微流控技术制备核壳结构变燃速发射药［D］．绵阳：西南科技大学，2021.

[19] 徐喆芸．基于液滴核酸二维码的并行测序技术研究［D］．南京：东南大学，2021.

[20] Guillot P，Colin A. Stability of parallel flows in a microchannel after a T junction［J］. Physical Review E，2005，72（6）：066301.

[21] De Menech M，Garstecki P，Jousse F，et al. Transition from squeezing to dripping in a microfluidic T-shaped junction［J］. Journal of Fluid Mechanics，2008，595：141-161.

[22] Utada A S，Fernandez N A，Stone H A，et al. Dripping to jetting transitions in coflowing liquid streams［J］. Physical Review Letters，2007，99（9）：094502.

[23] Cramer C，Fischer P，Windhab E J. Drop formation in a co-flowing ambient fluid［J］. Chemical Engineering Science，2004，59（15）：3045-3058.

[24] Anna S L，Mayer H C. Microscale tipstreaming in a microfluidic flow focusing device［J］. Physics of Fluids，2006，18（12）：121512.

[25] Wang H，Jiang G，Han Q，et al. Formation of magnetic ionic liquid-water Janus droplet in assembled 3D-printed microchannel［J］. Chemical Engineering Journal，2021，406：126098.

[26] Li M，Li D. Fabrication and electrokinetic motion of electrically anisotropic Janus droplets in microchannels［J］. Electrophoresis，2017，38（2）：287-295.

[27] 崔艺文．基于微流控技术的感温变色磁性 Janus 微球的制备及性能研究［D］．合肥：中国科学技术大学，2019.

[28] Okushima S，Nisisako T，Torii T，et al. Controlled production of monodisperse double emulsions by two-step drop-

let breakup in microfluidic devices [J]. Langmuir, 2004, 20 (23): 9905-9908.

[29] Kim S H, Kim B. Controlled formation of double-emulsion drops in sudden expansion channels [J]. Journal of Colloid and Interface Science, 2014, 415: 26-31.

[30] Shang L, Cheng Y, Wang J, et al. Double emulsions from a capillary array injection microfluidic device [J]. Lab On a Chip, 2014, 14 (18): 3489-3493.

[31] 邹旻含. 多组分微马达的制备研究 [D]. 南京: 东南大学, 2020.

[32] Abate A R, Weitz D A. High order multiple emulsions formed in poly (dimethylsiloxane) microfluidics [J]. Small, 2009, 5 (18): 2030-2032.

[33] Chu L Y, Utada A S, Shah R K, et al. Controllable monodisperse multiple emulsions [J]. Angewandte Chemie International Edition, 2007, 46 (47): 8970-8974.

[34] Kim S H, Weitz D A. One-step emulsification of multiple concentric shells with capillary microfluidic devices [J]. Angewandte Chemie International Edition, 2011, 50 (37): 8731-8734.

[35] Shao C, Chi J, Shang L, et al. Droplet microfluidics based biomedical microcarriers [J]. Acta Biomaterialia, 2022, 138: 21-33.

[36] 赵述芳, 白琳, 付宇航. 液滴流微反应器的基础研究及其应用 [J]. 化工进展, 2015, 34 (3): 593-616.

[37] 于帅. 微流控中液滴的形成与操纵机理及其实验研究 [D]. 哈尔滨: 哈尔滨工业大学, 2013.

[38] Hodges S R, Jensen O E, Rallison J M. The motion of a viscous drop through a cylindrical tube [J]. Journal of Fluid Mechanics, 2004, 501: 279-301.

[39] Bringer M R, Gerdts C J, Song H, et al. Microfluidic systems for chemical kinetics that rely on chaotic mixing in droplets [J]. Philosophical Transactions of the Royal Society a-Mathematical Physical and Engineering Sciences, 2004, 362 (1818): 1087-1104.

[40] Song H, Tice J D, Ismagilov R F. A microfluidic system for controlling reaction networks in time [J]. Angewandte Chemie International Edition, 2003, 42 (7): 768-772.

[41] Cordero M L, Rolfsnes H O, Burnham D R, et al. Mixing via thermocapillary generation of flow patterns inside a microfluidic drop [J]. New Journal of Physics, 2009, 11 (7): 075033.

[42] Tian Y, Zhu Z, Li Q, et al. Rapid visualized hydrophobic-force-driving self-assembly towards brilliant photonic crystals [J]. Chemical Engineering Journal, 2021, 420: 127582.

[43] Liu Y, Nisisako T. Microfluidic generation of monodispersed janus alginate hydrogel microparticles using water-in-oil emulsion reactant [J]. Biomicrofluidics, 2022, 16 (2): 024101.

[44] Tie S, Su W, Zhang X, et al. pH-responsive core-shell microparticles prepared by a microfluidic chip for the encapsulation and controlled release of procyanidins [J]. Journal of Agricultural and Food Chemistry, 2021, 69 (5): 1466-1477.

[45] Zhang T, Zhang H, Zhou W, et al. One-step generation and purification of cell-encapsulated hydrogel microsphere with an easily assembled microfluidic device [J]. Frontiers in Bioengineering and Biotechnology, 2022, 9: 816089.

[46] Zheng Y, Wu Z, Khan M, et al. Multifunctional regulation of 3d cell-laden microsphere culture on an integrated microfluidic device [J]. Analytical Chemistry, 2019, 91 (19): 12283-12289.

[47] Gal I, Edri R, Noor N, et al. Injectable cardiac cell microdroplets for tissue regeneration [J]. Small, 2020, 16 (8): 1904806.

[48] Liu H, Wang Y, Wang H, et al. A droplet microfluidic system to fabricate hybrid capsules enabling stem cell organoid engineering [J]. Advanced Science, 2020, 7 (11): 1903739.

[49] Wei C, Yu C, Li S, et al. Easy-to-operate co-flow step emulsification device for high-throughput three-dimensional cell culture [J]. Biosensors-Basel, 2022, 12 (5): 350.

[50] 许雅青. 微流控 3D 细胞培养用于纳米药物对兔 VX2 细胞杀伤的研究 [D]. 长沙: 湖南大学, 2020.

[51] Wang P, Jing F, Li G, et al. Absolute quantification of lung cancer related microrna by droplet digital PCR [J]. Biosensors & Bioelectronics, 2015, 74: 836-842.

[52] Cedillo-Alcantar D F, Han Y D, Choi J, et al. Automated droplet-based microfluidic platform for multiplexed analysis of biochemical markers in small volumes [J]. Analytical Chemistry, 2019, 91 (8): 5133-5141.

［53］　Chen P，Sun Q，Xiong F，et al. A method for the detection of hCG β in spent embryo culture medium based on mul-ticolor fluorescence detection from microfluidic droplets ［J］．Biomicrofluidics，2020，14（2）：024107.

［54］　Xu Y，Wang H，Luan C，et al. Porous hydrogel encapsulated photonic barcodes for multiplex microrna quantifica-tion ［J］．Advanced Functional Materials，2018，28（1）：1704458.

［55］　Hsieh K，Mach K E，Zhang P，et al. Combating antimicrobial resistance via single-cell diagnostic technologies pow-ered by droplet microfluidics ［J］．Accounts of Chemical Research，2021，55（2）：123-133.

［56］　闫嘉航，赵磊，申少斐，等．液滴微流控技术在生物医学中的应用进展 ［J］．分析化学评述与进展，2016，44（4）：562-568.

第五章

微流控技术制备微球

5.1 引言

微球通常粒径在 $100\sim1000\mu m$ 之间，具有比表面积大、结构与功能多样化、易合成等特点，在药学[1]、生命科学[2]、微反应器[3] 等领域有着广泛应用，被认为是最有潜力的先进微结构材料之一。传统制备微球的方法有悬浮聚合法[4]、喷雾干燥法[5]、乳液蒸发法[6] 和离子交联法等[7]，但上述方法都具有一定的制备缺陷，像液滴受力不稳定、相混合剪切力不均等，导致微球的粒径不易控制、粒径分布难以达到均匀、形成的水包油（O/W）或油包水（W/O）体系稳定性差，甚至可能导致微球内活性位点流失、微球发生形变等问题。同时传统方法制备微球对生产设备要求较高，例如喷雾干燥法中的离心装置对微球粒径就有严格要求，粒径的差异会导致微球的体积、密度分布不均匀，甚至会损坏仪器[8]。此外仪器的操作误差，如搅拌设备的不稳定性、不对称性等都会对微球的形貌产生严重的影响。因此探索粒径均一、分散良好的新型微球制备方法对微球先进材料宏量制备的发展至关重要。

液滴微流控技术是通过调控微通道的表面张力、能量耗散及流体阻力来主导流体行为，精确控制微通道流体流动，实现对液滴微流体进行复杂精确的操纵，达到将均匀液滴转化为功能性微球目的的一种新兴技术。通过对微通道的设计以及流体行为的调节，可以实现对纳/微结构单元的可控构筑。以微流控技术为基础的物理或化学固化法能够制备多种结构、成分可控的微球，包括核壳型[9]、多孔型[10] 以及各向异性[11] 等不同形态和功能的微球。此外，在微球制备过程中通过调控微球结构或添加功能性材料，可制备具有特殊功能的微球，从而满足微球在药物筛选、环境监测等多个领域的应用需求[12]。例如在制药领域，将药物包埋进微球内部，通过控制微球的粒径，控制药物在微球中的负载情况，间接控制药物在体内的吸收与分布[13]；在吸附表征方面，通过改造微球内部结构，对微球比表面积进行细化处理，从而能使其吸附量变得可调可控。此外，通过对微通道表面张力、流体阻力以及能量耗散的调控与设计，可实现对液滴微流体复杂而精确的操纵，其技术具有操作简单、微球大小均一、单分散性良好、试剂耗量低、安全系数高、结构成分可控等优点。

本章讨论了微流控技术在微球材料制备方面的研究现状，包括微球的固化原理、结构调控、功能设计以及潜在应用。对基于微流控制备的核壳型、多孔型以及各向异性微球等不同形态的功能型微球进行考察分析，特别揭示了微流控技术在微球制备过程中的精确调控及性能优化作用机制；对基于纳米微球的结构设计与调控进行了深入探讨，对结构材料与其构筑单元的内在联系、构效关系、能量传递等方面进行详细阐述。同时对面向显示、检测、生物、医学等领域应用的微球材料进行了展望。对微流控技术制备微球材料的典型实验进行了详细介绍，旨在加强对微流控技术构筑微球材料的相关实验的认识与实践。

5.2 微流控技术制备微球概述

5.2.1 微流控技术制备微球的基本原理

微流控技术是制备功能性微球的主要手段，微通道直径一般在数十到数百微米之间，这种微小尺寸所具有的高比表面积，使得微流控设备在制备微球时具有极大的换热速率，避免了常规反应器制备微球时固化阶段局部温度过高的情况。同时，反应过程中通过控制反应物流速，可以精确控制反应时间，且较小的通道尺寸使得反应物间的扩散速率大幅度提高，避免了因反应时间过长、局部浓度过高等因素产生的副产物[14-16]。

微流控技术制备微球一般包含两个过程：液滴的生成和液滴的固化。液滴的生成阶段主要利用微流控技术对微液滴进行微观调控，通过微流控技术的精细化剪切，一般制备出的微液滴大小均匀且离散系数在5%左右。在液滴生成的阶段，根据连续相与分散相种类不同，可以形成水包油（O/W）、油包水（W/O）、水包油包水（W/O/W）或油包水包油（O/W/O）等复合乳液体系。通过在制备过程中引入不同表面活性剂改变两相的表面张力，从而制备出不同形貌的微球。

用于制备微球的微流控芯片主要分为三种：T形微通道芯片、流动聚焦型微通道芯片、共聚焦型微通道芯片[15]。

T形微通道芯片是微流体中形成液滴的常用芯片。两相不相溶流体在T形接头的垂直相交处相遇，在剪切力和压力的共同作用下，分散相被流动相截断，产生液滴。T形微通道芯片中，分散相从竖直方向流入微通道中，连续相由垂直于分散相的方向流入。在两相交汇处，分散相在连续相的连续剪切作用下失稳，形成单分散液滴，并随着连续相在微流控装置中流动保持球形状态。Todd Thorsen[17] 首次报道了利用T形微通道芯片生成液滴，通过大量实验数据推导出微流控各项参数与微液滴直径的相关公式，发现最终液滴直径大小与剪切力下的拉普拉斯压力有关，并预测了计算液滴直径（R）大小的公式：

$$R = \frac{\gamma}{\mu\epsilon}$$ (5-1)

式中，γ 为连续相及分散相的界面压力，N/cm；μ 为连续相黏度，mPa·s；ϵ 为剪切相剪切速率，m/s。Garstecki[18] 进一步详细研究了T形微通道的液滴生成机理并对液滴大小进行预测，发现液滴粒径仅与连续相与分散相的流速比值有关，推导方程如下：

$$\frac{L}{\omega} = 1 + \alpha \frac{Q_d}{Q_c}$$ (5-2)

式中，L 为液滴沿通道方向运行的长度，m；ω 为T形微通道的宽度，m；Q_d 为分散相流速，m/s；Q_c 为连续相流速，m/s；α 为与通道的几何形状有关的常数。在此基础上，徐建鸿等人[19] 进一步研究将公式发展为：

$$\frac{L}{\omega} = \beta + \alpha \frac{Q_d}{Q_c}$$ (5-3)

式中，α，β 为取决于 T 形微通道几何尺寸的拟合参数。同时，Volkert van Steijn[20] 等人建立数学模型，将通过 T 形微通道形成液滴的过程分为两个阶段——充盈和挤压，而 Garstecki 预测液滴的大小是指充盈阶段的液滴大小，在挤压阶段液滴体积依然会发生变化，液滴大小与分散相流量和连续相流量比同样有关。通过研究，他们将最终液滴的体积大小 V 定义为：

$$\frac{V}{h\omega^2} = \frac{V_{\text{fill}}}{h\omega^2} + \alpha\frac{Q_{\text{d}}}{Q_{\text{c}}} \tag{5-4}$$

式中，h 为微通道高度，m；ω 为微通道宽度，m；V_{fill} 为液滴在第一阶段结束时体积的大小，m^3；α 与 V_{fill} 大小取决于 T 形微通道的几何尺寸。

流动聚焦型微通道的形貌可以看作两个 T 形微通道的合并，但其结构较 T 形微通道更为复杂，可以通过调节分散相与连续相的流量比，控制生成液滴的大小。其原理是连续相由两端进入通道，对中间分散相进行挤压，使分散相破碎从而形成液滴[21]。该装置的液滴大小可以通过分散相与连续相流量的比值进行调节，可以得到比 T 形微通道的更小的液滴，但由于其几何参数较多，流动聚焦装置很难用简单的比例定律来关联液滴大小与通道尺寸的关系，相关理论有待进一步研究。

共聚焦型微通道芯片通常将分散相通道与流动相通道同向放置，将分散相毛细管固定在截面为圆形或方形的分散相通道中心，流动相和分散相在交叉管道口汇聚，分散相挤压和断裂，上下对称分布，在连续相的剪切作用失稳后生成液滴[22]。在共聚焦型微通道芯片中，分散相被流动相完全包裹，极大减小液滴受到通道壁润湿性的影响，从而生成大小均一的微球，是制备单分散微球的重要合成方法，例如 P. B. Umbanhowar 等人[23] 通过共聚焦型微通道生产出单分散性为 0.03 的均匀微球。

5.2.2 微流控技术制备微球的影响因素

5.2.2.1 微通道的内部结构

微通道是微流控装置的核心部分，在微液滴形成过程中，除了各相汇合时的汇聚方式外，混合通道同样影响混合效率。通道一般分为折流板通道、弯曲通道和分流混合型通道。

折流板通道一般指那些将板装物嵌入通道内和将通道设计成弯折状的带有折流板形状的通道，其原理是利用简单的周期性几何结构来促使流体进行曲折流动，从而强化混合效果。叶迎华等人[24] 设计了一种通道，该通道内嵌入了一些具有简单几何特征的混合单元（一对带有一定角度的折流板为一个混合单元）以增强微通道中的混合效果。实验结果表明：为达到均匀混合，模拟和实验所需的混合单元数分别为 24 个和 28 个。而带有曲折通道的微流控芯片可在微通道中产生二次流，从而实现更有效的混合。

弯曲通道包括具有正弦变化（或波浪）的弯曲通道和具有螺旋形结构的弯曲通道。这两种弯曲通道内的流体流型并不相同，正弦通道主要通过加强正弦变化促进流体对撞以提高混合性能，而螺旋通道则通过诱导流体在通道内发生旋转以产生横向涡流来促进流体混合。Mohsen Khosravi Parsa[25] 等人采用 CO_2 激光烧蚀玻璃表面来快速制造弯曲通道微流控芯片，并利用该芯片研究了振幅与波长之比对流体混合情况的影响。结果表明，随着振幅与波长之比的增加，施加在混合通道中心区域的离心力会诱导流体产生 Dean 涡流和分离涡流，且涡流强度随离心力的增大而增大，混合指数会逐渐提高。这是一种双螺旋结构的微通道[26]，是在螺旋形微流控混合芯片的基础上发展而来的。弯曲通道不仅能够促进流体混合，而且在生产液滴或者囊泡时也能够提供一段较长的稳定通道。此外，弯曲通道具有制作简单的特点，这使得弯曲通道得到广泛应用。

常规的微流控通道在进入混合阶段时就开始两相互溶的过程，期间两相会不断融合且不再分离。因此，两相混合过程的强化通常依靠缩短扩散距离、增加接触面积和在通道内引发横向涡流三种方法来实现。Arshad Afzal 等人[27] 设计了一种具有正弦变化的汇聚-发散通道，该通道包含两个沿着通道以一定的间隔重新组合的子通道。使用该通道可研究雷诺数、正弦壁幅值和通道纵横比对混合性能的影响。结果表明：增加雷诺数、正弦壁幅值和通道纵横比有利于提高混合性能。Tsung Sheng Sheu 等人[28] 研究了一种新颖的二维交错弯曲通道，在离心力的作用下，弯曲的矩形通道中会产生横向 Dean 涡流，有利于提高混合性能。另外，为了在提高混合效率的同时扩大微通道的应用范围，微通道的特殊结构还需考虑工程化问题。该通道利用"柯恩达效应"使流体在通道内产生横向分散，从而显著促进流体的对流混合。在微通道内使流体进行汇聚-分离-再汇聚，可增强混合效果，近年来得到了广泛关注。

5.2.2.2　微通道的几何类型

微流控的研究通常涉及两种及两种以上不同性质的流体，各相流体在交汇处会形成一个汇聚结构，该结构连接各通道并将混合后的流体输送到一个多流体共存的排出通道，该结构为多向结。多向结的结构有很多种，根据流体间的接触状态不同，可分为 Y 形结 [见图 5-1 (a)和(b)]、T 形结 [见图 5-1(c)和(d)]以及流动聚焦型结[29]。

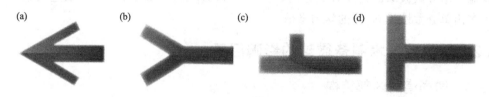

图 5-1　微通道结构类型（见文前彩插）

(a) −60°夹角 Y 形结构；(b) 60°夹角 Y 形结构；(c) 90°夹角 T 形结构；(d) 180°夹角 T 形结构[29]

Y 形结根据最小化扩散距离的原理来促进流体之间的快速混合：通过在 Y 形结中产生二次流，加强流体间的对流传质，从而缩短传质的距离[30,31]。在微通道中，高流速区域的流体倾向于向外流动，而低流速区域（通道顶部/底部和侧壁）的流体往往倾向于向内流动，从而在接合处产生次级流动。此外，来自侧入口的两股流体在交汇处改变方向以在混合通道中流动，从而在交汇处的顶部引发边界层的分离并产生涡流，使得对流效应增加，混合效果增强。同时，Shou-Shing Hsieh 等人[32] 借助微型激光诱导荧光（μ-LIF）和微型粒子图像测速（μ-PIV）光学技术对不同夹角的 Y 形结进行了研究，结果如下：随着混合角度从 60°减小到−60°，混合效果显著提高，这表明通过改变 Y 形结入口夹角角度，亦能在一定程度上增强混合效果。

T 形结是 Y 形结的特殊分类，即两入口通道呈 90°和 180°时的 Y 形结[31]。180°T 形结包含两个侧 90°T 形结，由长的主通道和短的侧通道组成。T 形结结构简单，调控方便。在两相流体接触过程中，侧通道流体由于错流的作用改变方向，此过程能将侧通道流体进行快速的稀释，达到加强混合的目的。T 形结微混合通道适用于混合过程的基础和验证研究，与宏观混合方法相比，该混合通道提供了受控的混合环境，从而可以提高过程的可重复性。当两相流体在 T 形结处相遇时，彼此会发生激烈的撞击，从而加速两相流体的快速混合。此时，物质传递过程不再占据分子扩散主导地位。Nassim Ait Mouheb 等人[33] 研究了雷诺数和水力直径对 T 形结内混合效果的影响，结果表明：混合效果随着水力直径的减小而提高。此外，当雷诺数低于 150 时，两种液体间的对流混合可忽略。此时，传质仅依靠液体界面处较慢的分子扩散。当 Re 为 200 时，在流体汇聚处出现了两个反向旋转的涡旋，交错流线和涡旋促进了流体的混合，使得混合效果明显改善。这种利用 T 形结加强混合的方法已经被应用于脂质纳米颗粒（LNPs）的生产中[34]。

流动聚焦结的设计目的是提高混合效率，通过增大两相间的接触面积从而可以在较短的混合通道内实现充分的混合，且流速、流速比、混合速率和物质浓度是控制混合效果的重要参数[35]。通道内的混合情况主要由流体之间的接触时间和接触面积决定。在同样宽度的通道内，接触面积的增加导致中间相向两边流体的扩散所需的时间相应减少，传质距离缩短，从而使流体间快速混合。与常规的 Y 形结相比，流动聚焦结中流体间的接触面积更大、传质距离更短，从而降低了所需的混溶时间。

5.2.3 微流控技术构筑形貌各异的微球

液滴微流控技术的出现使得人们在制备微球时具备了更精确的掌控力，在微通道条件下能够对微米级流体实现融合和剪切等精确控制，为制备形貌各异的微球提供了有效手段，广泛应用于核壳型微球、多孔型微球、各向异性微球、中空微球等的制备。

5.2.3.1 核壳型微球

核壳型微球由核（内层材料）和壳（外层材料）组成，具有明显的分级结构，可以作为细胞、药物载体，能以良好的控制方式递送生物活性分子。核壳微球的核和壳，其组分和几何形状都有调节物质释放的能力，因此，通过调整聚合物组分、质量比和核壳系统的相对空间位置，可以精确控制包封分子的释放动力学[36,37]。通常，外壳可作为有效的扩散屏障，减缓亲水性药物从核扩散，从而解决药物初始爆裂释放的问题。

核壳结构的微球制备依赖于核和壳材料之间的不混溶性，通常是通过不混溶聚合物的相分离产生的。传统的制备方法中，核壳型微球是通过两步或单步双乳液法制造的，其形成大致分为两个步骤：首先生成聚合物核，然后，将核分散在另一种聚合物溶液中，并在提取溶剂中重新乳化以固化壳。传统双乳液法制备核壳型微球时，采用了高剪切力对油/水体系进行高强度剪切，其组装体系稳定性极容易受到外部环境影响，封装效率远不能令人满意。而微流控技术克服了上述缺点，被广泛用于制造尺寸分布较窄的核壳型微球。David A. Weitz[38] 提出一种简单的微流体熔体乳化法，用于制备高稳定性的核壳微球。如图 5-2 所示，他们通过共聚焦微流控芯片制备水包油包水（W/O/W）双乳液模板，通过冷冻固化的方式，使得中间壳相产生相变，同时通过共聚焦型微流控芯片在外相形成固体核壳微球前，将活性物质包裹其中。封装在固体外壳内的活性物质可以随着外壳的溶解分散开来，而壳相的融化与温度紧密相关，因此可以通过温度的定向调控来控制内部活性物质的释放速率。同样，Christopher M. Spadaccini 等人[39] 采用流动聚焦型微流控装置，制备出以高渗透性能的聚硅氧烷为壳相的含碳酸盐液芯的核壳结构微球，通过这种组合封装出的核壳微球可以完成对 CO_2 的大面积捕获，与传统液体吸附剂相比，大幅提高了吸附剂对 CO_2 的吸附量。

CO_2 通过具有高渗透性能的聚硅氧烷壳相扩散到内部，再被碳酸盐内芯吸附，一定条件下通过对微球加热来释放 CO_2，实现 CO_2 的捕获与再生循环，提高吸附剂的性能与用途。

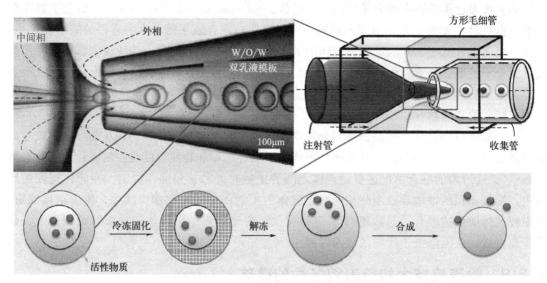

图 5-2　微流体熔体乳化法制备核壳微球的生产示意图及温度响应核壳微珠中的活性物质释放示意图[38]

（见文前彩插）

5.2.3.2　多孔型微球

多孔型微球一般指那些具有高比表面积、低密度、高渗透性的一系列多孔结构微球，具有良好的吸附性能，且随着孔隙率的增加，在微球表面及微球内部都会释放更多的吸附位点，在吸附领域及组织工程领域具有重要的应用价值。由于多孔结构微球具有极大的比表面积及优异的吸附能力，其在组织支架、细胞载体、组织工程等领域得到广泛的发展。细胞黏附在微球表面时，微球的多孔结构有助于细胞将伪足和板足延伸到孔隙中，增强细胞与材料的相互作用，促进细胞黏附和迁移。大孔允许细胞在微球内迁移，为细胞生长和新组织形成提供更多空间。此外，微球的多孔结构为生物活性分子提供了众多锚点，为细胞装载到微球中提供了多种选择，为组织再生提供了有利的微环境。

多孔微球的制备通常涉及两个步骤：微液滴的固化、致孔剂的乳液/溶剂蒸发。许多制孔剂，如碳酸氢铵、乙醇和石蜡已被用于制备多孔微球。微球固化后，制孔剂通过各种手段去除，利用气体的挥发制作模板，在微球中留下多孔结构。例如温维佳等人[40] 利用高内向复合乳液（HIPE）体系，以含有 H_2O_2 的复合乳液为内相，外相为水相，通过微流控技术制备微球，在紫外灯照射下，H_2O_2 分解出 O_2 向外逸出，形成多孔结构，制备出孔隙尺寸在 $1\sim100\mu m$ 的多孔微球 ［图 5-3(a)］。

在传统多孔微球制备过程中，通过制孔剂制备的多孔微球具有多种限制因素，如因气体挥发产生的孔道大小不均匀且无规则，光照条件下壳体固化导致气体难以挥发，试剂用量以及光照强度的高精准控制要求，等等，使得通过添加制孔剂制备具有均匀孔径多孔微球的工艺变得繁冗复杂。为更便捷制备具有均匀孔径的多孔微珠，余亚兰等人[41] 利用聚焦型的微流控装置，采用均相乳化法以油包水（W/O）为内相，进入外相形成 $W_1/O/W_2$ 型乳液，使得在自由基聚合过程中大量微小水珠被夹杂其中，成球后浸入水中，原本嵌入的小水滴松动离开，留下大小一致的多孔微球 ［图 5-3(b)］。

目前制备多孔微球的技术大多需要多个步骤，而且不能同时控制微球尺寸和内部多孔形态。为此，Andrea Barbetta 等人[42] 通过将微流控技术与脉冲电场相结合来克服上述问题。制备多孔微球的装置包含合成 O/W 乳液的微流控芯片和控制乳液流速的电压放大室。研究人员以藻酸盐水溶液作为连续相，环己烷作为分散相，利用藻酸盐溶液与钙离子接触时进行瞬时凝胶化的性质来实现多孔微球的制备，其中通过调节两相的流速，来控制油滴的直径和分散相的体积分数。在没有施加任何电压的情况下，乳液将继续增长直到浮力克服毛细管力形成直径约 1.5mm 的乳液液滴。当施加电压时，乳液液滴更快地分离并且产生亚毫米级微珠。该研究通过调节流速可以简单而精确地设计多孔微珠内部形态，同时多孔微球的尺寸可以通过调整脉冲电场的强度和频率以实现高精度的控制。

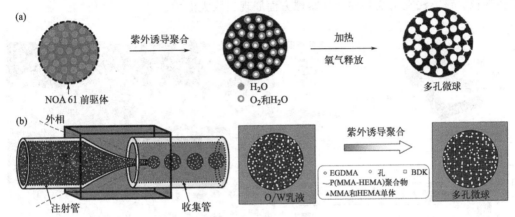

图 5-3　高内相复合乳液体系制备多孔微球的过程[40]（a）和聚焦型的微流控装置制备均匀多孔微珠[41]（b）
（见文前彩插）

5.2.3.3　各向异性微球

各向异性微球是指那些具有非对称形状或不均匀性质的微球，在自然界中广泛存在，如生物细胞、花粉颗粒等。各向异性微球因其不同的表面具有不同的物理化学性质，所以能表现出不同于其他类型微球的特性，在多元分析、生物医药、示踪成像等领域具有重要的应用价值。同时，各向异性微球表面具有不同的化学和物理性质，亦赋予了其在可切换显示设备、界面组装、光学传感器和用于复杂结构的各向异性构建等方面的多种潜在应用，使得其在近年来受到了广泛关注。

制备各向异性微球需要 2 个及以上分散相，多分散相流体在微通道交汇口相遇，当互溶程度较高时，易制备成没有清晰对称性的均质微球，而非各向异性微球。当多个分散相溶液相容性比较低时，由于液-液的界面张力，就有可能出现多种形态各异的微球，其形貌一般为：完全吞噬（核壳型）、部分吞噬（Janus）和没有吞噬（2 个单独的液滴）。这 3 种形态会发生相互转换，以适当的时机通过光聚合等固化手段聚合颗粒，锁住分散相，就可以制得各向异性微球。如图 5-4(a) 所示[43]，两相不互溶的液体单体 M_1 和 M_2 分别从微流控芯片的两个管道注入，从侧管注入连续相 W，不互溶两相 M_1 和 M_2 在中心管道中形成两股均速流动的液体线，在连续相 W 的剪切作用下，液体线被破坏形成一个个均匀双面液滴，接着在光引发剂的作用下固化聚合，固化形成具有两种不同性质的 Janus 微球。同时，通过调节不互溶单体之间的比例，或者在不互溶两相中添加不同比例的表面活性剂，还可以制备出众多形状不对称的各向异性微球。

目前，各向异性微球的制备方法存在着过程复杂、效率低和形状单一等问题，因此，如何简单、高效地制备多种非球形微颗粒是一个难题。为针对上述问题，李广涛等人提出了通过微流控乳液的部分融合来制备非球形微颗粒的策略[44]。如图 5-4(b) 所示，他们利用离子液体溶解锂盐产生的高渗透压和高黏度体系作为双重乳液内相，在渗透压和黏度的作用下驱动微流控乳液发生部分融合，进而成功制备出了各向异性微球。由于体系中较高的黏度和较低的表面张力作用，液滴间的融合过程不再是瞬间发生，而是一个持续时间长达几天的缓慢过程，因此实现了对液滴融合过程"慢镜头"捕获。同时，通过调节体系组成和微流控参数，大量制备出了哑铃形、棒状、纺锤形、雪人形、不倒翁形、三角星形、三角形和异形三角形微颗粒，该方法在构筑各向异性微球方面展现出巨大潜力。

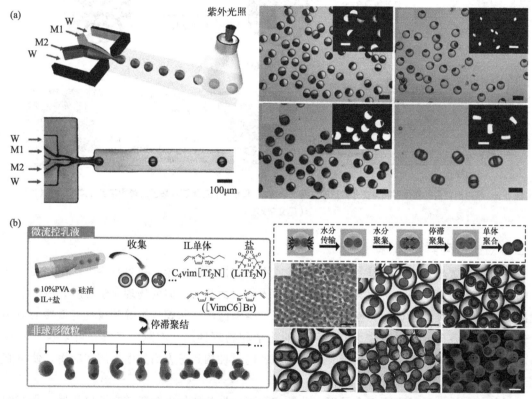

图 5-4　二组分微流法制备各向异性微球[43]（a）和微流体制备 O/O/W
液滴及通过渗透压、黏度作用制备各向异性微球示意图[44]（b）（见文前彩插）

5.3　微球的应用

微球材料在现代工业生产、日常生活乃至科学研究中都有极其广泛的应用，如色谱分析、疾病诊断、环境评估、医药制备等行业。在医药领域，功能性多孔微球几乎是所有生物药和天然药分离纯化过程中不可缺少的材料。同时，微球作为药物缓释的载体可以减小药物的毒副作用，增加药物的有效性，提高药品的质量。在显示领域，无论是手机屏幕间的阻断层还是灯板中的光扩散填充物都离不开微球材料。在农业领域，微球作为缓释载体可以有效控制激素及杀虫剂的释放，增强农药的持续性与有效性，降低农药对植物的损害及对环境的污染。在酶催化领域，微球作为固定载体，在提供大量活性位点的同时，亦可以保持酶的专一性和催化效率，提高酶的稳定性和寿命，实现生产的连续化和酶的循环使用等[45]。

5.3.1 微球在显示领域的应用

以微通道芯片为主要反应场所，通过微通道的表面张力、能量耗散及流体阻力制备出的光子晶体微球，是柔性显示、微显示器等领域最具发展潜力的构筑材料之一。由单分散胶体粒子组装成的光子晶体微球，因为具有折射率的周期性空间调制和光互作用的性质，所以拥有独特的分离、传感、光学等化学与物理性质，在膜分离、光催化、化学分析、化学传感、能源化工、电化学等领域有着极其广阔的应用前景。

微显示器是具有微型屏幕尺寸和分率的小型化显示单元，又称为微型平面显示面板，在未来头戴式显示器和数码相机等设备中有很大的应用潜力。微显示器微小的尺寸注定了其构筑单元的尺寸不能过大，而微流控制备的光子晶体微球，由于其光学的可控性和尺度的纳/微性，在显示领域受到广泛关注。陈苏等人[46]通过光聚合直接在三乙氧基化三羟甲基丙烷三丙烯酸酯（EO$_3$-TMPTA）半球中混合 α-Fe$_2$O$_3$ 纳米颗粒，从而赋予 Janus 光子晶体微珠超顺磁性。通过将磁性 Janus 光子晶体微珠沉积在高度有序的孔阵列中，然后施加交变磁场，Janus 光子晶体微珠受到磁场施加的作用力而发生自由旋转。可捕捉到与磁场方向对齐的"暗"和"光"可切换行为的运动细节，从而产生 ON（开）和 OFF（关）状态 [图 5-5 (a)]。每个 Janus 光子晶体微珠都可以作为多像素阵列中的一个独立像素单元。如图 5-5(a) 所示，字母"PC"和汉字"光子"成功地在平面基板上自由书写，实现了光子晶体微珠在显示领域的应用。

同样，余子夷等人[47]采用填充硅油和三羟甲基丙烷三丙烯酸酯（ETMPTA）的球形光子晶体微珠作为光学像素，用于制造动态光学阵列。如图 5-5(b) 所示，通过将硅油和三羟甲基丙烷三丙烯酸酯填充的球形光子晶体微珠放入预先设计的区域中，构建了花状光子晶体微珠阵列。相同尺寸的甲基紫精功能化 SiO$_2$ 颗粒用于组装球形光子晶体，通过改变颗粒间填充介质制备不同颜色的光学像素。填充硅油的球形光子晶体像素显示出叶子的饱和绿色，而花瓣的红色由填充 ETMPTA 的光子晶体像素构成。这里的颜色差异来自于与不同晶格平面相互作用的衍射光，其中红色来自 {111} 平面，绿色来自 {200} 平面。此外，当入射光从侧面入射时，光学阵列的颜色会发生变化，呈现出动态特征。

此外，光子晶体微球是由成百上千个胶体粒子通过微流控组装而成，每个胶体粒子的粒径都落在纳米范围。胶体粒子表面具有极强的表面能和丰富的官能团，使得胶体粒子极其容易改性或掺杂而具有其他响应性质，再组装成光子晶体微球后，赋予光子晶体微珠不同的响应能力。例如，陈苏等人[48]设计了一种三相微流控装置，将胶体粒子与碳量子点结合，制备出具有磁性、荧光、光学多重响应的光子晶体微球。其制备装置由平行双针微通道和硅胶管组成，分别作为内部不连续相和外部连续相的微通道，用于构筑 Janus 微珠。两个不连续相是碳点/聚苯乙烯@聚（甲基丙烯酸甲酯-丙烯酸）[CDs/PS@P(MMA-AA)] 胶体乳液和含有超顺磁性 Fe$_3$O$_4$ 纳米粒子（NPs）的光聚合单体 EO$_3$-TMPTA 溶液。在表面活性剂 OP-10 的辅助下，三相流体之间的界面张力得到协调，连续相甲基硅油同时将两个不连续相剪切成 Janus 微液滴，在溶剂蒸发和光聚合后形成明亮结构色的微珠。不同粒径的 CDs/PS@P（MMA-AA）胶体微球可以调节光子晶体半球的结构颜色。Janus 微珠的另一个半球具

有超顺磁性 Fe_3O_4 NPs，具有敏感的磁响应性。因此，Janus 微珠可以在外部磁场下进行控制。Janus 微珠因其独特的光子学和磁学双重功能使其在信息存储和显示方面得到应用。因此，CDs/PS@P（MMA-AA）Janus 微珠被用作二维码显示的像素单元［图 5-5（c）］。Janus 光子晶体微珠被沉积到有序的孔阵列基板中，可以在外部磁场下自由旋转。在孔阵列面板上预先将"PC"的信息编码并显示。这个二维码可以通过将 Janus 微珠切换到"暗"状态来加密。当外部磁场反转时，Janus 微珠将旋转到"光"状态，并且可以读取隐藏的信息。此外，涉及其他信息的二维码可以调节并显示在具有磁响应的微珠显示面板上，这是一种降低能耗的显示替代应用。

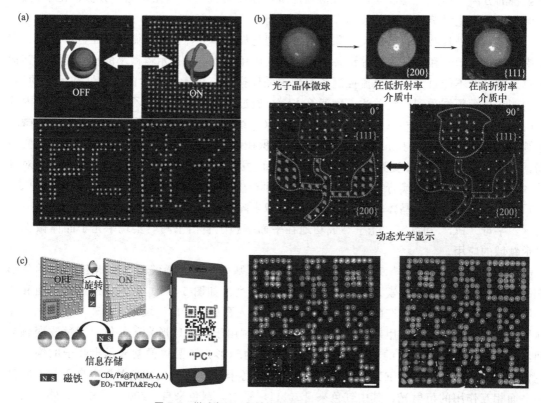

图 5-5 微球在显示领域的应用实例（见文前彩插）

（a）磁性 Janus 光子晶体微珠填充平面基板的"OFF"和"ON"状态以及由磁性 Janus 光子晶体微珠制备的光子图案的光学照片[46]；（b）基于光子晶体微珠的"花"的垂直（左）和侧面（右）光学图像[47]；（c）磁场"OFF"和磁场"ON"状态下填充在有序孔阵列基板中的 Janus 微珠二维码的光学图像[48]

综上所述，通过微流控技术可以实现快速制备大规模多响应性微球元件用于显示器件，具有操作简单、耗时少和多组分结构等优点。与传统的显示元件相比，采用微流控技术制备的功能性微球具有特殊的光学特性，使图案在信息传输、防伪和光电等方面具有潜在的应用。

5.3.2 微球在检测领域的应用

通过微流控技术制备的功能化微球，因其在不同刺激下呈现不同响应的特性，如磁性微球、多色荧光编码微球等广泛应用于检测分析、进行多样品或多标靶的高通量检测。不仅可以提高传统检测设备的灵敏度和选择性，而且微球的微纳尺寸表现出强大的编码空间，使微球成为最前沿的检测元件之一。例如 Valeri Pavlov 等人[49] 在微球上进行原位酶合成和硫化镉量子点（CdS QDs）固载，并将其用于肿瘤生物标志物超氧化物歧化酶（SOD_2）的光学和电化学亲和测定［图 5-6(a)］。生物素化的抗 SOD_2 抗体被固定在带有链霉亲和素的聚氯乙烯微珠表面。为了防止任何非特异性吸附，微珠进一步用牛血清白蛋白封装。分析物 SOD_2 被捕获在微珠上，并用抗 SOD_2 的小鼠抗体连接的碱性磷酸酶偶联抗体进行标记。SOD_2 的检出限为 0.44ng/mL，与其他超氧化物歧化酶相比，检出限降低了 2 个数量级。同样，功能化微球除了对生物检测具有极大贡献，在日常生活的检测中亦有非常重要的作用。例如，陈苏等人[50]开发了一种碳点-聚（甲基丙烯酸甲酯-丙烯酸丁酯-甲基丙烯酸）［CDs-P（MMA-BA-MAA）］多色荧光编码微球，该微球的结构颜色和荧光强度对不同的金属离子有响应［图 5-6(b)］。研究人员探索了 CDs-P（MMA-BA-MAA）杂化微球在不同金属离子中的荧光和结构颜色变化。CDs-P（MMA-BA-MAA）杂化微球在不同金属离子中的反射光谱显示出不同程度的红移，尤其是在 Fe^{3+}、Pb^{2+}、Cu^{2+} 和 Cd^{2+} 存在的情况下，CDs-P（MMA-BA-MAA）杂化微球的结构色存在明显的红移。这种现象归因于不同的金属离子改变了光子晶体的光子带隙，导致反射光谱红移。同时，CDs-P（MMA-BA-MAA）杂化微球的荧光强度在不同金属离子的存在下发生变化。特别是在 Fe^{3+} 存在的情况下，CDs-P（MMA-BA-MAA）杂化微球的荧光几乎猝灭，而 Pb^{2+}、Ni^{2+}、Cu^{2+}、Cd^{2+}、Zn^{2+} 和 Co^{2+} 降低了荧光强度。基于不同金属离子的 CDs-P（MMA-BA-MAA）杂化微球结构颜色和荧光的变化，进行了 CDs-P（MMA-BA-MAA）杂化微球对 9 种不同浓度的金属离子的响应。结果表明，CDs-P（MMA-BA-MAA）混合微球阵列可以将反射和荧光光谱信息的收集转化为光信号的提取，可应用于具有结构颜色和荧光双重响应的离子传感的视觉检测。

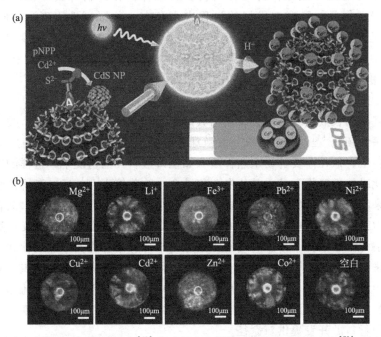

图 5-6 应用于光电和电化学遥感监测的微球[49]（a）和杂化微珠在双离子传感中的应用[50]（b）（见文前彩插）

综上所述，微球材料因其表面巨大的比表面积、丰富的信息编码、便捷的解码能力被广泛用于检测元件的制备。条形码微球的使用被认为是一种很有前途的检测策略，其特定成分中的编码信息，具有易识别、易检测的特性。具有各种形状的微球被用作生物传感器，通过将探针嵌入微球中来检测信号，通过区分目标或探针的形状和荧光信号，即可实现检测。

5.3.3 微球在药物释放和伤口愈合领域的应用

药物缓释载体是药物输送系统中的一个重要分支，其目的是减少或克服传统药物释放过快、无定向释放所带来的问题，使药物在血液中缓慢发挥作用，在药物治疗中发挥着重要作用[51]。缓释药物载体包括骨架型缓释制剂、薄膜包衣缓释制剂、渗透泵控释制剂、控释微胶囊和微球。其中，微球是由一种或多种聚合物混合组成的连续相载体，能够将药物或其他成分溶解在基质中，在医学组织工程领域有重大应用。固体微球虽然能够实现长效药物释放，但存在药物初始浓度过高、释放时间过长、封装效率低等问题，因此，固体微球并没有得到广泛应用。而中空微球因为具有中空的内部截面和均匀的外壳，可以有效装载药物和其他小分子物质。且优化后的中空微球由于其内空腔产生的浮力而具有良好的漂浮性和缓释特性，被广泛地应用于药物释放载体的构筑。例如，李芝华等人[52]使用自动装载法合成的空心微球显示出更高的包封率、直径大小和导电性，并提高了药物在生物体中的利用率。甘志华等人[53]使用多孔微球、固体微球和空心微球进行体外药物释放试验，发现多孔微球的包封率和最终药物累积释放量明显优于其他两类微球，说明多孔微球在药物缓释系统中具有很大的应用潜力。此外，通过引入磁性物质制备磁性微球，显示出良好的载药和缓释能力，以及超准磁性，使药物能够通过磁场传输到目标。药物缓释微球作为一种药物缓释载体，在药物释放和伤口愈合领域具有广阔的发展前景。但是，微球在发展的过程中也存在一些限制性因素。不同微结构的微球仍有一些不足之处，需要进行优化。例如，固体微球的初始释放浓度高、封装率低，多孔微球成孔剂去除困难等缺陷。用于制备和加工微球的方法同样有利有弊。例如，硬模板法需要使用大量的有机溶剂，这些溶剂很难去除，容易造成生物污染。需要不断改进微珠的大小、单分散性、包封率、药物释放能力和工业化生产等。

以微球为基础的长效缓释药物具有用药频率低、药物副作用小的特点，被广泛应用于组织工程和生物医学领域[54]。其中，单分散微球往往因其优异的流动特性而广泛地应用在可注射药物的制备上，但在需要药物定点释放（如伤口敷料）的情况下，这样的特性就不能完全发挥优势，此时就需要将微球与其他专业相结合。陈苏等人[55]通过微流控纺丝和自动收集装置相结合来制造异形珠串纤维，以解决大规模生物医学工程需求和伤口愈合应用中的实际问题［图 5-7(a)］。首先在离子交联的海藻酸钠水相中通过微流控产生聚乳酸（PLA）微滴，在钙离子浴的温和条件下形成连续凝胶微球的串珠纤维。将其中疏水性和亲水性物质集成到串珠微纤维结构中，赋予材料柔性穿戴性能。将这些异形珠串纤维编织成皮肤支架，通过在聚乳酸相中负载布洛芬，在海藻酸盐水凝胶相中负载牛血清白蛋白，促进了伤口愈合。作为一种新型的双相药物释放微载体，异形串珠纤维能够在单一结构中实现不同有效载荷功能，为新型医用材料的开发提供新途径。

创伤修复一直以来都是医学界的难题。伤口损伤通常由创伤、感染和肿瘤等引起，而再生是临床医学面临的主要挑战。自体细胞移植被认为是治疗内部器官缺损的"金标准"和最有效的器官再生方法。然而，由于自体细胞供应和供体部位损伤的影响，生物材料需要人为改进以匹配自体细胞移植的性能。而微球具有较高的液体吸收率和良好的生物相容性，并具有良好的止血效果，可以促进伤口愈合。颗粒大小可调的微球可用于填充不规则器官缺损，因为其特殊的微/纳米结构和多孔结构有助于细胞黏附增殖，从而加速器官重建。此外，药用微球作为组织支架的同时可被用作药物载体，可以提供药物的靶向、缓慢释放，从而延长其半衰期。李栋等人[56]利用微流控电喷技术制备了能够负载药物的甲基丙烯酰硫酸软骨素微球，并用于小鼠皮肤伤口修复实验。结果表明，所制备的微球表现出良好的生物相容性，能显著促进伤口愈合。此外，陈苏等人[57]发现通过药物定点释放调节伤口环境中的 pH 值在伤口愈合过程中起着关键作用。一般完整的皮肤是呈酸性，pH 值在 4～6 之间。受伤后，由于微血管的渗漏，使得创面的 pH 值增加至中性，容易引起细菌感染导致炎症，并导致伤

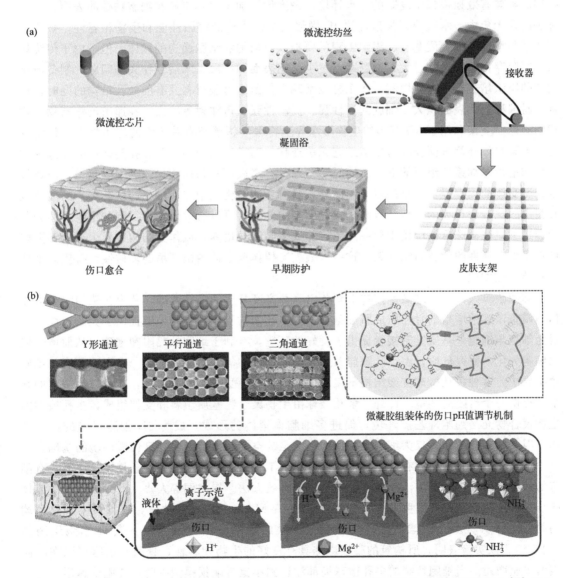

图 5-7　微球与纺丝化学结合在药物缓释方面的应用[55]（a）和通过药物缓释微球调节 pH 值加速伤口愈合[57]（b）
（见文前彩插）

口愈合时间延长。基于上述原理他们采用微流控组装技术制备凝胶微球膜作为伤口敷料，通过精确调节伤口表面的 pH 值，加速伤口愈合［图 5-7(b)］。通过将两种具有良好机械强度的生物相容性水凝胶［聚（丙烯酸羟丙酯-co-丙烯酸）-镁离子水凝胶和羧甲基壳聚糖水凝胶］组合成凝胶微球膜，其作为伤口敷料能在伤口愈合的不同阶段分别释放和吸收氢离子，以应对伤口微环境的变化。通过凝胶微球释放表面离子调节伤口的 pH 值来影响伤口上细胞的增殖和迁移，以及伤口中各种生物因子的活性。该方法促进了细胞增殖的生理过程，从而加快慢性伤口的愈合。

5.3.4 微球在细胞培养领域的应用

微流控技术所制微球可作为细胞载体使用，与传统的 2D 细胞培养方法相比，具有 3D 结构的微球有效地模拟了复杂的生理环境，极大地增加了培养空间和细胞贴壁的表面积。在过去的几十年中，水凝胶因其独特的 3D 网络结构、优异的溶胀性能和生物相容性，被广泛用作细胞培养的细胞质基质、组织工程的模板以及药物和细胞递送的载体。但是由于传统块状水凝胶存在宏观尺寸过大、细胞载点过少、比表面积有限、术后创伤大等问题，制备新型结构的组织培养模板迫在眉睫。而水凝胶微球在保留水凝胶材料共有的微孔结构的同时，也具备易编程、比表面积大、细胞润湿性强、流动性强、可注射等特点，在递送治疗药物、构建细胞修复支架和用于 3D 打印的生物墨水等生物医学领域都有着极大的应用潜力。传统水凝胶支架在最外侧水凝胶降解之前细胞无法迁移，而微球之间的间隙和孔洞却可以促进细胞迁移和增殖以加速新组织的形成。同时，微球具有高表面积与体积比，为细胞生长、药物释放、靶受体的固定提供足够的空间。此外，具有功能结构（中空、核壳、多孔等）的微球以其突出的比表面积大的优势，有利于大量细胞的黏附，可以有效地增强细胞和生物活性分子的递送。凝胶微球可被应用于单一细胞培养或多细胞共培养，或作为结构单元组成能够更好模拟组织多样性的微孔组织支架。这些水凝胶支架体现了体内微环境的多样性，有望向个体化医学领域发展。

陈爱政等人[58]通过微流控技术制备出一种高度开放的多孔微球，其中孔隙的大小可以精确调整以容纳增殖的骨骼肌成肌细胞。这些多孔结构不仅为细胞贴壁提供了大的表面，而且为细胞与细胞外基质紧密接触提供了良好的环境，有利于细胞的黏附和增殖，从而增强肌原细胞分化。研究证明，由于孔隙能够连续供应养分和氧气，使得细胞分布密度更高，细胞增殖更快。这种多孔微球支架结构不仅可以保护细胞免受剪切力的影响，还可以为细胞的自组装提供一个封闭的环境。此外，多孔微球由生物聚合物基质填料和支架组成，多孔核中的生物聚合物充当细胞外基质环境，促进多细胞聚集体的形成，成为 3D 细胞培养的理想载体。因此，多孔微球不仅为细胞生长提供了充足的空间，而且是构建良性微环境的基础。

水凝胶微球和细胞的有效结合可以促进组织工程高性能药物的开发，如今，注射含有细胞的水凝胶微球已经成为治疗微创组织再生的有效方法。崔文国等人[13]设计了一种微流体同步交联技术，通过调节明胶甲基丙烯酰胺（GelMA）的流速和浓度，获得尺寸和孔径均匀的可注射均质多孔微球，再将微球冷冻干燥后吸附骨髓干细胞制备微球-细胞组装体（图 5-8）。该实验表明，所构筑的凝胶微珠具有良好的生物相容性，骨髓干细胞可以在凝胶表面快速增殖。当细胞负载的多孔微球局部注射到小鼠骨缺损模型中时，细胞快速增殖并跨越凝胶边界迁移，与邻近细胞发生相互作用，细胞负载的多孔微球有效促进了组织再生。结果表明，凝胶微球组装体在细胞共培养和器官组织材料构建方面具有良好的应用。

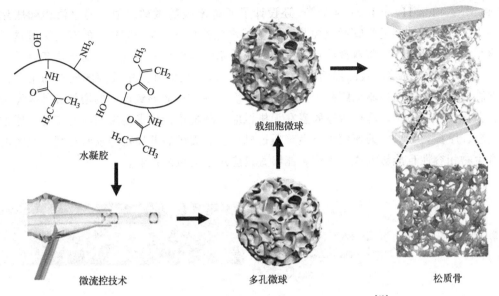

载细胞微球

水凝胶

微流控技术

多孔微球

松质骨

图 5-8　含有干细胞的可注射水凝胶微球用于松质骨再生[13]

综上所述，微流控制备微球技术与细胞生物学结合构建多种 3D 细胞培养平台，已在组织支架、药物输送等方面取得了巨大进展。其中，微流控制备的微球材料，具有比表面积大、活性位点多、可注射等优越性质，在培养细胞、固定药物、毒性筛选等领域具有广泛的应用前景。

5.3.5　微球在化妆品领域的应用

随着人们对于肌肤的呵护以及美貌的关注日益增强，化妆品和个人护理产品在近年来得到了迅猛的发展。在此方面所需的微球要求日益剧增，化妆品和个人护理产品中通常含有不稳定且对温度、pH 和光敏感的活性物质，这些物质可能会导致产品成效降低，甚至发生对皮肤有害的副反应。由实心膜包覆形成空腔的微胶囊，因其具有超薄的亚毫米级外壳，已被广泛用于化妆品行业。通过对胶囊膜特性的控制，可将微胶囊设计成具有稳定储存、触发释放、药物缓释和选择透过性的智能基元，防止化妆品活性成分降解，并引导和控制活性成分的释放。中空微球与微胶囊常用作护肤物质输送与释放的载体，但在低应力情况下容易发生破裂，破裂后微米级别的薄膜因其物质本身固有的机械强度，往往会卡在皮肤的夹缝中。因此，理想的化妆品载体，必须在低机械应力环境中保持高稳定性的封装能力；同时，微球外壳在保证可降解的同时也需要尽量通透，在皮肤上释放密封剂后没有残留颗粒的触觉。

光子晶体微珠因其易于处理，并且由于其可变形性而表现出低异物感等特性，作为添加剂在化妆品领域中前景广阔。Jong Hyun Kim 等人[59] 通过油包油（O/O）液滴的简单光固化，设计了具有增强色彩饱和度的弹性光子微球。为了达到高的尺寸均匀性，使用微流控装置制备单分散 O/O 液滴，该装置由两个具有尖端对尖端的锥形毛细管组成，并同轴组装在一个方形的毛细管中［图 5-9(a)］。乳液相通过具有较小孔口的锥形毛细管注入，而连续相通过锥形毛细管和方形毛细管之间的间隙区域注入。将乳液相逐滴注射到毛细管尖端的连续相中，产生单分散油相乳液滴，这些液滴沿着具有较大孔口的锥形毛细管流动。晶体阵列通过前驱体的光聚合形成稳定的弹性光子晶体微珠，在光学显微镜下显示出鲜艳的结构色

［图 5-9(b)］。Shin-Hyun Kim 等人[60] 还设计了亚毫米级的微球胶囊，通过渗透膨胀用于化妆品中。其利用玻璃毛细管微流控装置制备了水包油包水（W/O/W）的双乳液液滴。含盐的水相具有高渗透压，将双液滴在不同渗透压的水溶液中培养，使其具有低渗条件［图5-9(c)］。其中在空气和培养液的界面处引入油相层，以防止双乳液中液滴的破裂和溶剂的蒸发。双乳液液滴通过向内驱动膨胀，直到达到等渗条件，从而导致尺寸的增加和外壳厚度的减少。在化妆品应用中，薄壁微球胶囊在无机械应力环境中能确保封装的高稳定性。通过在皮肤上轻轻摩擦，大尺寸的薄膜中空微球通过机械应力而破裂并稳定释放密封剂。胶囊的材料具有生物相容性且能够大规模生产，能够直接应用于化妆品产业。

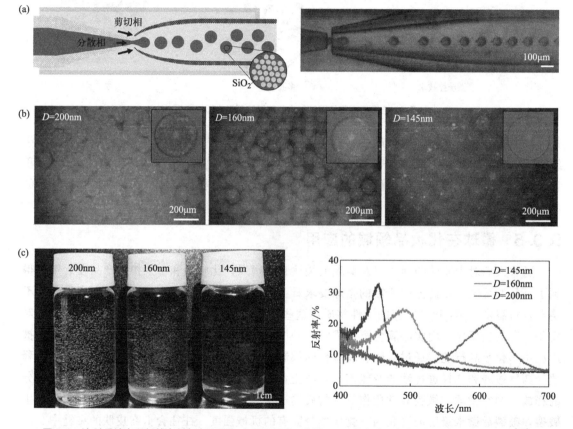

图 5-9 油/油乳液在毛细管中制备光子晶体-水凝胶微珠示意图及不同粒径光子晶体-水凝胶微珠的实物图[59]（a）、（b）及水/油/水液滴在毛细管中制备的化妆品微球和薄壁微球实物图及性能图[60]（c）（D 为微球尺寸）（见文前彩插）

5.4 小结与展望

本章通过对功能型微球制备机理的分析，考察了微流控制备核壳型微球、多孔结构微球和各向异性微球的装置、方法、功能和应用，揭示了微流控制备微球的高效、安全、节能以及巨大的技术潜力和应用价值。同时，以微流控技术与医学、生物化学、纺丝化学、物理学等学科的交叉结合为出发点，展示了微流控技术制备微球在数字显示、远程传感、细胞固载等领域的应用优势。

微流体控制技术因其对微结构和反应条件精细调控优势，成为制备具有独特几何特异性和功能复杂性微球的主要手段。但目前微流体合成技术仍处于早期发展阶段。功能性微球的制造涉及模板生成、变形和固化等几个过程，其中变形过程因机理多样、条件严格而对技术要求很高，因此通过微流体控制技术大规模制备功能性微球仍然有很长的路要走；简化微流体系统的操作和制造过程是促进微球生产的关键挑战；亟须开发新技术来辅助微流控技术实现对加工条件的精确控制和流体高效传输；多相流体在微流控装置中的传质传热理论亟待探索。

5.5　实验案例

5.5.1　微流控制备光子晶体微球

5.5.1.1　实验目的

① 了解微流控制备光子晶体微球的基本原理。

② 掌握微流控制备光子晶体微球的实验技术。

5.5.1.2　实验原理

微流控技术制备微球一般包含两个过程：液滴的生成和液滴的固化。在液滴生成的阶段，利用互不相溶的液体分别作为连续相与分散相，在连续相剪切力、压力以及表面张力的共同作用下，形成单分散、粒径可控、分布均匀的微液滴。在液滴固化形成微球阶段，一般通过聚合、冻结和溶剂蒸发等技术促使微球固化成形。

本实验采用微流控高效反应/组装仪和 T 形微通道芯片，由 30G 毛细管钢针与 PDMS 微管组成流体通道，如图 5-10 所示。将 30G 的钢针顺着芯片微孔直接插入，并与 PDMS 微管相连，采用 AB 胶固定。甲基硅油和聚苯乙烯乳液分别为连续相和分散相，在注射泵的推动下，两相流体在针头末端汇聚时，在剪切应力和表面张力的共同作用下，流速比较慢的水相聚苯乙烯乳液被流速较快的甲基硅油剪切成单分散的液滴，并随甲基硅油从 PDMS 的出口流出，采用玻璃烧杯收集。待液滴中的溶剂挥发后，胶体粒子自组装形成胶体光子晶体微球。

5.5.1.3　化学试剂与仪器

化学试剂：聚苯乙烯乳液（南京捷纳思新材料有限公司，质量分数 20%）、甲基硅油（黏度＝5000mPa·s，麦克林）。

仪器设备：30G 毛细管针头、PDMS 微管（15cm）、微流控高效反应/组装仪与 T 形芯片（南京捷纳思新材料有限公司）、注射器、载玻片、玻璃烧杯。

5.5.1.4　实验步骤

① 聚苯乙烯乳液的称量。

在称量台上称取 10g 聚苯乙烯乳液放入 25mL 烧杯中作为分散相，称取 30mL 甲基硅油放入 50mL 烧杯作为流动相。将聚苯乙烯乳液注入 15mL 注射器中并用硅胶管与 T 形微流控

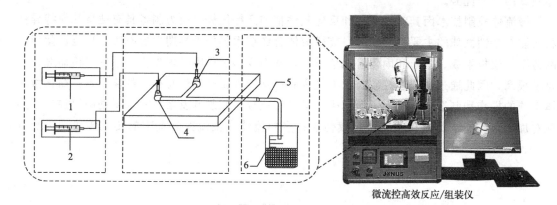

图 5-10 实验装置与实验流程图
1,2—微流体泵；3,4—芯片接口；5—PDMS 微管；6—收集烧杯

芯片连接，将甲基硅油注入 50mL 注射器中亦通过硅胶管与 T 形微流控芯片连接。

② 微流体泵参数测定。

设定非连续相的流速为 0.1～0.8mL/h 之间的任意一个数值，连续相的流速设定在 5～20mL/h 之间的任意一个数值。启动连续相和非连续相的注射泵，通过控制非连续相与连续相的相对流速控制液滴模板的尺寸。

③ 微球的收集。

为了得到粒径分布均匀的微球，待非连续相开始形成液滴至 10min 体系稳定后开始收集。在收集过程中，保持液滴之间具有一定的距离以防止液滴合并。最后收集器在 50～80℃烘箱下处理 24h，待液滴内的溶剂完全挥发后即形成了粒径分布均匀的光子晶体微球。

④ 关闭设备。

关闭设备时，长按微流体泵电源键进行关机。将未形成微球的乳液回收放入样品皿中进行再次利用；回收甲基硅油。将注射器回收至对应固废箱中。

5.5.1.5 实验记录与数据处理

序号	室温/℃	大气压/Pa	连续相流速/(mL/h)	非连续相流速/(mL/h)	微球尺寸/μm
1					
2					
3					
4					
5					

5.5.1.6 注意事项

① 非连续相聚苯乙烯乳液在使用前需要混合均匀，避免混合不均匀而造成微球变异系

数的增加。

② 鉴于实验流体不同的黏度性质及流动惯性，在连续相、非连续相流速参数变动时，要静置 5min 待到体系稳定后再进行液滴的收集。

③ 液滴形成后并不稳定，要经过固化才能成型。收集液滴时，保证液滴之间的距离超过 0.8cm，避免发生二次聚集。

5.5.1.7 思考题

① 微流控制备微球的优点有哪些？

② 实验过程中影响微球变异系数的因素有哪几种？

③ 微流控制备微球的芯片类型有哪几种，分别具有什么特点？

5.5.2 微流控制备水凝胶微球

5.5.2.1 实验目的

① 了解微流控制备水凝胶微球的基本原理。

② 了解水凝胶聚合的基本原理。

③ 掌握微流控制备水凝胶微球的方法。

5.5.2.2 实验原理

高能辐射聚合是活性单体分子在射线辐照下，产生自由基引发单体的聚合。一些不含双键的聚合物在辐照下也可以制备水凝胶材料。经常用到的辐射源有紫外线、^{60}Co、^{137}Ce 和电子加速器等。高能辐射聚合较化学引发剂引发聚合的方法具有工艺制备简单、反应条件温和、反应产物纯净、反应速率可控等优点。因此采用高能辐射聚合已经制备如聚甲基丙烯酸羟乙酯（PHEMA）、聚丙烯酸（PAA）、聚环氧乙烷（PEO）、N-异丙基丙烯酰胺（N-NI-PAM）以及聚乙烯基吡咯烷酮（PVP）等水凝胶。

本实验中通过微流控技术制备丙烯酸液滴（包括丙烯酸单体和光引发剂），实验装置同实验 5.5.1，丙烯酸液滴通过紫外光固化，光引发剂 2959 吸收辐射能分裂产生相应的自由基，与丙烯酸的不饱和双键发生作用，将双键打开生成单体自由基，当自由基反应完全失去活性后，链终止，形成三维网状高分子聚合物。光固化聚合具体反应分为以下三个阶段（PI＝光引发剂 2959，R＝COOH）：

① 链的引发：紫外光辐射透过光引发剂，引起激发重排并产生自由基。

$$PI \longrightarrow PI \cdot$$

$$PI \cdot + CH_2 \!=\! CHR \longrightarrow PI \sim CH_2C \cdot HR$$

② 链的增长：激发重排后的自由基，与丙烯酸单体中的不饱和键反应，引发链式聚合。

$$PI \sim CH_2C \cdot HR + nCH_2 \!=\! CHR \longrightarrow (CH_2CHR)_n CH_2C \cdot HR \sim PI$$

③ 链的终止：自由基失去活性后，反应体系交联固化为立体网状大分子，从液态转化为固态。

$$(CH_2CHR)_n CH_2C \cdot HR \sim PI \longrightarrow (CH_2CHR)_n + CH_2CHR$$

5.5.2.3 化学试剂与仪器

化学试剂：丙烯酸（AA，AR，麦克林）、甲基硅油（黏度＝5000mPa·s，麦克林）、去离子水（AR）、N,N-亚甲基双丙烯酰胺（MBA，AR，阿拉丁）、光引发剂 2959（南京米兰化工有限公司)。

仪器设备：微流控高效反应/组装仪与 T 形微流控芯片（南京捷纳思新材料有限公司）、紫外固化箱（OmniCure SERIES 1000UV）、烧杯、硅胶管（15cm）。

5.5.2.4 实验步骤

① 凝胶前驱体的称量。

在称量台上称取 8g 去离子水置入 25mL 烧杯中作为溶剂，然后依次称取 2g AA、0.05g MBA、0.05g 光引发剂 2959 溶解在去离子水中，剧烈搅拌 15min 以制备水凝胶前驱体溶液。

② 凝胶前驱体的装载。

水凝胶前驱体溶解完全后，将前驱体溶液相（分散相）注入 15mL 注射器中并用硅胶管与 T 形微流控芯片连接，将甲基硅油相（连续相）注入 50mL 注射器中亦通过硅胶管与 T 形微流控芯片连接。

③ 微流泵参数设定。

打开微流泵，设定分散相即凝胶前驱体溶液的流速为 0.1～0.8mL/h 之间的任意一个数值，设定连续相的流速为 5～20mL/h 之间的任意一个数值，通过调节两相流速可得到不同尺寸的水凝胶微球。

④ 水凝胶微液滴的收集及固化。

为了得到粒径分布均匀的微球，待分散相开始形成液滴至 5min 体系稳定后开始收集。在收集过程中，保持液滴之间具有一定的距离以防止液滴合并。最后收集器放置于紫外固化箱中，用紫外线照射 30s 以引发自由基聚合，固化得到水凝胶微球。

⑤ 关闭设备及后续操作。

关闭设备时，长按微流体泵电源键进行关机。回收甲基硅油并将注射器回收至对应固废箱中。

5.5.2.5 实验记录与数据处理

序号	室温 /℃	大气压 /Pa	连续相流速 /(mL/h)	分散相流速 /(mL/h)	微球尺寸 /μm
1					
2					
3					
4					
5					

5.5.2.6 注意事项

① 本实验用到的部分试剂具有毒性，实验时注意戴好口罩、手套，做好自我防护。

② 本实验用到的水凝胶前驱体需要剧烈搅拌助溶解，注意使用正确的转子规格、适当的转速。

③ 鉴于实验流体不同的黏度性质及试剂具有的流动惯性，在微流体泵中分散相、连续相流速参数变动时，要静置 5min 待到体系稳定再进行微球的收集。

5.5.2.7 思考题

① 微流控制备水凝胶微球的优点有哪些？
② 实验过程中影响微球变异系数的因素有哪几种？
③ 微流控制备微球的芯片类型有哪几种，分别具有什么特点？

参考文献

[1] Mazutis L, Vasiliauskas R, Weitz D. Microfluidic production of alginate hydrogel particles for antibody encapsulation and release [J]. Macromolecular Bioscience, 2015, 15 (12): 1641-1646.

[2] Zhang Y S, Choi S W, Xia Y N. Inverse opal scaffolds for applications in regenerative medicine [J]. Soft Matter, 2013, 9 (41): 9747-9754.

[3] Atobe M, Tateno H, Matsumura Y. Applications of flow microreactors in electrosynthetic processes [J]. Chemical Reviews, 2018, 118 (9): 4541-4572.

[4] Zou X, Zhao X W, Ye L. Preparation and drug release behavior of ph-responsive bovine serum albumin-loaded chitosan microspheres [J]. Journal of Industrial and Engineering Chemistry, 2015, 21: 1389-1397.

[5] VivaldoLima E, Wood P E, Hamielec A E. An updated review on suspension polymerization [J]. Industrial & Engineering Chemistry Research, 1997, 36 (4): 939-965.

[6] Gokmen M T, Du Prez F E. Porous polymer particles-a comprehensive guide to synthesis, characterization, functionalization and applications [J]. Progress in Polymer Science, 2012, 37 (3): 365-405.

[7] Liu Y, Deng X. Influences of preparation conditions on particle size and DNA-loading efficiency for poly (dl-lactic acid-polyethylene glycol) microspheres entrapping free DNA [J]. Journal of Controlled Release, 2002, 83 (1): 147-155.

[8] Zhao Z, Wang Z, Li G, et al. Injectable microfluidic hydrogel microspheres for cell and drug delivery [J]. Advanced Functional Materials, 2021, 31 (31): 2103339.

[9] Dong Z, Ahrens C C, Yu D, et al. Cell isolation and recovery using hollow glass microspheres coated with nanolayered films for applications in resource-limited settings [J]. ACS Applied Materials & Interfaces, 2017, 9 (18): 15265-15273.

[10] Amoyav B, Benny O. Microfluidic based fabrication and characterization of highly porous polymeric microspheres [J]. Polymers, 2019, 11 (3): 419.

[11] Hao L W, Liu J D, Li Q, et al. Microfluidic-directed magnetic controlling supraballs with multi-responsive anisotropic photonic crystal structures [J]. Journal of Materials Science, 2021, 81: 203-211.

[12] Wang B, Bai Z, Jiang H, et al. Selective heavy metal removal and water purification by microfluidically-generated chitosan microspheres: characteristics, modeling and application [J]. Journal of Hazardous Materials, 2019, 364: 192-205.

[13] Wu J, Li G, Ye T, et al. Stem cell-laden injectable hydrogel microspheres for cancellous bone regeneration [J]. Chemical Engineering Journal, 2020, 393: 124715.

[14] 张民, 张正炜, 张艳红. 液滴微流控技术制备功能型微球的研究进展 [J]. 高校化学工程学报, 2020, 34 (5): 1102-1112.

[15] Christopher G F, Anna S L. Microfluidic methods for generating continuous droplet streams [J]. Journal of Physics D: Applied Physics, 2007, 40 (19): R319-R336.

[16] 张艳, 雷建都, 林海, 等. 利用微流控装置制备微球的研究进展 [J]. 过程工程学报, 2009, 9 (5): 1028-1034.

[17] Thorsen T, Roberts R W, Arnold F H. Dynamic pattern formation in a vesicle-generating microfluidic device [J]. Physical Review Letters, 2001, 86 (18): 4163-4166.

[18] Garstecki P, Fuerstman M J, Stone H A, et al. Formation of droplets and bubbles in a microfluidic T-junction—scaling and mechanism of break-up [J]. Lab on a Chip, 2006, 6 (3): 437-446.

[19] Xu J H, Li S W, Tan J, et al. Correlations of droplet formation in T-junction microfluidic devices: from squeezing to dripping [J]. Microfluidics and Nanofluidics, 2008, 5 (6): 711-717.

[20] van Steijn V，Kleijn C R，Kreutzer M T. Predictive model for the size of bubbles and droplets created in microfluidic T-junctions [J]. Lab On a Chip，2010，10 (19)：2513-2518.

[21] Cramer C，Fischer P，Windhab E J. Drop formation in a co-flowing ambient fluid [J]. Chemical Engineering Science，2004，59 (15)：3045-3058.

[22] Pan D W，Zhang Y J，Zhang T X. Flow regimes of polymeric fluid droplet formation in a co-flowing microfluidic device [J]. Colloid and Interface Science Communications，2021，42：100392.

[23] Umbanhowar P B，Prasad V，Weitz D A. Monodisperse emulsion generation via drop break off in a coflowing stream [J]. Langmuir，2000，16 (2)：347-351.

[24] Fang Y，Ye Y，Shen R，et al. Mixing enhancement by simple periodic geometric features in microchannels [J]. Chemical Engineering Journal，2012，187：306-310.

[25] Khosravi Parsa M，Hormozi F，Jafari D. Mixing enhancement in a passive micromixer with convergent-divergent sinusoidal microchannels and different ratio of amplitude to wave length [J]. Computers & Fluids，2014，105：82-90.

[26] Feng Q，Zhang L，Liu C，et al. Microfluidic based high throughput synthesis of lipid-polymer hybrid nanoparticles with tunable diameters [J]. Biomicrofluidics，2015，9 (5)：052604.

[27] Afzal A，Kim K. Passive split and recombination micromixer with convergent-divergent walls [J]. Chemical Engineering Journal，2012，203：182-192.

[28] Sheu T S，Chen S J，Chen J. Mixing of a split and recombine micromixer with tapered curved microchannels [J]. Chemical Engineering Science，2012，71：321-332.

[29] 田启凯，郑海萍，张少斌，等. 混合增强的微流控通道进展 [J]. 化工进展，2023，42 (4)：11.

[30] 李子晓. 微流控芯片中混合器混合效果的影响因素分析 [J]. 现代盐化工，2019，46 (4)：21-24.

[31] 王小章，王朝晖，张群明，等. 通道式微混合器的设计及性能 [J]. 纳米技术与精密工程，2011，9 (6)：555-560.

[32] Hsieh S S，Lin J W，Chen J H. Mixing efficiency of Y-type micromixers with different angles [J]. International Journal of Heat and Fluid Flow，2013，44：130-139.

[33] Mouheb N A，Malsch D，Montillet A，et al. Numerical and experimental investigations of mixing in T-shaped and cross-shaped micromixers [J]. Chemical Engineering Science，2012，68 (1)：278-289.

[34] Crawford R，Dogdas B，Keough E，et al. Analysis of lipid nanoparticles by Cryo-Em for characterizing sirna delivery vehicles [J]. International Journal of Pharmaceutics，2011，403 (1-2)：237-244.

[35] Maeki M，Kimura N，Sato Y，et al. Advances in microfluidics for lipid nanoparticles and extracellular vesicles and applications in drug delivery systems [J]. Advanced Drug Delivery Reviews，2018，128：84-100.

[36] Kong T T，Wu J，Yeung K W K. Microfluidic fabrication of polymeric core-shell microspheres for controlled release applications [J]. Biomicrofluidics，2013，7 (4)：044128.

[37] 汪汉文. 微流控技术制备核-壳和 Janus 结构微球 [D]. 大连：大连理工大学，2020.

[38] Sun B J，Shum H C，Holtze C，et al. Microfluidic melt emulsification for encapsulation and release of actives [J]. ACS applied Materials & Interface，2010，2 (12)：3411-3416.

[39] Vericella J J，Baker S E，Stolaroff J K，et al. Encapsulated liquid sorbents for carbon dioxide capture [J]. Nature Communications，2015，6 (1)：1-7.

[40] Gong X，Wen W，Sheng P. Microfluidic fabrication of porous polymer microspheres：dual reactions in single droplets [J]. Langmuir，2009，25 (12)：7072-7077.

[41] Yu Y，Zhao M X，Cao X R，et al. Monodisperse macroporous microspheres prepared by microfluidic methods and their oil adsorption performance [J]. Colloids and Surfaces a：Physicochemical and Engineering Aspects，2019，579：123617.

[42] Costantini M，Guzowski J，Żuk P J，et al. Electric field assisted microfluidic platform for generation of tailorable porous microbeads as cell carriers for tissue engineering [J]. Advanced Functional Materials，2018，28 (20)：1800874.

[43] Nie Z，Li W，Seo M. Janus and ternary particles generated by microfluidic synthesis：design，synthesis，and self-

assembly [J]. Journal of the American Chemical Society，2006，128（29）：9408-9412.

[44] Feng K，Gao N，Zhang W，et al. Creation of nonspherical microparticles through osmosis-driven arrested coalescence of microfluidic emulsions [J]. Small，2020，16（9）：1903884.

[45] 程志峰. 非球状胶体粒子的制备与应用 [D]. 南京：南京大学，2013.

[46] Yu Z，Wang C F，Ling L，et al. Triphase microfluidic-directed self-assembly：anisotropic colloidal photonic crystal supraparticles and multicolor patterns made easy [J]. Angewandte Chemie，2012，124（10）：2425-2428.

[47] Zhang J，Meng Z，Liu J，et al. Spherical colloidal photonic crystals with selected lattice plane exposure and enhanced color saturation for dynamic optical displays [J]. ACS Applied Materials & Interfaces，2019，11（45）：42629-42634.

[48] Xie A，Guo J，Zhu L，et al. Carbon dots promoted photonic crystal for optical information storage and sensing [J]. Chemical Engineering Journal，2021，415：128950.

[49] Grinyte R，Barroso J，Möller M，et al. Microbead QD-ELISA：Microbead elisa using biocatalytic formation of quantum dots for ultra high sensitive optical and electrochemical detection [J]. ACS Applied Materials & Interfaces，2016，8（43）：29252-29260.

[50] Li G，Cheng R，Cheng H Y，et al. Microfluidic synthesis of robust carbon dots-functionalized photonic crystals [J]. Chemical Engineering Journal，2021，405：126539.

[51] 许雅青. 微流控 3D 细胞培养用于纳米药物对兔 VX2 细胞杀伤的研究 [D]. 长沙：湖南大学，2020.

[52] Li Y B，Li Z H，Zheng F. Polyaniline hollow microspheres synthesized via self-assembly method in a polymer acid aqueous solution [J]. Materials Letters，2015，148：34-36.

[53] Wang S，Shi X，Gan Z. Preparation of plga microspheres with different porous morphologies [J]. Chinese Journal of Polymer Science，2015，33（1）：128-136.

[54] Ruan L，Su M，Qin X. Progress in the application of sustained-release drug microspheres in tissue engineering [J]. Materials Today Bio，2022，16：100394.

[55] Huang Q，He F K，Yu J F，et al. Microfluidic spinning-induced heterotypic bead-on-string fibers for dual-cargo release and wound healing [J]. Journal of Materials Chemistry B，2021，9（11）：2727-2735.

[56] Lei L，Zhu Y，Qin X，et al. Magnetic biohybrid microspheres for protein purification and chronic wound healing in diabetic mice [J]. Chemical Engineering Journal，2021，425：130671.

[57] Cui T T，Yu J F，Wang C F，et al. Micro-gel ensembles for accelerated healing of chronic wound via ph regulation [J]. Advanced Science，2022，9（22）：2201254.

[58] Kankala R K，Zhao J，Liu C G，et al. Highly porous microcarriers for minimally invasive in situ skeletal muscle cell delivery [J]. Small，2019，15（25）：1901397.

[59] Kim J H，Kim J B，Choi Y H，et al. Photonic microbeads templated by oil-in-oil emulsion droplets for high saturation of structural colors [J]. Small，2022，18（8）：2105225.

[60] Hamonangan W M，Lee S，Choi Y H，et al. Osmosis-mediated microfluidic production of submillimeter-sized capsules with an ultrathin shell for cosmetic applications [J]. ACS Applied Materials & Interfaces，2022，14（16）：18159-18169.

第六章

微流控技术制备纳米材料

6.1 引言

　　纳米材料以其独特的表面效应、小尺寸效应和宏观量子隧道效应，成为跨学科的研究前沿热点之一，有望成为 21 世纪高新技术竞争的制高点和最有前途的先进材料，亦在现代科学及工业中占据十分重要的地位。尤其是具有特殊的光、热、电、磁等特性的纳米材料，在微电子、能源、生物与医药工程、光学显示、传感器等领域发挥着重要作用。然而，目前纳米材料的合成手段主要包括化学法、沉淀法、溶胶凝胶法、水热法等。这些制备方法普遍存在以下缺陷：传质传热能力较差、材料尺寸不均一、可重复性差、难以规模化生产[1]。这些缺陷大大限制了纳米材料的发展与应用。

　　微流控技术因其传质传热效率高、反应速率快、安全可控、易于并行放大等特点，已经成为纳米材料制备的有效手段，其具有以下突出优势：①利用微通道内流体快速混合、高效传质传热特性，可提高反应的选择性和转化率，并有效抑制副反应的发生；②可调的反应微环境，提高了反应的均一性，克服了传统方法制备纳米材料粒径分布较宽的缺点，实现对纳米材料宏观形貌和分散性的精准调控[2]；③通过对微流控管道和芯片的精确设计，构筑多样化、功能化的微流控反应器，实现流体的流动混合过程强化与反应控制；④将微流控反应器与现代检测仪器偶联，能够实现对反应过程的实时监测和调控；⑤通过在微反应器上施加光、电、磁等外场，可对反应进行外场调节。微流控技术旨在实现纳米材料合成过程的小型化、集成化、自动化和并行化，为具有先进功能的纳米材料的大规模生产[3] 提供了一个强有力的平台和机遇。

　　本章从微流控技术制备纳米材料的合成原理、反应调控、功能设计和应用探究出发，着重考察基于微流控技术制备的纳米材料的种类，如无机纳米材料、量子点和多功能纳米杂化材料，特别强调了微流控技术在纳米材料制备过程中的精确调控与功能化一体化协同作用。对基于微流控法制备的纳米材料在癌症诊断、药物负载等生物医学领域的应用进行了展望。同时，介绍了几种微流控技术制备纳米材料的典型实验，旨在进一步提高对微流控技术制备纳米材料的认识与实践。

6.2 微流控技术制备纳米材料概述

　　微流控技术以微反应器为核心，通过在微尺度下流体的动力学调控和混合传质过程强化来调控纳米材料的形成机制，以期实现微米或亚毫米受限空间内流体的流动、混合和反应控制[4]，以及对反应过程的精确调控，在微/纳级水平上对有机或无机微观结构进行设计与施工，为纳米材料的快速高效制备提供新的手段和发展机遇。

6.2.1 微反应器内流体流动特征

微流控反应器作为一种有效的化学合成装置，其主要功能是以液体为介质，通过在微通道内物质的可控输送。特别是当输送的物质为单一组分的分子或离子时，这些粒子在流场中可被视为均匀分布的质点并与介质流动保持一致，此类流体被视为单一流体，即单相流。然而在反应和分析过程中，微反应器内往往存在多种具有不同流速或不同介质的流体，形成微尺度的多相流。而微流控合成涉及两种或两种以上物质的混合和反应，通过成核、生长、团聚等过程，溶解性较差的产物会析出并形成纳米材料。合成纳米材料的质量主要依赖于混合和反应过程的效率。因此，需要对微流体平台上的各种流体流动进行精确控制。对于微反应器内的流体流动，通常采用雷诺数 Re 和韦伯数 We 这两个独立的无量纲参数[5] 对流体流动进行机理描述。

对于典型的微流控通道结构，通道的直径范围在几十到几百微米之间，流体的输送量在 $10\sim100\mu L$ 之间。根据微通道的尺寸特点可以确定，在微通道中流体的 Re 和 We 值均较小，黏性力和表面张力占据主导作用。与宏观流体相比，微反应器内流体流动的主要特点如下：

(1) 尺度效应 黏性力主导的微流体，其 Re 值通常位于 $10^{-6}\sim10^{1}$ 之间，流体在通道内呈稳定的层流状态。对于在微流控反应过程中，多相试剂流汇入同一微通道的情况，各试剂流也能够保持自身的层流流型不变，只是在两相接触面上进行反应或分子扩散，保证了反应过程的稳定性和重现性。此外，流体的连续性动力学理论对于层流状态的微流体同样适用，可对层流流动特性进行预测和调控。微通道中的流体具有良好的可控性，为微尺度下纳米材料制备过程中的参数调控提供了可能性。

Takehiko Kitamori 等[6] 提出了一种基于微流体层流的界面缩聚反应策略。在双通道微流体层流形成的有机/水不互溶两相界面上，通过界面聚合反应合成了厚度可调的尼龙薄膜。此外，两种或两种以上的互溶相流体在层流条件下相互接触，会产生两相液体之间的界面扩散。Palacios 等[7] 凭借微流体的层流和扩散特性开发出原子尺度的微反应器。在加热或溶剂蒸气的诱导作用下，通过纤维的交叠融合、反应物离子的扩散，在超小限域（10^{-21} mol）空间内实现纳米荧光材料的制备。

(2) 表面效应 微通道特征尺寸的减小，使得微流控反应器的比表面积显著增加。如特征尺寸为 $1\mu m$ 的微通道，相应的比表面积可达到 $10^{6}\,m^{-1}$，是常规反应器的上百万倍。流体流经微通道时，表面效应发挥重要作用，影响微流控反应器中的质量、动量和能量传递。由于具有高比表面积，微通道流体的辐射和对流传热效率大大提高，液体相对固体表面的润湿性会严重影响微流体的流动，这使得表面张力成为驱动微流体流动的重要作用。

基于表面效应的微流控技术是通过对微流控平台表面进行选择性的化学改性或物理处理，从而形成具有亲疏水性差异的微通道来进行纳米材料的可控制备。改变表面张力可使得微液滴表面的受力情况发生变化，在固-液界面产生梯度力，液滴沿着梯度力的反方向在微通道中可控运动。改变通道尺寸或调节流体各项参数可实现对流体尺寸及形貌的调控，对需要精确定量的化学或生物反应而言意义重大。巫金波等人[8] 利用微液滴在选择性亲水处理的玻璃基板上表面张力的差异，快速制备了尺寸均匀、形状规则的皮升体积的油包水微液滴阵列。

6.2.2　微反应器内混合传质过程

微通道中的流体以层流的形式传输，层与层之间的质量传递主要依靠自发的分子扩散进行。扩散传质可用下式描述：

$$t = l^2/D \tag{6-1}$$

式中，t 为流体达到稳态扩散所需时间，s；l 为传质距离，m；D 为扩散系数，m^2/s。流体的扩散系数很小，使得层流流体中的混合传质过程非常缓慢。对于要求快速传质的反应过程，往往需要特殊手段来加强流体间传质。提高层流状态下流体混合传质效率的主要方法为：拉伸或折叠流体以增大流体的接触面积和接触时间；通过管路几何设计将液流拆分并重新组合，减小液流厚度；在微通道中引入横向流或二次流，来增强扩散过程。基于此，多种加强微流体混合传质的策略被开发。

(1) 旋流混合　具有弯曲通道的微反应器，依靠流体自身的旋转流动对流体进行拉伸或增加接触面积来加速混合。流体流经弯曲通道时，在离心力和径向压力作用下，流道中心处的流体向壁面流动，壁面处流体沿着流道上下回流。于是在垂直流体流动方向上产生两个旋转方向相反的涡，这种现象被称为迪恩（Dean）流。Amir Shamloo 等[9] 证实了流体在螺旋通道内增强的混合传质效果，利用离心力诱导 Dean 流，增强流体的混合传质过程。

(2) 对流混合　Julio M. Ottino 等[10] 的研究表明，微通道中三维尺度的对流作用可产生二次物质输送作用，并有效增强流体混合传质。基于此，可以在微通道的管壁或内部设置障碍改变流体方向，以产生混沌对流来增强横向传质。此外，可以在微通道中加工斜向凹槽，使层流流体发生拉伸和折叠，从而增大流体间的接触面积，增强流体之间的混合传质。

(3) 分布混合　微流体的分割-重排-再结合效应可有效减小液流厚度、增加流体界面，是加速流体间混合传质的重要理论指导。并行选片式微通道的设计将流体细分成多个选片，进行单股流体间交互混合。利用这种设计可将流体的混合时间缩短至几毫秒，混合效率可达到 95% 以上。

(4) 主动混合　前面提及的流体混合策略都是依靠流体通道的几何构型变化来增强混合传质效率，被认为是被动式策略。而主动混合方案借助外力如磁场、电场、声场和热等作用促进流体间的混合，混合传质效率较高，也可以灵活地调控流体在通道内的混合部位和时间[5]。

6.2.3　微反应器类型

微反应器是专门为化学合成而设计的微型设备，与传统的间歇式反应器相比，基于微流控的微反应器在温度、压力和浓度分布等反应条件下表现出精确的可控性。此外，将程序控制器或在线检测器连接到微流体设备上可进一步实现纳米材料合成的高度自动化和原位研究。因此，基于微流体系统精准可控的优势，微反应器可以很容易地为纳米材料的合成提供稳定和理想的环境。用于纳米材料制备的微流控反应器可大致分为两类：连续层流微反应器和离散分段流微反应器。

(1) 连续层流微反应器　在连续流化学反应系统中，通道尺寸导致 Re 值始终很小（通常＜100），因此流态始终是层流的。在层流条件下，混合受到扩散限制，并且速度极快。通常，在微反应器中，混合时间约为 1～5s。通过使用专门设计的微流控芯片，混合时间甚至可以进一步减小到 1s 以下。这使得微流控芯片成为纳米材料合成方案的首选反应器。在连续层流微反应器中，由于反应物的混合主要通过层流扩散进行，因此通过控制微通道的几何形状即可精确控制混合和反应时间，从而实现目标尺寸和形貌的纳米材料的制备。连续层流微反应器特有的单相反应系统确保了整个反应条件的均一性，使得纳米材料的成核和生长均在相对稳定的环境中进行。此外，该单相系统还允许在连续反应或多步反应过程中添加试剂，反应条件控制相对灵活。然而，连续层流微反应器的速度分布呈抛物线形，而且停留时间分布不均匀，这可能会导致在给定的流动合成条件下纳米材料性能的变化，进而限制了其在高质量纳米材料合成中的应用。

（2）离散分段流微反应器 离散分段流微反应器，也被称为液滴微反应器，它的反应控制通常是通过液滴的液-液相分离来实现的。当在微通道中混合两种或多种不混溶的流体时[11]，可将其视为离散分段流微反应器。这种离散的流动会在通道中为两种或多种反应物创建反应空间。基于液滴的微反应器可以通过三种类型的几何形状来实现：T形、Y形和流动聚焦型[12]。由于流动聚焦型中流体间的接触面积更大、传质距离更短、混合效率高，其已成为液滴微反应器中的常用研究对象。皮升体积的液滴更有利于提高反应过程中的热交换效率并加快反应速度。因此，相对于连续层流微反应器而言，离散分段流微反应器能够实现更快速和更高效的传质。但在需要多步反应和连续修饰的合成需求下，液滴形成条件限制了试剂的后续添加，离散分段流微反应器并不适用。

6.3 基于微流控技术制备无机纳米材料

无机纳米材料是纳米材料中最具活力与发展潜力的一个重要分支，纳米碳酸钙（$CaCO_3$）和纳米二氧化硅粒子是典型的无机纳米材料，由于其优异的力学、增强效应和热稳定性等化学与物理性质，在高分子材料、造纸和涂料等领域有着广阔的应用前景。但是，正因其存在纳米尺度的特殊结构，其制备过程中团聚失活问题和表面化学修饰仍然是材料化学工程中面临的挑战。近年来，作为微化工核心的微流控技术，以其精确的操作和调控特点，已成为可控制备无机纳米材料最有效的方法之一。

6.3.1 纳米碳酸钙

纳米 $CaCO_3$ 具有超细、价廉的特点，广泛应用于橡胶、塑料、造纸、化学建材、油墨、涂料与胶黏剂等行业，其规模化制备技术对精细化工领域的发展具有重要的现实意义。在此方面，微流控技术的发展为纳米 $CaCO_3$ 的规模化合成提供了一条可行的路径。

如图 6-1（a）所示，骆广生等[13] 采用膜分散式微反应器来强化微通道中气（CO_2 和 N_2 的混合气体）液 [$Ca(OH)_2$ 悬浮液和硬脂酸钙表面活性剂] 两相之间的混合和传质，实现了高质量 $CaCO_3$ 纳米粒子的可控制备和原位表面改性。在气液微反应体系中，首先完成硬脂酸钙与 $Ca(OH)_2$ 的混合吸附，进一步通过微滤膜将引入的 CO_2 剪切成微泡，微泡扩散到液相中诱导碳酸化反应，并进行 $CaCO_3$ 纳米粒子原位表面改性。大量的有机长链修饰使得 $CaCO_3$ 纳米颗粒的表面性质由亲水性转变为疏水性，保证了 $CaCO_3$ 纳米粒子良好的分散性。该方法可以通过改变两相流速来调节 $CaCO_3$ 纳米粒子的粒径，其采用的膜分散式微反应器不仅节能高效，而且反应条件恒定，是纳米粒子表面改性的一种有效途径。如图 6-1（b）所示，Andrew deMello 等[14] 使用分段流微流控反应器实现了具有良好晶体结构和尺寸分布的纳米 CaCO₃ 的可控制备。基于液滴微流控技术，等体积的 $CaCl_2$ 和 Na_2CO_3 水溶液被封装在皮升体积的液滴中。皮升尺度的微液滴具有均匀的反应环境、充分有效的传质、可重复操作等优势，为晶体成核和生长条件的精确控制奠定了基础，在 $CaCO_3$ 体系的结晶反应过程中起到积极作用。Patrick S. Doyle 等[15] 构建了一种原位生长纳米 $CaCO_3$ 的微模型，其具有可调的几何形状、亚微米级的孔长尺度和可控的润湿性。通过控制微通道中过饱和 Ca^{2+}、CO_3^{2-} 离子液体的流动状态，即可实现 $CaCO_3$ 纳米颗粒的动态原位生长及颗粒结构形貌的调控。该微反应系统传质过程精确可控，为研究纳米晶体生长过程提供了有效平台。此外，Connie B. Chang 等[16] 采用液滴微流控技术（25μm 直径的液滴），研究了微生物诱导的纳米 $CaCO_3$ 的制备方法。如图 6-1(c) 所示，该方法通过微液滴中单株大肠杆菌 MJK2 与矿物沉淀的相互作用实现了尺寸、形貌均一的 $CaCO_3$ 纳米颗粒的制备，为纳米颗粒的微制造加工提供了一条有效途径，具有广阔的应用前景。

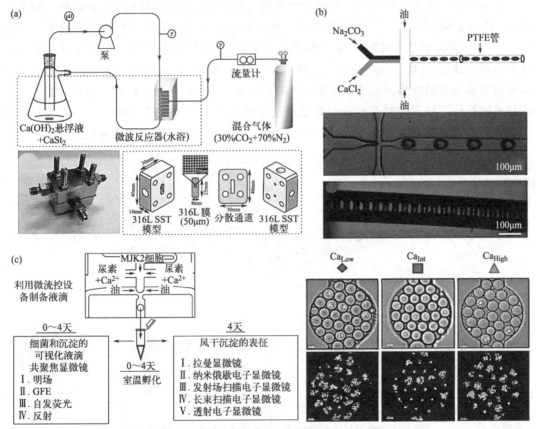

图 6-1　基于微流控技术制备纳米 CaCO₃ 的实例

（a）疏水 CaCO₃ 纳米粒子的微流控制备及原位改性工艺示意图，下方是所采用的膜分散式微反应器的结构分解图[13]；
（b）以液滴为基础的分段流微流控反应器制备 CaCO₃ 纳米材料的示意图，两股试剂流被油相剪切形成均匀的反应液滴[14]；
（c）利用液滴微流控技术进行微生物诱导制备纳米 CaCO₃ 的流程示意图与微液滴的形成过程及纳米 CaCO₃ 的可视化的生长过程[16]

6.3.2　纳米硅材料

二氧化硅纳米材料通常采用常规的 Stöber 方法来制备，该方法通过调控硅酸盐的水解缩合实现亚微米尺度二氧化硅纳米粒子的制备。但是这种方法的可重复性较差，不同批次产品差异明显，从而限制了材料的应用范围。基于此，研究者从粒子形成的原理与方法入手，借助微流控技术对反应过程的调控，实现二氧化硅纳米材料的大规模连续可控制备，弥补常规制备手段的不足。

吉林大学于颜豪等[17] 提出将液相激光烧蚀法与微流控技术相结合，在微流控芯片中实现了晶格型（400~800nm）和圆球型（100~300nm）二氧化硅纳米材料的快速、高效制备。微芯片中恒定的液相反应环境避免了反应过程的湍流扰动，同时，制备的二氧化硅纳米粒子随流体被迅速带出芯片，显著提高了制备效率。该方法通过调控激光烧蚀功率和流体流速，将纳米粒子的制备效率提高了30%（87.5mg/min），为纳米二氧化硅材料的工业化生产提供一种新的技术路线。此外，Michael J. Sailor 等[18] 利用高剪切微流控技术制备了粒径分布均匀的多孔硅纳米颗粒。电化学刻蚀法剥离的多孔硅膜，在微流化器的强压差和微通道的双重作用下，被破碎成窄尺寸分布的纳米颗粒。该方法具有反应速度快、制备的颗粒均匀、可重复性高和收率高的特点，有望为大规模制备纳米二氧化硅材料开辟新途径。如图6-2 所示，Chang-Soo Lee 等[19] 将液滴微流控技术与原位光聚合策略相结合，提出了一种以聚（1,10-癸二醇二甲基丙烯酸酯-co-三甲氧基甲基丙烯酸酯丙酯）为核，二氧化硅纳米颗粒为壳的有机-无机杂化粒子的制备方法。利用液滴导向的微流控技术将两种不混溶的流体经共轴流剪切成离散的液滴，经过紫外光诱导核相单体聚合，核层聚合物粒子为正硅酸四乙酯的原位水解提供了稳定的结合位点，在微通道中快速形成单分散核壳粒子。与传统方法相比，这种一步微流控方法显著降低了工序的复杂性，提高了粒子的尺寸均匀性。

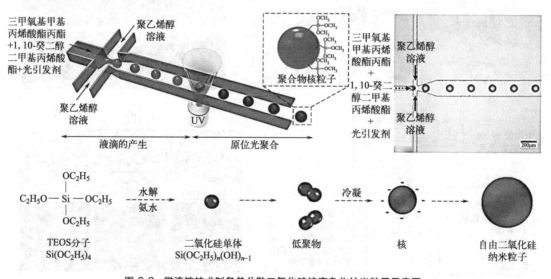

图6-2 微流控技术制备单分散二氧化硅核壳杂化纳米粒子示意图

单体和光引发剂的连续相由剪切力作用形成单分散液滴，并由紫外光诱导聚合[19]

6.4 基于微流控技术制备量子点

量子点作为一种零维纳米材料，具有显著的尺寸效应，表现出独特的光、电、磁特性，在光电器件、医学检测、太阳能电池等领域具有重要的应用前景。然而，传统方法制备的量子点具有较多杂原子和高表面能，表现出团聚趋势。此外，传统半导体量子点表面基团的不稳定导致了其与高分子聚合物相容性差的问题，这些缺陷极大地限制了量子点的实际应用。在过去的十几年中，微流控技术已被广泛应用于量子点的合成、反应优化、反应动力学表征和表面改性。与传统方法相比，微流控技术具有较高的传质传热效率，大的比表面积和易于调控的特点，且其密闭的微通道为反应创造了无氧环境，有望应用于结构均匀、性能稳定的高质量量子点的大规模制备。微流控技术在量子点合成方面的优势被广大研究人员认为是量子点机理研究和大规模制备的有效平台，各种量子点的微流控合成技术正逐渐涌现出来。

6.4.1 液滴微流控法制备量子点

液滴微流控技术（也称为微流控液滴技术）是利用互不相溶的两种液体分别作为连续相和非连续相，通过控制微通道结构和两相流速比来构筑微液滴的技术。目前微液滴尺寸、结构、形貌和功能的可控设计和精确调控已取得了长足进展，液滴微流控技术已成为量子点等纳米材料合成的有效的技术手段之一。液滴微流控技术特有的优势在于将反应过程控制在单个液滴的范畴内，从而将微通道堵塞和结垢的风险降至最低。此外，液滴微流控技术通过在微通道内操作不混溶的流体，在液滴制备和调控方面具有极大的灵活性。如图 6-3（a）所示，通过设计具有不同结构的微流控装置可以实现对流相和流速的精确调控，从而产生单相或多相液滴，为量子点的合成提供了一种强有力的手段[20]。Andrew J. deMello 等[21] 开发了一种基于液滴微流控技术的微反应器平台。该液滴微（流控）反应器平台将前驱体溶液剪切成高度分散的液滴，促使 Pb 源和 Se 源/S 源的快速混合反应。与传统的合成反应器相比，采用该液滴微反应器合成的单分散硫化铅和硒化铅量子点具有粒径分布窄（5%～7%）、发射波长可调（765～1580nm）、量子产率（quantum yield，QY）高等优势。同时，该平台通过对单个液滴的光致发光能力的追踪监测，实现了对反应过程的实时控制和优化。此外，该液滴微反应器的长时间（3～6h）连续稳定运行，证实了该微反应平台在量子点大规模制备方面的潜力，有望达到公斤级的生产水平。如图 6-3（b）所示，Rohit Bhargava 等[22] 设计了具有螺旋微通道的液滴微流控反应器，实现了对硫化镉和硒化镉量子点的简单且高重复性制备。三维的螺旋微通道诱导流体中 Dean 流的形成，该微通道能够在更低的流速下形成离散的微反应液滴，从而保证了两相流体中反应试剂的高效混合和微液滴的精确调控。该液滴微流控反应器具有易于调控和操作的优势，为窄尺寸分布量子点的可重复制备奠定了基础。Jae Su Yu 等[23] 通过串联两个液滴微流控反应器和加热模块定制了模块化的可调谐微流控反应系统，制备了 $CsPbX_3$ 和 $CsPb(X/Y)_3$（X＝Br，Y＝Cl 和 I）钙钛矿纳米晶（nanocrystals，NCs）。基于反应界面面积大和混合传质效率高的特点，该微流控反应系统成功合成了平均粒径为 8.60nm±0.72nm 的稳定的单分散钙钛矿 NCs，而且制备的钙钛矿 NCs 具有在全可见光谱范围（410～630nm）内的可调谐高发射性能。模块化的微流控反应系统有效控制了阴离子交换反应，精确调控了钙钛矿 NCs 的组成。这种可调谐微反应器通过简单的模块串联来满足反应的需求，为功能化 $CsPbX_3$ 钙钛矿 NCs 的制备提供一个新的平台。

液滴微流控反应器与在线表征技术的耦合，可实现对量子点制备过程中前体浓度、反应温度、停留时间、配体类型等参数的快速筛选和优化，其在量子点连续可控合成过程中表现出显著优势。在此基础上，如图 6-3(c) 所示，徐建鸿和陈苏等开发了一种集成的基于液滴的微反应系统（droplet-based microreactor system，DBMS），合成了以 3-氨基丙基三乙氧基硅烷（3-aminopropyl triethoxysilane，APTES）为基本配体的高稳定性、宽色域的卤化铅钙钛矿 NCs（lead halide perovskite nanocrystals，LHP-NCs）。该反应系统弥补了传统的热注入或连续流动反应法的缺陷，以简单高效、连续可控的液滴微流控策略实现了光致发光量子产率（photoluminescence quantum yield，PLQY）高达 87% 的 CsPbBr$_3$ NCs 的制备[24]。液滴微反应器平台将有效前驱体浓度提高了 3～116 倍，将配体浓度降低了 2%～50%，显著提高了 NCs 合成过程中原料利用率。由于微反应液滴尺寸的均一性，LHP-NCs 的生长和自水解得到了有效的控制，而且微反应器的模块化集成解决了晶体产率低和晶体形态不可控的问题。此外，在线检测系统具有快速响应和在线调节的功能，为全面探究不同反应条件对所得 NCs 的产率、PLQY 和形态的影响提供了有效的保障。该液滴微流控反应系统为量子点的商业化开发奠定了基础，并为钙钛矿 NCs 的动力学研究提供了新的范例。

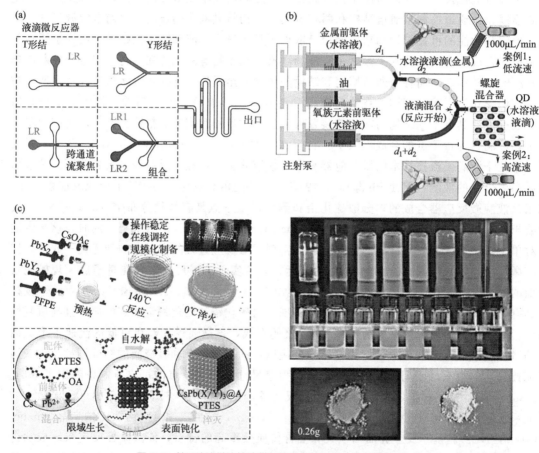

图 6-3 基于液滴微流控法制备量子点的实例（见文前彩插）

（a）制备单相/多相液滴的微流控装置示意图，装置结构的设计可以实现流体动力学调控[20]；

（b）合成硫化镉和硒化镉量子点的液滴微流控反应装置示意图，低流速下液滴在装置的连接处融合，高流速下未混合的两相液滴在连接处产生，随后在螺旋通道中融合[22]；

（c）基于液滴的微反应器系统的设计和 LHP-NCs 的受限生长和自水解过程示意图[24]

6.4.2 微流控纺丝化学法原位制备高稳定性量子点

微流控纺丝技术主要借助微流控芯片各组成的精确调控和均匀的力学驱动实现微/纳纤维的构筑，同时利用微流控对组成高效混合和材料结构形貌的可控特性，构筑出性能优异的纳米纤维。随着微流控纺丝技术的日趋发展，微流控纺丝过程中纺丝化学和组成可控的特性被重视，特别是用于高质量荧光 NCs 的制备。

陈苏等提出了一种利用微流控纺丝化学的手段来原位制备钙钛矿量子点的方法。其利用静电微流控技术制备了核壳聚合物纳米纤维，并在纳米纤维中建立纺丝化学反应，实现了 $CsPbX_3$（X＝Cl，Br，I）钙钛矿 NCs/聚（甲基丙烯酸甲酯）/热塑性聚氨酯纤维膜的一步室温制备，制备的纤维膜在 450～660nm 的波长范围内具有可调谐发射性能。具体而言，如图 6-4(a) 所示，陈苏等设计了一种三流体同轴静电微流控纺丝工艺，Br^-/聚甲基丙烯酸甲酯流体与 Cs^+/Pb^{2+}/聚甲基丙烯酸甲酯流体在 Y 形芯片入口处交汇作为内相，聚氨酯流体作为外相，$CsPbBr_3$ NCs 在聚甲基丙烯酸甲酯/聚氨酯核壳纳米纤维的制备过程中原位生成[25]。该微流控纺丝化学工艺利用纳米纤维作为反应器，减少了挥发性有机化合物的产生，而且在疏水核壳纳米纤维中原位生成的钙钛矿量子点的荧光稳定性也得到了显著提高，光致发光性能可恒定长达 90 天。这项工作为钙钛矿 NCs 的合成提供了一种通用的方法学指导，同时为研制高性能纳米粒子/聚合物纤维膜指明了方向。

利用在纺丝过程中纳米纤维本身作为微反应器，通过其内部发生的原位化学反应，实现新纳米材料在纤维中的连续原位化学合成，在这一过程中只需调整纺丝条件，就可使反应器的尺度从毫米级降至纳米级。纤维反应器独有的空间受限特性可实现对纳米材料尺寸的有效控制，并且纤维反应器可进一步起到对纳米材料的包覆作用，以排除空气中水分和氧气对纳米材料性能的影响，从而提高材料的稳定性。新型的微流控气喷纺丝技术，利用气体作为驱动力，能够以高通量的方式快速制造纳米纤维，由此制备的纳米纤维反应器安全且可实现工业化的宏量制备。如图 6-4(b) 所示，陈苏等将微流控气喷纺丝技术用于纳米纤维反应器[26]的开发中，原位实现了无有机配体的高稳定性 $MAPbBr_3$ 钙钛矿量子点的大规模制备。制备的 $MAPbBr_3$ 钙钛矿量子点/聚丙烯腈纳米纤维膜显示出高强度的绿色荧光，发射波长为 527nm，半峰宽为 23nm，PLQY 达到 71％。凭借聚合物基质封装的优势，钙钛矿量子点在极端条件下（如蓝光辐射、高温、在空气中长期储存或浸入水中）仍能表现出优异的稳定性。通过进一步调节 $MAPbX_3$ 钙钛矿量子点/聚丙烯腈纳米纤维膜（X＝Cl，Br，I）中的卤素组成，可实现 448～600nm 波长范围内的可调谐的光致发光。这项工作在纳米材料的大规模生产方面表现出巨大潜力。此外，如图 6-4(c) 所示，赵远锦等[27] 受蜘蛛纺丝的启发，利用多相流微流控湿法纺丝技术制备出具有可控形态和多功能化的钙钛矿量子点荧光微纤维。钙钛矿量子点前驱体溶液在微流控芯片的内通道中进行混合，而芯片的外通道中则通入聚偏二氟乙烯（polyvinylidene fluoride，PVDF）的 N,N-二甲基甲酰胺溶液作为壳层纤维的反应液。随着外部 PVDF 纤维的形成，内部钙钛矿量子点由前驱体阴阳离子的相互作用原位生成。由于生成的钙钛矿量子点被稳定地包覆在 PVDF 纤维中，因此有效地避免了外部环境对量子点结构和性能的破坏。由于微流控纺丝过程的高度可控性，除了线形结构纤维外，螺旋结构纤维也可以通过该方法制备。此外，调节纤维内部包覆的量子点的发射峰可实现不同荧光色的钙钛矿量子点微纤维的构筑。

6.4.3　磁热微流控法快速连续制备量子点

目前，已经有多种制备量子点的方法，从加热方式来看，往往采用油浴或使用加热套等外部给热方式来控制反应温度。然而由于温度响应缓慢且不均匀、反应可控性低、装置的尺

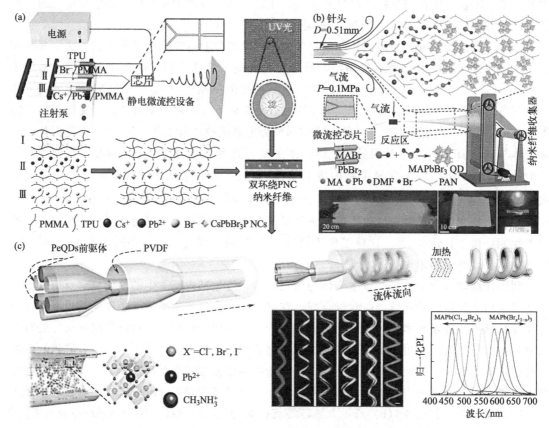

图 6-4　基于微流控纺丝化学法原位制备钙钛矿量子点的实例（见文前彩插）

（a）微流控静电纺丝制备 CsPbBr$_3$-PMMA/TPU 核壳纳米纤维膜的示意图及机理解释[25]；

（b）微流控气喷纺丝法制备 MAPbBr$_3$/PAN 纳米纤维膜并原位形成 MAPbBr$_3$ 量子点的反应

机理示意图，纳米级尺度的 MAPbBr$_3$/PAN 纳米纤维薄膜呈现出高强度的绿色荧光[26]；

（c）线形结构和螺旋结构钙钛矿量子点微纤维的微流控湿法纺丝示意图，

包裹不同发射峰的钙钛矿量子点的螺旋微纤维显示出不同颜色的明亮荧光[27]

寸效应等问题的存在，量子点的生长速度、产率和大规模制备受到了严重的限制。磁热法能够利用磁场产生的稳定磁矩波动增强热量的产生和传递，从而达到快速引发化学反应的目的，是实现纳米材料快速制备的高效策略之一。如图 6-5（a）所示，陈苏等开发了一种高效的固相磁热法来快速大规模制备荧光碳点[28]。该方法以柠檬酸盐和尿素为前驱体，利用磁热强化反应过程，将生产效率提高到传统水热/溶剂热策略的 160 倍，而且仅在 3min 的时间内，单批次碳点的生产超过 80g。磁热法为碳点的大规模制备提供了一种绿色、高效、经济的策略，在纳米材料合成方面呈现出潜在优势。类似地，如图 6-5（b）所示，陈苏等利用磁热强化反应过程的热量传递[29]，实现了光学性能良好的 CdTe/CdSe 异质结构量子点的快速合成，这种集中且高强度的磁热加热方式使整个反应过程缩短到 60s，并通过包覆惰性 ZnO 壳层，将 CdTe/CdSe 量子点的 QY 提高到 49%。

　　磁热法以特有的非接触的给热方式、快速的升温模式、精准的温度控制，在复杂的微流控反应体系中呈现出明显优势。将微流控技术与磁热法的集成设计可以显著提高量子点的制备速度、产率及改善过程控制。因此，如图 6-5（c）所示，陈苏等开发了一种磁热微流控技术[30]，用于快速连续制备 CdSe 量子点和 CdSe@ZnS 量子点。硒和镉的前驱体溶液被注入微流控芯片，在微通道中充分分散混合。随后，磁控加热将分散液快速升温到 200~300℃，反应前驱体迅速成核生长，生成 CdSe 量子点。控制前驱体溶液的流速和反应温度，可以获得不同发射波长（515~630nm）的量子点。前驱体溶液在微通道内的均匀混合以及磁控给热方式实现了对反应过程的快速精确调控，所以该方法实现了高 QY（70%）的 CdSe@ZnS 量子点的快速制备。为了进一步提高 CdSe 量子点的光学性能，陈苏等人通过磁热微流控法将 CdSe 量子点原位包覆了 ZnS 壳层。这项工作为高性能纳米材料的快速和连续制备提供了一个新的强大平台。

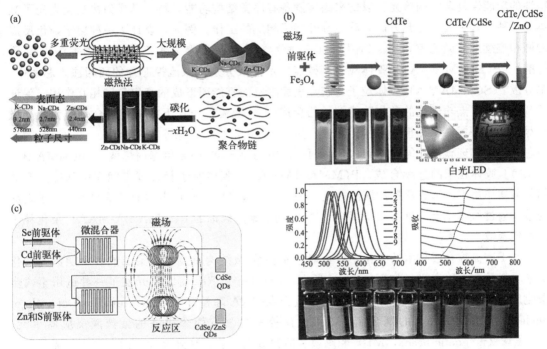

图 6-5　基于磁热微流控法制备量子点的实例（见文前彩插）

（a）磁热法大规模合成 CDs 的路线示意图，在强电磁场中快速加热柠檬酸盐和尿素前驱体完成碳点的大规模制备[28]；

（b）CdTe、CdTe/CdSe、CdTe/CdSe/ZnO 量子点的磁热快速制备[29]；（c）磁热微流控技术合成 CdSe 和 CdSe@ZnS

核壳量子点的流程示意图，全光谱发射的 CdSe 量子点，发射波长覆盖 515~625nm 范围[30]

6.5　基于微流控技术制备多功能纳米杂化材料

　　材料科学发展的一个重要趋势是从材料的复合发展转向微尺度杂化方向上发展。其原因在于单一性能的材料已不能满足高性能化的需求。杂化作为一种材料改性的有效手段，能够将两种或多种材料在纳米尺度（<100nm）或分子尺度上复合，从而实现材料性能的互补、综合和优化。纳米材料的高比表面积，为杂化提供了丰富的反应位点，通过理想的杂化策略，纳米相与其他相之间以化学或物理作用耦合，从而达到杂化的目的。杂化纳米材料的制备是探索高性能杂化材料的一条重要途径，也是材料科学领域中重要的研究课题和研究热点之一。然而杂化纳米材料具有更复杂的结构参数，精确调控这些变量参数对其成败尤为关键。微流控技术由于具有高效的传质和传热、可控性高的优势，已成为制备多功能杂化纳米

材料的先进手段。将材料的杂化过程与微流控技术相结合，利用微流控反应的微型化和集成化的特点，对功能性纳米材料的尺寸、形状和结构进行精确控制，并保证高质量杂化纳米材料的连续化制备，成为开发高性能杂化材料的重要手段。

6.5.1 纳-微结构的量子点杂化材料

荧光光子晶体由于其独特的光学性质，兼具结构色和荧光双光学特性，被广泛应用于显示、传感和生物医疗等领域。通过对单分散胶体粒子进行量子点的表面修饰，形成具有光学特性的功能性复合结构单元，以此来组装制备有序微结构功能材料，已成为构筑荧光光子晶体的一种有效手段。在此方面，陈苏等开展了相应的工作。例如，设计了一种用于杂化反应的两相连续层流微流控芯片，如图 6-6(a) 所示。将单分散聚（苯乙烯-甲基丙烯酸甲酯-丙烯酸）[P(St-MMA-AA)] 胶体粒子和碳点的水溶液分别从微流控芯片的两相注入芯片中，单分散 P(St-MMA-AA) 胶体粒子与碳点表面丰富的官能团形成的稳定氢键相互作用，保证了微通道中碳点功能化的杂化胶体粒子的合成[31]。微流控作用下的限域耦合效应为荧光光子晶体的制备提供了理想的途径。同理，如图 6-6(b) 所示，陈苏等还设计了一种液滴微流控芯片，以实现碳点功能化的聚（甲基丙烯酸甲酯-丙烯酸丁酯-甲基丙烯酸）[P(MMA-BA-MAA)] 胶体粒子的连续合成。P(MMA-BA-MAA) 胶体粒子相和碳点相在甲基硅油连续相的剪切作用下，形成离散的液滴微反应平台。微液滴中，碳点表面的氨基和胶体粒子表面的羧基通过酰胺化反应进行共价耦合[32]，实现了碳点修饰的 P(MMA-BA-MAA) 杂化粒子的稳定合成。

基于微流控合成技术的杂化手段，对于制备纳-微结构单元可控集成的多功能荧光杂化纳米材料具有重要意义。如图 6-6(c) 所示，Carolyn L. Ren 等[33] 开发了一种适用于两步杂化反应的液滴微流控平台，并将其用于量子点-DNA 寡核苷酸（quantum dot-DNA oligo-nucleotide，QD-DNA）的耦合制备。该微流控平台具有两个串联的微液滴反应器单元，QD-磁珠（magnetic beads，MB）和寡核苷酸被分别封装到纳升尺寸的微液滴中。随后，这两个小液滴在微液滴反应器单元中靠流体压差作用聚并成一个大液滴。聚并的大液滴沿着蛇形混合器微通道进行充分的混合反应，形成稳定的 QD-DNA 耦合结构。QD 与 DNA 的耦合机制是 MB 静电吸引作用，纳升体积的微液滴显著增强了粒子间的静电吸引。此外，微液滴固有的三维流动所诱导的混沌对流增强了传质效率，保证了 QD-DNA 耦合物在几秒钟时间内的快速制备。该微流控平台可实现对反应条件更高程度的控制、最小的杂质污染以及最少的试剂消耗，为荧光杂化材料的连续可控的合成提供有力的保障。K. Swaminathan Iyer 等[34] 使用微流控反应器，实现了荧光可调的 CdTe 量子点修饰的 CePO$_4$ 纳米棒的连续制备。该微流控反应器依靠管式旋转反应器和微通道管式反应器的顺序集成，一步实现 CePO$_4$ 纳米棒和 CdTe 量子点的合成及杂化。微反应环境中连续流体的过程强化促使反应试剂的过饱和结晶，该方法已成为一种制备一维结晶杂化材料的高效策略。

6.5.2 纳-微复合结构金属纳米粒子修饰的杂化材料

金属纳米粒子因其表面具有等离子体共振特性和量子尺寸效应，表现出独特的光学、电学和磁性性质，在材料科学、临床医学、生命科学等领域具有潜在的应用价值[35]。金属纳米粒子的这些独特性能是由粒子的尺寸、形状和组分所决定的，因而金属纳米材料尺寸形貌的可控制备变得尤为重要。然而，金属纳米粒子的表面修饰位点相对单一，严重限制了性质

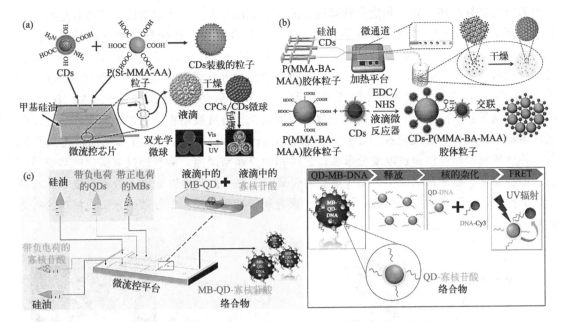

图 6-6　微流控技术合成纳-微结构量子点杂化材料的实例（见文前彩插）

（a）连续层流微流控装置合成碳点-P（St-BA-MAA）杂化胶体粒子，杂化胶体粒子可作为光子晶体的构筑单元用于荧光光子晶体杂化微珠的制备[31]；（b）液滴微流控策略连续合成碳点功能化 P(MMA-BA-MAA) 胶体粒子示意图，荧光光子晶体杂化微珠被同步开发[32]；（c）两步液滴微流控平台合成 QD-DNA 耦合物的示意图，两个串联交叉的液滴发生单元用于平行生成含有 DNA 寡核苷酸、QD-MB 的纳升液滴，上下流之间的压力平衡导致液滴的聚并，并采用蛇形通道促进液滴内部组分充分混合[33]

的可调范围。近年来，设计和构筑具有特殊性能的杂化金属纳米材料已成为材料科学研究领域内的一大热点。将金属纳米粒子与不同材料进行杂化既可以达到调节金属纳米粒子的局域表面等离子体共振特性的目的，又可以结合不同材料的特点，来改善和丰富金属纳米材料的应用性能。在此方面，微流控技术呈现出独特优势：一方面能够对流体进行有效控制；另一方面，它能够显著改善杂化材料合成过程中对亲疏水性和电荷相互作用的依赖，有效地提升流体相互作用在粒子杂化过程中的作用，进而达到对杂化粒子结构、组分高度精确调控的目的。

　　Frank N. Crespilho 等[36] 设计了一种柔性微流控芯片，合成了由金纳米粒子（Au NPs）修饰的 Fe_3O_4（Fe_3O_4-Au NPs）。尺寸均一的 Au NPs 均匀分布在 Fe_3O_4 表面上，且在整个合成过程中不使用有机溶剂和表面活性剂。微反应器高效的传质能力减少了反应物的扩散时间，提高了化学反应速率。微流控系统对合成路线中的关键参数（流速、注入试剂的顺序和反应环境）的精确控制为 Au NPs 和 Fe_3O_4 的杂化过程创造了稳定连续的反应环境。

　　如图 6-7(a) 所示，Klavs F. Jensen 等[37] 提出了一种连续的微流控合成系统，制备了一种由铂纳米粒子（Pt NPs）表面修饰的磁性纳米二氧化硅的新型纳米催化材料。在微反应器中进行 Pt NPs 的连续制备，并在磁性二氧化硅纳米微球表面实现 Pt NPs 的快速负载（2min）。反应参数的精确调控（反应压力、反应温度等）将 Pt NPs 均匀地固定在窄尺寸分布二氧化硅纳米粒子表面。使用液滴微流控装置将铂修饰的二氧化硅纳米粒子组装成均匀的微米级球形颗粒，并将其用于催化性能的表征。与商用金属催化剂相比，微流控系统制备的材料表现出优异的转换频率和催化选择性。Nicola Tirelli 等[38] 使用微流体辅助自组装工艺制备了疏水性 Au NPs 和脂质体的杂化材料。带有混合器的自动化微流控反应系统增强了 Au NPs 和脂质体之间的结合作用，可控的一步反应简化了操作流程。利用该微流控策略制备的杂化材料具有均匀的尺寸分布、较小的单分散指数和优异的加载效率。如图 6-7(b) 所示，Jei-Fu Shaw 等[39] 采用一步微流控法原位合成单分散良好的银纳米粒子（Ag NPs）负载的壳聚糖微粒。硝酸盐、葡萄糖和壳聚糖的均匀混合溶液被用作分散相，葵花籽油被用作鞘状流动的连续相。在微流控通道中，单分散液滴通过两相的剪切相互作用而被连续化制备，并且液滴尺寸可以通过改变分散相或连续相的流速来调控。液滴经过氢氧化钠溶液的原位还原和固化，最终制成由 Ag NPs 负载的壳聚糖微粒。由此可以看出，微流控技术具有便于集成操作、生产自动化的优势，该优势已成为制备尺寸可控、单分散纳米杂化材料的有力保障。

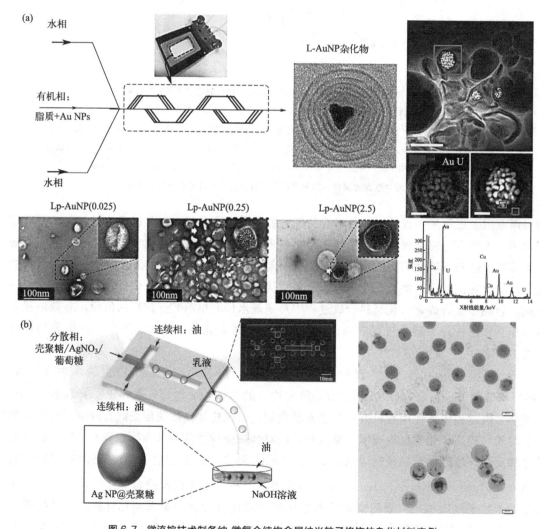

图 6-7 微流控技术制备纳-微复合结构金属纳米粒子修饰的杂化材料实例

（a）微流控辅助自组装工艺制备 Au NPs-脂质体杂化材料的示意图[38]；
（b）银负载的壳聚糖纳米复合材料的微流合成示意图，复合液滴在微流控芯片的交叉连接处形成，收集到氢氧化钠溶液中进行银纳米颗粒的还原和壳聚糖固化[39]

6.6 微流控技术制备面向生物医学应用的纳米材料

以面向生物医学领域采用微流控法制备不同尺度纳米材料为目标，以对流体的"连续操作"和"精确控制"为指导思想，建立微尺度下样品的快速制备和高通量的处理方法。通过微流体动力学设计及其在微流体芯片通道内的快速混合，实现纳米材料对药物输送的精准控制；通过将不同的合成程序集成到单个微流控装置中的过程调控，实现纳米材料对肿瘤细胞的疗效评估和预防判断。将纳米材料的制备过程与微流控技术相结合，实现纳米材料在形态、结构、组成和性能方面的精确调控，为高效实现纳米材料的生物医学应用提供有效途径。

6.6.1 面向癌症诊断的纳米材料

癌症是最有耐心的"杀手"，从癌细胞产生，到最后形成肿瘤，往往需要 20 到 30 年的时间。癌细胞的传统检测方法只能发现超过特定尺寸的肿瘤，因此，癌细胞的早期诊断一直是癌症治疗的一大难题。在细胞水平上的检测存在着生物标志物尺寸限制的要求，因此，以纳米技术为基础的癌症诊断成为可能。微流控技术是开发用于癌症诊断和治疗的功能纳米材料的新兴方法，微通道中流体的充分混合和精确控制，可以确保复杂结构的单分散纳米颗粒的一步式连续制备。尺寸、结构和性能可控的功能性纳米粒子的微流控合成已成为癌症诊断研究的一个坚实保障。

John X. J. Zhang 等[40] 提出了一种微流控策略，实现了不同形状（球形、立方体、棒状和带状）的免疫磁性纳米粒子（magnetic nanoparticles，MNPs）的可控合成。MNPs 的合成是在一个具有两个入口和一个出口的螺旋形微反应芯片内进行的，凭借螺旋形微通道内横向 Dean 流诱导的快速高效的混合传质，通过改变引入的 $FeCl_3$ 和 $NaOH/Na_2SO_4$ 流体相的流速，纳米粒子形状被快速地调节。为了稳定磁性粒子结构，提高其生物相容性，并减轻表面共轭效应，在制备的 MNPs 表面可以包覆一层二氧化硅，并制成 MNPs 核-二氧化硅壳纳米复合材料。该微反应器具有高效密集的混合性能，将水解硅的前驱体正硅酸四乙酯凝聚在氧化铁纳米颗粒表面，形成核壳纳米复合材料的理想体系。该工作为功能性微/纳米结构的微流控可控合成提供了新的途径，也为液体活检中更有效的免疫磁性材料的合理设计提供了新的视角。同理，John X. J. Zhang 等[41] 基于微流控策略，合成了具有独特多层结构的分层二氧化硅磁性微花。该策略使用类似的螺旋形微反应器，加速和扩展具有独特多层结构的分层微花的连续化制备过程。这种独特结构的分层二氧化硅磁性微花被用作免疫磁探针，在循环肿瘤细胞筛选领域具有广泛的研究价值。Jaebum Choo 等[42] 设计了一种新型的免疫微流控测定系统，并将其用于前列腺特异性抗原（prostate-specific antigen，PSA）的快速、灵敏测定。该技术使用具有表面拉曼散射效应的液滴微流控传感器对 PSA 标记物进行定量评估。该微流控测定系统由几个不同的微流控组件集成而成，这些组件分别用于抗体-金耦合纳米粒子及抗体耦合磁性微珠的微液滴构筑、磁性免疫复合物液滴的分离收集和液滴的拉曼检测。这些研究发现，微流控技术不仅为面向癌症诊断的功能性微/纳米材料的可持续和可控合成带来了新见解，也为分离纯化、催化、液体活检和生物传感器等不同领域的颗粒系统的合理设计提供了新思路。

6.6.2　面向药物负载的纳米材料

纳米材料药物输送体系可用来研究药物的药代动力学及体内分解，同时可作为靶向性药物载体，用来缓释药物，在提高药物生物利用度和稳定性方面展现出广阔的前景。微流控技术和纳米医学的持续进步为各种具有药物负载功能的纳米材料的微流控合成创造了机会。目前，人们广泛关注的是将微流控技术从有机或无机纳米粒子的可控合成扩展到更先进的纳米材料的制备，通过调整材料结构尺寸、功能以及几何形状，使其在药物负载领域具有广阔的应用前景。

如图 6-8 所示，蒋兴宇等[43] 开发了一种集成的具有双螺旋混合通道的微流控芯片，并将其用于合成淋巴结和肿瘤靶向适配体修饰的生物沸石咪唑酸盐框架（biozeolitic imidazolate framework，BioZIF-8）。双螺旋通道内的横向剪切力显著增强了流体混合传质过程，缩短了混合距离，减少了混合反应时间。这种均匀且增强的混合过程保证了纳米粒子的尺寸均一性。制备的纳米粒子被连续输入到另一个螺旋通道微反应器内，快速实现了 BioZIF-8 的适配体表面修饰。这种微流控方法不仅将总制备时间从 15h（使用传统的两步法）减少到约

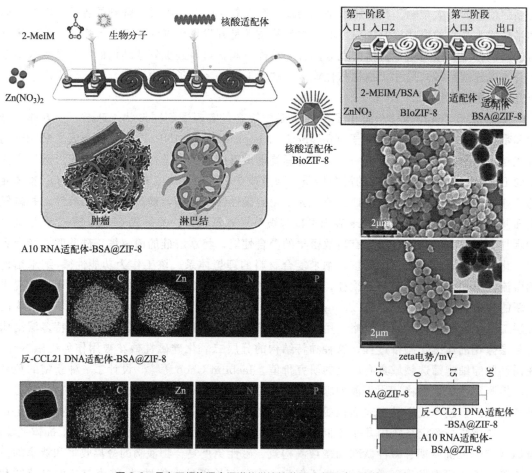

图 6-8　具有双螺旋混合通道的微流控装置示意图（见文前彩插）

一步法快速实现尺寸可控的 ZIF-8 MOFs 纳米粒子的合成和表面适配体修饰[43]

10min，而且还增加了生物分子负载量，使得制备的纳米材料表现出良好的药物输送性能。Nunzio Denora 等[44] 将液滴微流控技术与纳米沉淀策略结合，一步连续制备了具有核壳结构的棕榈酸十六烷基酯基聚乙二醇化的固体脂质纳米粒子（solid lipid nanoparticles，SLN）。该微流控策略具有连续性制备、产量高、重复性高以及对 SLN 物理性质的精确控制等优点。调控微流控参数可以改变 SLN 的尺寸，使其包封效率超过 90％，药物负载量达到 7.5％。获得的紫杉醇（paclitaxel，PAX）负载脂质纳米粒子在 2D 和 3D 细胞模型中显示出可持续的药物释放效果。

此外，Matthew G. Moffitt 等[45] 通过在微流控反应器和其他微结构环境中施加外力来控制聚合物纳米粒子的尺寸、形态和内部结晶度，为在纳米尺度上控制药物的负载提供了有效途径。其在变流量的气液两相微流控反应器中制备了负载 PAX 的聚合物纳米粒子（polymeric nanoparticles，PNPs），并研究了流量、共聚物组成和 PAX 负载比对 PAX 多尺度结构、负载效率和 PAX 释放率的影响。聚己内酯（polycaprolactone，PCL）的结晶度、负载效率和释放速率都强烈依赖于微流体流速和嵌段共聚物的组成，该方法为 PAX 负载 PNPs 的结构和功能的可重复性调整提供了互补的化学和物理手段。这项工作为与医学相关的 PNPs 的微流体可控制备提供了新的见解。Dusan Losic 等[46] 提出了一种简便的液滴微流控手段来制备多功能和 pH 响应性磁性微球给药系统。在连续相的一步剪切作用下实现了 pH 敏感的单分散微球的制备，并完成了两种天然纳米载体（多孔硅纳米颗粒和磁性细菌氧化铁纳米线）和靶向药物（化疗药物 5-氟尿嘧啶和姜黄素）的封装。这是一种先进的多功能给药系统，该系统具有可控的释放动力学、低温治疗以及 pH 响应能力，能够有效靶向治疗癌症。

6.7　小结与展望

采用微流控技术构筑先进纳米材料涉及化学工程、材料化学、物理化学等多个学科领域的交叉，又涉及材料的构效关系及其加工过程与性能协同作用的重要问题，无疑是现代材料化学工程的重要内容和重要课题之一。同时，借助微反应器的设计及系统集成，可在微/纳尺度下揭示纳米材料结构、性能和加工的规律，以丰富材料工程的相关理论基础，是十分重要的理论和实践探究。

自 2002 年首次提出微流控制备纳米材料的策略以来，近 20 年里，其在纳米材料的合成、功能化及结构调控方面取得了迅猛发展，已成为一类重要的先进制备工艺，在不同种类的纳米材料（包括碳酸钙、二氧化硅、量子点和多功能杂化材料）的制备以及在多个领域（包括光学传感、分子催化和生物医学）的应用方面取得了一定的进展。但基于微流控的纳米材料的合成和应用仍处于起步阶段，要推进纳米材料的微流控制备，仍然存在诸多挑战。

（1）材料构型的调控　微流控技术以其精确的操作和调控特点已成为制备纳米材料的最新趋势之一。微通道的表面张力、能量耗散及流体阻力主导的流体行为优化可以实现对微流体复杂、精确的操作。微通道的设计以及流体行为的调控为纳米材料的类型、尺寸、组成和表面化学性质的研究提供了新的思路和指导依据。然而，微流控技术制备的纳米材料的构型多被限制为球形。而纳米材料的构型与其性能密切相关，因此，需要更多的研究来对纳米材料构型进行微流控调控。在微流控过程的实施中，可尝试利用外加声、电、磁场对流体进行控制，制备规整的饼状、棒状等各向异性纳米材料。

(2) 合成机理的探究　微流控技术在纳/微水平上对材料的单元微观结构进行分子裁剪和修饰，可以达到理论预期结构和性能。在微通道中，单元结构的流动、能量传递和化学反应等机理的深入研究，能够有效指导合成过程的优化设计，现已成为认识和发展微流控制备纳米材料的核心问题。目前，微尺度下的流体流动形态及传递机理等相关理论研究仍不够完善。通过对纳米材料的组成、功能与结构形态、传递过程内在联系的系统研究，以期探索出纳米材料结构调控的演变规律，建立多相流体在微流体受限空间内的流动行为和传递反应机制新理论，从而达到对纳米材料的功能调控、集成和操纵之目的。

(3) 检测系统的内联集成　实时检测设备与微流体平台的集成已被用于纳米材料制备过程中的参数筛选。内联测量系统为纳米材料的制备过程提供了实时信息和即时反馈控制，减少筛选和优化过程所需的时间。计算机软件控制的参数调控，实现了"智能合成"，使过程自动化，并将用户依赖性降至最低。尽管内联检测系统在微流控合成过程中优势突出，但集成化微流控系统的技术门槛较高，其自行设计和微加工操作都需要严格的技术和环境要求，目前这一领域的研究仍十分有限。此外，集成多流程微流体系统兼具短的处理时间、连续化生产和强大的自动化潜力等优势，可在单个微流控芯片上实现纳米材料的合成、纯化、在线分析等多个过程的集成。

(4) 生产力的可伸缩性　微流控技术合成尺寸均一、性能优异的纳米材料在概念验证阶段发展迅猛，但是，将该技术从学术研究转化为工业实践仍存在一些关键挑战，其中最大的挑战之一是量产。由于微通道尺寸限制，微通道内的压力随着流体流速的增加急剧上升，目前微流控技术制备纳米材料的量产率约为克级每小时。考虑到微反应器易并行化、重复化操作的特点，微反应器并行系统和工业规模流体控制装置的微流控装置开发，足以实现纳米材料的微流控可伸缩制备，实现公斤级甚至更高的生产力。

(5) 临床应用的转化　微流控合成的纳米材料在特定的生物医学应用中表现出显著的性能优势[47]，包括表面增强拉曼信号的增强、高的药物递送负载能力、稳定的蛋白质固定化作用。而且，微流体可以适应微环境，控制动态流动行为和浓度梯度。尽管微流控为生物医学领域提供了纳米材料的可控合成和易于临床转化的技术支撑，但是大多数临床转化工作都集中在有机纳米材料上。无机纳米材料在未来生物医学领域的巨大应用潜力也是无可争议的。此外，在生物医学应用领域中，难以实现纳米材料的快速筛选和评价[48]。微流控技术合成纳米材料的临床转化道阻且长。

微流控技术为纳米材料的连续可控制备提供了一个强有力的平台，实现了对纳米材料结构和性能的精确调控及优化。鉴于微流控技术和微/纳米材料设计的新进展[3]，交叉领域知识的扩展在未来将为功能纳米材料的生产和应用提供新的见解。随着新兴技术的快速发展，如雾化、数字化等，微流控合成过程的自动化已成为可能。具有多种可用前驱体和基本材料信息算法的自优化微流控系统将为流动化学和纳米科学提供完备的探索依据。该自动化系统能够实现纳米材料在形状、大小和组成方面的各种创新，为新型和高性能纳米材料开发提供了强有力的保障。其次，未来研究的另一大热点将是微流控集成系统的开发，该系统是指将纳米材料制备的各个步骤（合成、修饰和纯化）集成为一个顺序流动过程，因此只需凭借简单的原料调控即可直接制备出高纯度的先进纳米材料。目前将现场监测技术集成到反应系统中得到了广泛关注，可以通过即时反馈优化合成参数。此外，增材制造技术可以将 3D 数字设计文件通过逐层的构造转化为物理模型，可为工序烦琐、技术受限的复杂微流控芯片的制备困境提供一个有效的解决方案。微流控芯片的灵活设计和制备，将会增加微流控技术的可行性，从而加速微流控技术在纳米材料制备领域的创新。总之，微流控技术为纳米材料的制备提供了新的思路和方法，在学术研究和工业生产中都蕴含着丰富的可能性和巨大的潜力[3]。相信随着进一步的研究和优化，微流控技术将为纳米材料的开发及应用创造出无与伦比的新机遇。

6.8　实验案例

6.8.1　纺丝化学法一步制备钙钛矿纳米晶纤维膜

6.8.1.1　实验目的

① 了解钙钛矿的基本概念、合成原理及其光学性质。

② 学习并掌握纺丝化学法制备钙钛矿纳米晶纤维膜的原理和基本操作。

6.8.1.2　实验原理

钙钛矿 NCs 是指具有较高的 PLQY、可调的荧光波长和较窄的半峰宽等特点的一类光学纳米材料。此类纳米材料在发光二极管、太阳能聚光器、太阳能电池、光电探测器和下一代显示器件中具有广泛应用。因此，寻找一种简便和绿色的方式制备稳定的钙钛矿 NCs 薄膜的方法极其重要。

微反应器能够为化学反应提供了一个空间受限的反应环境，与传统反应器相比，微反应器的优势包括高效的传质传热效率、高的比表面积、优秀的温度控制和停留时间管理、低能源消耗等。基于此，本实验采用纤维纺丝化学的方法来制备钙钛矿纳米晶。该方法是指利用纺丝纤维作为化学反应微反应器，通过优化纺丝条件，可以提供毫米级、微米级和纳米级的反应器。

PMMA 因其高达 92% 的高透明度、优异的力学性能以及与 $CsPbBr_3$ 前驱液的良好相容性而被选为内相材料。TPU 由于其良好的抗氧化性和耐水性，被用作外相材料。本实验采用了一种三流体同轴静电微流控纺丝工艺，使 Br^-/PMMA 流体与 Cs^+/Pb^{2+}/PMMA 流体在 Y 形芯片入口处混合为内相，TPU 流体作为外相，在 PMMA/TPU 核壳纳米纤维中原位生成 $CsPbBr_3$ 钙钛矿纳米晶，实验装置与制备过程如图 6-9 所示。微流控纺丝化学法制备的量子点纤维薄膜具有良好的光学性能、稳定性、耐水性和柔韧性，在柔性/可穿戴光电器件中具有潜在的应用。另外，这种纺丝化学策略可以普遍用于各种高性能纳米粒子/聚合物纳米纤维薄膜的替代绿色合成。

6.8.1.3　化学试剂与仪器

化学试剂：氧化铅（PbO，AR，阿拉丁）、乙酸铯（$C_2H_3CsO_2$，AR，阿拉丁）、油酸（OA，AR，阿拉丁）、油胺（OLA，AR，阿拉丁）、四辛基溴化铵（$C_{32}H_{68}BrN$，AR，阿拉丁）、二氯甲烷（CH_2Cl_2，AR，阿拉丁）、甲苯（C_7H_8，AR，阿拉丁）、N,N-二甲基甲酰胺（DMF，AR，阿拉丁）、热塑性聚氨酯弹性体橡胶［TPU，挤出级（SU）］、聚甲基丙

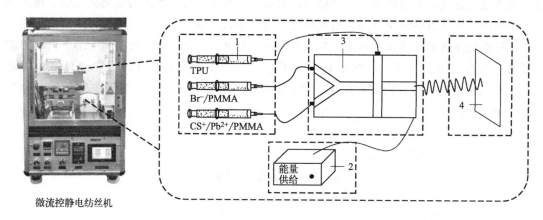

微流控静电纺丝机

图 6-9 实验装置与实验流程图
1—微流体注射泵；2—高压静电发生器；3—Y形微流控芯片；4—纳米纤维接收器

烯酸甲酯（PMMA，SU）。

仪器设备：分析天平（1 台）、50mL 烧杯（1 个）、100mL 烧杯（2 个）、磁力搅拌器（1 台）、4cm 磁力转子（3 个）、微流控静电纺丝机与 Y 形芯片（南京捷纳思新材料有限公司）、软管（15cm）、锡箔纸（15cm×10cm）、转接头（1 对）、22G 毛细管针头、20mL 注射器。

6.8.1.4 实验步骤

① Cs^+/Pb^{2+}/PMMA 前驱体溶液的配制。

首先，依次称量 PbO（4mmol）、$C_2H_3CsO_2$（4mmol）、OA（16mL）和 OLA（4mL）放入 50mL 烧杯中，在磁力搅拌下 150℃加热溶解直至体系澄清透明。随后，将 20mL 的 CH_2Cl_2 和 C_7H_8 溶剂混合物（体积比为 1:1）和 4g PMMA 添加到该烧杯中，持续搅拌 48h，待用。

② Br^-/PMMA 前驱体溶液的配制。

量取 40mL 的 CH_2Cl_2 和 C_7H_8 的溶剂混合物（体积比为 1:1）转入 100mL 烧杯中，然后，准确称量 $C_{32}H_{68}BrN$（1.2mmol）、OA（3mL）和 OLA（1mL），依次添加到溶剂混合物中，室温下搅拌溶解直至体系澄清，再加入 4g PMMA，持续搅拌 8h，待用。

③ TPU 纺丝溶液的配制。

准确量取 50mL DMF 溶剂转入 100mL 烧杯中，再加入 2.5g TPU，在机械搅拌作用下 60℃加热溶解 48h。配制好的纺丝溶液放置过夜，消除气泡待用。

④ 纺丝化学法制备 $CsPbBr_3$/PMMA/TPU 荧光纤维膜。

在静电微流控纺丝装置上进行 $CsPbBr_3$/PMMA/TPU 荧光纤维膜的制备。

a. 装置连接及参数设定。首先，将配制好的溶液移入注射器中，依次连接到三流体同轴微芯片的入口，并将注射器固定在微流体注射泵上。随后，打开静电微流控纺丝装置，调节温度至 60℃，相对湿度至 50%，固定好接收基板。设置纺丝参数：核前驱体溶液流速为 0.1～0.3mL/h，壳前驱体溶液流速为 0.5～0.7mL/h，外加电压为 10～20kV，接收转速为 300～1000r/min，接收距离为 10～20cm。进行纤维的制备。

b. 纤维的收集。关闭设备，依次为：关高压—关注射泵—关纺丝设备。取下接收器上的接收基板，避免用手直接接触纤维，以防造成纤维结构与形貌的破坏。

c. 后处理。收集未使用完的纺丝溶液，放入指定的废液桶，使用过的软管和注射器丢入相应的固废箱中。结束实验前，做好装置和实验操作台的清理和安全排查。

6.8.1.5　实验记录与数据处理

温度：_____；湿度：_____。

内相前驱体 1	PbO	$C_2H_3CsO_2$	OA	OLA	PMMA
称量数据					

内相前驱体 2	$C_{32}H_{68}BrN$	OA	OLA	PMMA
称量数据				

外相 TPU	TPU	DMF
称量数据		

内相流速	外相流速	转速	纺丝电压	纺丝距离	纺丝时间

6.8.1.6　注意事项

① 本实验涉及低毒性试剂的使用，实验过程中应注意个人防护和环境通风。

② 配制纺丝液时，应遵循先液后固的加入原则，防止固体团聚。

③ 本实验涉及危险高压电源的使用，注意安全操作。

6.8.1.7　思考题

① 纺丝化学法制备钙钛矿纳米晶的原理是什么？优势有哪些？

② 内相和外相流速对纤维形貌和钙钛矿纳米晶的性质有何影响？

6.8.2　微流控法制备纳米碳酸钙

6.8.2.1　实验目的

① 学习微流控合成纳米碳酸钙的工艺原理。

② 掌握微流控合成纳米碳酸钙的基本操作。

6.8.2.2　实验原理

通常，碳酸钙的合成过程一般分为盐溶液的混合和老化两个过程，合成的颗粒直径一般为 $0.3 \sim 10 \mu m$，孔隙率约为 40%。然而，对于保持粒子的结晶均匀性和反应操作的可重复性仍然具有挑战性。微反应器由于其高效的传质传热效率，在纳米材料的微流控合成研究中具有重要意义。微流控合成技术可以实现对纳米碳酸钙一系列性质的精确调控，如尺寸、形貌、孔隙率等。

无定形碳酸钙（ACC）向碳酸钙晶体相变的机理可以表示为：随着结晶过程的进行，棉状 ACC 逐渐消失，同时伴随着 ACC 周围的 $CaCO_3$ 晶体的生长，这表明 ACC 是通过溶解-再结晶的机制向碳酸钙晶体转变，其溶解促进了 $CaCO_3$ 晶体的生长。这种机制是因为在碳酸钙晶体生长过程中，溶液的局部过饱和度发生了一定程度的变化，使得周围离子（Ca^{2+}、CO_3^{2-}）浓度降低，ACC 通过溶解-再结晶的方式维持了碳酸钙晶体附近溶液的浓度，并促进了碳酸钙晶体的生长。

如图 6-10 所示，在微通道中，Ca^{2+} 在低流速（$0.1\mu L/min$）状态下通过扩散作用可以实现离子在通道方向上的均匀分布（大约在沿流动方向约 $1500\mu m$ 处），而 CO_3^{2-} 则沿流向保持较高的浓度梯度。这是因为 CO_3^{2-} 的扩散系数比 Ca^{2+} 小一个数量级，因此 CO_3^{2-} 存在明显的浓度梯度，且在不同流速下其浓度梯度变化不大，而 Ca^{2+} 在不同流速下浓度梯度变化明显。但随着流量的增加，这种浓度梯度差会变小。例如，当两者流速增加到 $5\mu L/min$ 时，两种离子的浓度梯度在整个通道宽度上都保持较高水平。不均匀的浓度分布会导致局部过饱和比（S）的差异，S 是 $CaCO_3$ 晶体从溶液中析出的驱动力，最终影响碳酸钙的反应结晶，可以用下式估算：

$$S = \sqrt{\frac{\gamma_{Ca^{2+}} \gamma_{CO_3^{2-}}}{K_{sp}(CaCO_3)}} \tag{6-2}$$

式中，$K_{sp}(CaCO_3)$ 为碳酸钙的溶解常数；$\gamma_{Ca^{2+}}$ 为钙离子的活性；$\gamma_{CO_3^{2-}}$ 为碳酸根离子的活性。

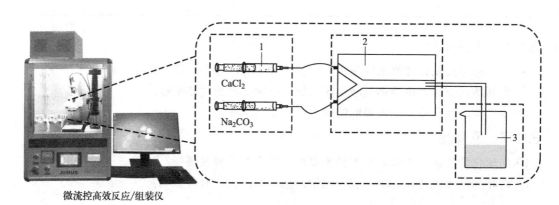

图 6-10 实验装置与实验流程图

1—微流体注射泵；2—Y 形微流控芯片；3—产品接收器

6.8.2.3 化学试剂与仪器

化学试剂：氯化钙（$CaCl_2$，AR，阿拉丁）、碳酸钠（Na_2CO_3，AR，阿拉丁）、去离子水（AR）。

仪器设备：分析天平、50mL 烧杯（2 个）、Y 形芯片与微流体高效反应/组装仪（南京捷纳思新材料有限公司）、10mL 注射器。

6.8.2.4 实验步骤

① Y 形微流控芯片的制备：制备过程参照第三章。

② 微流控制备纳米 $CaCO_3$。

a. 配制不同摩尔浓度的 $CaCl_2$ 溶液（2～50mmol/L）：用分析天平精确称取 $CaCl_2$ 溶于适量的去离子水中。

b. 制备不同摩尔浓度的 Na_2CO_3 溶液（2～50mmol/L）：用分析天平精确称取 Na_2CO_3 溶于适量的去离子水中。

c. 将配制好的溶液移入注射器中，依次连接到微芯片的入口，并将注射器固定在微流体注射泵上。

d. 调节注入流速（0.1～20μL/mim），探索微流控中纳米碳酸钙的形成和转化规律，记录实验现象和结果。

6.8.2.5　实验记录与数据处理

试剂浓度/(mmol/L)	2	4	6	10	20	30
是否结晶						

微流泵流速/(μL/mim)	0.1	1	5	10	15	20
是否结晶						

6.8.2.6　注意事项

① 探究流速和试剂浓度对于纳米碳酸钙结晶的影响时，应遵循单一变量原则。

② 在控制流速和试剂浓度的大小时，应注意按照从小到大的顺序变化。

③ 向 Y 形芯片注入两种反应物溶液时，应注意保持它们的流速相同。

6.8.2.7　思考题

① 目前，纳米碳酸钙有哪些合成方法？并比较它们的优缺点。

② 在本实验中，影响纳米碳酸钙形成的因素有哪些？

③ 在纳米碳酸钙合成过程中，产生的化学平衡分别有哪些？该如何表示？

6.8.3　微流控法制备碳点

6.8.3.1　实验目的

① 了解微流控合成碳点的基本原理。

② 掌握微流控合成碳点的基本操作。

6.8.3.2　实验原理

微流控系统可以实现快速传质和传热，而柠檬酸和尿素之间的混合速率决定了反应过程，混合物的温度影响了反应速率。因此，两种原料在混合前经过预热部分，可确保在反应温度下的直接反应和更好的传热速率。根据 Lamer 理论，当单体浓度过饱和到一定程度时，会析出大量的晶核。在微流控合成碳点的过程中，由于在高温下短时间内出现了大量的单体，因此产生了更多的晶核。而在传统的间歇式反应釜中，单体的过饱和度会较低，因此晶核会更少。

如图 6-11 所示，碳点的微流控合成过程主要分为三部分：进料段、高温反应段和冷凝缩合段。除反应管道外，进料段包括两台微流泵，高温反应段为油浴，冷凝段为水浴。将柠檬酸溶液和尿素溶液预热至反应温度，在微混合器中混合。混合前微通道内径为 0.6mm，混合后内径变为 1.0mm。混合前的管径之所以较小，是为了保证原料被充分加热，在固定的流速下可以更有效地混合，从而提高传质和传热速率。柠檬酸在反应温度下分解为二氧化碳和水，导致微通道中的气液分段流动。在合成单分散碳点时，停留时间分布比较窄。

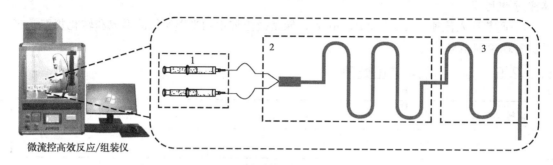

微流控高效反应/组装仪

图 6-11 实验装置与实验流程图

1—微流体注射泵；2—高温反应段；3—冷凝缩合段

6.8.3.3 化学试剂与仪器

化学试剂：柠檬酸（AR，阿拉丁）、尿素（AR，阿拉丁）、去离子水（AR）。

仪器设备：250mL 烧杯（2 个）、微流控高效反应/组装仪与微流控芯片（南京捷纳思新材料有限公司）、10mL 注射器。

6.8.3.4 实验步骤

① 称取 2mmol 的柠檬酸于 250mL 烧杯中，并加入 100mL 的去离子水，搅拌 5min 使其充分溶解。

② 称取 2mmol 的尿素于 250mL 烧杯中，并加入 100mL 的去离子水，搅拌 5min 使其充分溶解。

③ 将柠檬酸溶液和尿素溶液分别封装在 10mL 注射器中，并安装在微流泵上。

④ 设置柠檬酸溶液和尿素溶液的流速分别为 3mL/h 和 1mL/h，反应时间为 20min，得到黑色碳点溶液。

6.8.3.5 实验记录与数据处理

序号	柠檬酸溶液流速 /(mL/h)	尿素溶液流速 /(mL/h)	反应时间 /min	反应温度 /℃
1				
2				
3				

6.8.3.6 注意事项

① 反应过程涉及高温，注意做好防护，并在指导老师在场的情况下操作。

② 反应过程中注意调节两相的流速，使其充分反应。

6.8.3.7　思考题

① 反应液混合前后微通道的管路内径的变化对反应过程有什么作用？

② 利用微流控方法制备的碳点，相较于传统的方法而言，有什么优势？

参考文献

[1]　刘一寰，胡欣，朱宁，等. 基于微流控技术制备微/纳米粒子材料 [J]. 化学进展，2018，30（8）：1133-1142.

[2]　孙漩嵘，徐卓敏，蔡悦. 微流控技术在纳米药物载体制备中的应用 [J]. 中国药学杂志，2020，55（8）：573-579.

[3]　卢佳敏，王慧峰，潘建章，等. 微流控技术在微/纳米材料合成中的研究进展 [J]. 化学学报，2021，79（7）：809-819.

[4]　单鹏飞，张莉莉，杨硕，等. 微流控纳米结构材料制备的分析 [J]. 当代化工，2018，47（7）：1505-1510.

[5]　郭梦园，李风华，包宇，等. 微流控技术在纳米合成中的应用 [J]. 应用化学，2016，33（10）：1115-1125.

[6]　Hisamoto H，Shimizu Y，Uchiyama K，et al. Chemicofunctional membrane for integrated chemical processes on a microchip [J]. Analytical Chemistry，2003，75（2）：350-354.

[7]　Anzenbacher Jr P. Palacios M A. Polymer nanofibre junctions of attolitre volume serve as zeptomole-scale chemical reactors [J]. Nature Chemistry，2009，1（1）：80-86.

[8]　Wu H，Chen X，Gao X，et al. High-throughput generation of durable droplet arrays for single-cell encapsulation，culture，and monitoring [J]. Analytical Chemistry，2018，90（7）：4303-4309.

[9]　Vatankhah P，Shamloo A. Parametric study on mixing process in an in-plane spiral micromixer utilizing chaotic advection [J]. Analytica Chimica Acta，2018，1022：96-105.

[10]　Wiggins S，Ottino J M. Foundations of chaotic mixing [J]. Philosophical Transactions of the Royal Society of London Series a-Mathematical Physical and Engineering Sciences，2004，362（1818）：937-970.

[11]　李子洋，李煊赫，李慧珺，等. 微流控技术制备荧光纳米材料研究进展 [J]. 发光学报，2022，43（10）：1524-1541.

[12]　许瑞呈，叶思远，尤蓉蓉，等. 微流控制备纳米药物载体的研究进展 [J]. 传感器与微系统，2021，40（10）：1-9.

[13]　Han C，Hu Y，Wang K，et al. Preparation and in-situ surface modification of $CaCO_3$ nanoparticles with calcium stearate in a microreaction system [J]. Powder Technology，2019，356：414-422.

[14]　Yashina A，Meldrum F，deMello A. Calcium carbonate polymorph control using droplet-based microfluidics [J]. Biomicrofluidics，2012，6（2）：022001.

[15]　Lee S G，Lee H，Gupta A，et al. Site-selective in situ grown calcium carbonate micromodels with tunable geometry，porosity，and wettability [J]. Advanced Functional Materials，2016，26（27）：4896-4905.

[16]　Zambare N M，Naser N Y，Gerlach R，et al. Mineralogy of microbially induced calcium carbonate precipitates formed using single cell drop-based microfluidics [J]. Scientific Reports，2020，10（1）：17535.

[17]　关凯珉，刘晋桥，徐颖，等. 基于微流控技术的高效液相脉冲激光烧蚀法 [J]. 中国激光，2017，44（4）：75-80.

[18]　Roberts D S，Estrada D，Yagi N，et al. Preparation of photoluminescent porous silicon nanoparticles by high-pressure microfluidization [J]. Particle & Particle Systems Characterization，2017，34（3）：1600326.

[19]　Kim D Y，Jin S H，Jeong S G，et al. Microfluidic preparation of monodisperse polymeric microspheres coated with silica nanoparticles [J]. Scientific Reports，2018，8（1）：8525.

[20]　Hao N，Nie Y，Zhang J X J. Microfluidic synthesis of functional inorganic micro-/nanoparticles and applications in biomedical engineering [J]. International Materials Reviews，2018，63（8）：461-487.

[21]　Lignos I，Protesescu L，Stavrakis S，et al. Facile droplet-based microfluidic synthesis of monodisperse Ⅳ-Ⅵ semiconductor nanocrystals with coupled in-line NIR fluorescence detection [J]. Chemistry of Materials，2014，26（9）：2975-2982.

[22]　Richard C，McGee R，Goenka A，et al. On-demand milifluidic synthesis of quantum dots in digital droplet reactors

[J]. Industrial & Engineering Chemistry Research，2020，59（9）：3730-3735.

[23] Kang S M，Park B，Raju G S R，et al. Generation of cesium lead halide perovskite nanocrystals via a serially-integrated microreactor system：sequential anion exchange reaction［J］. Chemical Engineering Journal，2020，384：123316.

[24] Geng Y，Guo J，Wang H，et al. Large-scale production of ligand-engineered robust lead halide perovskite nanocrystals by a droplet-based microreactor system［J］. Small，2022，18（19）：2200740.

[25] Lu X，Hu Y，Guo J，et al. Fiber-spinning-chemistry method toward in situ generation of highly stable halide perovskite nanocrystals［J］. Advanced Science，2019，6（22）：1901694.

[26] Cheng R，Liang Z B，Zhu L，et al. Fibrous nanoreactors from microfluidic blow spinning for mass production of highly stable ligand-free perovskite quantum dots［J］. Angewandte Chemie International edtion，2022，61（27）：e202204371.

[27] Yu Y，Guo J，Bian F，et al. Bioinspired perovskite quantum dots microfibers from microfluidics［J］. Science China Materials，2021，64（11）：2858-2867.

[28] Zhu Z，Cheng R，Ling L，et al. Rapid and large-scale production of multi-fluorescence carbon dots by a magnetic hyperthermia method［J］. Angewandte Chemie International Edtion，2020，59（8）：3099-3105.

[29] Ling L，Wang W，Wang C F，et al. Fast access to core/shell/shell CdTe/CdSe/ZnO quantum dots via magnetic hyperthermia method［J］. AIChE Journal，2016，62（8）：2614-2621.

[30] Cheng R，Ma K，Ye H G，et al. Magnetothermal microfluidic-directed synthesis of quantum dots［J］. Journal of Materials Chemistry C，2020，8（19）：6358-6363.

[31] Guo J，Li H，Ling L，et al. Green synthesis of carbon dots toward anti-counterfeiting［J］. ACS Sustainable Chemistry & Engineering，2019，8（3）：1566-1572.

[32] Li G，Cheng R，Cheng H，et al. Microfluidic synthesis of robust carbon dots-functionalized photonic crystals［J］. Chemical Engineering Journal，2021，405：126539.

[33] Nguyen T H，Sedighi A，Krull U J，et al. Multifunctional droplet microfluidic platform for rapid immobilization of oligonucleotides on semiconductor quantum dots［J］. ACS Sensors，2020，5（3）：746-753.

[34] Fang J，Evans C W，Willis G J，et al. Sequential microfluidic flow synthesis of CePO₄ nanorods decorated with emission tunable quantum dots［J］. Lab On a Chip，2010，10（19）：2579-2582.

[35] 尹乃强. 银掺杂 SiO₂ 薄膜的制备及对荧光粉发光增强效应的研究［J］. 化工新型材料，2018，46（8）：102-105.

[36] Cabrera F C，Melo A F，de Souza J C，et al. A flexible lab-on-a-chip for the synthesis and magnetic separation of magnetite decorated with gold nanoparticles［J］. Lab On a Chip，2015，15（8）：1835-1841.

[37] Lee S K，Liu X，Sebastian C V，et al. Synthesis，assembly and reaction of a nanocatalyst in microfluidic systems：A general platform［J］. Lab On a Chip，2012，12（20）：4080-4084.

[38] Al-Ahmady Z S，Donno R，Gennari A，et al. Enhanced intraliposomal metallic nanoparticle payload capacity using microfluidic-assisted self-assembly［J］. Langmuir，2019，35（41）：13318-13331.

[39] Yang C H，Wang L S，Chen S Y，et al. Microfluidic assisted synthesis of silver nanoparticle-chitosan composite microparticles for antibacterial applications［J］. International Journal of Pharmaceutics，2016，510（2）：493-500.

[40] Hao N，Nie Y，Shen T，et al. Microfluidics-enabled rational design of immunomagnetic nanomaterials and their shape effect on liquid biopsy［J］. Lab On a Chip，2018，18（14）：1997-2002.

[41] Hao N，Nie Y，Tadimety A，et al. Microfluidics-enabled rapid manufacturing of hierarchical silica-magnetic microflower toward enhanced circulating tumor cell screening［J］. Biomaterials Science，2018，6（12）：3121-3125.

[42] Gao R，Cheng Z，deMello A J，et al. Wash-free magnetic immunoassay of the PSA cancer marker using SERS and droplet microfluidics［J］. Lab On a Chip，2016，16（6）：1022-1029.

[43] Balachandran Y L，Li X，Jiang X. Integrated microfluidic synthesis of aptamer functionalized biozeolitic imidazolate framework（BioZIF-8）targeting lymph node and tumor［J］. Nano Letters，2021，21（3）：1335-1344.

[44] Arduino I，Liu Z，Rahikkala A，et al. Preparation of cetyl palmitate-based PEGylated solid lipid nanoparticles by microfluidic technique［J］. Acta Biomaterialia，2021，121：566-578.

[45] Bains A，Moffitt M G. Effects of chemical and processing variables on paclitaxel-loaded polymer nanoparticles pre-

pared using microfluidics [J]. Journal of Colloid and Interface Science，2017，508：203-213.

[46] Maher S，Santos A，Kumeria T，et al. Multifunctional microspherical magnetic and pH responsive carriers for combination anticancer therapy engineered by droplet-based microfluidics [J]. Journal of Materials Chemistry B，2017，5（22）：4097-4109.

[47] 袁洲，刘洁，杨亚妮，等. 微流控技术制备纳米制剂的研究与应用前景 [J]. 中国医药工业杂志，2021，52（4）：440-450.

[48] 王志乐，王著元，宗慎飞，等. 微流控 SERS 芯片及其生物传感应用 [J]. 中国光学，2018，11（3）：513-530.

第七章

微流控纺丝及纺丝化学

7.1 引言

一维微/纳米纤维因其高的比表面积、优异的力学性能以及可折叠编织性、组装灵活性，在组织工程[1]、生物医学[2] 等众多领域，以及传感器[3]、化学反应器[4]、光学设备[5] 和可穿戴电子设备[6] 研发方面具有巨大的应用潜力。迄今为止，常用来制备微/纳米纤维材料的技术，包括静电纺丝[7]、熔纺纺丝[8]、拉伸纺丝[9]、直写纺丝[10]、溶液气喷纺丝[11]等。然而，上述纺丝技术主要基于物理凝固过程，很难制备出结构有序、形貌多样、产业化规模的微/纳米纤维，这限制了高性能微/纳米纤维的实际应用。近来，陈苏等开发的微流控纺丝技术（microfluidic spinning technology，MST）以其在微通道环境中的精确控制和调节特性，成为制备结构有序、成分可控、具有各相异性功能微/纳米纤维材料的新兴技术[12]。微通道中的前驱体溶液状态通常不受流体重力和惯性力的影响，主要取决于纤维前驱体溶液浓度、流速和黏度等工艺参数，因此，通过调节特征参数，可以制备具有不同横截面形状（如圆形、扁平、凹槽、具有各向异性、空心、核壳、Janus 和异质）和结构（如直线、波浪、螺旋和打结）的微/纳米纤维。同时，适当的固化方法也在纤维形成和结构多样性中起主导作用。常用的固化方法有光聚合反应、化学交联反应、离子交联反应、溶剂交换、非溶剂诱导相分离、溶剂蒸发等。此外，陈苏等又提出了纤维纺丝化学（fiber spinning chemistry，FSC）的概念，即在纺丝过程中在纤维内部原位发生化学反应，实现不同功能微/纳米纤维材料的制备。与其他纺丝方法相比，微流控纺丝技术能够将微流控技术与化学反应相结合，让纺丝过程不仅仅是一个物理过程，而是通过微流控芯片的设计，同时实现化学、物理纺丝的纤维材料制备和功能化，并且为微/纳米纤维的大规模制备提供了一个强大的技术平台。

微流控纺丝技术是一种在微/纳米尺度上合成纤维的纺丝方法，即将一种液体分散到另一种互不相溶的液体中，内相溶液利用其层流特性沿液体流动方向在微通道中流动，不接触微通道内壁，溶液在微通道内发生物理牵伸或化学反应，从而产生独立的连续纤维。与其他纺丝方法相比，微流控纺丝技术将微流控技术与化学反应相结合，并使用微流控芯片实现流体的精确控制。该技术不需要使用复杂的设备，具有操作简单灵活、可在温和的温度和压力下连续生产直径均匀的超细纤维等特性。同时，通过改变试剂浓度、流速、黏度、固化方法，并设计特定的微流控芯片，可以生产出尺寸、结构和组成可控的微/纳米纤维。

7.2 微流控纺丝技术分类

微流控纺丝是生产各向异性有序微纤维的理想微反应器平台。借助微流控纺丝技术构筑的微纤维因具有形状、尺寸及组成精准可控,传质传热性能高效和反应过程绿色等特点而受到广泛关注。目前研究人员已开发了微流控纺丝技术[13]、微流控静电纺丝技术[14]、微流控气喷纺丝技术[15]、微流控湿法纺丝技术[16]、微流控静电-3D 打印技术[17,18],实现了多种形貌可控的一维有序荧光微纤维(阵列型、Janus 型、竹节型)、二维有序光子晶体膜、三维有序 Janus 微珠的构筑,在人造皮肤、微反应器、荧光编码、光学传感、可穿戴器件和多信号分析等领域得到了广泛应用。此外,陈苏等提出了"纺丝化学"新理论,在纺丝过程中实现化学反应,即在微/纳纤维受限空间中原位实现功能纳米材料(如量子点、MOFs 等)的合成,从而原位构筑形貌功能可控的微/纳纤维材料。

7.2.1 微流控纺丝

微流控纺丝技术是一种在微/纳米尺度通过精确控制和操控(改变流体推动力和接收器的拉伸力)具有一定黏度的前驱体溶液,从而制备出不同尺寸和形貌的微纤维的新方法。其原理是当具有一定黏度的聚合物前驱体溶液与高速旋转的接收器接触时,前驱体溶液被接收器瞬间牵引,在此过程中,溶剂快速固化,最终形成纤维。在这方面,陈苏等基于微流控纺丝技术编织出微阵列和网格,并在其阵列交汇处构筑 1D-0D、1D-1D 和 1D-2D 多维度微反应器,即在微纤维与液滴、交叉微纤维、微纤维与 PVP 薄膜的交叉处分别构建了 3 种微反应器阵列,掺杂不同试剂的两组分的每个混合结都可以作为超小体积反应器,可在室温条件下成功制备出高质量的量子点及其阵列[19]。该研究将化学反应缩小到微米以及纳米尺度,可实现多种化学反应高效化实施,并为固-固、固-液界面反应提供了一个很好的微反应器平台。此外,以微流控纺丝技术为手段,在多维微反应器中形成水凝胶,例如在 1D-0D 液滴、1D-1D 点阵和纤维微反应器上原位合成了自愈合凝胶纤维,基于主客体相互作用,自愈合凝胶纤维可作为组装单元实现多维织物的编织(图 7-1)。不同于传统的物理编织,该方法利用原纤维间的主客体作用(环糊精为主体,乙烯基咪唑为客体),实现了 2D、3D 和 3D 螺旋结构织物的化学编织,为多维纤维结构材料的设计和快速构筑提供了一种新思路[20]。在另一项研究中,他们采用将微流控技术与多样化芯片相结合的方法,制备了高度有序的超长(1413m)CdSe 量子点荧光纤维(直径,0.8~20μm),该纤维具有优异的光学性能和透明度(约 84%),以及良好的柔韧性和力学性能(机械拉伸约 190%),成功用于制备可穿戴设备的白色荧光膜,如图 7-2 所示[21]。

7.2.2 微流控静电纺丝

微流控静电纺丝技术制备纳米纤维材料是近几十年来世界材料科学技术领域的重要的学术与技术活动之一,在构筑一维纳米结构材料领域已发挥了非常重要的作用。微流控静电纺丝以其制造装置简单、纺丝成本低廉、可纺物质种类繁多、工艺可控等优点,结合微流控技术精确可控等特性,已成为有效制备纳米纤维材料的主要途径之一。目前,采用微流控静电纺丝技术已经制备了种类丰富的纳米纤维，包括有机、有机/无机复合和无机纳米纤维。此外，在结构多样的纳米纤维材料方面也取得了重要进展，如改变喷头结构、控制实验条件等，可以获得实心、空心、核-壳结构的超细纤维或是蜘蛛网状结构的二维纤维膜；通过设计不同的收集装置，可以获得单根纤维、纤维束、高度取向纤维或无规取向纤维膜等。

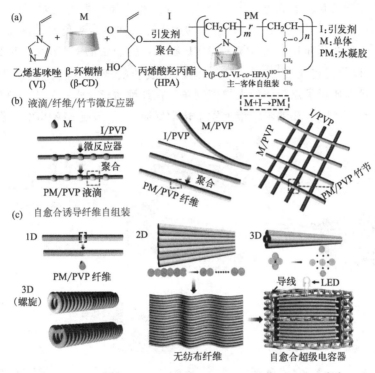

图 7-1　基于微流控技术原位构筑自愈合凝胶纤维及其化学编织构筑多维度织物[20]（见文前彩插）

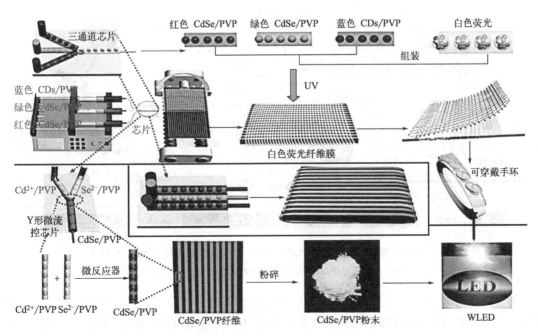

图 7-2　基于微流控技术原位合成荧光纤维膜及其在编码、WLED 和可穿戴手环中的应用[21]（见文前彩插）

　　陈苏等采用纤维纺丝化学方法实现了高稳定性聚乙烯吡咯烷酮（PVP）包覆的钙钛矿纳米晶（CsPbBr$_3$/PVP）粉体的大规模制备，其中 PVP 作为聚合物基体以及螯合剂。在此基础上，利用微流控静电-3D 打印纺丝技术，在室温下连续制备出高稳定性钙钛矿纤维膜，研磨后获得 CsPbBr$_3$/PVP 粉末，该粉末表现出优异的光学性能和荧光稳定性 [图 7-3（a）]。该纤维纺丝化学方法具有以下优点：①在纤维生成过程中原位发生化学反应；②PVP 与钙钛矿的螯合作用，增强了 CsPbBr$_3$/PVP 粉末的荧光稳定性；③避免大量挥发性有机化合物（VOCs）的使用；④可宏量制备 CsPbBr$_3$/PVP 粉末，所制备的 CsPbBr$_3$/PVP 粉末表现出优异的光学性能和荧光稳定性[22]。此外，他们还成功实现了甲胺铅卤化物（MAPbX$_3$，X＝Cl，Br，I）钙钛矿量子点粉体的大规模制备。在纤维纺丝化学过程中，纤维作为纳米反应器，前体 PbBr$_2$ 和 MAX 在纳米纤维上发生化学反应[23]，形成 MAPbX$_3$ [图 7-3（b）]。

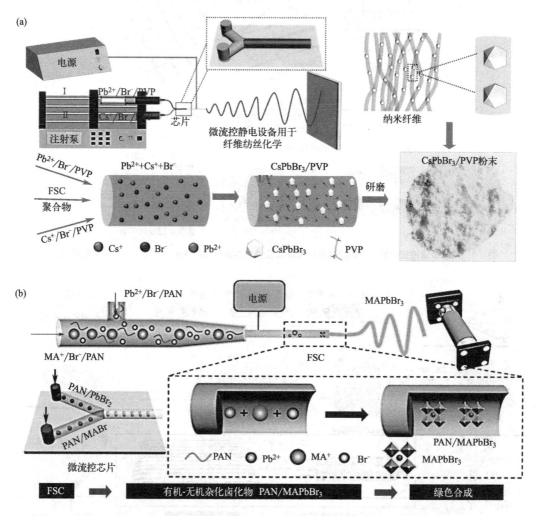

图 7-3　微流控静电-3D 打印制备荧光纳米粉体[22]（a）和微流控静电纺丝制备有机-无机杂化卤化物 PAN/MAPbBr$_3$ 纳米纤维膜[23]（b）（见文前彩插）

　　另外，陈苏等进行了纳米颗粒与聚合物的纺丝协调增强研究，他们通过单分散胶体纳米颗粒（NPs）和尼龙 66（PA66）纺丝溶液在微通道限域空间内的反应和组装，再由高压电场拉伸成丝，从而得到具有独特的点线结构的异质 NPs@PA66 复合纳米纤维，NPs@PA66

纳米纤维的拉伸强度达到 74.82MPa，拉伸强度比纯 PA66 纳米纤维提高了近五倍。微流控诱导形成的独特的"纤维-颗粒-纤维"结构及纳米颗粒与尼龙 66 之间的氢键相互作用导致 NPs@PA66 纳米纤维机械强度的显著提高[24]。微流控静电纺丝技术将物理和化学作用有效结合，为构筑高强度和异质结构的功能纳米纤维提供了理论和技术支持［图 7-4(a)］。此外，针对用于个人体温管理的节能、环保型智能温度调节材料，他们以银纳米纤维（AgNW）、还原氧化石墨烯（rGO）和聚偏氟乙烯-六氟丙烯（PVDF-HFP）纳米纤维作为研究对象，通过微流控纺丝过程不对称组装方法，构建了具有不对称光热性能的 AgNW/rGO/PVDF-HFP 纳米纤维热调节材料［图 7-4(b)］，实现了保温和降温模式的选择性切换[25]。该纳米纤维织物独特的温度调节能力源于其不对称的组成结构：两种具有相反热性能的 AgNW 和 PVDF-HFP 纳米纤维通过不对称纺丝法组装在 rGO 的两侧，由于 AgNW 和 PVDF-HFP 纳米纤维相反的热辐射性能，使得光能转化的热量发生不对称传导，造成 AgNW/rGO/PVDF-HFP 纳米纤维织物两侧表现出相反的光热性能，从而可以实现降温与保温的自由切换。

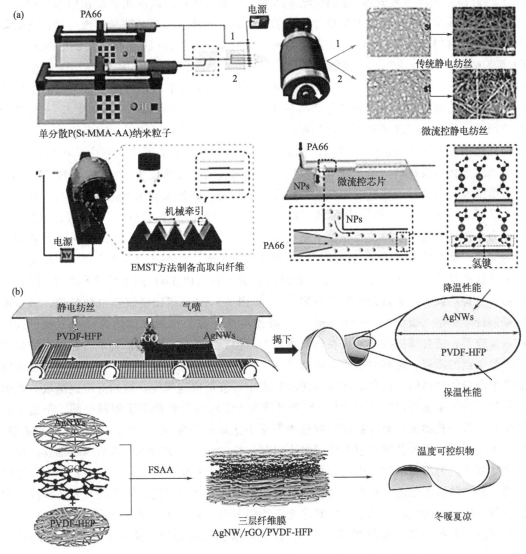

图 7-4 微流控静电纺丝制备高强度纤维[24]（a）和微流控静电技术大规模制备保温隔热纳米纤维膜[25]（b）（见文前彩插）

7.2.3　微流控气喷纺丝

微流控气喷纺丝技术在大规模制备一维纳米结构材料领域已发挥了非常重要的作用。采用同轴喷头，其中同轴喷头核层是聚合物溶液通道，壳层是高压气体通道。根据伯努利原理，气压的变化会导致气体流速或者动能的变化，当同轴喷头出口处射出高压气体时，高压气体转换为动能，同时流速增加。气流接触聚合物溶液周围的区域导致液体射流内部区域的压力减小，形成溶液射流的驱动力。同时，高压气流会在气液表面产生剪切力，从而使聚合物溶液在出口处形成液体锥。当剪切力克服了表面张力，溶液射流从液体锥的末端流出，并沿气流方向从针头喷出，伴随着溶剂的挥发，最终形成纤维。通常，可以通过加热方式增加溶剂挥发速率，获得形貌较好的纤维。微流控气喷技术结合转轴式接收装置，可实现大规模纳米纤维膜的制备。

在这方面，陈苏等利用微流控气喷纺丝方法制备了超细（65nm）、超大面积（140cm×40cm）的纤维蛋白原包裹的聚己内酯/丝素纳米纤维支架材料。以高比表面积纳米纤维支架为基材，通过纤维蛋白原与凝血酶的原位凝胶化反应形成凝胶（壳）-纳米纤维（核）支架复合的人造皮肤材料，如图 7-5(a) 所示。这种方法构筑的人造皮肤具有优异的空气透过率 [$164.635m^3/(m^2 \cdot h \cdot kPa)$]、机械强度（8.45MPa）、促血管网形成能力（7 天）和快速的体内降解速率（7 个月）[15]。此外，以微流控气喷纺丝化学为手段，将碳量子点与醇溶性聚氨酯和聚丙烯腈聚合物混合制备了包埋碳量子点的大面积荧光纳米纤维薄膜[26]，其力学性能显著增强，拉伸强度和伸长率均得到提高 [图 7-5(b)]。他们还使用液滴微流控反应的方法，通过组成基元在微液滴限域空间内快速反应，从而连续制备了均一有序结构的微-介孔碳骨架纳米杂化电极材料。基于微液滴反应器中快速传质、传热优势，实现了 MOFs（ZIF-8）、石墨烯和碳纳米管快速有效组装反应，退火后制备的碳骨架纳米杂化材料具有良好的孔结构（孔径 0.86nm）、大的比表面积（$1206m^2/g$）和丰富的氮含量（10.63%）[图 7-5(c)]，为柔性可穿戴产业的发展提供了新途径[27]。针对纳米粉体材料因易团聚而导致功能失效的问题，陈苏等以高通量微流控气喷纺丝技术为手段，在纺丝的过程中进行原位化学反应合成钙钛矿量子点，实现了高荧光性能钙钛矿量子点（PQDs）纳米纤维膜的宏量制备，粉碎后可获得钙钛矿量子点杂化粉体材料[28]，见图 7-5(d)。相比传统静电纺丝机，该技术所制备的纤维更细（最细可小于 60nm），且纤维更易干燥。这种超细的纤维一方面可以作为纳米反应器，结合微流控技术可在纺丝过程中原位反应生成量子点；另一方面纳米纤维也防止了量子点的团聚，也同时解决了钙钛矿遇水不稳定的缺点，开辟了一条用纳米纤维大规模制备纳米粉体材料的新途径。在气喷纺丝过程中，溶剂快速挥发，纳米纤维逐渐成型并固化；同时钙钛矿结晶析出生成 PQDs。纳米纤维为 PQDs 的生长提供了限域空间，限制了其过度生长并防止其团聚；聚合物的包覆也提升了 PQDs 的稳定性，避免了有机配体如油酸、油胺等的使用。该技术利用单喷头即可每小时制备长 120cm×宽 30cm 的纳米纤维膜，可实现连续化制备，为工业级放大生产提供可能；同时该技术避免了 PQDs 制备过程中大量溶剂的使用，是一种较为绿色、安全的制备方法。此外，他们还通过使用微流控气喷纺丝技术构筑了一种三明治结构织物，基于调控有序光子结构实现反射冷却效果以及纳米银层的焦耳特性，能够同时具备冷却和加热模式 [图 7-5(e)]，这极大地促进了未来智能穿戴纺织品的发展[29]。

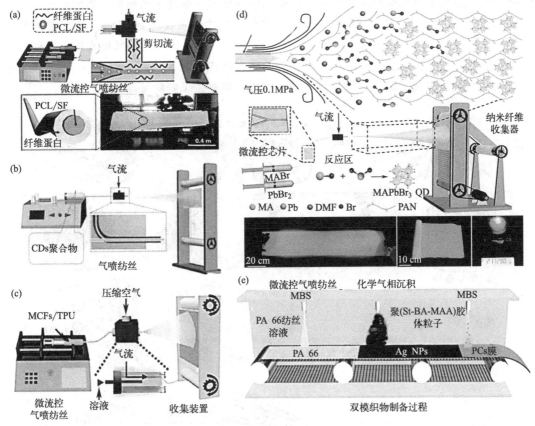

图 7-5　微流控气喷纺丝技术应用实例（见文前彩插）

(a) 采用微流控气喷纺丝技术构筑各向异性微纤维/纳纤维[15]；(b) 微流控气喷纺丝技术大规模制备钙钛矿纳米晶纤维[26]；(c) 微流控气喷纺丝技术制备高能量密度纳米纤维[27]；(d) 微流控气喷纺丝化学技术大规模制备 CDs 纳米材料[28]；(e) 微流控静电-气喷一体纺丝技术连续化制备保温隔热微纤维[29]

7.2.4　微流控 3D 打印纺丝

　　3D 打印又称增材制造，是在计算机控制下层叠连续材料层，形成三维复杂结构的数字化制造技术。可通过熔化、黏结、烧结等方式实现材料的叠加。简单来说，3D 打印可看作切割土豆的逆向过程，即将土豆丁或土豆片重新组装成完整土豆。3D 打印技术是从 20 世纪 80 年代发展起来的新型制造技术，经过 40 余年的发展，从简单的单一技术逐渐走向成熟的多种打印技术，在建筑、汽车、航空航天、生物医疗等方面应用广泛，对于需个性化定制或小批量生产的复杂组织尤为适用。近年来，许多材料加工技术在组织工程支架材料等方面显示出巨大潜力，如相分离、静电纺丝、冷冻干燥、气体发泡技术等。然而，这些常规加工技术通常无法精确地控制材料的几何形状、孔径及内部连通性，而 3D 打印技术以其出色的技术可控性、高精度等优势，快速成为新兴的材料加工技术，在生物医学、柔性电子领域备受青睐。

　　在这方面，陈苏等以新型二维黑磷（BP）为研究对象，通过采用电化学剥离和限域共价键组装新策略，构建了具有多孔离子通道、有序微结构、大比表面积、高氧化还原活性等特点的 P—O—Co 键桥连的 BP-ZIF-67 异质纳米储能材料 [图 7-6(a)]；并建立了 3D 打印一体化制造新方法，构筑了基于 BP-ZIF-67 的准固态柔性超级电容器[16]。梅长彤等通过调控

TEMPO 氧化过程中氧化剂的使用量，从棕榈木中制备出一系列不同形貌和表面电荷密度的纤维素纳米纤丝（CNF），用于改善 MXene 墨水的流变性能以及抑制 MXene 纳米片的自堆叠。随后，结合 3D 打印和冷冻干燥技术，成功定制了一系列具有高形状保真度和几何精度的 3D 多孔架构，构建了具备优异电化学性能的固态插式电容器 [图 7-6(b)]。该工作为纳米纤维素的高值化利用及电化学储能器件的个性化定制提供了新的思路[30]。

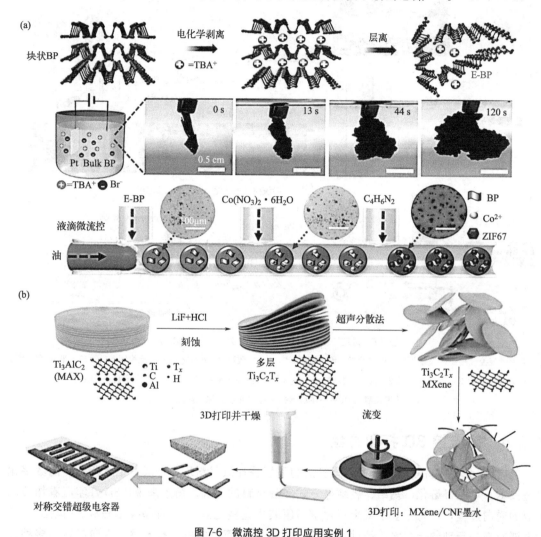

图 7-6　微流控 3D 打印应用实例 1

（a）微流控静电-3D 打印制备超级电容器[16]；（b）MXene/CNF 墨水的制备
及其 3D 打印多孔架构用于构建超级电容器[30]

刘吉团队在结合水凝胶 3D 打印和酶诱导生物矿化制备具有极端力学行为的功能材料方面，实现了 3D 打印软质水凝胶材料（模量为 125kPa）到硬质复合材料（150MPa）的转变[31]。该研究团队开发了一系列具有剪切变稀和应力屈服的载酶水凝胶墨水，实现各类精细水凝胶结构的 3D 打印制造；同时，在碱性磷酸酶的诱导下甘油磷酸钙（CaGP）水解，在水凝胶内部沉积磷酸钙纳米颗粒，最终获得矿物质含量达 50% 的复合材料，杨氏模量高达 150MPa [图 7-7(a)]。吴立新团队基于富含氢键的丙烯酸酯单体和离子液体，制备了一种固化速率快的光敏树脂，适用于打印多孔离子凝胶柔性传感器，并在其中引入易变形的晶格结构，以此来提高柔性传感器的回弹性。实验结果表明，含有晶格结构的多孔离子凝胶柔性传感器经过 500 次应变为 70％的循环压缩后，其残余应变几乎为 0，迟滞回线也几乎重叠，显示出优异的回弹性能和抗疲劳性能[32]［图 7-7(b)］。崔文国等利用 3D 打印技术制备了三种典型的 3D 打印支架，包括天然聚合物水凝胶（明胶-甲基丙烯酰凝胶）、合成聚合物材料（聚己内酯）和生物陶瓷（β-磷酸三钙，β-TCP），以探讨共生微环境在骨愈合过程中的调节作用。浓缩分析表明，水凝胶通过促进氧运输和红细胞发育来促进血管生成，从而促进组织再生和重建[33]［图 7-7(c)］。张学同领导的气凝胶团队开发了一种通用的微凝胶辅助悬浮打印策略，用于按需构筑各种具有任意立体结构的介孔气凝胶。采用去质子化的凯夫拉纳米纤维分散液为墨水，选用经合理设计的微凝胶作为辅助基质，通过基于挤出的 3D 打印技术，将凯夫拉纳米纤维墨水按预先设定的结构逐层沉积到微凝胶基质中[34]［图 7-7(d)］。

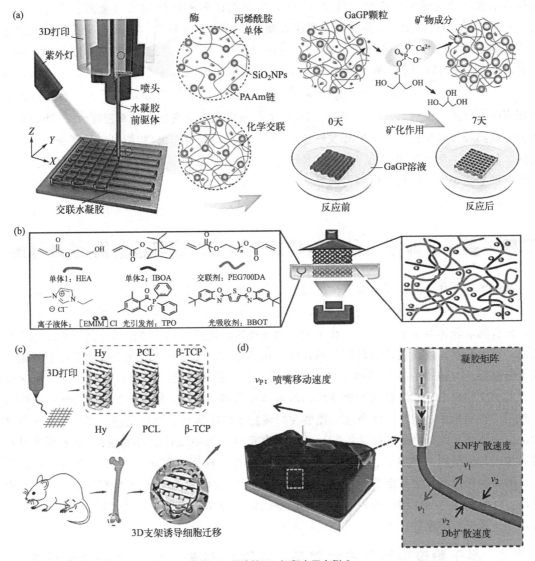

图 7-7　微流控 3D 打印应用实例 2

（a）酶诱导生物矿化的 3D 打印水凝胶网络[31]；（b）3D 打印光固化树脂构建多孔离子凝胶柔性传感器[32]；
（c）3D 打印支架促进骨愈合[33]；（d）微凝胶辅助悬浮 3D 打印技术构筑任意立体结构的介孔气凝胶[34]

7.2.5 微流控 3D 直写打印

直写打印（direct ink writing，DIW）是一种新兴的 3D 打印技术。该技术通过从打印嘴中挤出具有剪切变稀性质的半固态墨水材料，并将墨水层层堆叠后构筑出预先设计的三维结构。在印刷过程中，制备好的混合浆料转移到打印注射器中，并通过压缩空气产生的外部压力进行压制。由于浆料是剪切稀化的，因此可以通过施加恒定气压将混合浆料从注射器喷嘴连续挤出。在控制器系统的辅助下，注射器以可编程方式（X、Y 和 Z 方向）和全自由度进行控制，从而形成量身定制的图案，打印厚度和孔隙率可控。与其他 3D 打印技术相比，DIW 技术具有以下优点：①在所有自由度下可定制形状；②形状、尺寸、厚度可调；③由于厚度或印刷层的不同，面容量和功率密度可变；④高通量，特别是多喷嘴，高分辨率（使用微毛细管喷嘴的最小特征尺寸低至 $1\mu m$）；⑤可打印各种活性物质（金属、聚合物、陶瓷、碳基水凝胶）；⑥工艺方案和制备程序方便，喷嘴堵塞风险低；⑦具有高孔隙率的快速离子和电子传输动力学。据报道，大约 70% 的 3D 打印材料是通过 DIW 技术制造的，并且随着时间的推移其应用范围不断扩大。在这方面，Ke Sun 等分别以 $LiTiO_{12}$（LTO）和 $LiFePO_4$（LFP）作为微型电池的阳极和阴极墨水进行 3D 直写打印，由于多个打印电极层和相应的电极图案设计，这种 DIW 打印微电池表现出高能量密度和功率密度[35]。随着制造技术的成熟和可直接打印油墨的开发，这种 DIW 技术制备多样化/功能材料受到越来越多的关注。2016 年，Yat Li 等通过 DIW 技术开发了一种独立的石墨烯基微晶格，并用作具有高几何密度和功率密度的超级电容器电极[36]。

7.3 基于微流控纺丝技术构筑结构和功能可控的微/纳米纤维

微流控纺丝技术的特征是前驱体溶液可以通过微流控芯片快速原位转化为固体纤维，该技术最大的优势之一是所制备的微/纳米纤维的结构和功能精确可控[37]。在微流控纺丝过程中，聚合物前驱体溶液通过特定形状和尺寸的微通道，通过精确调节流体流速，将流体固化以保持特定形状，最终制备出具有不同几何结构的纤维。其中快速固化反应对于控制纤维形状十分重要。与传统的基于溶剂交换固化工艺的湿法纺丝相比，光聚合反应、化学交联反应、离子交联反应、非溶剂诱导相分离、溶剂蒸发等多种固化方法可在微流控纺丝技术中得到应用。特别是通过纺丝化学方法，能够在微流控纺丝中实现了原位反应、纤维功能化及纺丝反应一体化。此外，通过微流控芯片的微通道尺寸和构型设计，可实现微/纳米纤维材料的尺寸、几何结构（如扁平、凹槽、各向异性、中空、核壳、Janus、异质、螺旋和打结形状）的定制化构筑，这是湿法纺丝很难实现的。因此，微流控纺丝技术具有操作简单、应用广泛、纤维结构与功能精确可控和连续生产等优势，为高性能微/纳米级纤维的规模化生产提供了一条可行的途径。

7.3.1 基于微流控纺丝技术制备多样性微/纳米纤维材料及其固化方法

纤维材料的多样性主要源于固化方法的多样性。如图 7-8 所示，固化方法通常分为化学固化（如光聚合反应和化学交联反应）和物理固化（如离子交联反应、溶剂交换、非溶剂诱导相分离和溶剂蒸发）。

7.3.1.1　微流控纺丝技术中化学固化法制备微/纳米纤维

光聚合反应是微流控纺丝技术中的一种常规固化方法，借助紫外线（UV）照射将单体溶液快速转变为聚合物微/纳米纤维。例如，丙烯酸-4-羟基丁酯（4-HBA）[38]、聚乙二醇二丙烯酸酯（PEG-DA）[39]、聚（乙二醇）二甲基丙烯酸酯（PEGDMA）[40]、甲基丙烯酰胺改性明胶（GelMA）[41]、1,6-己二醇二丙烯酸酯（HDDA）[42]、N-异丙基丙烯酰胺（NIPAM）[43]、甲基丙烯酸缩水甘油酯（GMA）改性葡聚糖[44]、光固化聚氨酯低聚物（例如SU-8和NOA63）[45]，这些单体聚合时间快，常用作光聚合的骨架材料。此外，光引发的点击反应在大多数情况下也适用于微流控纺丝体系。代表性助剂包括季戊四醇四（3-巯基丙酸酯）（PETMP）与1,7-辛二炔（ODY）或1,4-丁二醇二乙烯基醚（BDDVE）[46]。基于光聚合反应的典型微流控纺丝工艺，如图7-8（a）所示，光引发剂与可光聚合单体混合后作为前驱体，借助紫外线（UV）固化实现微/纳米级纤维的连续制造。其主要优点是纺丝工艺简单、可连续生产、性能稳定可控，且可以通过调节紫外线强度和固化时间来调节纤维的几何结构[42]。然而，基于光聚合的微流控纺丝技术也具有以下缺点：纤维材料的选用受限、高交联度的微/纳米纤维通常不可生物降解、紫外线辐射可能会对敏感的生物活性物质产生负面影响，这限制了纤维材料在生物医学工程领域中的应用。

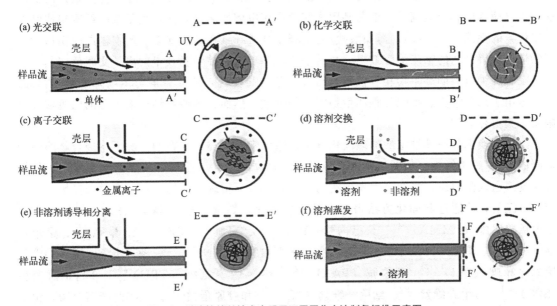

图7-8　微流控纺丝技术中采用不同固化方法制备纤维示意图

化学交联反应是另一种重要的化学固化手段。聚合物前驱体和交联剂分别作为核层流体和壳层流体通入微通道，两种流体相互接触时，壳层的交联剂就会扩散到核层流体相中，从而导致聚合物瞬间凝胶化［图7-8（b）］。壳层流体也可用作润滑剂，有效避免毛细管壁与固化的聚合物纤维之间的接触，防止微通道的阻塞。微流控纺丝技术中最常用的化学交联反应是席夫碱反应和亲核交联反应。以壳聚糖和戊二醛为代表的席夫碱反应常用于快速生产壳聚糖微纤维，其中，含有壳聚糖的前驱体溶液作为核层流体，含有戊二醛的溶液作为壳层流体，两相之间进行化学交联固化[47]。此外，含有马来酰亚胺端基的聚乙二醇（PEG）与二硫苏糖醇（DTT）交联剂之间的亲核交联反应也可用于温和条件下连续生产微纤维，三乙醇胺可以加入交联剂溶液中以促进凝胶化反应[48]。在过氧化物酶（HRP）的存在下，明胶-羟基苯丙酸（GTN-HPA）共轭物和过氧化氢交联剂之间的酶促交联反应也被用于在多相同轴流中生产GTN-HPA水凝胶纤维[43,49]。与紫外线辐射固化相比，上述基于化学交联反应而制备的生物相容性微纤维具有尺寸可控、细胞活力高、选择性渗透高等优点，在生物医学应用中具有巨大的潜力，例如细胞固定、神经导管和药物释放载体。然而，到目前为止，只有少数材料已成功通过化学交联固化方法制备微纤维，但所获得的纤维材料通常性能较差。因此，开发具有化学交联的微流控纺丝势在必行。

7.3.1.2 微流控纺丝技术中物理固化法制备微/纳米纤维

除化学反应外，物理固化方法也已成功用于微流控纺丝技术中。其中，离子交联反应是应用最广泛的方法，该方法与化学交联反应类似，如图7-8（c）所示。最常用的预聚物是海藻酸盐，其在二价阳离子存在的情况下可快速凝胶化。此外，它在机械柔韧性、生物相容性、可生物降解性、低毒性等方面具有较大优势[50]。然而，海藻酸盐材料在力学性能、细胞黏附能力、化学稳定性等方面仍有相当大的提升空间。壳聚糖是另一种有希望应用于微流控纺丝技术的天然多糖生物材料，其中，无毒的三磷酸钠（STPP）或三聚磷酸钠（STP）用作交联剂，所得壳聚糖微纤维具有独特的细胞黏附活性，有利于细胞培养和伤口愈合，在组织工程领域具有巨大的应用潜力[51]。此外，对于海藻酸盐和壳聚糖的复合体系，海藻酸盐的负电荷基团和壳聚糖的正电荷基团之间存在聚电解质络合，产生更复杂的纤维组成结构及更优异的性能[52]。目前，海藻酸盐/壳聚糖复合微纤维在组织支架、药物输送和伤口愈合等领域已获得公认的临床治疗效果。总的来说，基于微流控纺丝技术的离子交联反应其主要优势在于纤维材料的高生物相容性以及纺丝工艺的简便性，所制备的可生物降解微/纳纤维非常适用于细胞培养、组织工程和生物医学等领域。然而，这些纤维材料固有的低机械强度限制了其实际应用。

溶剂交换也是一种常用的物理固化方法，适用于在沉淀剂存在的情况下将聚合物溶液快速凝固成微/纳米纤维。如图7-8（d）所示，聚合物溶液和沉淀剂溶液分别作为核层流体和壳层流体通入微通道，溶剂交换发生在两相界面，从而实现纤维的固化。合理选择聚合物溶液和沉淀剂，可通过此固化方法得到多种骨架材料，如聚乳酸-乙醇酸（PLGA）[53]、聚甲基丙烯酸甲酯（PMMA）[54]、聚己内酯（PCL）[55]、聚醚砜（PES）[56]、聚砜[57]、聚苯乙烯（PS）[57]、聚乙烯醇缩丁醛（PVB）[58]、聚丙烯腈（PAN）[57,59]、聚乙烯醇（PVA）[60]、聚苯并咪唑（PBI）[61]、聚苯胺（PANI）[62]、热塑性聚氨酯（TPU）[63]、β-1,3-葡聚糖（SPG）[64]、再生纤维素[65]、细菌纤维素（BC）[66]和胶原蛋白[67]。一些两亲聚合物，包括聚（对-二噁烷酮-co-己内酯)-嵌段聚（环氧乙烷)-嵌段聚（对-二噁烷酮-co-己内酯）（PPDO-co-PCL-b-PEG-b-PPDO-co-PCL）两亲三嵌段共聚物[68]和透明质酸两亲衍生物（HAEDA-C18）[69]也可作为骨架材料。此外，溶剂和沉淀剂的合理选择对于微纤维的形成和形态调节至关重要。上述聚合物常用的有机溶剂包括二甲基亚砜（DMSO）、N-甲基吡咯烷酮（NMP）、丙酮、2,2,2-三氟乙醇（TFE）、N,N-二甲基乙酰胺（DMAc）、四氢呋喃（THF）、N,N-二甲基甲酰胺（DMF）、1-乙基-3-甲基咪唑乙酸（EMIM-Ac）和二氯甲烷。沉淀剂溶液包括低分子聚乙二醇（PEG）溶液、磷酸盐缓冲盐水（PBS）溶液和乙醇溶液。此外，纤维的尺寸、形态、结构和性能可以通过调节参数来精确控制，包括试剂浓度、流速和黏度。与其他方法相比，基于溶剂交换的微流控纺丝技术具有更广泛的材料适用范围，可用于大多数存在溶剂和非溶剂的合成聚合物。

模仿天然纺丝装置，通过非溶剂诱导的相分离方法也可用于制造去溶剂化超细纤维[70]。如图 7-8(e) 所示，将前驱体溶液作为核层流体通入微流控芯片入口通道，微通道的微尺度限制作用促使蛛丝蛋白分子在疏水和氢键的协同相互作用下自组装形成胶束状结构，随后，通过壳层流体施加的物理剪切力，胶束状结构被拉长并紧密聚集从而产生纳米级纤维。类似的，再生丝素蛋白（regenerative silk fibroin protein）或海藻酸盐也可以通过这种两相微流控芯片中的非溶剂诱导相分离固化方法实现纤维的连续化生产。除此之外，可通过设计和构建单通道微流控芯片[71]，模拟上述天然纺丝装置的剪切和伸长条件，剪切带的几何形状遵循简化的单级指数函数，并且，由于其单向排列的结构导致所形成的纤维表现出优异的力学性能。这意味着微流控纺丝技术可以制备直径低至几十纳米且具有优异力学性能的生物相容性的微/纳米纤维，在缝合线、组织支架和药物输送等方面具有巨大潜力。然而，芯片设计烦琐复杂成为限制其商业化发展的主要因素。

基于溶剂蒸发的固化方法在制造高度有序的微/纳米聚合物纤维阵列方面具有极大的优势。在纺丝过程中 [图 7-8(f)]，聚合物溶液在低静水压力的作用下直接挤出，在升高温度的条件下通过溶剂蒸发实现前驱体溶液的快速固化。目前，聚乙烯吡咯烷酮（PVP）[72]、聚乳酸（PLA）[73]、聚甲基丙烯酸甲酯（PMMA）[74] 和聚丙烯酸钠（PAAS）[75] 等多种材料已成功通过此固化方法实现微/纳米纤维的制备。一般情况下，挥发性溶剂用于溶解聚合物并提高聚合物纤维的固化速度。此外，可通过调节纺丝参数（如聚合物溶液的浓度和黏度、流速、喷嘴形状和尺寸、喷嘴-收集器间距离和收集速度）进一步控制纤维的尺寸和形态。与其他方法相比，基于溶剂蒸发的固化方法具有制造高度有序的微/纳米聚合物纤维阵列的能力，同时具有工艺简单无需壳层流体等优点。

7.3.2　基于微流控纺丝技术设计微/纳米纤维结构

微流控纺丝技术可利用微流控芯片构建不同几何结构的微/纳米纤维。通常，将拉制的玻璃毛细管或不锈钢针精确组装制造微流控芯片，微通道的润湿性可以通过疏水剂或亲水剂来调节，如疏水剂三甲氧基(十八烷基)硅烷（OTS），亲水剂 3-氨基丙基三乙氧基硅烷（APTES）。此外，可以通过使用软光刻技术蚀刻弹性体材料［例如聚二甲基硅氧烷（PDMS）或非弹性板材（例如 PMMA）］来制造特定通道形状和尺寸的微流控芯片[76]。值得注意的是，通过改变微通道的横截面形状，可制备出圆柱形、扁平、凹槽状和各向异性的微/纳米纤维；通过使用具有多个入口的微通道芯片，可以实现复杂纤维结构的构筑，例如中空、Janus、核壳状、螺旋状结构。通过多个微通道和 PDMS 层设计三维微流控芯片，可实现从核壳结构到多核和多层结构的组装与调控。此外，在合理选择微流控芯片的前提下，流速的变化不仅会改变微/纳米纤维的尺寸，还会对纤维形状从直线形向波浪形和螺旋形的转变产生很大影响。特别是在基于光聚合的微流控纺丝技术中，通过调整聚合时间，可生产不同形貌的微/纳米纤维，如多种横截面形状（如圆柱形、扁平、凹槽状、中空、各向异性、核壳状、Janus、Triple）和结构（如直线、螺旋状和珠节状）。

7.3.2.1　微流控纺丝技术制备圆柱形微/纳米纤维

在微流控纺丝技术中，使用最简单的单通道或两相同轴微流控芯片就能制备圆柱形微/纳米纤维。通过改变芯片通道尺寸、溶液流速和固化方法可实现纤维直径的精确调控[77]。而对于化学固化法辅助的两相微流控纺丝体系，纤维的直径大约等于通道中流体的直径。通常，中心流体的半径（R_c）可以通过通道横截面积（S）和体积流量的函数来评估。

$$R_c = \left(\frac{S}{\pi} \times \frac{Q_c}{Q_s + Q_c} \right)^{0.5} \tag{7-1}$$

式中，Q_s 和 Q_c 分别是壳流和核流的体积流量。受微米级通道的限制，通常纤维直径在几微米到几百微米之间。例如，David. J. Beebe 等开发了一种与紫外光固化设备相结合的两相微流控装置，以 4-HBA 作为光聚合骨架材料，制备直径为 $15 \sim 90 \mu m$ 的 pH 响应的微纤维[38]；Howard A. Stone 等通过使用气流驱动和紫外光脉冲两种不同方法，证明了制备的 PEG-DA 水凝胶圆柱形纤维（约 $50 \mu m$）长度精确可控[78]。此外，基于离子交联反应的微流控纺丝技术在制备圆柱形海藻酸盐微纤维方面具有较大优势，例如快速的凝胶化过程和优异的生物学特性。Shoji Takeuchi 等利用含有碳纳米管（CNTs）的海藻酸钠溶液作为核流来制造纳米纤维，微流体中的收缩流实现了特定取向（平行/垂直）纳米纤维的制备，获得了杨氏模量为 1.1GPa 的超高强度微纤维[79]。除海藻酸盐外，具有更好细胞黏附性的壳聚糖也被用于制备圆柱形微纤维[51]。

与其他物理固化工艺相比，由于溶剂损失到壳流或大气中，获得的纤维直径通常小于通道中流体的直径。因此，除了通道尺寸和流速外，溶剂类型和聚合物浓度对纤维尺寸也有重要影响，所得到的纤维的直径可以减小到几十纳米。例如，陈苏等通过非溶剂诱导的相分离去溶剂化方法，制备了平均尺寸为 $54.1 \sim 102.2nm$ 的纳米纤维。Lölsberg 等报道了通过 3D 快速成型纳米加工法生产单根聚丙烯腈微米纤维的策略。这种涵盖多个数量级规模的方法不仅推进了现有技术的工艺优化，而且还使复杂和集成的微流控纺丝系统小型化[80]。Lee 等提出了具有高度有序晶体状结构的超细海藻酸盐纤维的制备方法：通过在极性海藻酸盐和异丙醇的脱水界面处离子交联和偶极-偶极吸引力的相互作用，简单地调节流速，可以将纤维尺寸控制在 $70nm \sim 20 \mu m$ 之间[81]。其他材料，如 PLGA[53]、PCL[55]、PBI[61]、PVA[60]、纤维素[66] 和再生丝蛋白[71] 都可用于生产微/纳米圆柱形纤维。所得纤维表现出优异的机械强度，且直径可以减小到几十纳米。

7.3.2.2 微流控纺丝技术制备凹槽状微/纳米纤维

具有雕刻拓扑结构的微/纳米纤维在自然界中很常见，例如，蜘蛛丝上的凹槽增强了它们的机械强度，从而保护了蛛丝内部封装的卵。同时，凹槽纤维拥有微/纳米纤维的特征，可用于指导和调节细胞行为，促进细胞迁移和提高细胞黏附性。Ali Khademhosseini 等通过使用具有凹槽圆柱形通道的单相微结构 PDMS 器件制备出具有凹槽表面的 GelMA 纤维和藻酸盐纤维，用硫酸乙酰肝素蛋白多糖处理后，其生物相容性增强。这些纤维表现出优异的可加工性，可缠绕成各种结构，此外，具有促进细胞活力和排列的独特能力[82]。Sang-Hoon Lee 等通过使用带有凹槽圆柱形微通道的两相同轴 PDMS 微流体装置成功合成凹槽结构藻酸盐纤维[83]。在此基础上，他们提出了一种简单的方法，通过在 PDMS 预聚物的表面嵌入几个圆柱形微通道来构建具有凹槽结构的微流控装置[84]。此外，他们还通过设计狭缝形微通道，实现了尺寸可调的藻酸盐微纤维的连续生产，该纤维在纵向方向上具有凹槽结构，凹槽的数量和尺寸可以通过狭缝形通道的配置来调节。这些带槽的微纤维有望用于纤维状的人造组织（如血管、肌肉组织和神经组织）。

7.3.2.3　微流控纺丝技术制备扁平状微/纳米纤维

通过微流控纺丝技术可快速制备具有特定平面结构的微/纳米纤维。例如，Sang-Hoon Lee 等采用多相 PDMS 微流控平台，配有 8 个入口（2 个用于壳流，6 个用于核流）和 1 个出口，制备了由 4-HBA 和丙烯酸（AA）组成的条形码微带。通过将功能材料嵌入纤维的不同部分，获得了 pH 响应条（宽度为 $240\mu m$，厚度为 $50\mu m$），包含多种驱动形状的可编程微驱动模块，可用于编码和多信号传感器领域。将计算机控制系统与微流控装置相结合，可实现扁平（海）藻酸盐水凝胶微纤维的数字化、可编程化和精确控制化[85]。此外，他们还提出了一种用于连续生产 PEG-DA 微带的多相微流体方法。在这个过程中，夹着两个核流的聚合流体被同时引入入口，产生分层多相喷射。由于这些层流之间的界面能可以忽略不计，可以清楚地观察到没有吞没现象的三相平行流。通过中心流的紫外引发聚合，合成了几十微米宽、带状结构的 PEG-DA 微纤维。Frances S. Ligler 等展示了一种简单的壳流微流控纺丝装置，在顶部和底部通道壁上集成有斜条纹和人字形凹槽。通过该装置可制造亚微米厚度的扁平聚合物纤维（如 PMMA、硫醇-烯和硫醇-炔纤维）[54]。此外，Sang-Hoon Lee 等模仿蚕的纺丝机制，通过脱水过程辅助的偶极-偶极吸引力和物理剪切的分子组装，制备了具有高度有序微结构的超薄扁平藻酸盐纤维。由于聚合物链的紧凑纤维结构，可将纤维的尺寸减小到几十纳米厚度[81]。

7.3.2.4　微流控纺丝技术构筑单组分各向异性微/纳米纤维

通过采用微流控纺丝技术和特定的微流控芯片，结合高度可控的凝固过程可制备出具有不同横截面形态的各向异性单组分微纤维。Sang-Hoon Lee 等通过三相微流控装置制备了具有半月形横截面的 PEG-DA 微纤维。在分层喷射情况下，两种 PEG-DA 流体形成 Janus 共层流体，将光引发剂添加到其中一相中，通过控制两相流速可实现对微纤维的横截面形状的调控[86]。Frances S. Ligler 等提出了一种两级流体动力学聚焦装置，用于制造独特的双锚形微纤维，具体方法是在顶部和底部通道壁上集成对角条纹和人字形凹槽。即使在 $10\mu m$ 的低分辨率下，这种生产过程也具有高度可重复性。此外，他们还通过偏转顶部和底部凹槽的护套来生产复杂形状的微纤维，例如三角形和芸豆形[87]。张利雄等通过将小 PTFE 毛细管插入大 PTFE 毛细管中或在 PMMA 板上雕刻不同形状的微通道，将丙烯酰胺（AM）、AA 或 NIPAM 混合的 PEG 溶液转移到微通道中并加热引发聚合，反应后，聚合物与 PEG 溶液发生相分离，有利于微纤维的挤出，从而制备了一系列具有特殊形貌的微纤维，例如 C 形、双锚形、三叶轮形、枫叶形、六角星形、T 形、U 形、E 形和 H 形[88]。Shoji Takeuchi 等通过同时控制来自玻璃毛细管的两股海藻酸钠流体来制造链状海藻酸盐微纤维。此外，他们以微纤维为牺牲模板，实现了结构复杂的微流控芯片的制备，在流体学研究领域具有广阔的应用前景[89]。

7.3.2.5　微流控纺丝技术制备中空结构微/纳米纤维

中空纤维因其具有机械柔韧性、高比表面积、高渗透性、流体输送和血管状结构等特性，在体外生理模拟中备受关注，如血管网络的灌注、肿瘤侵袭、血管生成和药物释放。它们的物理化学性质直接由化学成分和结构尺寸决定，包括微/纳米通道的分布、数量、直径以及纤维的壁厚。通常，具有单通道的中空微/纳米纤维可以通过三相同轴微流控装置制备，由不可固化的核流体和可聚合的壳流体组成核-壳层流体在微流体通道中自发形成。根据流体动力学成型效果和多种固化方法，可利用各种聚合物材料制备对称中空纤维，如

4-HBA[38]、PEG-DA[86]、NIPAM[43]、GTN-HPA[43]、藻酸盐[43]、壳聚糖[47]、PLGA[53]、PES[56] 和 PAN[57]。多相微流控芯片可用于制备结构更复杂的中空微纤维。顾忠泽等通过将主轴毛细管（0～3 个）平行插入原始毛细管中，获得了包含一个、两个、三个和四个通道的微流控芯片，制备了一系列异形中空海藻酸盐微纤维[90]。他们利用分别由四相和五相同轴毛细管连接主通道构成的毛细管微流控装置，制备出具有两层和三层结构的中空海藻酸盐微纤维。此外，通过设计不同的分层注射毛细管，实现了一系列具有多隔室的异形空心海藻酸盐微纤维的构筑。在此基础上，他们将更多的主轴毛细管平行地插入 θ 形或三筒注射毛细管的每个筒中，进一步设计了更复杂的毛细管微流控装置，可用于连续制备两相 Janus 和三相中空微纤维，每个相中的通道数可控。这些生物活性微纤维通过编织和堆叠工艺可创建复杂的 3D 细胞支架结构。梁琼麟等通过使用带有内管的微流控装置，制备了单螺旋或双螺旋的中空海藻酸盐微纤维[91]。单螺旋微纤维能够在氯化钙溶液中制备卷绕的超螺旋微纤维，并在空气中展开，这种卷绕-展开过程是可逆和可重复的。通过简单地改变流速，可制造具有更复杂几何形状的中空海藻酸盐微纤维，如直折叠、双折叠和双螺旋结构，这种具有不对称分子分布的中空微纤维为复杂组织结构以及曲折组织之间的营养和能量交换研究提供了借鉴[92]。

7.3.2.6 微流控纺丝技术制备核壳状微/纳米纤维

微流控纺丝技术近来在核壳微纤维的制备方面显示出良好的应用前景。基于上述中空微纤维的制造工艺，用可固化的核流体代替不可固化的核流体，就可以制造核壳微纤维。例如，Shoji Takeuchi 等通过使用三相微流体装置，制备了一种藻酸盐夹套超分子链，其中脂质型超分子单体溶液、藻酸盐溶液和 $CaCl_2$ 溶液分别作为核流、壳流和鞘流[93]。André A. Adams 等在紫外引发剂的帮助下，通过多相微流控系统制备了同轴明胶/PEGDMA 和三轴 PEGDMA/明胶/PEGDMA 微纤维。微流控系统具有精确的流量可控性，通常通过改变毛细管孔径和多相流速来控制核壳微纤维每层厚度。特别是，明胶浓度降低到 5%（质量分数）会导致微纤维横截面形成"牛眼"状[40]。为了获得多核嵌入式微纤维，赵远锦等利用同轴毛细管微流控装置，将两个注射毛细管同轴排列到收集毛细管中，用于制造载有金属-有机框架（MOF）的微纤维，该微纤维由藻酸盐壳和铜锌维生素核组成[94]。秦建华等使用具有三个核流通道、四个样品流和一个 Y 形鞘流通道的 PDMS 芯片的微流控装置，制备了 PEGDA/藻酸盐核壳微纤维[95]。

7.3.2.7 微流控纺丝技术制备两相（Janus）、三相（Triple）和异构状的微/纳米纤维

由一个壳层入口和几个样品流入口组成的多相微流控系统可用于创建具有不同横截面结构的异质微纤维，例如 Janus、Triple、多室和更复杂的几何形状。对于 Janus 微/纳米纤维，通常采用具有两个样品入口和一个壳层入口的三相微流控装置。例如，David. J. Beebe 等通过使用一对有色和无色 4-HBA 溶液作为样品流来制造 Janus 水凝胶微纤维[38]。Chang-Soo Lee 等使用了一种简单的双相微流控芯片，包括样品流和壳流来合成 Janus 聚氨酯微纤维。在此过程中，聚氨酯中的异氰酸酯基团与鞘层溶液反应释放出二氧化碳和气泡，气泡向上表面迁移导致上表面形成多孔结构，从而制备出多孔/无孔的 Janus 微纤维[45]。Seung-Man Yang 等提出了一种双层 PDMS 微流体装置，每层有两个入口，以生成一系列具有四隔室的 PEG-DA 水凝胶微纤维[96]。赵远锦等设计了一系列毛细管微流控芯片用于生产 Janus 隔室、四

隔室和六隔室藻酸盐微纤维[97]。S. Shoji 等提出了由几个壳单元组成的 3D PDMS 微流控装置，用于制备具有更复杂横截面的高度异质的藻酸盐微纤维，例如四室纤维、八室核壳纤维、星状/四室核壳纤维和花类/双室核壳纤维[95]。Minoru Seki 等使用四层 PMMA 微流控装置制备核壳复合海藻酸盐水凝胶纤维[76]。利用上述这些方法，可以显著改变超细纤维的横截面形状，由此产生的异质复合微纤维在细胞网络以及多刺激响应材料等方面具有广阔的应用前景。

7.3.2.8 微流控纺丝技术制备螺旋状微/纳米纤维

螺旋结构是最具代表性的结构之一，广泛存在于自然界中，例如从生物体微观 DNA 到宏观血管，这种非凡的结构赋予生物体独特的功能来执行重要的任务[98]，包括存储遗传信息、物质和能量运输、自我保护和营养获取。受这些螺旋结构-功能启发，研究者们致力于通过微流控纺丝技术构建具有丰富物理和化学特性的螺旋微纤维。Howard A. Stone 等通过使用由两个入口、一个纤维生成区和一个加宽的连接通道区组成的 PDMS 芯片，制备了尺寸可控的均匀卷曲 PEG-DA 水凝胶微纤维[99]。加宽的区域使反应射流能够在轴向压缩应力下弯曲，由于凝胶化过程快速，瞬时屈曲形态被固定以形成卷曲的固体微纤维。此外，光引发剂浓度、紫外光位置和强度以及各流体的流速等多种实验参数对纤维的形态影响很大。没有加宽区域的简化微流控芯片也可用于产生螺旋微纤维。Shoji Takeuchi 等研究了黏性液体在同轴微流体通道中的折叠和盘绕，通过简单地调整内外流体的流速比可实现从直螺纹到折叠螺纹以及从折叠螺纹到盘绕螺纹的转变[100]。此外，赵远锦等通过使用预先设计的毛细管芯片，开发了具有多样化结构的螺旋水凝胶微纤维，包括中空、核壳、Janus 和 Triple 横截面螺旋结构，纤维的直径和间距可以通过调节流速来精确调控[101]。此外，通过将海藻酸钠溶液注入可紫外聚合的 PEG-DA 中，可制备单螺旋或双螺旋海藻酸盐微纤维[101]。综上，通过微流控芯片的设计可以实现螺旋微纤维的构筑，以满足实际应用的需求。然而，用于生产螺旋微纤维的可用材料相当有限，这极大地限制了螺旋微纤维的应用潜力。在这方面，陈苏等提出了基于双溶剂相转移原理构筑高强度螺旋微纤维的微流控纺丝新技术，经过了物理化学相转化过程，能够有效地制造可拉伸、柔韧和生物相容性的螺旋微纤维，双向拉伸强度均超过 14MPa，约为同类型静电纺丝纤维的 6 倍[102]。

7.3.2.9 微流控纺丝技术制备珠节状微/纳米纤维

珠节纤维作为一种新兴材料，由于其仿生几何形状和在除湿、集水和组织工程中的应用而受到广泛关注[103]。基于 Rayleigh-Plateau 不稳定效应的流体涂层[104]、液滴涂层[105]、电动方法[106] 等多种技术已被探索用于制造珠节纤维。最近，微流控纺丝技术被用来制备珠节微纤维，利用这种方法，不仅可以通过改变微流控纺丝过程中的工艺条件来轻松调节珠节纤维的形貌，包括珠节的形状和尺寸、节间距和纤维直径，还可以制备大量的各向异性的珠节超细纤维，包括纺锤形、锥形、半球形、豆荚形和花瓣形以及气泡、油滴和水滴包裹的超细纤维。其中，油滴封装的微纤维是最常见的珠节微纤维之一[107]，因为易于通过两相或三相同轴微流控方法制造。例如，Sajjadi 等设计了由两相同轴毛细管微流控芯片和凝固浴构成的微流控装置，通过简单地调节流速和凝胶化反应动力学，制备了一系列几何形状（如球形、长椭圆体、塞状和管状）和纤维形态（从直纤维到波浪纤维）的油滴封装藻酸盐微纤维[108]。此外，辅以偏心排列的内部毛细血管，他们还制备了不对称油滴封装藻酸盐微纤维，其具有独特的脱水敏感行为，其中油滴封装物可以在低于水化临界值时触发释放[109]。秦建华等采用 PLGA-碳酸二甲酯（DMC）混合物作为油相，通过油乳化和溶剂快速蒸发连续制备珠节状海藻酸盐微纤维[110]。

此外，微流控纺丝技术还可以用于制备非油滴封装珠节超细纤维。陈苏等通过结合基于溶剂蒸发的微流控纺丝技术和瑞利不稳定性效应驱动的液滴滑动方式，制备了负载光子晶体（PC）或量子点（QD）的珠节状 PLA 混合微纤维[19]。此外，通过使用简单的两相同轴微流控装置，获得了荧光珠节 CdS/藻酸盐混合微纤维[111]。为了制备各向异性的珠节微纤维，赵远锦等通过将毛细管阵列插入圆柱形毛细管，获得了具有单隔室、三隔室和六隔室结构的微纤维，其中隔室结构可用作空间异质细胞封装的微载体[112]，此方法已经成功应用于连续化制备更多类型珠节状微纤维。梁琼麟等通过使用不同通道配置（单圆柱、Janus 和螺旋通道）的微流控芯片构筑了不同结构（纺锤、半球和花瓣）的珠节中空藻酸盐微纤维。其中，Ca^{2+} 溶液和海藻酸钠溶液分别作为核流和壳流注入，一旦两相溶液相互接触，就会在核流周围产生薄的凝胶化藻酸盐层。由于 Rayleigh-Taylor 不稳定性效应，未反应的海藻酸盐溶液在微纤维周围形成一排规则的液滴，然后在氯化钙凝固浴中固化。当溶液被灌注到中空微通道中时，其独特的结构赋予了珠节扩散梯度，在生物材料和医学研究领域中具有潜在应用[113]。此外，可以通过水滴包气微流控技术精确制备空腔结微纤维，将气体注入可固化样品溶液后，气泡被固定并填充在固化的水凝胶微纤维中。这些材料具有结构独特、特殊表面粗糙度、高机械强度和低成本等特性，被认为是一种很有前途的材料[114]。

7.4　基于微流控纺丝技术对微/纳米纤维进行功能化改性

7.4.1　通过构筑不同单元结构实现微/纳米纤维的功能化

微流控技术能够构建具有可控结构的微/纳米纤维，并赋予其独特的性能。对于最简单的圆柱形纤维，其直径从几纳米到几百微米不等，可满足不同领域的应用需求。此外，微流控纺丝技术中特殊的流体动力学可能会导致大分子或纳米链排列组装成致密的结晶状态，从而产生非常薄且强度高的纤维[115]。其中，聚合物材料本身的特性很大程度上决定了纤维的性能及其未来的应用。例如，海藻酸盐[116]、胶原蛋白[67]、壳聚糖、PLGA、PCL 等生物相容性的聚合物微/纳米纤维具有促进细胞生长的能力，这对于细胞培养和人工组织构建非常有用。由可光聚合的 4-HBA 和 AA 制造的微纤维能够随着 pH 值的变化而发生较大的可逆变形[38]。此外，基于微流控纺丝技术制备的聚苯胺（PANI）微纤维被证明是导电的，这有助于其在电极、致动器和超级电容器中的广泛应用[83]。与表面光滑的圆柱形微纤维相比，带凹槽的微纤维具有更好的细胞迁移、相互作用、组织和定向的特性[83,84]。例如，Ali Khademhosseini 等证明带凹槽的 GelMA 纤维上的细胞活力远高于圆柱形藻酸盐纤维上的细胞活力，这些具有凹槽结构的微纤维有望成为构建再生纤维状组织和器官的模板。此外，结构更复杂的微/纳米聚合物纤维，有望应用于人造组织和组织微结构领域。通过微流控纺丝技术制备的螺旋微纤维表现出类似弹簧的物理特性，其中弹性势能可以存储并转化为其他能量。例如，赵远锦等探索了藻酸盐螺旋微纤维作为机械传感器的潜在用途，用于指示心肌细胞的收缩力，其中心肌细胞的跳动被转化为螺旋微纤维的伸长/收缩周期。这种特殊的微纤维在传感器、执行器和生物工程等领域具有巨大的应用潜力。另外，微流控纺丝技术可以制备出具有可控形态的周期性珠节微纤维。其中纺锤珠节状微纤维最显著的特征是它们具有集水能力，这归因于表面能梯度和拉普拉斯压力的差异。而油滴包封珠节微纤维封装不相容的药物，其协同增效作用可进一步用于医疗应用[47]。

7.4.2　通过封装功能材料实现微/纳米纤维的功能化

微/纳米纤维的功能不仅取决于纤维结构和聚合物材料，还取决于附载的功能材料，因此，功能材料的封装也是微/纳米纤维功能化的最常用方法之一。通常，将功能材料添加到可固化前驱体溶液中以获得均匀悬浮液或均匀溶液，然后，通过微流控纺丝技术获得具有预期性能的纤维。例如，为了赋予纤维生物医学特性，可以将细胞掺入生物相容的藻酸盐微纤维中，制备出包封细胞的不同形状微纤维，包括圆柱形[52]、扁平[83]、中空[97]、核壳状[117]、Janus[118]、Triple[119]、异质结纤维[76]。藻酸盐材料的生物相容性和微尺度纤维的高选择性、高渗透性使封装的细胞保持高活力和生长、增殖和分化功能。特别是夹层型藻酸盐-细胞-藻酸盐[119]和核壳型细胞-藻酸盐[117]复合微纤维可以有效限制和引导细胞的生长方向。得益于微流控纺丝技术的结构精确可控性，不同类型的细胞可以嵌入微纤维的特定位置。此外，由于同形和异形细胞的相互作用可以使得细胞活性增强，这表明纤维在 3D 异形细胞共培养环境中拥有巨大潜力[120]。并且，这些载有细胞的微纤维对于构建人造组织和器官非常有价值，可用于组织工程、伤口愈合和再生医学领域。除各种细胞外，还可以掺入蛋白质[68]［如牛血清白蛋白（BSA）和纤连蛋白］和药物（如氨苄青霉素[121]和地塞米松[69]），使微纤维具有可控的药物释放能力，对局部化疗和伤口愈合的应用非常有益。此外，载有 Ag 纳米颗粒[66]或没食子儿茶素[122]、没食子酸酯（EGCG）的生物相容性微纤维或纤维膜具有出色的抗菌性能，可用于促进新血管形成和伤口愈合。根据环境变化调节自身状态的刺激响应纤维材料近来也备受关注。例如，磁性纳米粒子被用于制造磁性微纤维，具有可控移动、空间组织和交叉排列成 2D 图案和高度互连的 3D 网状模块的能力[123]。特别是，用磁性纳米粒子包裹的螺旋微纤维表现出独特的磁响应拉伸恢复行为。为了实现温度响应特性，通常将聚（N-异丙基丙烯酰胺）（PNIPAM）基聚合物添加到微纤维中[124]。除了温度响应性，一些 PNIPAM 基功能聚合物，例如聚（N-异丙基丙烯酰胺-co-丙烯酰氨基苯并-15-co-5）［P（NIPAM-co-AAB15-co-5）］和聚（N-异丙基丙烯酰胺-co-丙烯酸）可以分别赋予纤维材料 K^+ 响应和 pH 响应能力。此外，通过包裹氧化石墨烯（GO）[125]或聚（3,4-乙烯二氧噻吩）（PEDOT）[126]的微纤维表现出电响应活性。一般来说，纤维状刺激响应材料具有更高的比表面积、更好的结构适应性和更快的响应速度，在高性能传感器领域具有潜在的应用价值。

光学性能也是一种重要的特性，在这方面研究者投入了大量精力设计和制备具有独特光学特性的微/纳米光纤。例如，Frances S. Ligler 等通过添加功能化的金（Au）纳米球来制造具有独特颜色的硫醇纳米复合微纤维，其颜色取决于功能化纳米球配体的类型以及纳米球的浓度。陈苏等提出了基于微流控纺丝技术策略，将 SiO_2 胶体掺入聚乙烯吡咯烷酮（PVP）溶液中制备具有明亮结构色的胶体光子晶体（PC）微纤维。此外，还构建了一系列由 PVP 和荧光材料［如碳点（CD）和量子点（QD）］组成的荧光微纤维和纤维膜。这些荧光材料可用于白光发光二极管（WLED）和液晶显示器（LCD）背光应用领域。特别是，可以按照预定的程序通过微流控纺丝技术将不同的荧光材料嵌入微纤维的不同位置，所制备的荧光微纤维可用于编码、多重生物分析和可编程微驱动[83,110]。

此外，通过引入具有电化学活性的材料，如 MoS_2、PANI 和黑磷（BP）以及纳米碳基材料（如 CNT 和 GO），可赋予微纤维良好的电性能、高强度和柔韧性等特性，在电化学活性电极和新一代可穿戴电子产品中表现出巨大的应用潜力[127]。例如，当掺杂磷酸时，PBI 微纤维显示出可调节的电导率和电化学物理化学性质[82]。褚良银等制备了具有高包封率（70%）的核（石蜡）壳微纤维[58]，所得纤维无论是在模拟太阳辐射下还是在重复加热/冷却循环过程中，都保持较好的稳定、可重复和出色的热调节特性。另外，赵远锦等通过微流控纺丝技术制备了乙氧基化三羟甲基丙烷三丙烯酸酯（ETPTA）海藻酸盐/GO 微纤维，由于其疏水表面特性而能够吸附油脂[128]，因此，功能材料与特定纤维结构之间的协同作用赋予微/纳米纤维各种优良特性，以满足实际应用需求。

7.4.3　通过纤维纺丝化学方法实现微/纳米纤维的功能化

自 Anzenbacher 和 Palacios[4] 在电纺聚合物纳米纤维的交叉处形成离散的分子级反应器以来，将微/纳米纤维看作原位合成功能纤维的反应器的方法引起了广泛关注。在这种情况下，负载反应物的纤维是通过微流控静电纺丝技术直接制造的，反应发生在纳米纤维内部，这些超小规模反应体系能规避能源消耗、试剂和产品毒性以及废物产生等问题。与传统方法制备的无序纳米纤维结反应器相比，微流控纺丝技术能够构建高度有序的纤维微反应器。陈苏课题组采用纤维纺丝化学理论并利用微流控纺丝微纤维构建了一系列多维微反应器阵列。如图 7-9（a）所示，三种不同类型的微反应器，包括 1D-0D、1D-1D 和 1D-2D 微反应器，分别在微纤维/液滴、两个正交/平行微纤维和微纤维/聚合物薄膜的交叉处形成。通过微流控纺丝技术，将两种反应物分别添加到微纤维和液滴中，在微纤维和液滴之间的交叉处相互反应，沿微纤维的轴向生成 1D-0D 微反应器阵列。对于 1D-1D 和 1D-2D 微反应器，反应的发生是由反应物的扩散导致溶剂-蒸汽介导的聚合物在固-固相交界处的聚结。具有代表性的荧光材料，如 CdS、ZnS、CdSe 和 $CsPbBr_3$ 钙钛矿，均可使用这些微反应器进行原位反应生成荧光微阵列。该方法具有操作简单、连续生产、反应条件温和、无毒溶剂和重金属离子浪费等独特优势。所获得的荧光阵列（点阵、平行线阵列和不同旋转角度网格）具有良好的荧光性能和光致发光稳定性[72-74]。此外，采用 1D-0D 液滴、1D-1D 结和 1D-1D 纤维微反应器，制备了自愈合聚（β-环糊精-乙烯基咪唑-co-2-丙烯酸羟丙酯）/聚乙烯吡咯烷酮 [p(β-CD-VI-co-HPA)/PVP] 超分子水凝胶纤维阵列，这些纤维可以通过纤维之间的自修复能力进一步灵活地组装成多维各向异性材料（如薄膜、块体和螺旋纺织品）[图 7-9(b)][20]。

单根纤维也可作为微反应器，通过纤维内部发生特殊反应，原位制备功能性微纤维。陈苏等提出了基于微纤维的纳米晶（NCs）微反应器，通过同轴微流控装置原位制备具有不同几何特征（实心圆柱、珠串和 Janus 形状）的荧光 CdS NC/藻酸盐混合微纤维 [图 7-10(a)]。该过程采用简单类型的反应（A＋B⟶C）来生成 NC，其中在珠节纤维微反应器中，反应物 Cd^{2+}（A）和 S^{2-}（B）分别被添加到壳流和核流中，在凝固浴的作用下在海藻酸盐微纤维上产生周期性的荧光 NCs 结。对于 Janus 纤维微反应器，将 Cd^{2+} 和 $[Cu_{0.02}Cd_{0.98}]^{2+}$ 作为反应物（A）分别添加到两个可混溶的核相中，而 Se^{2-}（B）与海藻酸钠溶液混合作为壳流，两相接触反应后成功获得了由 Janus NCs 核和藻酸盐壳组成的荧光核壳微纤维[111]。此外，通过含有 Cd^{2+} 和 Se^{2-} 的两相 Y 形微流控系统制造了一系列荧光 CdSe/PVP 混合微纤维阵列 [图 7-10(b)]，所获得的纤维其间距分布均匀可控，荧光颜色（绿色、黄色和红色）可调。此外，陈苏课题组采用微流控静电纺丝技术原位生成钙钛矿纳米晶，在此过程中，钙钛

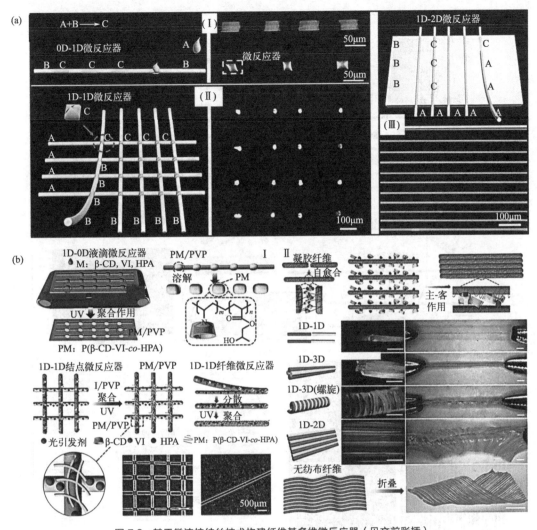

图 7-9　基于微流控纺丝技术构建纤维基多维微反应器（见文前彩插）

（a）（Ⅰ）1D-0D、（Ⅱ）1D-1D 和（Ⅲ）1D-2D 多维微反应器及荧光阵列示意图[72-74]；

（b）（Ⅰ）1D-0D 液滴、1D-1D 结和 1D-1D 纤维微反应器形成自愈超分子 P（β-CD-VI-co-HPA）

水凝胶阵列的示意图；（Ⅱ）自愈纤维向多维材料的组装（比例尺＝500μm）[20]

矿前驱体溶液和聚甲基丙烯酸甲酯前驱体溶液流进 Y 形芯片的核层，聚氨酯纺丝前驱体溶液流进 Y 形芯片的壳层，以纳米纤维作为微反应器原位生成钙钛矿纳米晶 [图 7-10(c)]。所制备的钙钛矿具有高度柔韧性以及优异的稳定性[129]。在此基础上，陈苏课题组采用微流控气喷纺丝技术实现了钙钛矿纳米晶的大规模制备，产量高达 21.729g，包覆钙钛矿的纳米纤维通过二氧化碳还原，在柔性显示以及 LED 领域具有很大的应用潜力[26]。这种纤维纺丝化学理论为研究受限微反应器中的化学反应提供了基本见解，并且，该理论为制备结构可控的功能材料提供了一条有效途径。赵远锦等构筑了具有铜锌维生素骨架核和藻酸盐壳的核壳维生素 MOF 微纤维 [图 7-10(d)]。在此过程中，将醋酸铜或醋酸锌（A）作为核相的反应物注入海藻酸钠溶液（B）的壳相内[94]。反应物 A 和 B 之间原位生成嵌套在藻酸盐壳中的 MOF。所制备的微纤维由于维生素、铜离子和锌离子的可控释放而具有优异的抗菌和抗氧化性能，在促进组织伤口愈合方面有很大的应用潜力。

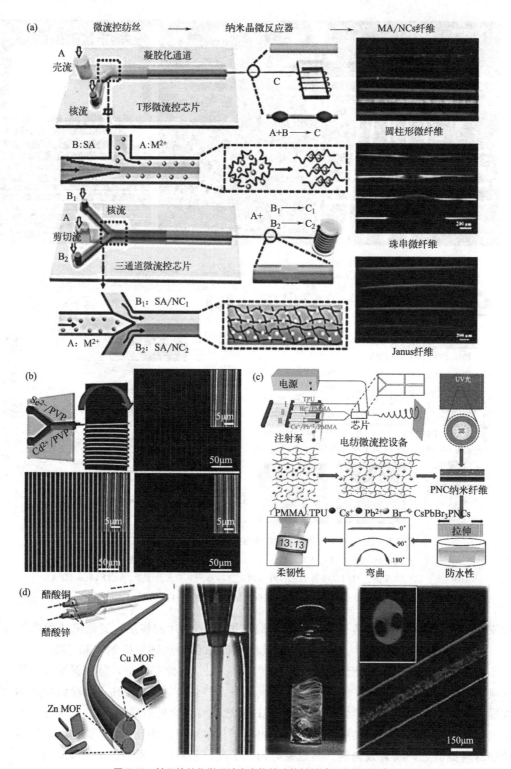

图 7-10　基于纺丝化学理论定向构筑功能材料（见文前彩插）

（a）同轴微流控装置中的单 NCs 微反应器，用于连续制造负载 NCs 的藻酸盐圆柱形和珠串荧光微纤维，Y 形微流控
装置中的双 NCs 微反应器，用于制造荧光 Janus 微纤维[111]；（b）Y 形微流控芯片中的单 NCs 微反应器，
用于制造绿色、黄色和红色荧光 CdSe/PVP 纤维薄膜[94]；（c）通过 Y 形微流控芯片原位制备高稳定性钙
钛矿纳米晶[129]；（d）双 MOF 微反应器，用于形成双核型富含维生素 MOF 的核壳微纤维[94]

7.4.4　基于微流控纺丝技术构建微/纳米纤维应用领域

微/纳米纤维因其高生物相容性和形状特异性，可以模仿和构建各种组织器官，在生物医学领域显示出巨大的应用潜力。近日，梁琼麟等利用同轴微流控装置制备了具有独特性能的螺旋纤维，提出了基于海藻酸盐微纤维原位生成人工血管的理论[91]。同时，血管直径涵盖体内大多数血管尺寸（20～300μm）。将大鼠血液灌注到螺旋血管的实验表明，血液沿着螺旋通道呈螺旋状流动。根据血液动力学，核心红细胞比边界红细胞流动快，这表明通过螺旋通道的血流比通过直通道的血流具有更大的压降。压降通过离心力引起二次流动，从而增强了 O_2/CO_2、营养物和废物的运输。因此，通过微流控纺丝技术制备的可灌注微纤维在人造血管中显示出潜在的应用。此外，还通过微流控纺丝技术制备了一系列可灌注的项链状藻酸盐微纤维[113]，通过调节壳流率来精确控制节-节距离。通过将葡聚糖异硫氰酸荧光素（FITC）溶液灌注到中空通道中，可观察到纤维内部结的扩散梯度，其中荧光强度从结的中心向边缘降低。该荧光梯度与 Ca^{2+} 藻酸盐浓度梯度一致，边缘附近较高的凝胶浓度归因于 Ca^{2+} 从外部凝固浴扩散到藻酸盐纤维。因此，可以通过改变海藻酸盐的浓度来调节包封在纤维结中的 HepG-2 细胞。研究表明结内产生独特的椭圆形细胞浓度梯度，使得细胞在一周后仍大量存活。这种具有浓度梯度的特定结构与肝腺泡非常相似。营养物质供应梯度导致与不同药物引起的肝损伤有关的肝细胞的代谢、形态和功能异质性。上述结果表明，通过微流控技术构筑载有细胞的中空珠节微纤维在体外异质组织中具有广阔的应用前景。

与 3D 生物打印技术相结合的微流控纺丝技术正在迅速兴起，用于构建具有可复制功能的更复杂的组织和器官。该方法具有制备工艺温和、形状保真度高、封装细胞活力高、多功能性等独特的优势，使其在组织工程和再生医学方面具有较大的应用潜力。Ali Khadem-hosseini 等提出了一种基于逐层沉积的生物打印技术[130]，该技术具有离子交联和紫外光聚合两个独立的交联步骤。将包含藻酸盐、GelMA、光引发剂和载有细胞的生物墨水引入内相，同时，将 $CaCl_2$ 溶液引入外相中，制备了独立且化学稳定的 3D 细胞负载结构，厚度为 1mm。培养 10 天后，封装的 HUVEC 细胞迁移到纤维的外部区域。此外，将新鲜分离的新生大鼠心肌细胞接种到所制备的载有 HUVEC 细胞的支架的顶部以创建共培养系统。培养 2 天后，在支架表面的四个不同区域监测同步跳动。结果表明，3D 结构不仅足够柔软，可以使 HUVEC 细胞发生迁移，而且还足够坚固，可以支持心肌细胞的同步跳动。这种新颖微流控纺丝-3D 生物打印集成技术可以将不同的细胞轻松嵌入 ECM 类似物中，以创建各种异质组织，例如透明软骨、骨骼肌组织、脉管系统、心脏组织和肝组织[131-134]。这种方法的主要优点是对微观结构和宏观结构的精确控制，其中纤维单元的微观结构可以通过调节微流控纺丝技术中的参数来简单地操纵，而 3D 细胞负载的宏观结构可以通过调整 3D 生物打印机器参数来改变。因此，该集成技术为创建用于再生医学的仿生异质组织模型提供了一种简单、经济高效且通用的途径。

微流控纺丝技术在构建柔性人造皮肤方面也展现出较大的应用优势。皮肤作为人体最大的组织器官，在维持体内环境稳定及对抗外界细菌感染方面起着至关重要的作用，皮肤损伤修复尤其是大面积皮肤损伤修复是世界性难题。迄今为止，大多数研究成果集中于小面积创面皮肤的修复，其中纤维支架和水凝胶材料表现优异，纤维支架材料具有高强度和仿细胞外基质结构的特点，水凝胶材料能够黏合创面和维持创面湿润环境。在此方面，陈苏等利用微流控气喷纺丝大规模制备了一种核壳结构的人造皮肤材料：超细（65nm）、超大面积

（140cm×40cm）的纤维蛋白原包裹的聚己内酯/丝素纳米纤维支架。以此高比表面积纳米纤维支架为基材，通过纤维蛋白原与凝血酶的原位凝胶化反应形成凝胶（壳）-纳米纤维（核）支架复合人造皮肤材料[15]。这种方法构筑的人造皮肤具有良好的空气透过率［164.635m³/（m²·h·kPa）］、优异的机械强度（8.45MPa）、促血管网形成能力（7天）和快速的体内降解速率（7个月）［图 7-11(a)］。此外，他们还提出了一种基于双溶剂相转移原理的微流控纺丝新技术，实现了螺旋微纤维的大规模制备。经过物理化学相转化过程，能够有效地制造可拉伸、柔韧和生物相容性的螺旋微纤维，通过设计微流控芯片内相出口内径及芯片倾斜角度，可实现螺旋纤维半径、螺距及幅度的精确调控[102]。所获得的螺旋纤维双向拉伸强度均超过 14MPa，约为同类型静电纺丝纤维的 6 倍。较之传统直纤维膜，螺旋纤维膜与内脏接触面积更小，是前者的 4%，因此在腹腔皮肤修复方面具有较好的应用前景 ［图 7-11(b)］。

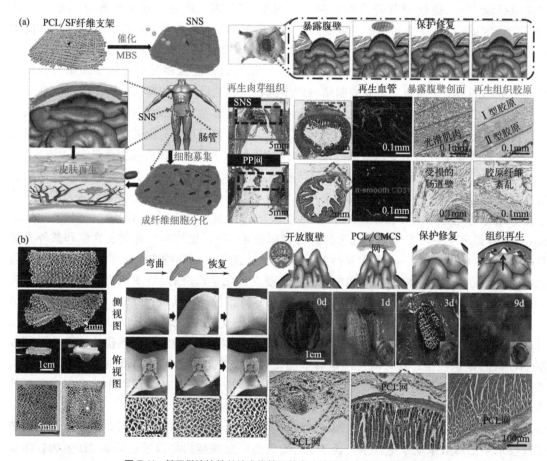

图 7-11　基于微流控纺丝技术构筑无纺布人造皮肤（见文前彩插）

（a）微流控气喷纺丝技术构筑纤维蛋白原负载的 PCL/SF 纳米纤维支架和纤维蛋白密封剂包裹的纳米纤维支架（SNS）促进皮肤再生[15]；（b）基于双溶剂相转移原理构筑高强度螺旋纤维[102]

除了生物医学应用外，微流控纺丝技术在构建柔性超级电容器方面也展现出较大的应用优势。陈苏等基于微流控液滴技术合成金属-有机骨架/石墨烯/碳纳米管杂化电极材料[27]。获得的纳米杂化材料具有高的比表面积（1206m²/g）、丰富的离子通道（0.86nm 的窄孔）和丰富的氮活性位点（10.63%）。此外，还提出了将微流控气喷纺丝方法用于连续生产具有优异柔韧性和机械强度的纳米纤维基柔性超级电容器电极 ［图 7-12(a)］。陈苏等[135] 基于微流控纺丝技术制备了聚氨酯/黑磷/碳纳米管（TPU/BP/CNT）微纤维织物，其具有优良的力学性能，可被弯曲、折叠和扭曲成各种形状，包括圆形、矩形、三角形和星形。通过热压两层导电织物层和一层聚合物支撑的离子液体电解质层，形成高性能超级电容器 [图 7-12(b)]。基于一维 CNT 纳米线连接的二维 BP 纳米片的稳定异质结构，BP 薄片表现出类似石墨烯的优异导电性，且嵌入的 CNT 减轻了 BP 纳米薄片的堆叠并促进了电子传导，所制备的超级电容器表现出高能量密度（96.5mW·h/cm³）、比电容（308.7F/cm³）以及优良的循环稳定性（10000 次循环后初始电容保留率为 90.2%）和弯曲耐久性。基于上述优势，所制备的超级电容器能高效地为各种电子设备供电，如 LED、智能手表和显示器。因此，利用微流控纺丝技术有望实现具有特定结构、成分和性能的纳米复合导电纤维和纤维织物的大规模生产，在面向小型化、高精度、智能化的生物医学材料和可穿戴电子设备等前瞻性领域具有广阔的应用前景。

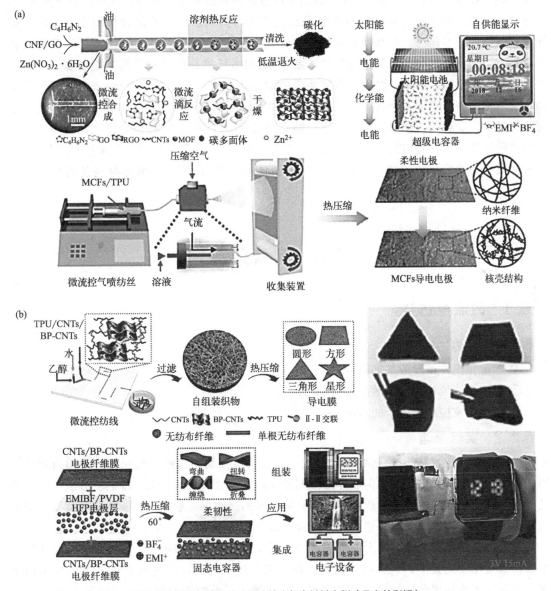

图 7-12　基于微流控技术构建纳米复合材料实例（见文前彩插）

（a）基于微流控液滴技术合成微介孔碳骨架纳米复合材料[27]；（b）通过三相微流控装置制造 TPU/CNTs/BP-CNTs 不同形状微纤维织物的示意图[135]

7.5 小结与展望

微流控技术作为一种制备高性能材料的方法，通过层流效应精确操控微流体，为纳米纤维的连续可控大规模制备提供了一个强有力的平台，在制备精确微结构微/纳米纤维方面展现出独特的优势。该技术能够实现微/纳米纤维在结构、组成和功能化方面的精确调控，为高性能的功能化微/纳米纤维开发提供了强有力的保障。虽然微流控技术应用于制备微/纳米纤维材料已经取得了一些进展，但仍然存在诸多挑战：①微流控技术只是制备微/纳米纤维材料的基础技术，为制备性能良好的微/纳米纤维材料常需要结合其他新技术，如受控乳化、快速冷冻、原位界面络合等，然而目前微流控技术与其他新技术的结合依旧不够紧密；此外，将微流控技术作为一种基础的手段，结合如自组装法等技术制备微/纳米纤维素材料将大有可为。②微通道的构建是微流控技术制备微/纳米纤维材料过程中的关键步骤，目前微通道大都为微米级，纳米尺度及三维微通道的制备还存在技术问题，微/纳米尺度下流体流动状态的精确控制还未完全掌握。未来，发展纳米尺度的微通道构建技术将为微流控技术带来巨大进步。③目前，微流控技术应用于制备功能化微/纳米纤维材料的研究稍显不足，即材料的种类及应用方向均需扩展。未来，拓展微/纳米纤维应用场景将是微流控技术制备微/纳米纤维材料的发展方向之一；此外，纤维膜材料亦是微/纳米纤维材料制备的另一发展方向。

7.6 实验案例

7.6.1 微流控纺丝

7.6.1.1 实验目的
① 熟悉微流控纺丝的基本原理。
② 了解微流控纺丝装置的基本构造。
③ 掌握微流控纺丝技术的基本操作。

7.6.1.2 实验原理
微流控纺丝技术是一种在微/纳米尺度上通过精确控制和操控（改变流体推动力和接收器的拉伸力）具有一定黏度的前驱体溶液制备出不同尺寸和形貌的微纤维的新方法。其原理是当具有一定黏度的聚合物前驱体溶液与高速旋转的接收器接触时，前驱体溶液被接收器瞬间牵引，在此过程中，溶剂快速固化，最终形成纤维，如图 7-13 所示。

与静电纺丝相比，该方法无需高压电场，所用聚合物也无需导电，因此，导电与非导电聚合物都适用于此技术，其更具广谱性，同时具有以下优点：①高可纺性，可实现不同溶剂、不同分子量的聚合物纺丝；②可用于一维纤维和三维微珠的构筑；③制备无机-有机的混纺纳米纤维；④流体速率、纤维直径高度可控；⑤仪器工艺安全，操作简便。

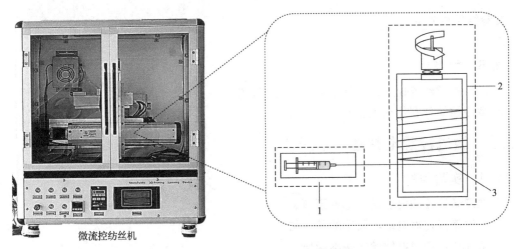

图 7-13 微流控纺丝装置与实验示意图
1—微流体泵；2—接收器；3—纳米纤维

7.6.1.3 化学试剂与仪器

化学试剂：聚乙烯吡咯烷酮（PVP，M_w=130万，麦克林）、乙醇（AR，99%，国药）。

仪器设备：微流控纺丝机（南京捷纳思新材料有限公司）、22G 毛细管针头（1个）、10mL 注射器（1个）、转接头（1对）、软管（15cm）、接收器（1个）、50mL 烧杯（1个）、4cm 磁力搅拌子（1个）、3D 打印接收器（1个）、磁力搅拌台（1台）、分析天平（1台）。

7.6.1.4 实验步骤

① 微流控纺丝溶液的制备。

用分析天平准确称取 17g 乙醇放入 50mL 烧杯中，再加入 3g PVP 粉末溶于乙醇溶液中，放入磁力搅拌子，将烧杯转移至磁力搅拌台上，调节转速至 500～800r/min，搅拌 12h 使固体粉末完全溶解，待用。

② 装置连接及参数设定。

首先，将配制好的溶液移入注射器中，连好软管，再与针头连接，最后将注射器放置于注射泵上。然后，打开温度/湿度调节按钮，调节温度至 25℃，相对湿度至 50%。随后，安装接收器并打开滚筒电机按钮，通过旋转旋钮调节接收器转速，转速控制在 300～2000r/min。最后，设定泵的流速在 0.1～0.8mL/h 之间，启动注射泵，通过控制出液速度来调节纤维直径及形貌。

③ 纤维的收集。

收集时避免用手直接接触纳米纤维，防止破坏纤维结构与形貌。

④ 关闭设备。

关闭设备时，与打开顺序相反，依次为：关注射泵—关滚筒—关风扇—关加热。取出注射器，未使用完的溶液转移至废液桶，软管及注射器丢入相应的固废箱中。

7.6.1.5 实验记录与数据处理

室温/℃	大气压/Pa	纺丝流速/(mL/h)	实验结果

实验结果与分析：

7.6.1.6 思考题

① 微流控纺丝流速变化对纤维的直径有何影响？

② 微流控纺丝有什么优势？

7.6.2 微流控静电纺丝

7.6.2.1 实验目的

① 熟悉微流控静电纺丝的基本原理。

② 了解微流控静电纺丝装置的基本构造。

③ 掌握微流控静电纺丝的基本操作。

7.6.2.2 实验原理

微流控静电纺丝法是将聚合物溶液或熔体带上几千至上万伏高压静电，聚合物的表面张力与带电液滴在喷丝头末端处于平衡，随着电压的加大，液滴被逐渐拉长形成锥体（Taylor锥）。当电场增加到临界值时，电荷斥力大于表面张力，射流从 Taylor 锥表面喷出。射流先后经过一个稳定和不稳定的拉长过程，变长变细，同时溶剂蒸发或固化，以无序状排列于接收装置上，形成类似非织造布状的纳米纤维毡（网或者膜）。所获得的纤维直径一般在数十纳米到数百纳米之间且具有连续性。

微流控静电纺丝装置一般由注射器（挤出泵）、喷丝头、高压静电发生器和接收装置四部分组成，如图 7-14 所示。该方法以静电场和微流场为驱动力，通过微流控数字化精准调控，既可以制备超细纤维，又可以获得结构高度有序的纤维，从而实现多层次结构、多组成杂化纤维的构筑。

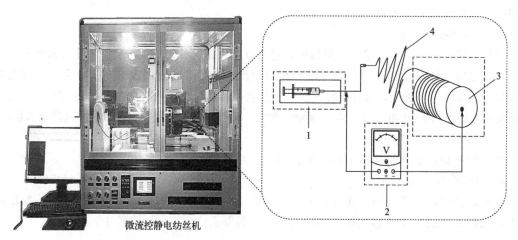

微流控静电纺丝机

图 7-14 微流控静电纺丝装置与示意图

1—微流体泵；2—高压电源；3—接收器；4—纳米纤维

7.6.2.3 化学试剂与仪器

化学试剂：热塑性聚氨酯（TPU，M_w＝80 万，麦克林）、N,N-二甲基甲酰胺（DMF，AR，麦克林）。

仪器设备：微流控静电纺丝机（南京捷纳思新材料有限公司）、22G毛细管针头、10mL注射器、转接头（1对）、软管（15cm）、50mL烧杯、4cm磁力搅拌子、锡箔纸（15cm×10cm）、磁力搅拌台（1台）。

7.6.2.4　实验步骤

① 静电纺丝溶液的制备。

用分析天平准确称取17g DMF溶液放入50mL烧杯中，再加入3g TPU粉末于DMF溶液中。放入磁力搅拌子，将烧杯转移至磁力搅拌台上，调节转速至500~800r/min，搅拌12h使固体粉末完全溶解，待用。

② 装置连接及参数设定。

首先，将配制好的TPU溶液移入注射器中，连好软管，再与针头连接，最后将注射器放置于注射泵上。然后，打开温度/湿度调节按钮，调节温度至25℃，相对湿度至50%。随后，包覆一层锡箔纸在滚筒接收器上，打开滚筒电机按钮，调节滚筒转速，转速控制在300~1000r/min。然后，设定溶液的流速在0.5~1mL/h之间，启动注射泵，通过控制出液速度来调节纤维直径及形貌。最后，打开高压发生装置开关，调整旋钮至所需电压，电压应控制在10~20kV。

③ 纤维的收集。

收集时取出滚筒接收器上覆盖的锡箔纸。整个过程避免用手直接接触纳米纤维，防止破坏纤维结构与形貌。

④ 关闭设备。

关闭设备时，与打开顺序相反，依次为：关高压—关注射泵—关滚筒—关风扇—关加热。取出注射器，未纺完的溶液转移至废液桶，软管及注射器丢入相应的固废箱中。

7.6.2.5　实验记录与数据处理

室温/℃	大气压/Pa	纺丝流速/(mL/h)	电压/kV

实验结果与分析：

7.6.2.6　注意事项

① 本实验用到的试剂具有低毒性，实验时注意戴好口罩、手套，做好自我防护。

② 本实验用到的前驱体溶液需要剧烈搅拌助溶解，注意使用正确的转子规格、适当的转速。

③ 鉴于实验流体不同的黏度性质及试剂具有的流动惯性，在微流泵中流动相流速参数变动时，要静置5min待到体系稳定再进行纤维的收集。

④ 本实验使用到高压电源，注意安全用电。

7.6.2.7　思考题

① 分析溶液性质，如浓度、黏度、电导率、表面张力、液体流量等对实验过程有哪些影响。

② 分析针头和收集器之间的距离对实验过程的影响。

7.6.3 微流控湿法纺丝

7.6.3.1 实验目的

① 熟悉微流控湿法纺丝的基本原理。

② 了解微流控湿法纺丝装置的基本构造。

③ 掌握微流控湿法纺丝的基本操作。

7.6.3.2 实验原理

将成纤聚合物溶解在适当的溶剂中，得到一定组成、一定黏度、有良好可纺性的溶液，称纺丝液。纺丝液也可由溶液聚合直接获得。微流控湿法纺丝是将纺丝液通过喷丝孔喷出并流入凝固浴液形成纤维的化学纤维纺丝方法。其中纺丝液中的溶剂向凝固浴液扩散，凝固浴中的沉淀剂向纺丝液扩散，这种扩散称为双扩散。通过扩散使纺丝液达到临界浓度，聚合物于凝固浴中析出而形成纤维（图7-15）。凝固是物理过程，但某些化学纤维（例如黏胶纤维）在湿法纺丝过程中，还同时发生化学变化。目前，腈纶、维纶、氯纶、氨纶、纤维素纤维以及某些由刚性大分子构成的成纤聚合物均可采用湿法纺丝方法进行制备。湿法纺丝工艺主要包括纺丝原液制备、纺前准备、纺丝以及丝条上油和卷绕。

与微流控静电纺丝相比，微流控湿法纺丝具有如下优点：①无需高压电场，更具广谱性、高可纺性，可实现不同溶剂、不同分子量的聚合物纺丝。②所得纤维含有大量凝固浴液体而处于溶胀状态，大分子具有很大的活动性，其取向度很低。通过选择和控制纺丝工艺条件，可制得不同横截面形状或具有特殊毛细孔结构和特殊性能的纤维。③工艺安全，操控简便。适合多种人造纤维和合成纤维的开发研究，如海藻酸钠纤维、壳聚糖纤维、蛋白纤维。

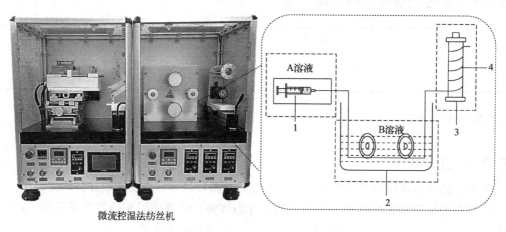

微流控湿法纺丝机

图 7-15 微流控湿法纺丝装置与示意图

1—微流体泵；2—凝固浴；3—接收器；4—纳米纤维

7.6.3.3 化学试剂与仪器

化学试剂：海藻酸钠（AR，阿拉丁）、氯化钙（$CaCl_2$，AR，阿拉丁）、去离子水（AR）。

仪器设备：微流控湿法纺丝机（南京捷纳思新材料有限公司）、24G 毛细管针头、20mL

注射器、转接头（1对）、软管（15cm）、烧杯（100mL和250mL）、磁力搅拌子（4cm和6cm）、培养皿（250mL）、磁力搅拌台（1台）、分析天平（1台）。

7.6.3.4 实验步骤

① 湿法纺丝溶液的制备。

首先用分析天平准确称取49g去离子水，放入100mL烧杯中，然后称取1g海藻酸钠粉末放入去离子水中，放入一个磁力搅拌子，将此烧杯转移至磁力搅拌台上，以800r/min的速度搅拌使其完全溶解，此海藻酸钠溶液称之为A溶液；另取一个250mL的烧杯，以相同的方法称取6g $CaCl_2$ 粉末放入194g水中，以800r/min的速度搅拌使其完全溶解，此 $CaCl_2$ 溶液称之为B溶液。

② 装置连接及参数设定。

首先，将配制好的A溶液移入注射器中，与针头连接，并将注射器放置于注射泵上。然后，将B溶液全部倒入培养皿中。设定A溶液的流速为10~20mL/h之间的任意一个数值，启动注射泵，通过控制出液速度来调节湿法纺丝纤维直径。最后，打开接收装置按钮，转速控制在50~300r/min，以恒定的速度收集纤维，实验装置如图7-15所示。

③ 关闭设备。

关闭设备时，与打开顺序相反，依次为：关注射泵—关接收装置—关总电源。未纺完的溶液转移至废液桶，软管及注射器丢入相应的固废箱中。

7.6.3.5 实验记录与数据处理

室温/℃	大气压/Pa	纺丝流速/(mL/h)	收集转速/(r/min)

实验结果与分析：

7.6.3.6 思考题

① 微流控湿法纺丝的优点有哪些？
② 实验过程中是如何控制纤维的有序排列的？
③ $CaCl_2$ 水溶液有什么作用？

7.6.4 微流控气喷纺丝

7.6.4.1 实验目的

① 熟悉微流控气喷纺丝的基本原理。
② 了解微流控气喷纺丝装置的基本构造。
③ 掌握微流控气喷纺丝的基本操作。

7.6.4.2 实验原理

微流控气喷纺丝装置主要由高压气源（气泵或者气瓶）、微流泵、收集器以及同轴喷头组成，如图7-16所示。其中，收集器主要是滚筒型收集装置。同轴喷头核层是聚合物溶液通道，壳层是高压气体通道。根据伯努利原理，气压的变化会导致气体流速或者动能的变化，当同轴喷头尖端喷射出高速气体时，气压转换成动能，同时气流的流速增加。高速气流流过聚合物溶液周围的区域导致液体射流内部区域的压力减小，这构成了溶液射流形成的驱动力。同时，高速气流会在气液表面产生剪切力，从而使聚合物溶液在针尖处形成液体锥。当剪切力克服了表面张力，溶液射流从液体锥的末端流出，并沿气流方向从针头喷出，伴随着溶剂的挥发，最终形成纤维。纤维可沉积到任何目标的表面，包括活体组织、纱网、液体表面等。纺丝参数和原料变量包括流速、气压、聚合物浓度、分子量、接收装置与喷头之间的距离、喷头伸出距离、喷头直径以及溶剂等，都会影响纤维形貌。通常，溶液黏度和溶剂对纤维形态的影响与静电纺丝相似，其中高浓度和高分子量聚合物有着较高的黏度，这会使得纤维变粗。而低挥发性溶剂易于产生薄膜而不是纤维，可以通过加热方式增加溶剂挥发速率，获得形貌较好的纤维。微流控气喷技术结合转轴式接收装置，可实现大规模纳米纤维膜的制备。

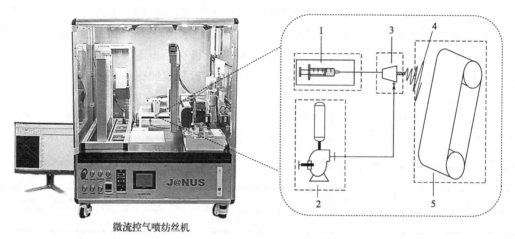

微流控气喷纺丝机

图 7-16　微流控气喷纺丝装置与示意图

1—微流体泵；2—空气压缩机；3—气喷纺丝针头；4—纳米纤维；5—滚轴式接收器

7.6.4.3　化学试剂与仪器

化学试剂：热塑性聚氨酯（TPU，$M_w=80$ 万，麦克林）、N,N-二甲基甲酰胺（DMF，AR，麦克林）。

仪器设备：微流控气喷纺丝机（南京捷纳思新材料有限公司）、24G 气喷芯片、20mL 注射器、转接头（1 对）、软管（5cm）、烧杯（50mL）、磁力搅拌子（4cm）、磁力搅拌台（1 台）。

7.6.4.4　实验步骤

① 纺丝溶液的制备。

用分析天平准确称取 17g DMF 溶液放入 50mL 烧杯中，再加入 3g TPU 粉末于溶液中，放入磁力搅拌子，将其转移至磁力搅拌台并以 800r/min 的转速搅拌使其完全溶解，待用。

② 装置连接及参数设定。

首先，将配制好的 TPU 溶液移入注射器中，连接软管与针头，最后将注射器放置于注射泵上。然后，打开温度/湿度调节按钮，调节温度至 25℃，相对湿度至 50%。随后，打开滚筒电机按钮，转速控制在 50~100r/min。设定溶液的流速为 5~10mL/h 之间的任意一个数值，启动注射泵。最后，打开气压装置，气压大小应控制在 0.1~0.5MPa。

③ 纤维的收集。

收集时取出滚筒接收器上覆盖的纤维膜。整个过程避免用手直接接触纳米纤维，防止破坏纤维结构与形貌。

④ 关闭设备。

关闭设备时，与打开顺序相反，依次为：关气压—关注射泵—关滚筒—关总电源。未纺完的溶液转移至废液桶，软管及注射器丢入相应的固废箱中。

7.6.4.5 实验记录与数据处理

室温/℃	大气压/MPa	纺丝流速/(mL/h)	收集转速/(r/min)

实验结果与分析：

7.6.4.6 注意事项

① 本实验用到的试剂具有低毒性，实验时注意戴好口罩、手套，做好自我防护。

② 本实验用到的前驱体溶液需要剧烈搅拌助溶解，注意使用正确的转子规格、适当的转速。

③ 本实验使用到高压气流，注意安全使用空气压缩机。

7.6.4.7 思考题

① 微流控气喷纺丝与静电纺丝有何不同？

② 微流控气喷纺丝的原理是什么？优点有哪些？

③ 实验中影响纤维形貌的参数有哪些？

7.6.5 微流控静电-3D 打印纺丝技术

7.6.5.1 实验目的

① 掌握微流控静电-3D 打印纺丝工艺的原理。

② 熟悉微流控静电-3D 打印一体纺丝机的结构特点、各部件作用。

③ 掌握微流控静电-3D 打印纺丝制备有序纤维的一般工艺。

7.6.5.2 实验原理

增材制造（AM）技术，也称 3D 打印技术，通过计算机 CAD 辅助设计数据，采用逐层累加材料的方法制造实体零部件。与传统的切削加工去除材料的方式不同，3D 打印技术是一种材料堆积的制造技术，被誉为"第三次工业革命"的象征。传统的增材制造技术在打印宏观尺寸结构方面发挥了重要作用，但其制造精度有限，难以满足微细、精密制造领域对打印精度的苛刻要求，如：在生物领域，微流控芯片的打印精度要求达到微米量级；在微/纳光学领域，光子晶体的晶格周期的打印精度要求达到百纳米量级。此外，3D 打印技术以其能够制造高精度复杂三维结构、节省材料、方便快捷的特点，在微机电系统、微/纳光子器件、微流体器件、生物医疗和组织工程、新材料等领域有着巨大的产业应用需求。

日常普通打印的原理是将墨水打印在纸张表面，只能实现二维印刷品的打印。3D 打印的工作原理是基于离散堆积的思想，将一个物理实体复杂的三维加工方式，离散成一系列二维层片的加工，然后叠加，类似于 CT 扫描获得断层影像后再进行三维重建的过程。具体方法是在软件中，将模型文件按照一定的层厚进行切片，得到每个断层的图像或外形轮廓，再将断层图像或轮廓的切片文件转成特定格式文件输入打印机，进行逐层加工、堆积，形成最终的三维立体零件实物。从成型工艺上，3D 打印技术突破了传统成型方法的限制，通过快速自动成型系统与计算机数据模型相结合，无需任何附加的传统模具和机械加工就能制造出各种复杂的实体原型。微流控静电-3D 打印一体纺丝机将静电纺丝、微流控纺丝以及 3D 打印的原理结合在一起，既可以实现微流控制备有序纤维的要求，又可以满足静电纺丝制备无序纤维的要求。同时，可折叠的机械臂也可实现 3D 打印，从而可以实现一机多用的目的，满足不同研究领域的需求。

7.6.5.3　化学试剂与仪器

化学试剂：海藻酸钠（AR，阿拉丁）、氯化钙（$CaCl_2$，AR，阿拉丁）、去离子水（AR）。

仪器设备：微流控静电-3D 打印纺丝机（南京捷纳思新材料有限公司）、24G 毛细管针头、20mL 注射器、转接头（1 对）、软管（15cm）、烧杯（100mL 和 250mL）、磁力搅拌子、磁力搅拌台（1 台）、分析天平（1 台）。

7.6.5.4　实验步骤

① 3D 打印墨水的制备。

首先用分析天平准确称取 49g 去离子水，放入 100mL 烧杯中，然后称取 1g 海藻酸钠粉末放入去离子水中，放入一个磁力搅拌子，将此烧杯转移至磁力搅拌台上，以 800r/min 的速度搅拌使其完全溶解，此海藻酸钠溶液称之为 A 溶液；另取一个 250mL 的烧杯，以相同的方法称取 6g $CaCl_2$ 粉末放入 194g 水中，以 800r/min 的速度搅拌使其完全溶解，此 $CaCl_2$溶液称之为 B 溶液。

② 3D 打印图案设计。

a. 打开 Ncserver 软件→打开 JDpaint 软件→在指定区域内画图→选中图形→变换缩放→调整图形大小（X 轴、Y 轴≤120mm，Z 轴≤100mm）。

b. 选中图形→刀具路径→路径向导→单线雕刻→雕刻深度（1mm）→下一步→平底 JJD-1.00（在最上面）→下一步吃刀深度（1mm）→完成选中图形→刀具路径→输出刀具路径→命名→保存→输出文件版本→确定→确定→文件头尾设置（框架中字全部删掉）→加工速度（1000）→完成。

c. 打开 NCstudio 软件→文件→找到上述保存的路径文件→手动调节初始位置（尽量在右上角位置）→把 X、Y、Z 工件坐标归零（定义为初始的位置）→运行（运行前把桌面上的"泵软件"打开，调节好相应的纺丝液流速，保证出液流畅）。

③ 装置连接及参数设定。

首先，将配制好的 3D 打印墨水移入注射器中，与针头相连后，将注射器放置于注射泵上。然后，打开电脑，运行"泵软件"，设定 A 溶液的流速为 5~10mL/h 之间的任意一个数值，启动注射泵；启动 NCstudio 软件，装载路径文件，运行此路径。

④ 关闭设备。

关闭设备时，与打开顺序相反，依次为：关注射泵—关总电源。未使用的墨水转移至废液桶，注射器及针头丢入相应的固废箱中。

实验步骤图如图 7-17 所示。

图 7-17　微流控静电-3D 打印纺丝步骤示意图

7.6.5.5　实验记录与数据处理

室温/℃	大气压/Pa	打印速度	针头直径

实验结果与分析：

7.6.5.6　注意事项

① 注意各种参数对微流控静电-3D 打印一体纺丝机性能的影响。

② 注意 3D 打印机器臂的量程，避免对机器造成损坏。

③ 鉴于实验流体不同的黏度性质及试剂具有的流动惯性，在微流泵中流速参数变动时，要静置 5min 待到体系稳定后再进行纤维的收集。

④ 本实验使用到高压电源，注意安全用电。

7.6.5.7　思考题

① 分析微流控静电-3D 打印纺丝过程中的影响因素。

② 实验中影响 3D 打印样品质量的参数有哪些？

参考文献

[1] 赵明月，杨顺，涂希玲，等. 富血小板血浆联合静电纺丝纳米支架在骨及软组织修复中的应用 [J/OL]. 中国组织工程研究，2022-11-28.

[2] Cheng J，Jun Y，Qin J H，et al. Electrospinning versus microfluidic spinning of functional fibers for biomedical applications [J]. Biomaterials，2017，114：121-143.

[3] Zhou J，Xu X Z，Xin Y Y，et al. Coaxial thermoplastic elastomer-wrapped carbon nanotube fibers for deformable and wearable strain sensors [J]. Advance Function Materials，2018，28 (16)：1705591.

[4] Jr A P，Palacios M A. Polymer nanofibre junctions of attolitre volume serve as zeptomole-scale chemical reactors [J]. Nature Chemistry，2009，1 (1)：80-86.

[5] Wang P，Wang Y P，Tong L M. Functionalized polymer nanofibers：A versatile platform for manipulating light at the nanoscale [J]. Light：Science Applications，2013，2：e102.

[6] He X，Zi Y L，Guo H Y，et al. A highly stretchable fiber-based triboelectric nanogenerator for self-powered wearable electronics [J]. Advance Function Materials，2017，27 (4)：1604378.

[7] 王志远，郭尧照，穆元庆. 静电纺丝技术的应用探讨 [J]. 中国石油和化工标准与质量，2012，32 (7)：47.

[8] Xu Z，Gao C. In situ polymerization approach to graphene-reinforced nylon-6 composites [J]. Macromolecules，2010，43 (16)：6716-6723.

[9] Huang Y, Bai X, Zhou M, et al. Large-scale spinning of silver nanofibers as flexible and reliable conductors [J]. Nano Lett. , 2016, 16 (9): 5846-5851.

[10] Truby R L, Lewis J A. Printing soft matter in three dimensions [J]. Nature, 2016, 540 (7633): 371-378.

[11] 高原. 溶液喷射纺丝技术在肝脏及心脏止血方面的应用研究 [D] 青岛: 青岛大学, 2021.

[12] 王泽辉. 现代纺织工程技术前言 [J]. 化工学报, 2020, 58: 76-84.

[13] 崔婷婷, 刘吉东, 解安全, 等. 多功能纳米纤维微流体纺丝技术及其应用研究进展 [J]. 纺织科学研究, 2018, 39 (12): 158-165.

[14] 张思远, 张玉柱, 龙跃, 等. 静电纺丝法制备 ZnO/活性炭复合纳米纤维材料 [J]. 华北理工大学学报 (自然科学版), 2017, 39 (2): 37-45.

[15] Cui T T, Yu J F, Li Q, et al. Large-scale fabrication of robust artificial skins from a biodegradable sealant-loaded nanofiber scaffold to skin tissue via microfluidic blow-spinning [J]. Advanced Materials, 2020, 32 (32): 2000982.

[16] Wu T Y, Wu X J, Li L H, et al. Anisotropic boron-carbon hetero-nanosheets for ultrahigh energy density supercapacitors [J]. Angewandte Chemie International Edition, 2020, 59 (52): 23800-23809.

[17] Huang Q, He F K, Yu J F, et al. Microfluidic spinning-induced heterotypic bead-on-string fibers for dual-cargo release and wound healing [J]. Journal of Materials Chemistry B, 2021, 9 (11): 2727-2735.

[18] He F K, Qu Y T, Liu J, et al. 3D printed biocatalytic living materials with dual-network reinforced bioinks [J]. Small, 2021, 18 (6): 2104820.

[19] Zhang Y, Tian Y, Xu L L, et al. Facile fabrication of structure-tunable bead-shaped hybrid microfibers using a Rayleigh instability guiding strategy [J]. Chemical Communications, 2015, 51 (99): 17525-17528.

[20] Li Q, Xu Z, Du X, et al. Microfluidic-directed hydrogel fabrics based on interfibrillar self-healing effects [J]. Chemistry of Materials, 2018, 30 (24): 8822-8828.

[21] Cui T T, Zhu Z J, Cheng R, et al. Facile access to wearable device via microfluidic spinning of robust and aligned fluorescent microfibers [J]. ACS Applied Materials & Interfaces, 2018, 10 (36): 30785-30793.

[22] Dong T, Zhao J, Li G, et al. In situ synthesis of robust polyvinylpyrrolidone-based perovskite nanocrystal powders by the fiber-spinning chemistry method and their versatile 3D priniting patterns [J]. ACS Applied Materials & Interfaces, 2021, 13 (33): 39748-39754.

[23] Li J J, Cui T T, Yu J F, et al. Stable and large-scale organic-inorganic halide perovskite nanocrystal/polymer nanofiber films prepared via a green in situ fiber spinning chemistry method [J]. Nanoscale, 2022, 14 (33): 11998-12006.

[24] Xie A Q, Cui T T, Cheng R, et al. Robust Nanofiber films prepared by electro-microfluidic spinning for flexible highly stable quantum-dot displays [J]. Advance Electronic Materials, 2020, 7 (1): 2000626.

[25] Xie A Q, Zhu L L, Liang Y Z, et al. Fiber-spinning asymmetric assembly for Janus-structured bifunctional nanofiber films towards all-weather smart textile [J]. Angewandte Chemie International Edition, 2022, 61 (40): e202208592.

[26] Liu C, Cheng R, Guo J Z, et al. Carbon dots embedded nanofiber films: Large-scale fabrication and enhanced mechanical properties [J]. Chinese Chemical Letters, 2022, 33 (1): 304-307.

[27] Cheng H Y, Meng J K, Wu G, et al. Hierarchical micro-mesoporous carbon-framework-based hybrid nanofibres for high-density capacitive energy storage [J]. Angewandte Chemie International Edition, 2019, 58 (48): 17465-17473.

[28] Cheng R, Liang Z B, Zhu L L, et al. Fibrous nanoreactors from microfluidic blow spinning for mass production of highly stable ligand-free perovskite quantum dots [J]. Angewandte Chemie International Edition, 2022, 61 (27): e202204371.

[29] Li G X, Dong T, Zhu L L, et al. Microfluidic-blow-spinning fabricated sandwiched structural fabrics for All-Season personal thermal management [J]. Chemical Engineering Journal, 2023, 453: 139763.

[30] Zhou G Q, Li M C, Liu C Z, et al. 3D printed $Ti_3C_2T_x$ MXene/cellulose nanofiber architectures for soild-state supercapacitors: ink rheology, 3D printability and electrochemical performance [J]. Advance Function Materials, 2022, 32 (14): 2109593.

［31］ Chen G D, Liang X Y, Zhang P, et al. Bioinspired 3D printing of functional materials by harnessing enzyme-induced biomineralization［J］. Advance Function Materials, 2022, 32 (34): 2113262.

［32］ Cheng Q Q, Sheng Z Z, Wang Y F, et al. General suspended printing strategy toward programmatically spatial kevlar aerogels［J］. ACS Nano, 2022, 16 (3): 4905-4916.

［33］ Ji C, Qiu M L, Ruan H T, et al. Transcriptome analysis revealed the symbiosis niche of 3D scaffolds to accelerate bone defect healing［J］. Advance Science, 2022, 9 (8): 2105194.

［34］ Peng S, Guo Q, Thirunavukkarasu N, et al. Tailoring of photocurable ionogel toward high resilience and low hysteresis 3D printed versatile porous flexible sensor［J］. Chemical Engineering Journal, 2022, 439: 135593.

［35］ Sun K, Wei T S, Ahn B Y, et al. 3D printing of interdigitated Li-ion microbattery architectures［J］. Advance Materials, 2013, 25 (33): 4539-4543.

［36］ Zhu C, Liu T Y, Qian F, et al. Supercapacitors based on three-dimensional hierarchical graphene aerogels with periodic macropores［J］. Nano Letters, 2016, 16 (6): 3448-3456.

［37］ 张翔, 伍先安, 李长金, 等. 基于微纳层叠技术的聚合物纳米纤维制备及应用研究进展［J］. 中国塑料, 2022, 36 (10): 159-166.

［38］ Jeong W, Kim J, Kim S, et al. Hydrodynamic microfabrication via "on the fly" photopolymerization of microscale fibers and tubes［J］. Lab On a Chip, 2004, 4 (6): 576-580.

［39］ Hou K, Wang H, Lin Y, et al. Large scale production of continuous hydrogel fibers with anisotropic swelling behavior by dynamic-crosslinking-spinning［J］. Macromolecular Rapid Communications, 2016, 37 (22): 1795-1801.

［40］ Daniele M A, Radom K, Ligler F S, et al. Microfluidic fabrication of multiaxial microvessels via hydrodynamic shaping［J］. RSC Advances, 2014, 4 (45), 23440-23446.

［41］ 宋文杰. 光固化甲基丙烯酰化透明质酸填充对自体骨软骨移植术后供区缺损及其周围软骨的影响［D］. 太原: 山西医科大学, 2022.

［42］ Lan W J, Du Y J, Guo X Q, et al. Flexible microfluidic fabrication of anisotropic polymer microfibers［J］. Industrial Engineering Chemistry Research, 2018, 57 (1): 212-219.

［43］ Hu M, Deng R, Schumacher K M, et al. Hydrodynamic spinning of hydrogel fibers［J］. Biomaterials, 2010, 31 (5): 863-869.

［44］ Zhu A, Guo M, Macromol. Microfluidic controlled mass-transfer and buckling for easy fabrication of polymeric helical fibers［J］. Rapid Communications, 2016, 37 (5): 426-432.

［45］ Jung J H, Choi C H, Chung S, et al. Microfluidic synthesis of a cell adhesive Janus polyurethane microfiber［J］. Lab On a Chip, 2009, 9 (17): 2596-2602.

［46］ Boyd D A, Shields A R, Howell P B, et al. Design and fabrication of uniquely shaped thiol-ene microfibers using a two-stage hydrodynamic focusing design［J］. Lab On a Chip, 2013, 13 (15): 3105-3110.

［47］ He X H, Wang W, Deng K, et al. Microfluidic fabrication of chitosan microfibers with controllable internals from tubular to peapod-like structures［J］. RSC Advances, 2015, 5 (2): 928-936.

［48］ Wu F, Ju X J, He X H, et al. A novel synthetic microfiber with controllable size for cell encapsulation and culture［J］. Journal Materials Chemistry B, 2016, 4 (14): 2455-2465.

［49］ Hu M, Kurisawa M, Deng R, et al. Cell immobilization in gelatin-hydroxyphenylpropionic acid hydrogel fibers［J］. Biomaterials, 2009, 30 (21): 3523-3531.

［50］ Sun T, Li X, Shi Q, et al. Microfluidic spun alginate hydrogel microfibers and their application in tissue engineering［J］. Gels, 2018, 4 (2): 38.

［51］ Lee K H, Shin S J, Kim C B, et al. Microfluidic synthesis of pure chitosan microfibers for bio-artificial liver chip［J］. Lab on a Chip, 2010, 10 (10): 1328.

［52］ Lee B R, Lee K H, Kang E, et al. Microfluidic wet spinning of chitosan-alginate microfibers and encapsulation of HepG2 cells in fibers［J］. Biomicrofluidics, 2011, 5 (2): 022208.

［53］ Hwang C M, Khademhosseini A, Park Y, et al. Microfluidic chip-based fabrication of PLGA microfiber scaffolds for tissue engineering［J］. Langmuir, 2008, 24 (13): 6845-6851.

［54］ Thangawng A L, Howell P B, Richards J J, et al. A simple sheath-flow microfluidic device for micro/nanomanufacturing: fabrication of hydrodynamically shaped polymer fibers [J]. Lab On a Chip, 2009, 9 (21): 3126-3130.

[55] 薛轶元. 金属-有机骨架材料改性聚己内酯/胶原蛋白骨引导再生膜的制备及生物活性研究 [C] //第十一次全国口腔修复学学术会议论文汇编, 2017: 148-149.

[56] 纪妍妍, 戴少英, 王学铭. 金属-有机骨架/聚醚砜复合膜在检测有机含氮化合物的应用 [J]. 山东化工, 2019, 48 (15): 58-59.

[57] Lan W, Li S, Lu Y, et al. Controllable preparation of microscale tubes with multiphase co-laminar flow in a double co-axial microdevice [J]. Lab on a Chip, 2009, 9 (22): 3282.

[58] Wen G Q, Xie R, Liang W G, et al. Microfluidic fabrication and thermal characteristics of core-shell phase change microfibers with high paraffin content [J]. Applied Thermal Engineering, 2015, 87: 471-480.

[59] Song M, Cho S R, Chang S T. Facile synthesis of hollow core-porous shell structure polyacrylonitrile (PAN) microfibers using a simple microfluidic system [J]. Chemistry Letters, 2013, 42 (6): 577-579.

[60] Sharifi F, Bai Z, Montazami R, et al. Mechanical and physical properties of poly (vinyl alcohol) microfibers fabricated by a microfluidic approach [J]. RSC Advances, 2016, 6 (60): 55343-55353.

[61] Hasani-Sadrabadi M M, VanDersarl J J, Dashtimoghadam E, et al. A microfluidic approach to synthesizing high-performance microfibers with tunable anhydrous proton conductivity [J]. Lab On a Chip, 2013, 13 (23): 4549-4553.

[62] Yoo I, Song S, Uh K, et al. Size-controlled fabrication of polyaniline microfibers basedon 3D hydrodynamic focusing approach [J]. Rapid Communications, 2015, 36 (13): 1272-1276.

[63] Tong Y L, Xu B, Du X F, et al. Microfluidic-spinning-directed conductive fibers toward flexible micro-supercapacitors [J]. Macromolecular Materials and Engineering, 2018, 303 (6): 1700664.

[64] Numata M, Takigami Y, Takayama M. Creation of hierarchical polysaccharide strand: supramolecular spinning of nanofibers by microfluidic device [J]. Chemistry Letters, 2011, 40 (1): 102-103.

[65] Kim S T, Cho S R, Song M, et al. Microfluidic synthesis of microfibers based on regeneration of cellulose from ionic liquids [J]. Polymers Korea, 2015, 39 (4): 588-592.

[66] Chen C, Zhang T, Dai B, et al. Assessing lignin types to screen novel biomass-degrading microbial strains: synthetic lignin as useful carbon source [J]. ACS Sustainable Chemistry Engineering, 2016, 4 (3): 651-655.

[67] 陈兵, 张建, 李建新, 等. 胶原蛋白-几丁聚糖三维骨架构建组织工程血管的可行性 [J]. 上海第二医科大学学报, 2005 (09): 901-905.

[68] Marimuthu M, Kim S, An J. Amphiphilic triblock copolymer and a microfluidic device for porous microfiber fabrication [J]. Soft Matter, 2010, 6 (10): 2200-2207.

[69] Agnello S, Gasperini L, Reis R L, et al. Microfluidic production of hyaluronic acid derivative microfibers to control drug release [J]. Materials Letters, 2016, 182: 309-313.

[70] Peng Q F, Shao H L, Hu X C, et al. The development of fibers that mimic the core-sheath and spindle-knot morphology of artificial silk using microfluidic devices [J]. Macromolecular Materials Engineering, 2017, 302 (10): 1700102.

[71] Peng Q, Zhang Y, Lu L, et al. Recombinant spider silk from aqueous solutions via a bio-inspired microfluidic chip [J]. Scientific Reports, 2016, 6 (1): 36473.

[72] Xu L L, Wang C F, Chen S. Microarrays formed by microfluidic spinning as multidimensional microreactors [J]. Angewandte Chemie International Edition, 2014, 53 (15): 3988-3992.

[73] 刘雷艮, 沈忠安, 林振峰. 氨基聚合物共混改性聚乳酸超细纤维膜的制备及染料吸附性能 [J]. 丝绸, 2019, 56 (5): 20-25.

[74] Ma K, Du X Y, Zhang Y W, et al. In situ fabrication of halide perovskite nanocrystals embedded in polymer composites via microfluidic spinning microreactors [J]. Journal of Materials Chemistry C, 2017, 5 (36): 9398-9404.

[75] Mu R J, Ni Y, Wang L, et al. Fabrication of ordered konjac glucomannan microfiber arrays via facile microfluidic spinning method [J]. Materials Letters, 2017, 196: 410-413.

[76] Sugimoto M, Kitagawa Y, Yamada M, et al. Micropassage-embedding composite hydrogel fibers enable quantitative evaluation of cancer cell invasion under 3D coculture conditions [J]. Lab on a Chip, 2018, 18 (9): 1378-1387.

[77] Zarrin F, Dovichi N J. Sub-picoliter detection with the sheath flow cuvette [J]. Analytical chemistry, 1985, 57 (13): 2690-2692.

[78] Nunes J K, Sadlej K, Tam J I, et al. Control of the length of microfibers [J]. Lab on a Chip, 2012, 12 (13): 2301-2304.

[79] Kiriya D, Kawano R, Onoe H, et al. Microfluidic control of the internal morphology in nanofiber-based macroscopic cables [J]. Angewandte Chemie International Edition, 2012, 51, 7942.

[80] Lolsberg J, Linkhorst J, Cinar A, et al. 3D nanofabrication inside rapid prototyped microfluidic channels showcased by wet-spinning of single micrometre fibres [J]. Lab on a Chip, 2018: 10.1039.

[81] Chae S K, Kang E, Khademhosseini A, et al. Micro/nanometer-cale fiber with highly ordered structures by mimicking the spinning process of silkworm [J]. Advanced Materials, 2013, 25 (22): 3071-3078.

[82] Shi X, Ostrovidov S, Zhao Y, et al. Microfluidic spinning of cell-responsive grooved microfibers [J]. Advanced Functional Materials, 2015, 25 (15): 2250-2259.

[83] Kang E, Jeong G S, Choi Y Y, et al. Digitally tunable physicochemical coding of material composition and topography in continuous microfibres [J]. Nature Materials, 2011, 10 (11): 877-883.

[84] Jeong G S, Lee S H. Microfluidic spinning of grooved microfiber for guided neuronal cell culture using surface tension mediated grooved round channel [J]. Tissue Engineering and Regenerative Medicine, 2014, 11 (4): 291-296.

[85] Kim S R, Oh H J, Baek J Y, et al. Hydrodynamic fabrication of polymeric barcoded strips as components for parallel bio-analysis and programmable microactuation [J]. Lab on a Chip, 2005, 5 (10): 1168-1172.

[86] Choi C H, Yi H, Hwang S, et al. Microfluidic fabrication of complex-shaped microfibers by liquid template-aided multiphase microflow [J]. Lab on a Chip, 2011, 11 (8): 1477-1483.

[87] Boyd D A, Adams A A, Daniele M A, et al. Microfluidic fabrication of polymeric and biohybrid fibers with predesigned size and shape [J]. JoVE (Journal of Visualized Experiments), 2014 (83): e50958.

[88] Liu W, Xu Z, Sun L, et al. Polymerization-induced phase separation fabrication: A versatile microfluidic technique to prepare microfibers with various cross sectional shapes and structures [J]. Chemical Engineering Journal, 2017, 315: 25-34.

[89] Nishimura K, Morimoto Y, Mori N, et al. Formation of branched and chained alginate microfibers using theta-glass capillaries [J]. Micromachines, 2018, 9 (6): 303.

[90] Fujimoto K, Higashi K, Onoe H, et al. Microfluidic mass production system for hydrogel microtubes for microbial culture [J]. Japanese Journal of Applied Physics, 2017, 56 (6S1): 06GM02.

[91] Xu P D, Xie R X, Liu Y P, et al. Bioinspired microfibers with embedded perfusable helical channels [J]. Advance Materials, 2017, 29 (34): 1701664.

[92] Liu Y P, Xu P D, Liang Z, et al. Hydrogel microfibers with perfusable folded channels for tissue constructs with folded morphology [J]. RSC Advance, 2018, 8 (42): 23475-23480.

[93] Kiriya D, Ikeda M, Onoe H, et al. Meter-long and robust supramolecular strands encapsulated in hydrogel jackets [J]. Angewandte Chemie International Edition, 2012, 51 (7): 1553-1557.

[94] Yu Y R, Chen G P, Guo J H, et al. Vitamin metal-organic framework-laden microfibers from microfluidics for wound healing [J]. Materials Horizons, 2018, 5 (6): 1137-1142.

[95] Yu Y, Wei W, Wang Y, et al. Simple spinning of heterogeneous hollow microfibers on chip [J]. Advanced Materials, 2016, 28 (31): 6649-6655.

[96] Cho S, Shim T S, Yang S M. High-throughput optofluidic platforms for mosaicked microfibers toward multiplex analysis of biomolecules [J]. Lab on a Chip, 2012, 12 (19): 3676-3679.

[97] Cheng Y, Zheng F Y, Lu J, et al. Bioinspired multicompartmental microfibers from microfluidics [J]. Advance Materials, 2014, 26 (30): 5184-5190.

[98] Chen H, Zhang P, Zhang L, et al. Continuous directional water transport on the peristome surface of Nepenthes alata [J]. Nature, 2016, 532 (7597): 85-89.

[99] Nunes J K, Constantin H, Stone H A. Microfluidic tailoring of the two-dimensional morphology of crimped microfibers [J]. Soft Matter, 2013, 9 (16): 4227-4235.

[100] Tottori S，Takeuchi S. Formation of liquid rope coils in a coaxial microfluidic device [J]. RSC advances，2015，5（42）：33691-33695.

[101] Yu Y R，Fu F F，Shang L R，et al. Bioinspired helical microfibers from microfluidics [J]. Advance Materials，2017，29（18）：1605765.

[102] Liu J，Du X，Chen S. A phase inversion-based microfluidic fabrication of helical microfibers towards versatile artificial abdominal skin [J]. Angewandte Chemie International Edition，2021，60（47）：25089-25096.

[103] 刘海洋，连鹏飞，方舟，等. 仿生竹节状 C/β-TCP 复合纳米纤维制备 [C] //2009 年全国高分子学术论文报告会论文摘要集（下册），2009：214.

[104] Bai H，Sun R，Ju J，et al. Large-scale fabrication of bioinspired fibers for directional water collection [J]. Small，2011，7（24）：3429-3433.

[105] Liu Z，Qi D，Hu G，et al. Surface strain redistribution on structured microfibers to enhance sensitivity of fiber-shaped stretchable strain sensors [J]. Advance Materials，2018，30（5）：1704229.

[106] Tian X，Bai H，Zheng Y，et al. Bio-inspired heterostructured bead-on-string fibers that respond to environmental wetting [J]. Advance Function Materials，2011，21（8）：1398-1402.

[107] Ji X B，Guo S，Zeng C F，et al. Continuous generation of alginate microfibers with spindle-knots by using a simple microfluidic device [J]. RSC Advance，2015，5（4）：2517-2522.

[108] Chaurasia A S，Jahanzad F，Sajjadi S. Preparation and characterization of tunable oil-encapsulated alginate microfibers [J]. Materials and Design，2017，128：64-70.

[109] Chaurasia A S，Sajjadi S. Flexible asymmetric encapsulation for dehydration-responsive hybrid microfibers [J]. Small，2016，12（30）：4146-4155.

[110] Yu Y，Wen H，Ma J Y，et al. Flexible fabrication of biomimetic bamboo-like hybrid microfibers [J]. Advance Materials，2014，26（16）：2494-2499.

[111] Zhang Y，Wang C F，Chen L，et al. Microfluidic-spinning-directed microreactors toward generation of multiple nanocrystals loaded anisotropic fluorescent microfibers [J]. Advance Function Materials，2015，25（47）：7253-7262.

[112] Wang J，Zou M H，Sun L Y，et al. Microfluidic generation of Buddha beads-like microcarriers for cell culture [J]. Science China Materials，2017，60（9）：857-865.

[113] Xie R X，Xu P D，Liu Y P，et al. Necklace-like microfibers with variable knots and perfusable channels fabricated by an oil-free microfluidic spinning process [J]. Advance Materials，2018，30（14）：1705082.

[114] Tian Y，Wang J C，Wang L Q. Microfluidic fabrication of bioinspired cavity-microfibers for 3D scaffolds [J]. ACS Applied Materials Interfaces，2018，10（35）：29219-29226.

[115] Hu X L，Tian M W，Sun B，et al. Hydrodynamic alignment and microfluidic spinning of strength-reinforced calcium alginate microfibers [J]. Materials Letters，2018，230：148-151.

[116] Mun C H，Hwang J Y，Lee S H. Microfluidic spinning of the fibrous alginate scaffolds for modulation of the degradation profile [J]. Tissue Engineering and Regenerative Medicine，2016，13（2）：140-148.

[117] Onoe H，Kato-Negishi M，Itou A，et al. Differentiation induction of mouse neural stem cells in hydrogel tubular microenvironments with controlled tube dimensions [J]. Advanced Healthcare Materials，2016，5（9）：1104-1111.

[118] Costa-Almeida R，Gasperini L，Borges J，et al. Microengineered multicomponent hydrogel fibers：combining polyelectrolyte complexation and microfluidics [J]. ACS Biomaterials Science and Engineering，2017，3（7）：1322-1331.

[119] Yamada M，Utoh R，Ohashi K，et al. Controlled formation of heterotypic hepatic micro-organoids in anisotropic hydrogel microfibers for long-term preservation of liver-specific functions [J]. Biomaterials，2012，33（33）：8304-8315.

[120] Kobayashi A，Yamakoshi K，Yajima Y，et al. Preparation of stripe-patterned heterogeneous hydrogel sheets using microfluidic devices for high-density coculture of hepatocytes and fibroblasts [J]. Journal of Bioscience and Bioengineering，2013，116（6）：761-767.

[121] Ahn S Y，Mun C H，Lee S H. Microfluidic spinning of fibrous alginate carrier having highly enhanced drug loading capability and delayed release profile [J]. RSC Advance，2015，5 (20)：15172-15181.

[122] Ni Y S，Lin W M，Mu R J，et al. Facile fabrication of novel konjac glucomannan films with antibacterial properties via microfluidic spinning strategy [J]. Carbohydrate Polymers，2019，208：469-476.

[123] Li X F，Shi Q，Wang H P，et al. Magnetically-guided assembly of microfluidic fibers for ordered construction of diverse netlike modules [J]. Journal of Micromechanics and Microengineering，2017，27 (12)：125014.

[124] Nakajima S，Kawano R，Onoe H. Stimuli-responsive hydrogel microfibers with controlled anisotropic shrinkage and cross-sectional geometries [J]. Soft Matter，2017，13 (20)：3710-3719.

[125] Peng L，Liu Y，Huang J N，et al. Microfluidic fabrication of highly stretchable and fast electro-responsive graphene oxide/polyacrylamide/alginate hydrogel fibers [J]. European Polymer Journal，2018，103：335-341.

[126] Guo J，Yu Y，Wang H，et al. Conductive polymer hydrogel microfibers from multiflow microfluidics [J]. Small，2019，15 (15)：1805162.

[127] Xu T，Ding X T，Liang Y，et al. Direct spinning of fiber supercapacitor [J]. Nanoscale，2016，8 (24)：12113-12117.

[128] Wu Z Q，Wang J，Zhao Z，et al. Microfluidic generation of bioinspired spindle-knotted graphene microfibers for oil absorption [J]. ChemPhysChem，2018，19 (16)：1990-1994.

[129] Lu X，Hu Y，Guo J Z，et al. Fiber-spinning-chemistry method toward in situ generation of highly stable halide perovskite nanocrystals [J]. Advanced Science，2019，6：1901694.

[130] Colosi C，Shin S R，Manoharan V，et al. Microfluidic bioprinting of heterogeneous 3D tissue constructs using low-viscosity bioink [J]. Advanced materials，2016，28 (4)：677-684.

[131] Costantini M，Idaszek J，Szoke K，et al. 3D bioprinting of BM-MSCs-loaded ECM biomimetic hydrogels for in vitro neocartilage formation [J]. Biofabrication，2016，8 (3)：035002.

[132] 陈涛. HA/胶原复合多孔贯通骨植入支架材料的制备及其性能研究 [D]. 西安：西安理工大学，2018.

[133] Gao Q，Liu Z，Lin Z，et al. 3D bioprinting of vessel-like structures with multilevel fluidic channels [J]. ACS Biomaterials Science Engineering，2017，3 (3)：399-408.

[134] Zhang Y S，Arneri A，Bersini S，et al. Bioprinting 3D microfibrous scaffolds for engineering endothelialized myocardium and heart-on-a-chip [J]. Biomaterials，2016，110：45-59.

[135] Wu X J，Xu Y J，Hu Y，et al. Microfluidic-spinning construction of black-phosphorus-hybrid microfibres for nonwoven fabrics toward a high energy density flexible supercapacitor [J]. Nature Communications，2018，9 (1)：4573.

第八章

微流控技术制备先进材料

8.1 引言

先进材料是指新近开发的具有优异性能的材料，也涵盖新材料的概念，即新出现的具有优异性能或特殊功能的材料，或是传统材料改进后性能明显提高或产生新功能的材料[1-3]。近年来，先进材料制造技术与纳米技术、生物技术、信息技术相互融合，使结构功能一体化、功能材料智能化成为先进材料发展的一大趋势[2]。因此，先进的材料制造技术是各国科技发展规划的重要战略技术，对工业发展和社会文明进步起决定性作用。

微流控技术作为化学工程领域的前沿技术之一，主要研究微尺度下流体的流动和反应规律，具有传热传质快、精确可控、反应快速、易于并行放大和可连续化生产等特点，被认为是未来微化工最有前途的研究热点之一[4,5]。微流控技术中的微反应器具有较高的比表面积，与传统釜式反应器相比，具有传热传质传动高效、混合速度快以及反应条件温和等优势，因此可有效缩短反应时间、简化反应步骤，进而提高生产效率和产率、节约能源消耗[6,7]。因此，研究流体在微尺度下的基本流动、传递和反应规律，建立微尺度下"三传一反"理论体系，探索微尺度下纳/微结构单元相互作用机制及其构效关系，揭示微尺度下流体运动对纳/微结构单元的调控规律，实现具有纳/微尺度效应材料的精准合成、快速构筑和规模化生产，是微流控技术制备先进材料的关键[8,9]。

基于微流控技术反应参数的精确可控、混合高效、高传热和传质效率、高表面体积比、低试剂消耗和可连续化生产等优点，目前微流控系统已经被用于多种类型材料（如有机物、无机材料、聚合物和金属材料）的可控合成[10-12]。在微流控系统中，试剂可以在精确的时间间隔内以简单灵活的方式连续地加入所需的反应相中，通过集成的微流控系统实现原位检测[13]。通过改变反应物流速和通道的尺寸可以调节反应物在微流控系统中的停留时间进而在线控制反应过程，这种平台非常适合于高效优化反应参数，能够实现产品性能的原位调谐并确保先进材料的可重复性合成[14,15]。此外，微流控系统还能够实现多步自动化过程，将分析、反应、纯化高效集成于单个微流控系统中[16,17]。这些优点为先进材料的高效、连续和可扩展制备提供了新的发展机遇，促进了微流控系统在先进材料合成中的应用。

本章阐述了微流控反应制备先进材料的最新研究进展，重点介绍了目前基于微流控反应制备的重要的先进材料成果，包括微流控反应制备多维度凝胶材料、超材料、金属-有机框架材料、生物材料、储能材料、手性材料、药物靶向材料、高级催化剂材料和先进有机荧光材料等，特别阐述了微流控技术在先进材料制备过程中的精确调控及性能优化作用。并对微流控反应合成先进材料的未来发展进行了展望。此外，还介绍了微流控制备先进材料的典型实验案例，旨在进一步提高对微流控技术制备先进材料的认识与实践。

8.2 基于微流控反应制备先进材料

先进材料（如多维度凝胶材料、超材料、金属-有机框架材料、生物材料、储能材料、手性材料、药物靶向材料、高级催化剂材料和先进有机荧光材料等）在信息、能源、环境、医药、汽车、航空航天和建筑等领域发挥着举足轻重的作用，成为各种新技术发展的物质基础和先导，在推动产业的发展与变革方面有着深刻的现实意义。其中，多维度凝胶材料的研究对于推进材料的功能性和结构性的协同发展及演化具有深远影响；超材料作为一个新兴的研究领域，以其新奇的人造复合结构和超常的物理化学性质，成为跨越化学化工、材料学、物理学等学科的研究前沿；金属-有机框架材料在可调性和结构多样性以及化学和物理性能方面相较于其他有序多孔材料有着无可比拟的性能，并在气体吸附与分离、化学传感和催化等诸多领域展现出广泛的应用前景；多功能生物材料的探索对于研究复杂的生物医学问题具有重要意义；微型电子、可穿戴工业和电动汽车的快速发展，迫切需要开发新的微型储能元件，特别是微型电化学超级电容器；手性材料因其独特的光、电、磁以及力学等性能在生物、医学、高分子材料和隐身材料等领域具有良好的应用前景，手性材料的研究对于推动催化科学、分离技术、光电子学和生物医学等领域的发展具有重要意义；靶向药物材料在疾病的诊断和治疗中发挥了独特的优势和作用，尤其是针对癌症、心血管疾病和感染等重大疾病，展现出巨大的治疗潜力和广阔的应用前景[18]；催化剂在诸多领域（如燃料电池、废气催化转化、水净化和化工生产等）中起着至关重要的作用，高级催化剂材料的研究对于现代工业可持续发展具有重要意义；有机荧光材料在常见的有机发光二极管屏幕、荧光防伪以及照明等方面扮演了不可或缺的重要角色，而先进有机荧光材料在下一代平板显示器和照明、医学研究、化学检测和现代生物学等领域具有广阔的应用前景。在这些先进材料的制备方面，微流控技术被寄予厚望。

8.2.1 微流控组装构筑多维度凝胶材料

自然界中存在着许多奇异的自组装材料。其中，以自组装为手段构筑的先进多功能材料是当今研究热点之一。"师法自然"，通过模拟自然界自组装先进材料的过程，对于理解自然及推进材料的功能性和结构性的协同发展及演化具有深刻的意义。当前，自组装的研究主要集中于分子层面的组装，而宏观自组装鲜有报道。自然界自组装及人工自组装技术效率低的问题，阻碍了宏观自组装的进一步发展，如何提高自组装效率是当今国际极具挑战性的课题之一。微流控技术是在微尺度下操纵流体流动的技术，其设备具有较高的比表面积，表现出高传热传质效率、可精准操控、连续化制备等特点，在材料合成、细胞筛选和器官芯片制造领域具有重要应用。近年来，微流控技术在多维度凝胶材料的构筑领域的应用逐渐成为研究热点。

Rainer Haag 等[19] 将液滴微流控技术和生物正交应变促进的叠氮化物-炔烃环加成反应相结合，利用设计的具有四个不同入口和一个双交叉结的微通道制备了 pH 敏感的水凝胶微球，并将其应用于细胞封装，可根据环境 pH 的变化来实现细胞的可控释放。聚乙二醇-二环辛交联剂和 NIH3T3 细胞被注入微流体装置中，形成单分散的微米级的前体液滴。三种液体在微通道中的单分散液滴内混合后通过应变促进的叠氮化物-炔烃环加成反应凝胶化形成充满细胞的微凝胶。这些微凝胶在不同 pH 条件下表现出可控释特性。Saif A. Khan 等[20]则将聚合物离子液体作为流体基质，在透明微流控毛细管反应器内制备了多功能凝胶微球。将 1,3-双(1-戊烯基)-2-甲基咪唑溴化离子液体与聚乙二醇二丙烯酸酯交联剂和光引发剂按离子液体（65%，质量分数）、交联剂（18%）、光引发剂（7%）和去离子水（10%）的比例混合得到单体流体。在透明微流控毛细管反应器内，此单体流体在不混溶载体液（硅油）的剪切下可控地生成单体液滴，在紫外线照射下聚合形成凝胶微球。通过选择合适的单体、载液流速和毛细管内径，可调节聚合物微凝胶珠的尺寸。李越等[21,22] 利用微流控技术在材料制备方面的优势，制备了金纳米颗粒（Au NPs）/水凝胶复合微球和核壳结构的水凝胶@Au NPs 微球，实现了多功能凝胶微球的连续制备（见图 8-1）。对于水凝胶@Au NPs 微球的制备，通过合理设计微流控芯片，利用微流控技术对微流体的操控，实现控制微液滴中的水向正丁醇中扩散。在此过程中，水凝胶@Au NPs 微液滴转变成为大小均匀的水凝胶@Au NPs 自组装微球（在紫外光的照射下）。通过调节水（金胶体溶液）和正丁醇的体积流量比以及金胶体溶液浓度，实现该自组装微球大小的调控[23]。

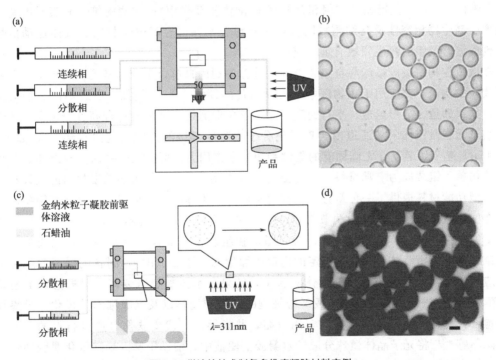

图 8-1 微流控技术制备多维度凝胶材料实例

（a）用于制备水凝胶微球的微流控装置示意图；（b）在连续相流量为 1000μL/h 和水分散相流量为 20μL/h 时油包水乳状液光学显微镜图像，比例尺为 50μm[21]；（c）微流控芯片制备 AuNPs/水凝胶复合微球的示意图；（d）所制备的 Au NP/P（AAm-*co*-AA）水凝胶干燥微珠的典型光学显微镜图像[22]

在微流控组装构筑多维度凝胶材料方面，陈苏等从基于超分子协同作用的自愈合凝胶设计出发，以微流控技术为手段，以自愈合凝胶为构筑基元进行超分子宏观自组装，实现了多组分、多结构、多功能材料的精准设计、结构调控及功能耦合。在方法学研究上，开发了基于微流控技术的宏观自组装新模式，基于微流控高效、可精准操控及连续化特点，实现了多维构筑基元（1D 凝胶纤维、2D 纳米纤维/凝胶膜和 3D 异质结构凝胶微球）的精准设计及微结构调控。在机理研究上，提出了新型三重超分子协同作用，基于超分子作用的动态/可逆断裂和重组特性，实现材料高强度和高自愈合特性的偶联，进而赋予构筑基元多重作用位点以提高超分子宏观自组装效率；在应用研究上，基于超分子宏观自组装构筑了功能性凝胶无纺织物，实现了其在传感、创面愈合和反射冷却等方面的应用，为柔性可穿戴电子材料、组织工程材料及反射降温材料的构筑提供了新途径。

微流控纺丝技术由于其简单、高效、灵活的可控性和环境友好的化学过程为凝胶纤维和纤维微反应器的连续化制备提供了强大的平台[24]。在此方面，陈苏等[25]以微流控纺丝技术为手段原位合成了自愈合凝胶纤维，并利用原纤维间的自愈合作用力实现了 1D 纤维到多维织物的编织，织物具有良好的柔性、可拉伸性能和较高的力学性能。此外，研究者将凝胶纤维与导电纳米材料相结合，成功制备了自愈合复合导线和超级电容器，为多维纤维结构材料的设计和快速构筑提供了一种新思路［图 8-2(a)］。在此基础上，陈苏等[26]通过微流控纺丝技术，制备了新型 1D 聚乙烯吡咯烷酮/凝胶纤维和 2D 热塑性聚氨酯纳米纤维/凝胶复合膜构筑基元。在纺丝过程中实现原位超分子宏观自组装，拓展了宏观自组装构筑基元的种类，为宏观自组装构筑基元的设计提供了新途径［图 8-2(b)］。基于三重超分子协同作用（主-客体相互作用、氢键相互作用和金属离子-配体相互作用），这些构筑基元表现出高自愈合效率、高生物相容性及高细胞黏附性，在自愈合柔性可穿戴电子材料、人体运动信号监测、创面愈合及组织再生领域有重要应用。

在微流控构筑凝胶微球与自组装方面，陈苏等利用自愈合凝胶为基元，实现了一系列凝胶组装体的构筑，并应用于生物医学、光学与传感领域[27-30]。例如，通过不同类型通道的设计，如单通道、Y形通道、平行通道、立体三角形通道，利用自愈合高分子水凝胶微珠作为组装单元在微流体限域通道内实现了超分子水凝胶微珠的连续化定向组装[27]，如图 8-2(c) 所示。基于组装基元之间固有的氢键和超分子作用力，可在几分钟内完成组装，实现从微米结构单元组装成为宏观材料，显著提高了组装效率，该工作为多维度材料的设计和快速构筑新型功能材料提供了一种新方法。在此基础上，陈苏等[28]采用微流控技术制备出一种能够在四个愈合阶段连续智能调节伤口 pH 值的微凝胶。以富含不同官能团（—COOH 和 —NH$_2$）的两种凝胶作为构筑单元，通过微流控组装技术实现各种宏观结构（线形、平面和三维）的凝胶组装体，以满足特定的伤口表面形态［图 8-2(d)］。制备的微凝胶组装体被成功应用于大鼠背部皮肤缺损处活体实验中，结果显示微凝胶组装体可以通过调节伤口的pH 值，有效促进新血管的形成、成纤维细胞的增殖和迁移以及巨噬细胞的极化，最终加速伤口愈合，这可能为伤口治疗提供实用策略，并指导下一代皮肤伤口愈合材料的开发。此外，陈苏等[29]将光子晶体微珠分散于水凝胶前驱液中，借助甲基丙烯酸酐化明胶独特的光致交联性和溶胶-凝胶转换特性，通过微流控技术制备了各种形貌的、具有优异自愈合性能和光学特性的光子晶体水凝胶［图 8-2(e)］，为新型光学材料的研究提供了思路。

8.2.2 微流控反应制备光子带隙超材料

超材料是指通过人造结构实现具有超常特性的一类新型材料。与常规材料相比，超材料具有新奇的人造结构，如隐身结构；超常的物理性质，如负折射现象；以及取决于其尺寸而非基本结构单元的光学性质，如可编程的隐身功能[31]。超材料作为一个新兴的研究领域，以其新奇的人造复合结构和超常的物理化学性质，成为跨越化学、化工、材料、物理等活跃学科的研究前沿。超材料作为一系列颠覆性技术的源头，获得了世界各国政府、学术界、国

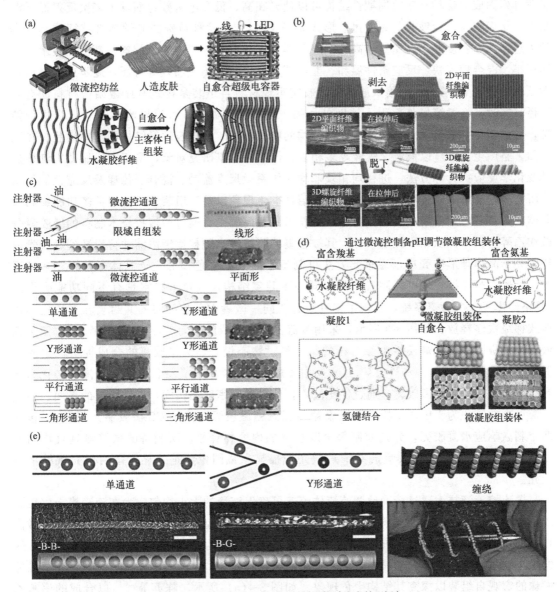

图 8-2　微流控技术合成凝胶材料实例（见文前彩插）

(a) 微流控纺丝技术合成自愈合凝胶纤维及形成的多维织物应用于超级电容器的示意图[25]；
(b) 通过微流控纺丝技术的原位宏观自组装形成二维平面薄膜织物和三维螺旋织物过程示意图及光学照
片和 SEM 显微图片[26]；(c) 微流控辅助自愈合驱动自主装构筑线形、平面和 3D 组件的示意
图和实物图[27]；(d) 微流控技术制备可调节伤口 pH 的凝胶微球组装体[29]；
(e) 光子晶体凝胶的微流体辅助组装的示意图和光学显微图，比例尺为 2mm[30]

防领域的高度关注。其中，具有负折射效应的超材料被公认为世界最先进的隐身材料，这将
引发一场军事隐身技术革命，成为世界各国抢占先机的首要课题。微流控方法可在分子尺度
上对有机或无机材料微观结构进行设计与加工，获得理论预期的不同形态的结构，为超材料
的化学制备提供了新的发展机遇。

　　光子带隙超材料作为超材料的一种，是一种人造周期性电介质材料，通常由周期性介质

交替排列而成。这种有序的周期性结构可以使光在高、低介电常数界面发生多次反射而干涉相消，从而阻止特定波长的光通过，形成光子带隙[32]。这种特殊的光学禁带特征使其在光学传感器、高密度光子存储器和高性能显示器件等领域有重要的应用前景。微流控技术具有体积小、混合速度快、反应条件温和、能源消耗低、传热传质高效等特征，逐步成为材料化学领域的研究热点[33]。利用微通道限域效应实现材料自组装是构筑有序微结构材料的有效途径。同时，在微流场外部引入辅助外加场，如电场、磁场，可以对流体流动行为进行控制，从而强化扩散传质对超材料有序微结构的精确控制，实现有序微结构的定向组装。在这方面，骆广生等[34] 以液液、气液等多相复杂体系为重点研究对象，采用在线显微、红外探针及化学反应探针等方法，进行均相及非均相体系微尺度流动、混合、传递及反应性能的基础研究。顾忠泽等[35] 利用微流控技术，结合空化现象以及自组装方法构建了多功能编码微载体，并将其应用于解决液相细胞芯片的技术瓶颈问题。将通过微流控技术制备的微胶囊分散在乙醇溶液中，从核中提取水分，其被包裹的胶体纳米颗粒逐渐浓缩并自组装到微胶囊内壁的光子晶体球形空壳中，通过此方法可制备不同数量蓝色核的光子晶体微胶囊。褚良银等[36] 通过微流控技术可控制备了具有同心多腔室结构，且每个腔室具有不同功能壳层的"特洛伊木马式"微囊系统，实现了多种组分在同一微囊中可控的协同共封装和多样化的程序式梯级次序释放。如图 8-3 所示，采用微流控技术生成的均匀 $O_1/W_2/O_3/W_4/O_5$ 四重乳液作为模板。多层乳液模板中每个相的组成经过精心设计，为微胶囊的合成提供稳定的界面。通过在其内（W_2）和外（W_4）水层中添加不同的功能外壳材料，四重乳液被转化为具有囊中囊结构的多室微胶囊。通过优化配方，使黏度和密度相匹配，提供稳定的界面，四重乳液可高效转化为囊中囊结构，即壳聚糖@壳聚糖微胶囊（CS@CS 微胶囊）。微胶囊包含两个刺激响应水凝胶壳，分别控制每个胶囊室的内容物释放。所制备的微胶囊具有均匀的CS@CS 微胶囊结构，微胶囊的共聚焦激光扫描显微镜图像清楚地显示了两层壳聚糖水凝胶壳。

微流控液滴技术通过精确地调节流体流速可确保液滴的大小均匀，为在液滴模板中组装胶体光子晶体微珠开辟了一条全新的道路。陈苏等以微流控液滴技术为手段，基于多相微流控对流体流动过程表面张力进行调控，以单分散微球乳液为分散相，甲基硅油为连续相，探索了连续高效制备胶体光子晶体微珠的方法，通过不同构型微通道的设计，研究了光子晶体微珠的宏观自组装以探究其结构生色现象。如图 8-4（a）所示，陈苏等[30] 以合成的聚苯乙烯@聚（丙烯酸羟丙酯-乙烯基咪唑）[PS@poly（HPA-co-VI）] 微球乳液为内相，以甲基硅油为外相，在两相不相溶的流体交汇处，利用连续相流体的剪切，基于两相微流控中流体的调控形成尺寸均一的液滴模板。随着溶剂的挥发，液滴组装形成多色的光子晶体微珠。在此基础上，陈苏等[37] 将微流场和磁场相耦合，通过三相微流控磁控技术构筑了形貌可控的分子型荧光胶体光子晶体微珠并探索出类分子型复杂结构的构筑方法，实现了类分子型复杂结构的荧光光子晶体微珠的连续批量化制备 [图 8-4（b）]。此外，陈苏等[38] 借助于三相微流控技术，实现了多色高度均匀的磁性-光学双功能 Janus 微珠（JSBs）的大规模生产。如图 8-4（c）所示，三相微流控装置由一个连续相（含光引发剂的甲基硅油）和两个不连续相聚甲基丙烯酸叔丁酯 [P（t-BA）] 胶体悬浮液和溶于三甲基丙烷三丙烯酸三酯（TMPTA）的碳包裹 Fe_3O_4 组成。由于碳包覆 Fe_3O_4 的磁响应，JSBs 可以在外部磁场下自由旋转。

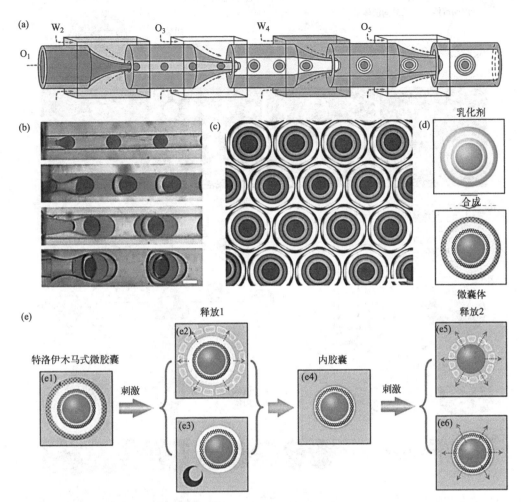

图 8-3 用于程序化顺序释放的具有胶囊包胶囊结构的特洛伊木马式微胶囊的模板合成策略的示意图（见文前彩插）
（a）玻璃毛细管微流控装置；（b）连续乳化；（c）产生均匀的 $O_1/W_2/O_3/W_4/O_5$ 四元乳液；
（d）用于特洛伊木马式微胶囊的模板合成；（e）微胶囊（e1）用于通过刺激触发器程序化的两阶段
顺序释放［阶段Ⅰ：外胶囊，用于通过刺激触发的壳分解（e2）或壳收缩/破裂（e3）突发释放外
油核（O_3）和内胶囊；阶段Ⅱ：内囊（e4），用于通过刺激触发的壳分解（e5）或基于扩散的
持续释放（e6）来突释内部油核（O_1）］[36]

8.2.3 微流控反应制备金属-有机框架材料

近年来，金属-有机框架（metal-organic frameworks，MOFs）材料在可调性、结构多样性以及化学和物理性能方面具有其他有序多孔材料无可比拟的性能[39]。MOFs 材料不仅能够构筑多种化学物理性质和拓扑类型的骨架结构，而且可以实现结构中孔道的孔径大小及分布和内表面特性的精准调控，在气体吸附与分离、催化、化学传感和光学等领域具有广泛的应用前景[40,41]。传统制备 MOFs 材料的方法存在相际间微观传递效率低的问题，容易引起反应体系中局部合成环境不均匀，导致单批次产品的不均一性和批次间的差异性[41,42]。此外，传统的间歇式反应器辅助时间和生产周期长，不利于 MOFs 材料的宏量制备[43]。

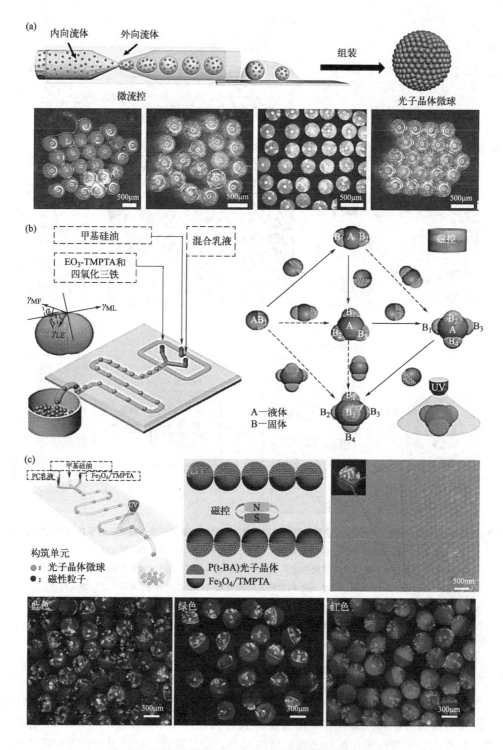

图 8-4 微流控技术构筑不同光子晶体微球实例（见文前彩插）

（a）微流体乳剂-液滴制备光子晶体微球的示意图及由不同直径 PS@poly（HPA-*co*-VI）乳液制备的四种光子晶体微球的光学显微图[30]；（b）三相微流控制备 Janus 光子晶体微珠和分子型光子晶体微珠示意图[37]；（c）微流控合成双功能 Janus 微珠和磁控 Janus 微珠的旋转运动示意图、Janus 微珠两半球边界的 SEM 图像，以及由不同结构颜色的 P（t-BA）乳液制备的蓝色、绿色和红色 Janus 微珠的光学显微图[38]

微流控技术为制备尺寸、形状和结构可控的高质量功能性 MOFs 材料提供了理想的条件[44]。与传统的间歇式反应器相比，微流控反应器可以通过限域效应实现流体的精确操控、高效混合、快速传热传质和在线分析[45]。微通道中的强化混合过程有利于形状和性能均一 MOFs 材料的连续制备。使用单分散液滴作为离散的反应单元，微流控反应器可以在极端条件下（如高温高压或活性试剂）执行复杂的合成过程，显著扩展了 MOFs 材料合成的适用范围。微流控反应器与外部物理场（包括微波、磁场和超声等）的高效集成，使制备更复杂结构和功能的 MOFs 材料成为可能[46]。

Dirk E. De Vos 等[47] 设计了一种 T 形微流控装置，利用水相和油相的不混溶性作为模板来控制 MOFs 材料 HKUST-1 [$Cu_3(BTC)_2$] 的合成。将金属源（乙酸铜）溶于水，有机配体 [1,3,5-苯三羧酸盐（BTC）] 溶于 1-辛醇，两种不相溶的液体在精确的流量下由注射泵输送到 T 形接头，在连续的有机相中形成水溶性液滴。反应只发生在液滴的动态液-液界面上，形成了 HKUST-1 [$Cu_3(BTC)_2$]。Jeroen Lammertyn 等[48] 设计了一种由模块化双面板数字微流控装置组成的新型芯片。该装置的底部包括电子元件，是专门为运输微液滴而设计的，可以在这个数字微流控平台上实现微液滴阵列的打印以用于制备 MOF 材料。与其他合成方式相比，该技术不依赖于任何昂贵的设备，并允许灵活构建高度均一和单分散的 MOFs 材料[49]。Chih-Hung Chang 等[50] 将连续流微流控反应器与溶剂热方法相结合，连续高效地合成了 Cu-BTC MOFs 材料并探究了合成此材料的反应条件，实现了材料晶体尺寸的可控调节。高速率合成 Cu-BTC MOFs 的总反应时间为 5min，其 BET 比表面积超过 $1600m^2/g$，收率达 97%。在此基础上，Dong-Pyo Kim 等[51] 报道了一种用于连续、快速合成 HKUST-1、IRMOF-3、MOF-5 和 UiO-66 等多种 MOFs 材料的纳升级液滴微流控反应系统，通过溶剂热反应在几分钟内实现 MOFs 材料的连续制备。

为了证明微流控合成 MOFs 材料的有效性和多功能性，Matthew R. Hill 等[52] 选择了三种 MOFs（HKUST-1、UiO-66 和 NOTT-400）作为研究目标。利用微流控技术，三种 MOFs 的制备时间分别为 10min、10min 和 15min。与传统的批量合成（HKUST-1、UiO-66 和 NOTT-400 的传统批量合成时间分别需要约 24h、24h 和 72h）相比，反应时间有了显著的缩短。Joaquín Coronas 等[53] 使用分段式微流控设备实现了基于二羧酸盐的 MIL-88B 型 MOFs 材料的超快速结晶，并实现了对 MOFs 晶体尺寸及尺寸分布的可控调节。Michael T. Wharmby 等[54] 利用类似的微流控反应系统合成了一种新型的承载 STA-12 网络的 MOFs 材料。Gregory S. Herman 等[55] 通过将微流控反应器和微波技术相结合，设计了微波辅助微流控反应器，其突出特点是分离了 MOF-74（Ni）的成核和生长，并通过微波加热加速反应。该方法不仅缩短了反应时间，而且能够更均匀地成核进而获得高性能的 MOF-74（Ni）材料。在中等压力（2.5bar❶）下，原料转化率为 96.5%，产率为 90g/（h·L）。众所周知，MOFs 材料的商业化很大程度上依赖于无需苛刻反应条件的放大路线，即避免高温高压过程，微波与微流控的集成为 MOFs 材料的合成提供了一种最大程度上避免能源密集型过程的策略。

8.2.4　微流控反应制备生物材料

随着生物和医学系统的小型化，小体积和单分散的生物材料越来越受到人们的关注[56]。

---

❶　$1bar = 10^5 Pa$。

近年来在制备功能化和结构化的生物材料方面，由于微流控技术对微尺度流体精确的操纵、处理与控制特性，使其拥有传统制备技术无法比拟的优越性。所制备的生物材料有望应用于基因测序[57]、液相芯片[58]、药物筛选和缓释[59,60]以及细胞培养[61]等领域，并推动生物医学技术的发展。其中，超分子生物材料作为重要的生物材料，成为了生物医学领域的研究热点。

超分子生物功能材料是一类由非共价相互作用维持在一起的小分子形成的新型生物材料。传统的合成工艺导致超分子生物功能材料的尺寸分布较差、回收率较低以及结构不清晰。因此，通过先进的技术以最少的制备步骤获得性能优异且可重复的超分子生物功能材料成为合成超分子生物功能材料的关键。基于此，卢云峰等[62]通过将微流控技术与超分子合成策略相结合，提供了一种高通量方法，用于配制和筛选从功能模块集合中自行组装的多功能超分子纳米颗粒（MFSNPs），以在体外和体内实现高效递送一个基因和转录因子。如图 8-5(a)所示，这种方法利用了两个微流控系统，包括一个数字液滴发生器和微流体细胞培养阵列。在合成芯片中，中央微通道被液压阀分割成多个受限区，以系统地改变所有构建分子之间的混合比例。通过设计的基于超分子合成策略的模块化组装系统使用数字液滴发生器连续高效合成了 MFSNPs。在这方面，陈苏等[63]通过将微流控技术和前端聚合相结合开发了一种新的微流控辅助前端聚合策略，利用不同微通道（包括线形、平行、发散、蛇形、圆形和同心圆形通道）在毫米级（2mm）进行前端聚合，可以快速连续地实现各种图案凝胶的制备。此外，使用该方法还可以实现中空结构凝胶的快速连续化合成［图 8-5(b)］。这种方法不仅提供了一种通过微通道形成多种图案凝胶的有效途径，而且还为中空结构材料的连续化合成提供了新的见解，将有利于支架材料的快速高效合成。此外，陈苏等[64]利用微流控生物 3D 打印设备制备了具有生物催化功能的活体材料并将其用作生物墨水。如图 8-5(c)所示，将一种新型双网络高分子细胞载体用于微生物的固定化，该活性材料不仅可以强化微生物的持续代谢能力以及催化活性，还可以利用菌-藻共生的多细胞体系吸收空气中的二氧化碳用于生物修复，为探索微生物固碳和实现"碳中和"目标提供了一个技术选择。

8.2.5 微流控反应制备储能材料

近来，新型能源存储技术是新能源领域研究热点之一，特别是超级电容器（supercapacitor，SCs）因其高功率密度、快速充放电速率和长循环寿命等特点引起了研究人员的广泛关注[65,66]。然而，相对较低的能量密度和倍率性能阻碍了 SCs 的实际应用[67,68]。此外，大规模制备高机械强度电极技术的缺乏也限制了柔性 SCs 的发展[69,70]。因此，开发具有先进结构的柔性电极材料和大规模制备技术成为能源储存领域的研究重点。

采取先进手段可控合成具有良好电荷转移和存储能力的有序结构纳米材料，对于获得高能量密度的理想超级电容器至关重要。在此方面，陈苏等[71]提出了一种基于微流控液滴合成分层结构的金属-有机骨架/石墨烯/碳纳米管杂化体电极材料的方法。如图 8-6(a)所示，得益于受限的微体积反应空间，得到的纳米杂化材料具有大比表面积（1206m^2/g）、丰富的离子通道（0.86nm 的窄孔）和丰富的氮活性位点（10.63%），从而获得高孔径利用率（97.9%）和氧化还原活性（32.3%）。在此基础上，陈苏等[72]提出了一种新颖的磁热微流控方法，用于多级结构碳多面体/多孔石墨烯纤维的快速制备。通过将磁热法与微流控技术相结合，使前驱体在快速加热和受限空间的协同作用下反应，实现有序结构和大比表面积电

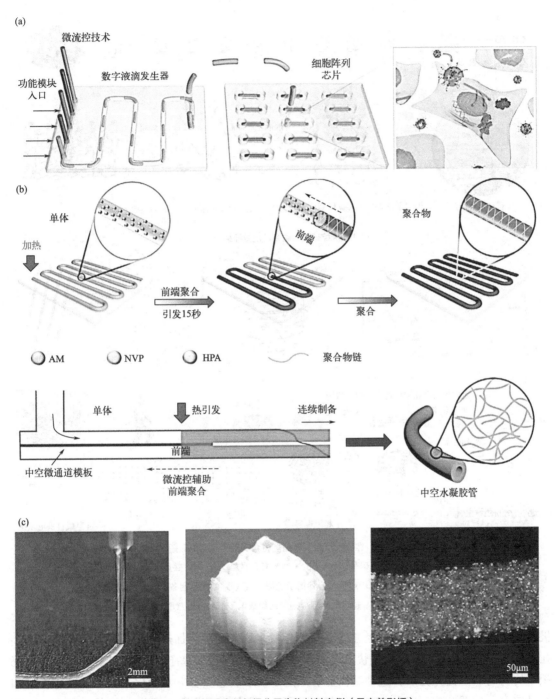

图 8-5　微流控反应制备超分子生物材料实例（见文前彩插）

（a）微流控技术合成多功能超分子纳米颗粒示意图[62]；（b）微流控辅助前端聚合策略合成凝胶的蛇形通道中局部反应区的传播过程及此策略制备中空结构凝胶的制备原理示意图[63]；（c）活体材料生物墨水的微流控 3D 打印过程和图案图片及材料的共聚焦图片[64]

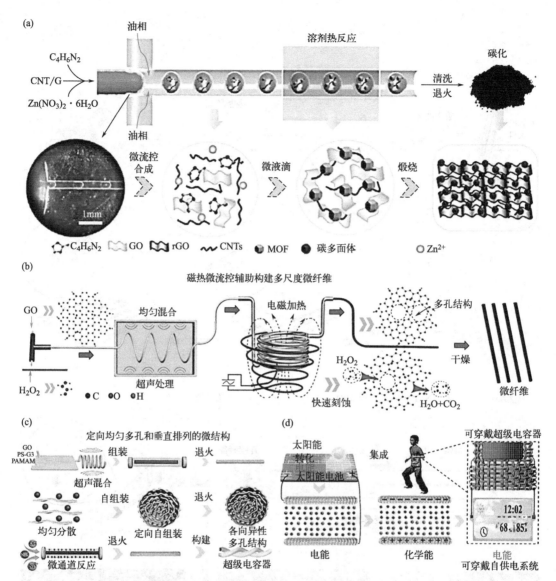

图 8-6 微流控反应制备储能材料实例（见文前彩插）

（a）微流控合成微介孔碳骨架（MCFs）纳米复合材料[71]；（b）磁热微流体辅助合成
多尺度超细纤维及其应用于超级电容器的示意图[72]；（c）微流控制备核壳纤维电极材料；
（d）纤维基超级电容器应用于纺织成电子产品的示意图[73]

极结构的构筑。由于磁热微流控方法有效地提供了快速的磁热加热和受限的微通道反应，多孔石墨烯（HG）芯层可以通过快速蚀刻形成贯穿纤维的互连多孔网络。在 HG 表面原位沉积了均匀的碳多面体壳层，这种结构显著缩短了离子转移路径，从而促进离子的快速扩散和能量储存。如图 8-6（b）所示，磁热微流控系统由具有双通道的 T 形微流控装置和磁热反应器（包含感应线圈和螺旋不锈钢管）组成。氧化石墨烯（GO）和过氧化氢（H_2O_2）被注入 T 形通道中，在强烈的超声波作用下混合形成良好的分散液，进一步流入不锈钢管中。分散液在感应线圈产生的磁场作用下被快速加热（在几秒钟内达到 90℃），反应得到纳米多孔材料。在这一过程中，GO 的活性缺陷区中的碳原子可以被 H_2O_2 氧化和刻蚀，从而逐渐形成纳米孔。在连续刻蚀几分钟后，形成了具有丰富大孔的多孔网络。经过自组装、还原以及干燥可获得多孔石墨烯纤维（holey graphene fiber，HGF）。通过将 HGF 浸泡在 2-甲基咪唑（$C_4H_6N_2$）和 Zn（CH_3COO）$_2$·$2H_2O$ 溶液中，在 $C_4H_6N_2$ 与石墨烯的 π-π 相互作用下，ZIF-8 快速结晶并均匀生长在 HGF 表面。经退火处理后，得到多级结构的 CP/HGF。在纤维状微型超级电容器（micro-supercapacitor，MSCs）中，由于纤维电极内部结构紧凑，孔隙率较小，通常显示出较低的能量密度。为解决这一难题，陈苏等[73] 通过一种微流体策略制备了基于氧化镍阵列/石墨烯纳米材料的有序多孔和各向异性核壳纤维 [图 8-6(c)]。得益于限域的微通道反应，石墨烯核保持均匀的各向异性多孔结构，并且氧化镍壳保持有序的垂直排列纳米片结构。制备的 MSCs 具有超高的能量密度（120.3 $\mu Wh/cm^2$）和大比电容（605.9 mF/cm^2），这主要归因于核壳纤维具有丰富的离子通道（大量的微孔/中孔）、较大的比表面积（425.6 m^2/g）、较高的电导率（176.6S/cm）以及足够的氧化还原活性，有助于离子更快地扩散和更多地积累。由于这些出色的性能，可穿戴式自供电系统将太阳能转换为电能应用于显示器供电 [图 8-6(d)]。这种微流体策略为设计新的纳/微结构储能材料提供了有效的方法，将推动下一代可穿戴智能行业的发展。

8.2.6 微流控反应制备手性材料

手性是指不存在镜像对称平面的具有几何性质的结构的属性，是自然界中最突出、最有趣的现象之一，从分子水平的 L-氨基酸、D-葡萄糖、蛋白质的二级结构、DNA、RNA、纳米螺旋到宏观的海螺甚至星系均存在手性现象[74]。手性材料因其独特的光、电、磁以及力学等性能在生物、医学、高分子材料和隐身材料等领域具有良好的应用前景。尽管在生物和非生物、自然和人工手性系统的不同尺度上手性现象都广泛存在，但手性材料的制备往往是复杂烦琐的，其高效连续化制备对于推动催化科学、分离技术、光电子学和生物医学等领域的发展具有重要意义[75]。微流控装置具有较高的比表面积，表现出高传热传质效率、精准操控和连续化制备等特点，可在微观及宏观层面对手性材料进行设计与加工，获得理论预期的不同形态结构的手性材料，为先进手性材料的制备提供了新的合成策略与发展方向[76]。

手性的巧妙引入使钙钛矿纳米晶具有全新的物理化学性质，包括圆二色性、圆偏振发光、非线性光学、铁电性和自旋电子学，对智能光电材料和自旋电子器件的发展具有重要意义[77-79]。目前构建手性钙钛矿纳米晶的策略可分为三种：手性阳离子直接参与钙钛矿纳米晶的结晶、配体在钙钛矿纳米晶表面的修饰以及钙钛矿纳米晶与手性超分子或手性聚合物的组装[80-83]。微流控方法在微通道中处理或操控微小流体等方面具有连续操作、高度可控的特点，可以实现对手性材料合成的精确调控。在这方面，陈苏等[84] 开发了一种微流控纺丝化学（fiber-spinning chemistry，FSC）策略，能够一步连续生产具有高光致发光量子产率和圆偏振发光的高稳定性手性钙钛矿纳米晶。如图 8-7 所示，利用微流控芯片，以 FSC 为指导，以 R-(+)-甲基苄基溴化铵 [或 S-(−)-甲基苄基溴化铵]、甲基溴化铵和溴化铅为前体，以聚丙烯腈纳米纤维作为微反应器，制备了具有手性发光的钙钛矿纳米晶纤维膜。所制备的钙钛矿纳米晶纤维膜具有高达 88% 的光致发光量子产率以及优异的光学稳定性（在大气中储存 180 天后光致发光量子产率仍可保持在 60% 以上）。这些纳米纤维膜在室温下表现出圆二色性和圆偏振发光，不对称因子值为 8.9×10^{-3}。由于其优异的光学性能，手性钙钛矿纳米晶纤维薄膜可用于各种光电应用，这种先进的纺丝化学合成手性材料的策略可以应用于各种具有智能光电器件潜力的圆偏振发光纳米材料的连续生产，为高性能手性材料的高效连续化制备提供了一条新的路径。

微流控方法由于其高效的传质与传热，常被用于反应条件较为苛刻的手性有机材料的合成，并且其可连续生产性适合于工业化放大生产[85]。Gianvito Vilé 等[86] 设计了一种以双（三甲基硅基）胺锂和 N-(叔丁基羰基)-N-(3-氯丙基)-d-丙酸甲酯为模型反应物，通过手性记忆实现卤代烷基 α-氨基酯分子内环化的微流控合成路线。通过优化不同的反应参数，如温度、停留时间、反应物的化学计量、碱的种类和浓度，成功实现了产品的大规模生产，在大约 6h 的连续操作中获得了 66g 纯产品，对映体过量百分率为 96％，对映特异性为 95％～97％。与其他传统合成策略相比，使用微反应器能够更好地控制有机锂试剂添加到反应混合物中时相关的放热，从而在更温和的温度下操作，并且在几秒钟内完全转化，这一合成策略有望用于合成手性活性药物。

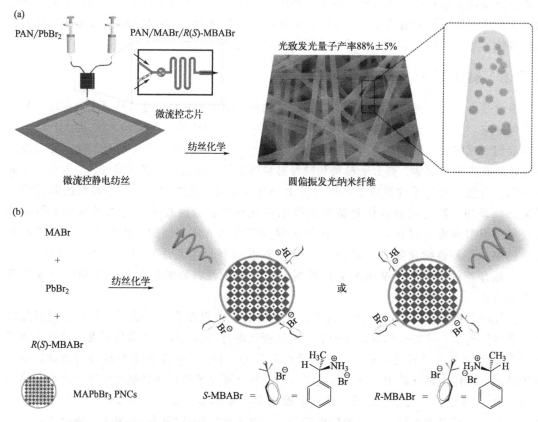

图 8-7　微流控静电纺丝制备手性钙钛矿纳米晶纤维薄膜的示意图（a）及机理图（b）[84]

8.2.7　微流控反应制备药物靶向材料

靶向药物材料在疾病的诊断和治疗中发挥了独特的优势和作用，尤其是针对癌症、心血管疾病和感染等重大疾病，展现出巨大的治疗潜力和广阔的应用前景[87]。靶向药物输送系统可以直接将有效载荷输送到所需的作用部位，而不会与正常细胞发生不必要的相互作用，这对于使用抗癌药物避免副作用、提高治疗反应和患者依从性尤为重要[88]。抗癌靶向药物已逐步进入市场，但更多的仍处于研究阶段。目前使用的大多数方法存在载药量差、成分变异、靶向配体与载体的结合性差以及肿瘤细胞体内外摄取困难等问题[89]。目前，微流控技术由于具有反应效率高、反应参数和结构形态易于控制、反应条件温和、易于并行放大和可连续化生产等优势，成为药物靶向材料制备领域的研究热点[90,91]。

在此方面，Thanh Huyen Tran 等[92] 通过微流控平台合成了聚合物药物偶联物（用于靶向递送药物的肝素-维甲酸和肝素-叶酸-维甲酸偶联物），这些药物偶联物在水中自组装形成具有低多分散指数的纳米颗粒。将氨化维甲酸溶解于 N,N-二甲基甲酰胺中，肝素和 N-(3-二甲基氨基丙基)-N-乙基碳二亚胺盐化物（EDC）溶解于甲酰胺中。将两种溶液输入基于耐溶剂含氟聚合物的微流控芯片中，在室温下进行混合和反应，并在平台出口收集产物。在偶联剂 EDC 的存在下，肝素的活化羧基与氨化维甲酸和叶酸的氨基反应，一步将叶酸和氨化维甲酸与微通道内的肝素偶联，合成了肝素-叶酸-维甲酸生物偶联物。在微流控芯片中，8 个氨化维甲酸分子在 1 分钟内与肝素偶联，通过将反应时间从 1 分钟增加到 2.5 分钟，肝素-维甲酸偶联物的产率从 79.2% 提高到 92.9%。而在传统反应中，反应四天后肝素-维甲酸偶联物收率仅为 72.2%。微流控平台制备的更高药物含量肝素-叶酸-维甲酸纳米颗粒，能够有效地递送药物至叶酸受体阳性的癌细胞中，具有更好的细胞摄取和选择性细胞毒性。

为最大限度地提高对单个靶点的治疗效果并克服耐药性，Omid C. Farokhzad 等[93] 在微流控通道中自组装聚合物纳米颗粒，用于将顺铂和多西紫杉醇靶向共递送到癌细胞。将带有羟基的聚乳酸与琥珀酸衍生的 Pt（Ⅳ）前体药物偶联，得到顺铂前体药物功能化的聚乳酸，然后将其与多西紫杉醇和羧基封端的聚乳酸-羟基乙酸共聚物-聚乙二醇共混，在微流控通道中转化为直径约为 100nm 的纳米颗粒。这些单分散的靶向纳米颗粒与癌细胞上的特异性抗原结合，并通过内吞作用内化。

响应型微胶囊由于其独特的环境响应药物释放或封装引起了治疗学、生物技术、药物输送系统和生物传感器等领域科学家的广泛关注。在 pH、温度或磁场等外部刺激下，微胶囊的物理、化学或胶体性质发生变化[94]，从而触发特定的药物释放或封装。褚良银等[95] 在微流控装置中以双乳液为模板开发了葡萄糖响应性水凝胶微胶囊（图 8-8）。外壳由聚（N-异丙基丙烯酰胺-co-3-氨基苯基硼酸-co-丙烯酸）［P(NIPAM-co-AAPBA-co-AAc)］组成，其中 NIPAM 节段具有热响应性，AAPBA 部分充当葡萄糖响应性成分，AAc 用于调节外壳的体积相变温度。为了满足快速生长的癌细胞的营养需求，其糖摄取比正常细胞更快，因此这些胶囊可以用于靶向治疗糖尿病和癌症。

由于微流体的微米和纳米尺寸，其具有控制粒径大小、组成和封装速率的能力，这是传统合成方法难以实现的。因此，基于微通道的系统开发出不同的靶向形态，如聚合物药物偶联物、纳米颗粒和微胶囊的系统。将微流控技术集成到靶向药物纳米载体的设计和生产中，在面向治疗癌症开发靶向药物方面具有十分广阔的前景。

8.2.8　微流控反应制备高级催化材料

在诸多领域（如燃料电池、废气催化转化、水净化和化工生产等）中，催化剂起着至关重要的作用，超过 80% 的化学品在生产过程中需要使用固体催化剂。通过开发先进的技术合成高性能固体催化剂并研究其大小、形状和活性位点等活性的影响因素，对于制备高级催化材料及推进高级催化材料的功能性和结构性的协同发展具有深刻的意义[96]。单分散和均匀的催化剂材料可以显著提高反应效率。微流控装置体积小，操作速度快，可以更精确地控

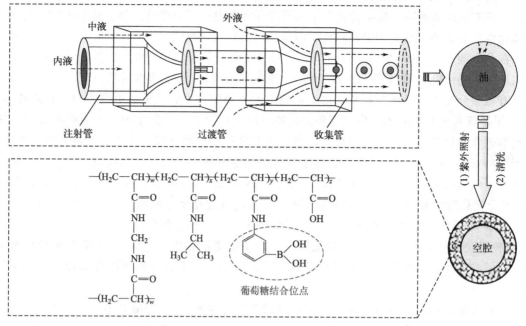

图 8-8　微流控合成靶向药物微胶囊的示意图及原理图[95]（见文前彩插）

制合成参数，影响所制备的催化剂材料的整体质量。在过去的二十年中，得益于微流控技术的优势，微流体被广泛用于分析和合成微/纳米结构材料，能够更好地控制时间和空间分布，从而产生尺寸均匀的高性能催化剂材料。此外，由于高级催化材料的尺寸较小，在微流控系统中以传导和对流为主的传热方式可以更快地实现其高效制备。

　　在这方面，Jan-Dierk Grunwaldt 等[97] 开发了一种连续的微流控装置，以四氯金酸为前体，硼氢化钠为还原剂，聚乙烯吡咯烷酮为稳定剂来研究金纳米颗粒的胶体合成。该装置由反应物无脉动的加压容器、带有集成微混合器的微流控芯片和蜿蜒的微通道组成。微流控芯片能够在接近湍流混合条件的高流速下，在微通道的不同位置原位记录 X 射线吸收光谱，从而将反应时间与纳米颗粒结构的变化相关联。与在间歇式反应器中生产的纳米颗粒相比，该方法所得纳米颗粒尺寸分布窄，平均直径为 1.0nm。将纳米颗粒沉积在 TiO_2 上产生具有两种不同的金负载量的催化剂，表现出良好的 CO 氧化活性。韩晓军等[98] 采用微流控技术，利用剪切速率对纳米银修饰的聚邻苯二胺（Ag NPs-PoPD）的合成进行了形态控制。通过改变剪切速率，可以很容易地控制 Ag NPs-PoPD 的带束、缠绕纤维、团簇和微球等形态以及团簇的组成，这为材料的性能控制提供了一种新的方法。利用 Ag NPs-PoPD 微球对 H_2O_2 的还原具有良好的催化活性，制备了一种 H_2O_2 传感器，线性检测范围为 $20\sim180\mu mol/L$，在信噪比为 3 的条件下的检测限为 $5.7\mu mol/L$。徐磊等[99] 通过在微反应器中液相还原合成的铜纳米颗粒的可控氧化，成功制备了 Cu-CuO 纳米复合材料。该工作采用两台恒流泵，以固定流速 20mL/min，分别将两种含 $CuSO_4$ 和 $NaBH_4$ 的复杂混合溶液输入微反应器中，通过逆流流动的不锈钢微反应器（通道宽度为 40mm）合成了纳米铜。制备的 Cu-CuO 纳米复合材料在 H_2O_2 的存在下表现出优异的光催化活性，可在紫外线照射下降解亚甲基蓝（MB）。在 50min 的照射时间内，10mg Cu-CuO 纳米复合材料和 1mL H_2O_2 的总降解率可达 98.5%。此外，J. Michael Köhler 等[100] 利用微流控合成方法结合逐层（LBL）

技术制备了纳米到亚微米和亚毫米的多个长度尺度的三层金属/聚合物/聚合物层次结构复合粒子。首先，利用微反应技术的优势，合成了精确尺寸的铂纳米颗粒，并将其静电结合到带相反电荷的表面活性聚合物纳米颗粒中。然后，通过控制聚合物表面的纳米粒子比和金属密度，将具有高比表面积的纳米复合粒子固定在微流控法制备的聚丙烯酰胺水凝胶颗粒表面，制备了三层金属/聚合物/聚合物层次结构复合粒子，其中铂纳米颗粒提供了将该复合粒子用作潜在催化剂的可能性。

超小尺寸的双金属纳米晶（NPs）由于其独特的协同催化作用，在催化、电子和传感等方面具有广阔的应用前景，其高效制备一直是化学和材料科学领域孜孜追求的目标。双金属 NPs 的合成是通过混合两种盐溶液，提供混合合金，或通过控制第二种金属在第一种金属种子上的沉积速率来完成的。近年来，微流控技术在超小尺寸的双金属 NPs 的合成方面逐渐成为研究热点[101]。一些研究表明，使用微流控技术合成的 NPs 具有较高的电催化或光催化活性。

何耀等[102] 利用微流控技术控制在硅表面共还原的两种金属前驱体，在常温下制备了尺寸和组成可调的双金属 NPs。微流体流动代替了金属离子在体系中的自由扩散，可以很好地控制局部离子浓度，从而使不同成核位点之间的还原速率均匀可控。通过控制前驱体浓度、流速和反应时间，合理设计了 Ag-Cu、Ag-Pd、Cu-Pt、Cu-Pd 和 Pt-Pd 等双金属 NPs，其尺寸超小（约 3.0nm）、尺寸分布窄、表面干净、颗粒间元素成分均匀。该方法为合成具有优异活性的多种双金属 NPs 提供了一种简便、绿色和可扩展的方法。汪夏燕等[103] 探索了一种在微流控反应器中几秒内合成有序 Pt-Bi 双金属 NPs 的方法，实现超快速连续合成的同时确保了合成过程的可重复性。图 8-9(a) 提供了用于制备 Pt-Bi 双金属化合物 NPs 的毛细管微流控系统的示意图。用调压氮气将反应溶液从压力室送入微流控反应器。在毛细管微反应器的出口收集产物。实验条件由压力调节器、下游背压调节器和分段精确温度控制区域控制。背压调节器用于抑制溶剂在高温下的气化。两个相邻的精确温度控制区域中的一个用于加热，另一个用于冷却。当将反应溶液引入加热区时，由于微通道内传热迅速，反应溶液在很短的时间内被加热到所需的温度进行反应。随后，加热区形成的产物流入下游冷却区，快速终止反应，有效避免了可能发生的副反应或颗粒聚集。精确分段温度控制在传统的反应技术中具有挑战性，但在微流控反应器系统中可以轻易实现。陈光文等[104] 研究了一种在室温下基于两级微流控系统连续合成 Ag@Cu$_2$O 核壳 NPs 的方法。两级微流控系统由两个连续的聚四氟乙烯制成的毛细管微反应器（T 形和交叉型）组成。T 形和交叉型毛细管微反应器内径均为 0.6mm，长度均为 0.7m。用两台注射泵以 0.25mL/min 的流速将 CuSO$_4$ 溶液和 NaOH 溶液同时注入 T 形毛细管微反应器中，在 T 形毛细管微反应器出口，得到了含 Cu(OH)$_4^{2-}$ 的溶液。溶液直接送入交叉型毛细管微反应器。同时，以 0.5mL/min 的流速将含有三角形银纳米膜和抗坏血酸的溶液分别注入交叉型毛细管微反应器中，32s 即可获得 Ag@Cu$_2$O 核壳 NPs。与原始 Cu$_2$O NPs 相比，Ag@Cu$_2$O 核壳 NPs 在可见光降解甲基橙方面表现出更好的催化活性。这种增强的光催化活性是由于 Ag@Cu$_2$O 核壳 NPs 的 BET 比表面积更大，电荷分离效率更高。此外，陈光文等[105] 提出了一种基于分段流的方法，以连续模式在还原氧化石墨烯（rGO）上沉积 AgPd 双金属 NPs（AgPd/rGO）。图 8-9(b) 显示了用于连续合成 AgPd/rGO 复合材料的实验过程示意图。如图所示，采用共还原法在液-液分段流中合成了 AgPd/rGO 复合材料。使用注射泵将 A 悬浮液（金属前驱体、聚乙烯吡咯烷酮和氧化石墨烯）、B 溶液（硼氢化钠）和正辛烷同时注入交叉型微混合器中，在微混合器的出口通道中形成分段流动。然后，反应物通过反应回路Ⅰ进入 T 形微混合器，与另一个注射泵注入的 C 溶液（硼氢化钠）混合。最后，反应物通过反应回路Ⅱ流向微流体系统的出口，用冰水浴中的烧杯收集产物。在氧化石墨烯（GO）和聚乙烯吡咯烷酮的存在下，通过 $NaBH_4$ 同时还原 $AgNO_3$ 和 $Pd(NO_3)_2$ 合成了 AgPd/rGO。该合成过程包括两个步骤，即 AgPd/氧化石墨烯的形成和随后的 AgPd/氧化石墨烯还原为 AgPd/rGO。由于 AgPd/rGO 在微通道中的有效混合，制备的 AgPd/rGO 的颗粒尺寸分布比批量合成的 AgPd NPs 更窄。此外，由于组成金属之间的协同作用，合成的 AgPd/rGO 催化对硝基苯酚还原为对氨基苯酚的性能优于 Ag/rGO 和 Pd/rGO。

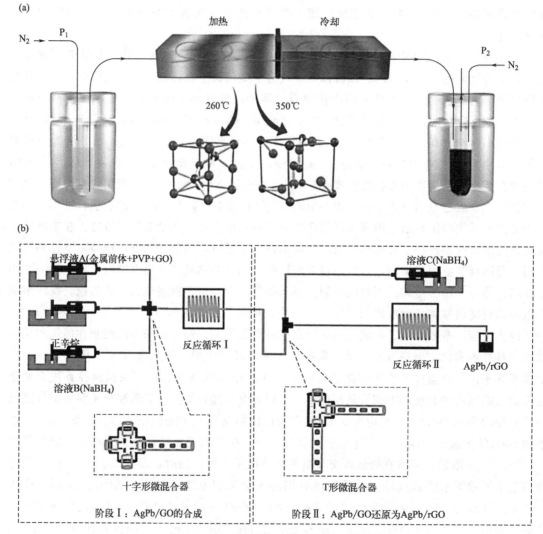

图 8-9 微流控反应制备高级催化剂材料实例

（a）微流控反应器制备有序 Pt-Bi 双金属化合物纳米粒子示意图[103]；

（b）连续合成 AgPd/rGO 复合材料的实验示意图[105]

8.2.9 微流控反应制备先进有机荧光材料

有机荧光材料分为有机高分子荧光材料和有机小分子荧光材料，其具有良好的荧光性能，在下一代平板显示器和照明、医学研究、化学检测和现代生物学等领域有广泛的应用。常见的有机发光二极管（OLED）屏幕、荧光防伪技术以及荧光照明技术等都离不开有机荧光材料的参与，有机小分子荧光材料在化学检测和生物学研究等领域也扮演着重要角色。其中，将微流控技术与先进有机荧光材料相结合构筑的先进 OLED 是当今研究热点之一。

OLED 由于具有自发光、宽视角、轻重量、薄面板厚度等优点，在下一代平板显示器和照明应用中受到了广泛关注。尽管液体有机半导体荧光材料具有在室温下处于液相的特性，被认为是有前途的新型有机电子器件应用材料[106,107]，但很少有材料可作为液体有机半导体的发射层。此外，从器件设计的角度来看，仍存在与多色光发射特性相关的技术挑战。因此，探索用于单个设备上的少量不同液体发射器的连续可扩展方法是开发功能性多色液体基发光应用的关键步骤。

在这方面，Naofumi Kobayashi 等[108] 报道了一种基于集成的亚微通道的新型微流体白色 OLED。采用光刻技术和非均相键合技术制备了单微米厚的基于 SU-8 光刻胶的微通道，并将其夹在氧化铟锡阳极和阴极对之间。用 1-芘丁酸-2-乙基己酯（PLQ）作为无溶剂的蓝绿色液体发射器，用 2,8-二叔丁基-5,11-双［4-(叔丁基)苯基］-6,12-二苯基四烯（TBRb）掺杂 PLQ 作为黄色液体发射器。在 100V 电压下，所制备的电-微流控器件成功地发出白色电致发光（图 8-10）。Takashi Kasahara 等[109] 提出了使用蒽衍生物宿主材料的电化学发光单元。以 2-叔丁基-9,10-二(2-萘基)蒽（TBADN）为 ECL 宿主并溶解在有机溶剂中。参考使用主-客体发射层的 OLED 电致发光过程，将荧光客体掺入宽带隙的 TBADN 主体溶液中。4,4′-双［4-(二苯基氨基)苯乙烯基］联苯（BDAVBi）和 TBRb 分别用作蓝色和黄色客体发射器。使用 BDAVBi 掺杂的 TBADN 溶液从 ECL 主体中获得蓝色 ECL 发射。此外，通过使用掺有 BDAVBi 和 TBRb 的 TBADN 溶液，成功地实现了从 405～700nm 的宽波长光谱的白色 ECL 发射。Jun Mizuno 等[110] 提出了掺杂荧光客体发射体的基于液态有机半导体的按需多色微流控 OLED。通过将 PLQ 用于蓝绿色液体发射器和液体主体，再把 5,12-二苯基并四苯（DPT）、5,6,11,12-四苯基并四苯（红荧烯）和四苯基二苯并二茚并芘（DBP）掺杂到 PLQ 中，分别获得绿色、黄色和红色液体发射器。利用光刻技术和非均相键合技术在玻

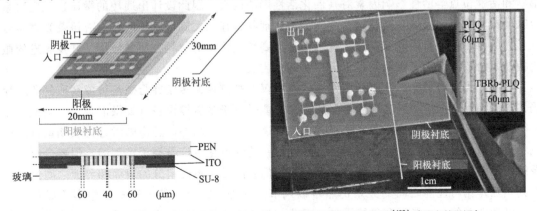

图 8-10 微流控 OLED 的设计示意图及其在 365nm 紫外光照射下的照片[108]（见文前彩插）

璃基板上制备夹在氧化铟锡（ITO）阳极和 3-氨基丙基三乙氧基硅烷改性 ITO 阴极之间的单微米厚 SU-8 微通道，只需将液体发射器注入目标微通道，即可按需形成发射层。具有液体发射器的微流控 OLED 成功地展示了多色电致发光发射。

8.3　小结和展望

通过微流控技术可实现不同类型的重要先进材料的连续高效制备。采用基于微流控的工艺合成先进材料可以克服传统方法的许多瓶颈。其中，微流控系统的集成对先进材料的微观结构和性能优化起着重要的作用。微流控系统与一些特殊的分析设备的耦合，有助于在线观察或检测先进材料形成过程中的微观结构和性能。此外，微流体在整个过程中的连续合成和自动化，可以提供一种低成本和规模化的方法，以合成具有特定性能的先进材料。基于微流控技术实现材料的可控构筑是合成有序微结构先进材料的有效途径，对推动先进材料的发展有重要作用。

尽管有上述优势，但仍然存在一些挑战。很明显，设计良好的微流控反应器是合成先进材料的前提条件。目前，在微流控反应器中，对于多维度凝胶材料的连续稳定规模化合成，反应器的微结构制备和工艺优化仍然具有挑战性。由于超材料的微观结构复杂，适用于不同的应用场合，因此难以设计通用的微流控反应器来合成具有理想形貌和微观结构的超材料。对于金属-有机框架材料，由于其微观孔道构型严重影响材料的性能，设计出调控金属-有机框架材料微观孔道构型以适用于多功能应用的微流控芯片存在许多关键问题亟待解决。先进生物材料的合成需要理想的生物相容性环境，目前仍难以建立理想的生物环境。一些材料（储能材料）的合成过程需要在非常高的温度和压力下进行。高生长温度也有利于具有缺陷和/或掺杂控制的储能材料获得良好的结构和优良的性能。然而到目前为止，大多数微流控反应器只能在较低的温度和较低的压力下实施。手性材料具有独特的结构特征，设计出能够制备高性能手性材料以适用于生物、医学和隐身材料等领域的微流控芯片仍然具有挑战。靶向药物材料的微流控合成仍处于起步阶段，通过设计合理的微流控芯片实现靶向药物材料的高载药量和靶向配体与载体的良好结合性仍然困难。对于催化剂材料，由于催化剂的大小、形状和活性位点等活性影响因素对其催化活性影响巨大，因此设计出通用的微流控反应器系统来合成具有理想形貌和微观结构的高级催化剂材料存在关键卡脖子问题。有机荧光材料合成条件的苛刻进一步限制了微流控技术在合成高性能催化剂材料方面的应用，开发先进的微流控技术合成高性能有机荧光材料仍存在诸多挑战。

目前，先进材料已广泛应用于许多领域。仅靠高流量、多条并行微流线或精致的微芯片仍然难以满足不同应用的需求。更好的方法可能是基于微流控设备（如微混合器、微反应器和微监视器等）组装和模拟的系统工程来实现这些目标。此外，还应同时考虑长期运行的低成本、高效率合成工艺。到目前为止，基础材料的规模化生产是易于实现的，但要合成多层微结构、微观孔道构型或细观结构的先进材料仍有困难，不同组分的表面和界面之间的关系及其相互作用与性能之间的关系仍然难以调节。此外，在单一的先进材料中实现磁性、光学、电学性能的多功能耦合仍然困难。因此，为了实现参数的精确调控及其表面和界面工程的灵活和自动化操作，必须解决这些挑战。

　　总之，基于微流控技术可在分子水平上对有机或无机微观结构进行设计与施工，实现对先进材料结构和性能的精确调控及优化，获得理论预期的不同形态的结构。通过设计良好的微流控芯片以及开发集成的微流控系统，微流控技术将为先进材料的连续可控制备提供一个强有力的平台，在学术研究和工业生产中蕴含着丰富的可能性和巨大的潜力。微流控技术为先进材料的高效连续化制备提供了有效路径，相信随着进一步的研究和优化，微流控技术将为先进材料的开发及应用创造出无与伦比的新机遇。

8.4　实验案例

8.4.1　微流控技术制备光子带隙超材料

8.4.1.1　实验目的

① 了解微流控技术制备光子带隙超材料的基本原理。
② 掌握微流控技术制备光子带隙超材料的实验技术。

8.4.1.2　实验原理

　　微流控液滴模板制备光子晶体微珠超材料的形成机理归结为胶体粒子自组装行为与液体模板体积约束的协同效应。利用微流控液滴技术，大批量的小液滴得以生成，胶体粒子全部被约束在这些小液滴模板中。与采取垂直沉积法自组装胶体光子晶体不同的是，胶体粒子不是沿着固-液-气三相接触线形成半月形平面，而是处于油相体系的束缚中，固-液-气三相接触面为液-液接触的两相。随着胶体粒子的分散剂水分的挥发，胶体粒子的浓度不断增大，粒子间的间距缩小。当胶体粒子的浓度增加到一个临界值时，毛细管力拉动相邻的胶体粒子使其在细微的位置上调整，最终使得单分散胶体粒子都能处于能量最低的六方密堆积状态。在这一过程中，外界的任何扰动都易导致胶体粒子的错位或重排，因此，防止周围环境的振动非常重要。同时，在水分挥发液滴收缩的过程中，胶体粒子分散液与甲基硅油的界面张力一直保持在一个较大的值，因而在组装过程结束后胶体光子晶体按照液滴的模板保持了很好的球形形状。本实验采用微流控高效反应/组装仪和 T 形芯片构筑光子晶体超材料，如图 8-11 所示。

8.4.1.3　化学试剂与仪器

　　化学试剂：聚苯乙烯@聚（丙烯酸羟丙酯-co-乙烯基咪唑）［PS@poly(HPA-co-VI)］乳液（10%，质量分数）、甲基硅油（AR，99%，国药）、正己烷（AR，99%，麦克林）、去离子水。

　　仪器设备：微流控高效反应/组装仪和 T 形微流控芯片（南京捷纳思新材料有限公司）、PDMS 微管（1 个）、样品皿（1 个）。

8.4.1.4　实验步骤

　　① 微流控液滴模板的制备。
　　如图 8-11 所示，内相流体为单分散胶体乳液（质量分数为 10%，分散相），外相流体为甲基硅油（连续相），通过注射泵连接 PE 软管推动两相流体。首先启动连续相使连续相充满微通道，然后启动分散相，待形成稳定连续的乳液液滴，使用底部铺有甲基硅油的塑料容

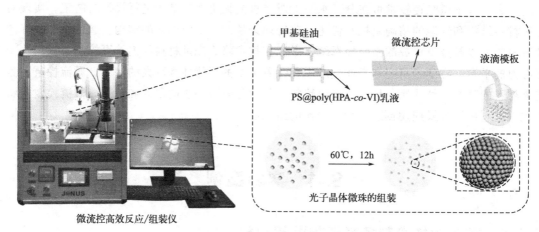

图 8-11　微流控液滴模板制备光子晶体微珠装置及光子晶体微珠组装示意图

器收集液滴。

② 光子晶体微珠的组装。

将收集的液滴模板置于 60℃烘箱中 12h。随着水分挥发，胶体粒子在液滴软模板内组装形成光子晶体微珠。最后将得到的光子晶体微珠用正己烷洗涤去除残留的甲基硅油，干燥后备用。

8.4.1.5　实验记录与数据处理

序号	室温/℃	大气压/Pa	流速/(mL/h)	组装时间/min
1				
2				
3				
4				

8.4.1.6　注意事项

① 使用微流控液滴模板制备乳液液滴时注意控制流速大小和稳定速度，以防形成液滴大小不均一。

② 注意控制光子晶体微珠的组装时间，以防形成的光子晶体微珠形状缺陷。

③ 光子晶体微珠的组装过程中，外界的任何扰动都易导致胶体粒子的错位或重排，因此，防止周围环境的振动非常重要。

8.4.1.7　思考题

① 微流控液滴模板法制备光子晶体微珠的优点有哪些？

② 实验过程中影响光子晶体微珠形成的因素有哪几种？

8.4.2　液滴微流控制备沸石咪唑酯骨架材料

8.4.2.1　实验目的

① 了解液滴微流控技术合成沸石咪唑酯骨架材料（zeolitic imidazolate framework-8,

ZIF-8）的原理。

② 掌握微流控技术合成沸石咪唑酯骨架材料的操作方法。

8.4.2.2 实验原理

基于液滴微流控合成技术，本实验采用微流控高效反应组装仪和 Y 形微流控芯片，通过微流泵控制 ZIF-8 的两相前驱体溶液匀速流入 Y 形微通道，前驱体（醋酸锌和 2-甲基咪唑）在微通道内均匀、充分混合，金属离子与有机配体在表面活性剂（十六烷基二甲基乙基溴化铵）的作用下进行自组装形成纳米级的金属-有机框架材料小晶体颗粒，如图 8-12 所示。小晶体通过有序组装形成具有规则形貌的 ZIF-8 超结构；随反应时间的延长，超结构在奥斯瓦尔德熟化作用下逐渐修补完善，生长成为完整的金属-有机框架纳米晶；最后将 ZIF-8 活化，置于 60℃下真空干燥 12h，以除去 ZIF-8 中残留的溶剂分子，使其内部孔道暴露出来，成为先进功能化材料[111]。

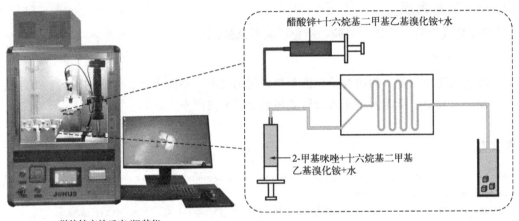

图 8-12 液滴微流控技术制备沸石咪唑酯骨架材料示意图

8.4.2.3 化学试剂与仪器

化学试剂：醋酸锌（AR，99%，麦克林）、2-甲基咪唑（AR，99%，国药）、十六烷基二甲基乙基溴化铵（AR，99%，国药）、N,N-二甲基甲酰胺（AR，99%，麦克林）、甲醇（AR，99%，麦克林）、蒸馏水。

仪器设备：烧杯（3 个）、磁子（3 个）、磁力搅拌器（1 个）、一次性注射器（2 个）、微流控高效反应/组装仪和 T 形微流控芯片（南京捷纳思新材料有限公司）。

8.4.2.4 实验步骤

① ZIF-8 的前驱体配制。

在烧杯 1 中加入 0.09g 醋酸锌、0.01g 十六烷基二甲基乙基溴化铵和 25mL 蒸馏水，在烧杯 2 中加入 0.33g 2-甲基咪唑、0.01g 十六烷基二甲基乙基溴化铵和 25mL 蒸馏水，使用磁力搅拌进行溶解得到前驱体溶液。

② ZIF-8 的合成。

溶解完全的两个前驱体水溶液均由注射泵以 0.1mL/min 的流速通过 Y 形微流控通道中，前驱体在微通道中均匀混合，并发生反应形成 ZIF-8（图 8-12），之后对反应完成的溶液进行收集。

③ ZIF-8 的分离纯化。

将收集到的 ZIF-8 用 N,N-二甲基甲酰胺洗涤三次，用甲醇洗涤一次，离心（4000r/min，30min）后，置于 60℃下真空干燥 12h 得到纯化后的 ZIF-8。

8.4.2.5 实验记录与数据处理

序号	前驱体流速/(mL/min)	ZIF-8 产量/g	ZIF-8 收率
1			
2			
3			
4			

8.4.2.6 注意事项

待前驱体完全溶解后进行实验，避免反应不充分。

8.4.2.7 思考题

① 液滴微流控制备得到的与传统溶剂热得到的 ZIF-8 晶体大小、结构相同吗？为什么？
② 反应过程中，液滴大小是否会影响最终 ZIF-8 的产率？

参考文献

[1] Xie X, Wang Y, Siu S Y, et al. Microfluidic synthesis as a new route to produce novel functional materials [J]. Biomicrofluidics, 2022, 16 (4): 041301.

[2] 黄时进，林绍梁，庄启昕. 先进材料领域关键技术预见的研究 [J]. 今日科苑，2020，(12): 13-22.

[3] 陈瑞峰. 化工新材料产业发展趋势与热点——（之一）产业特征、发展趋势与建议 [J]. 化学工业，2013，31 (7): 8-13.

[4] Pan L J, Tu J W, Ma H T, et al. Controllable synthesis of nanocrystals in droplet reactors [J]. Lab on a Chip, 2017, 18 (1): 41-56.

[5] Tian Z H, Wang Y J, Xu J H, et al. Intensification of nucleation stage for synthesizing high quality CdSe quantum dots by using preheated precursors in microfluidic devices [J]. Chemical Engineering Journal, 2016, 302: 498-502.

[6] Wang J, Song Y. Microfluidic synthesis of nanohybrids [J]. Small, 2017, 13 (18): 1604084.

[7] Tian Z H, Xu J H, Wang Y J, et al. Microfluidic synthesis of monodispersed CdSe quantum dots nanocrystals by using mixed fatty amines as ligands [J]. Chemical Engineering Journal, 2016, 285: 20-26.

[8] Hao N, Nie Y, Zhang J X J. Microfluidic synthesis of functional inorganic micro-/nanoparticles and applications in biomedical engineering [J]. International Materials Reviews, 2018, 63 (8): 461-487.

[9] Lignos I, Maceiczyk R, deMello A J. Microfluidic eechnology: uncovering the mechanisms of nanocrystal nucleation and growth [J]. Accounts of Chemical Research, 2017, 50 (5): 1248-1257.

[10] Wang J, Zhao H, Zhu Y, et al. Shape-controlled synthesis of CdSe nanocrystals via a programmed microfluidic process [J]. The Journal of Physical Chemistry C, 2017, 121 (6): 3567-3572.

[11] Marre S, Jensen K F. Synthesis of micro and nanostructures in microfluidic systems [J]. Chemical Society Reviews, 2010, 39 (3): 1183-1202.

[12] Song Y, Hormes J, Kumar C S. Microfluidic synthesis of nanomaterials [J]. Small, 2008, 4 (6): 698-711.

[13] Zardi P, Carofiglio T, Maggini M. Mild microfluidic approaches to oxide nanoparticles synthesis [J]. Chemistry, 2022, 28 (9): e202103132.

[14] Hao N, Nie Y, Xu Z, et al. Microfluidic continuous flow synthesis of functional hollow spherical silica with hierar-

chical sponge-like large porous shell [J]. Chemical Engineering Journal，2019，366：433-438.

[15] Abdel-Latif K，Epps R W，Kerr C B，et al. Facile room-temperature anion exchange reactions of inorganic perovskite quantum dots enabled by a modular microfluidic platform [J]. Advanced Functional Materials，2019，29（23）：1900712.

[16] Baek J，Shen Y，Lignos I，et al. Multistage microfluidic platform for the continuous synthesis of Ⅲ-Ⅴ core/shell quantum dots [J]. Angewandte Chemie-International Edtion，2018，57（34）：10915-10918.

[17] Choi C H，Park Y J，Wu X，et al. Highly efficient and continuous production of few-layer black phosphorus nanosheets and quantum dots via acoustic-microfluidic process [J]. Chemical Engineering Journal，2018，333：336-342.

[18] 张吉林，洪广言，倪嘉缵. 单分散磁性纳米粒子靶向药物载体 [J]. 化学进展，2009，21（5）：880-889.

[19] Dirk Steinhilber T R，Stefanie Wedepohl，Florian Paulus，et al. A microgel construction kit for bioorthogonal encapsulation and pH-controlled release of living cells [J]. Angewandte Chemie-International Edtion，2013，52：13538-13543.

[20] Rahman M T，Barikbin Z，Badruddoza A Z M，et al. Monodisperse polymeric ionic liquid microgel beads with multiple chemically switchable functionalities [J]. Langmuir，2013，29（30）：9535-9543.

[21] Li H L，Men D D，Sun Y Q，et al. Surface enhanced raman scattering properties of dynamically tunable nanogaps between Au nanoparticles self-assembled on hydrogel microspheres controlled by pH [J]. Journal of Colloid and Interface Science，2017，505：467-475.

[22] Li H L，Men D D，Sun Y Q，et al. Optical sensing properties of Au nanoparticle/hydrogel composite microbeads using droplet microfluidics [J]. Nanotechnology，2017，28：405502.

[23] 李桧林. 基于微流控技术金/水凝胶微纳材料的制备及传感性能研究 [D]. 合肥：中国科学技术大学，2017.

[24] 崔婷婷，刘吉东，解安全，等. 多功能纳米纤维微流体纺丝技术及其应用研究进展 [J]. 纺织科学研究，2018，39（12）：158-165.

[25] Li Q，Xu Z，Du X F，et al. Microfluidic-directed hydrogel fabrics based on interfibrillar self-healing effects [J]. Chemistry of Materials，2018，30：8822-8828.

[26] Liu J D，Du X Y，Hao L W，et al. Macroscopic self-assembly of gel-based microfibers toward functional nonwoven fabrics [J]. ACS Applied Materials & Interfaces，2020，12：50823-50833.

[27] Li Q，Zhang Y W，Wang C F，et al. Versatile hydrogel ensembles with macroscopic multidimensions [J]. Advanced Material，2018，30（52）：e1803475.

[28] Cui T T，Yu J F，Wang C F，et al. Micro-gel ensembles for accelerated healing of chronic wound via pH regulation [J]. Advanced Science，2022，9：2201254.

[29] Zhu Z J，Liu J D，Liu C，et al. Microfluidics-assisted assembly of injectable photonic hydrogels toward reflective cooling [J]. Small，2019，16：1903939.

[30] He Y Y，Liu J D，Cheng R，et al. Microfluidic-assisted assembly of fluorescent self-healing gel particles toward dual-signal sensors [J]. Journal of Materials Science，2021，56：14832.

[31] Pendry J B. Negative refraction makes a perfect lens [J]. Physical Review Letters，2000，85（18）：3966-3969.

[32] 董国艳，乔鹏武，李振飞. 光子带隙超材料研究进展 [J]. 中国材料进展，2019，38（1）：22-41.

[33] 骆广生，兰文杰，李少伟，等. 微流控技术制备功能材料的研究进展 [J]. 石油化工，2010，1：1-6.

[34] Liu G，Wang K，Lu Y，et al. Liquid-liquid microflows and mass transfer performance in slit-like microchannels [J]. Chemical Engineering Journal，2014，258：34-42.

[35] Shang L，Fu F，Cheng Y，et al. Photonic crystal microbubbles as suspension barcodes [J]. Journal of the American Chemical Society，2015，137（49）：15533-15539.

[36] Mou C L，Wang W，Li Z L，et al. Trojan-horse-like stimuli-responsive microcapsules [J]. Advanced Science，2018，5（6）：1700960.

[37] Yin S N，Yang S，Wang C F，et al. Magnetic-directed assembly from Janus building blocks to multiplex molecular-analogue photonic crystal structures [J]. Journal of the American Chemical Society，2016，138（2）：566-573.

[38] Wu X J，Hong R，Meng J K，et al. Hydrophobic poly（tert-butyl acrylate）photonic crystals towards robust energy-

saving performance [J]. Angewandte Chemie-International Edition, 2019, 58 (38): 13556-13564.

[39] Zhou H C, Long J R, Yaghi O M. Introduction to metal-organic frameworks [J]. Chemical Reviews, 2012, 112 (2): 673-674.

[40] Stock N, Biswas S. Synthesis of metal-organic frameworks (MOFs): routes to various MOF topologies, morphologies, and composites [J]. Chemical Reviews, 2012, 112 (2): 933-969.

[41] 赵云，向中华. 微流控制备金属/共价有机框架功能材料研究进展 [J]. 化工学报，2020，71 (6): 2547-2563.

[42] Tian F, Cai L L, Liu C, et al. Microfluidic technologies for nanoparticle formation [J]. Lab On a Chip, 2022, 22 (3): 512-529.

[43] Shang L R, Cheng Y, Zhao Y J. Emerging droplet microfluidics [J]. Chemical Reviews, 2017, 117 (12): 7964-8040.

[44] Doherty C M, Buso D, Hill A J, et al. Using functional nano-and microparticles for the preparation of metal-organic framework composites with novel properties [J]. Accounts of Chemical Research, 2014, 47 (2): 396-405.

[45] Mark D, Haeberle S, Roth G, et al. Microfluidic lab-on-a-chip platforms: requirements, characteristics and applications [J]. Chemical Society Reviews, 2010, 39 (3): 1153-1182.

[46] Li W B. Metal-organic framework membranes: production, modification, and applications [J]. Progress in Materials Science, 2019, 100: 21-63.

[47] Ameloot R, Vermoortele F, Vanhove W, et al. Interfacial synthesis of hollow metal-organic framework capsules demonstrating selective permeability [J]. Nature Chemistry, 2011, 3 (5): 382-387.

[48] Witters D, Vergauwe N, Ameloot R, et al. Digital microfluidic high-throughput printing of single metal-organic framework crystals [J]. Advanced Materials, 2012, 24 (10): 1316-1320.

[49] Witters D, Vermeir S, Puers R, et al. Miniaturized layer-by-layer deposition of metal-organic framework coatings through digital microfluidics [J]. Chemistry of Materials, 2013, 25 (7): 1021-1023.

[50] Kim K J, Li Y J, Kreider P B, et al. High-rate synthesis of Cu-BTC metal-organic frameworks [J]. Chemical Communications, 2013, 49 (98): 11518-11520.

[51] Faustini M, Kim J, Jeong G Y, et al. Microfluidic approach toward continuous and ultrafast synthesis of metal-organic framework crystals and hetero structures in confined microdroplets [J]. Journal of the American Chemical Society, 2013, 135 (39): 14619-14626.

[52] Rubio-Martinez M, Batten M P, Polyzos A, et al. High quality and scalable continuous flow production of metal-organic frameworks [J]. Scientific Reports, 2014, 4: 5443.

[53] Paseta L, Seoane B, Julve D, et al. Accelerating the controlled synthesis of metal-organic frameworks by a microfluidic approach: a nanoliter continuous reactor [J]. ACS Applied Materials & Interfaces, 2013, 5 (19): 9405-9410.

[54] Waitschat S, Wharmby M T, Stock N. Flow-synthesis of carboxylate and phosphonate based metal-organic frameworks under non-solvothermal reaction conditions [J]. Dalton Transactions, 2015, 44 (24): 11235-11240.

[55] Albuquerque G H, Fitzmorris R C, Ahmadi M, et al. Gas-liquid segmented flow microwave-assisted synthesis of MOF-74 (Ni) under moderate pressures [J]. Crystengcomm 2015, 17 (29): 5502-5510.

[56] Wang X, Liu J, Wang P, et al. Synthesis of biomaterials utilizing microfluidic technology [J]. Genes, 2018, 9 (6): 283.

[57] 焦慧，张一宁，宋雨晴，等. 乳腺癌类器官研究进展及临床应用前景 [J]. 中国组织工程研究，2021，25 (7): 1122-1128.

[58] 樊倩，王雁，段学欣，等. 器官芯片在眼科领域的研究进展 [J]. 眼科新进展，2021，41 (10): 978-981.

[59] Novak R, Ingram M, Marquez S, et al. Robotic fluidic coupling and interrogation of multiple vascularized organ chips [J]. Nature Biomedical Engineering, 2020, 4 (4): 407-420.

[60] Herland A, Maoz B M, Das D, et al. Quantitative prediction of human pharmacokinetic responses to drugs via fluidically coupled vascularized organ chips [J]. Nature Biomedical Engineering, 2020, 4 (4): 421-436.

[61] Chou D B, Frismantas V, Milton Y, et al. On-chip recapitulation of clinical bone marrow toxicities and patient-specific pathophysiology [J]. Nature Biomedical Engineering, 2020, 4 (4): 394-406.

[62] Liu Y, Du J J, Choi J S, et al. A high-throughput platform for formulating and screening multifunctional nanoparti-

cles capable of simultaneous delivery of genesand transcription factors [J]. Angewandte Chemie-International edtion，2016，55：169-173.

［63］ Shen H X，Wang H P，Wang C F，et al. Rapid fabrication of patterned gels via microchannel-conformal frontal poly-merization [J]. Macromolecul Rapid Communications，2021，42（19）：e2100421.

［64］ He F K，Ou Y，Liu J，et al. 3D printed biocatalytic living materials with dual-network reinforced bioinks [J]. Small，2022，18（6）：e2104820.

［65］ Yu D，Goh K，Wang H，et al. Author correction：scalable synthesis of hierarchically structured carbon nanotube-graphene fibres for capacitive energy storage [J]. Nature Nanotechnology，2020，15（9）：811.

［66］ Lin Y，Gao Y，Fan Z. Printable fabrication of nanocoral-structured electrodes for high-performance flexible and pla-nar supercapacitor with artistic design [J]. Advanced Material，2017，29（43）：1701736.

［67］ Wang X，Shi G. Flexible graphene devices related to energy conversion and storage [J]. Energy & Environmental Science，2015，8（3）：790-823.

［68］ Lv Q，Wang S，Sun H，et al. Solid-state thin-film supercapacitors with ultrafast charge/discharge based on N-doped-carbon-tubes/Au-nanoparticles-doped-MnO_2 nanocomposites [J]. Nano Letters，2016，16（1）：40-47.

［69］ Lu C，Wang D，Zhao J，et al. A continuous carbon nitride polyhedron assembly for high-performance flexible super-capacitors [J]. Advanced Functional Materials，2017，27（8）：1606219.

［70］ Gao Y P，Wu X，Huang K J，et al. Two-dimensional transition metal diseleniums for energy storage application：a review of recent developments [J]. CrystEngComm，2017，19（3）：404-418.

［71］ Cheng H，Meng J，Wu G，et al. Hierarchical micro-mesoporous carbon-framework-based hybrid nanofibres for high-density capacitive energy storage [J]. Angewandte Chemie-International Edtion，2019，58（48）：17465-17473.

［72］ Qiu H，Cheng H，Meng J，et al. Magnetothermal microfluidic-assisted hierarchical microfibers for ultrahigh-energy-density supercapacitors [J]. Angewandte Chemie-International Edtion，2020，59（20）：7934-7943.

［73］ Meng J，Wu G，Wu X，et al. Microfluidic-architected nanoarrays/porous core-shell fibers toward robust micro-ener-gy-storage [J]. Advanced Science，2020，7（1）：1901931.

［74］ Xing P，Zhao Y. Controlling supramolecular chirality in multicomponent self-assembled systems [J]. Accounts of Chemical Research，2018，51（9）：2324-2334.

［75］ Pop F，Zigon N，Avarvari N. Main-group-based electro- and photoactive chiral materials [J]. Chemical Reviews，2019，119（14）：8435-8478.

［76］ Peng R H，Liu J X，Xiao D，et al. Microfluid-enabled fine tuning of circular dichroism from chiral metasurfaces [J]. Journal of Physics D-Applied Physics，2019，52（41）：415102.

［77］ He T C，Li J Z，Li X R，et al. Spectroscopic studies of chiral perovskite nanocrystals [J]. Applied Physics Letters，2017，111（15）：151102.

［78］ Peng Y，Liu X T，Li L N，et al. Realization of vis-NIR dual-modal circularly polarized light detection in chiral per-ovskite bulk crystals [J]. Journal of the American Chemical Society，2021，143（35）：14077-14082.

［79］ Kim Y H，Song R Y，Hao J，et al. The structural origin of chiroptical properties in perovskite nanocrystals with chiral organic ligands [J]. Advanced Functional Materials，2022，32（25）：2200454.

［80］ Gao X Q，Han B，Yang X K，et al. Perspective of chiral colloidal semiconductor nanocrystals：opportunity and chal-lenge [J]. Journal of the American Chemical Society，2019，141（35）：13700-13707.

［81］ Milton F P，Govan J，Mukhina M V，et al. The chiral nano-world：chiroptically active quantum nanostructures [J]. Nanoscale Horizons，2016，1（1）：14-26.

［82］ Jiang S，Kotov N A. Circular polarized light emission in chiral inorganic nanomaterials [J]. Advanced Materials，2022：2108431.

［83］ Xiao L，An T T，Wang L，et al. Novel properties and applications of chiral inorganic nanostructures [J]. Nano To-day，2020，30：100824.

［84］ Liang Z B，Chen X，Liao X J，et al. Continuous production of stable chiral perovskite nanocrystals in electrospinning nanofibers to exhibit circularly polarized luminescence [J]. Journal of Materials Chemistry C，2022，10（35）：12644-12651.

[85] Hardwick T，Cicala R，Ahmed N. Memory of chirality in a room temperature flow electrochemical reactor [J]. Scientific Reports, 2020, 10 (1): 16627.

[86] Vilé G，Schmidt G，Richard-Bildstein S，et al. Enantiospecific cyclization of methyl N-(tert-butoxycarbonyl)-N-(3-chloropropyl) -D-alaninate to 2-methylproline derivative via 'memory of chirality' in flow [J]. Journal of Flow Chemistry, 2019, 9 (1): 19-25.

[87] 杨鹏. 靶向药物的研究进展与开发前沿 [J]. 药学进展, 2020, 44 (9): 641-643.

[88] Manzari M T，Shamay Y，Kiguchi H，et al. Targeted drug delivery strategies for precision medicines [J]. Nature Reviews Materials, 2021, 6 (4): 351-370.

[89] Li W，Tang J，Lee D，et al. Clinical translation of long-acting drug delivery formulations [J]. Nature Reviews Materials, 2022, 7 (5): 406-420.

[90] Lee T Y，Choi T M，Shim T S，et al. Microfluidic production of multiple emulsions and functional microcapsules [J]. Lab On a Chip, 2016, 16 (18): 3415-3440.

[91] Song R，Cho S，Shin S，et al. From shaping to functionalization of micro-droplets and particles [J]. Nanoscale Advances, 2021, 3 (12): 3395-3416.

[92] Tran T H，Nguyen C T，Kim D P，et al. Microfluidic approach for highly efficient synthesis of heparin-based bioconjugates for drug delivery [J]. Lab On a Chip, 2012, 12 (3): 589-594.

[93] Kolishetti N，Dhar S，Valencia P M，et al. Engineering of self-assembled nanoparticle platform for precisely controlled combination drug therapy [J]. Proceedings of the National Academy of Sciences of the United States of America, 2010, 107 (42): 17939-17944.

[94] Wei J，Ju X J，Xie R，et al. Novel cationic pH-responsive poly (N,N-dimethylaminoethyl methacrylate) microcapsules prepared by a microfluidic technique [J]. Journal of Colloid and Interface Science, 2011, 357 (1): 101-108.

[95] Zhang M J，Wang W，Xie R，et al. Microfluidic fabrication of monodisperse microcapsules for glucose-response at physiological temperature [J]. Soft Matter, 2013, 9 (16): 4150-4159.

[96] Solsona M，Vollenbroek J C，Tregouet C B M，et al. Microfluidics and catalyst particles [J]. Lab On a Chip, 2019, 19 (21): 3575-3601.

[97] Tofighi G，Lichtenberg H，Pesek J，et al. Continuous microfluidic synthesis of colloidal ultrasmall gold nanoparticles: in situstudy of the early reaction stages and application for catalysis [J]. Reaction Chemistry & Engineering, 2017, 2 (6): 876-884.

[98] Wang L，Ma S，Yang B，et al. Morphology-controlled synthesis of Ag nanoparticle decorated poly (O-phenylenediamine) using microfluidics and its application for hydrogen peroxide detection [J]. Chemical Engineering Journal, 2015, 268: 102-108.

[99] Xu L，Srinivasakannan C，Peng J，et al. Synthesis of Cu-CuO nanocomposite in microreactor and its application to photocatalytic degradation [J]. Journal of Alloys and Compounds, 2017, 695: 263-269.

[100] Li X，Visaveliya N，Hafermann L，et al. Hierarchically structured particles for micro flow catalysis [J]. Chemical Engineering Journal, 2017, 326: 1058-1065.

[101] Hu H，Xin J H，Hu H，et al. Synthesis and stabilization of metal nanocatalysts for reduction reactions-a review [J]. Journal of Materials Chemistry A, 2015, 3 (21): 11157-11182.

[102] Shi H，Song B，Chen R，et al. Microfluidic-enabled ambient-temperature synthesis of ultrasmall bimetallic nanoparticles [J]. Nano Research, 2021, 15 (1): 248-254.

[103] Zhang D，Wu F，Peng M，et al. One-step, facile and ultrafast synthesis of phase- and size-controlled Pt-Bi intermetallic nanocatalysts through continuous-flow microfluidics [J]. Journal of the American Chemical Society, 2015, 137 (19): 6263-6269.

[104] Tao S，Yang M，Chen H，et al. Microfluidic synthesis of Ag@Cu_2O core-shell nanoparticles with enhanced photocatalytic activity [J]. Journal of Colloid and Interface Science, 2017, 486: 16-26.

[105] Luo L，Yang M，Chen G. Continuous synthesis of reduced graphene oxide-supported bimetallic NPs in liquid-liquid segmented flow [J]. Industrial & Engineering Chemistry Research, 2020, 59 (17): 8456-8468.

[106] Xiao L，Chen Z，Qu B，et al. Recent progresses on materials for electrophosphorescent organic light-emitting de-

vices [J]. Advanced Material, 2011, 23 (8): 926-952.

[107] Niikura H, Legare F, Hasbani R, et al. Probing molecular dynamics with attosecond resolution using correlated wave packet pairs [J]. Nature, 2003, 421 (6925): 826-829.

[108] Kobayashi N, Kasahara T, Edura T, et al. Microfluidic white organic light-emitting diode based on integrated patterns of greenish-blue and yellow solvent-free liquid emitters [J]. Scientific Reports, 2015, 5: 14822.

[109] Koinuma Y, Ishimatsu R, Kuwae H, et al. White electrogenerated chemiluminescence using an anthracene derivative host and fluorescent dopants for microfluidic self-emissive displays [J]. Sensors and Actuators A: Physical, 2020, 306: 111966.

[110] Kasahara T, Matsunami S, Edura T, et al. Multi-color microfluidic organic light-emitting diodes based on on-demand emitting layers of pyrene-based liquid organic semiconductors with fluorescent guest dopants [J]. Sensors and Actuators B: Chemical, 2015, 207: 481-489.

[111] 陈虹滨. 基于微流控的金属有机框架材料的制备及性能研究 [D]. 广州: 广东工业大学, 2021.

第九章

微流控反应合成精细化学品

9.1 引言

精细化学品（fine chemicals）也称为专用化学品（specialty chemicals），是指具备特定应用功能、技术密集、商品性强、产品附加值高、批量小、纯度高的化学品。一般而言，精细化学品具有复杂的化学结构，有机原料需经一系列的单元反应合成，如卤化、缩合、酯化、还原、硝化、加氢、氧化、磺化等。然而在传统的合成精细化学品的单元反应中，如硝化过程，因其通常反应速度快、放热量大，且在间歇式生产的过程中传质阻力大、传热速率较差，导致产物选择性及产率低，造成生产成本过高；此外复杂的分离提纯过程使得废酸、废水排出量大，且极易发生爆炸等危险。2014年，《中华人民共和国环境保护法》的第八次会议修订案对化工生产过程的安全和环保提出更高标准，因此，如何实现精细化学品制备过程向更安全、更高效与更环保的方向发展，是化工过程设计中首要考虑的问题。

基于微流控技术混合效率高、混合时间短、物料配比精确可控、传热传质速率高以及生产过程安全等优势[1]，研究者们在微流控技术应用于精细化学品生产领域方面做了许多探索。此外微流控方法易与其他技术如微波辐射、负载试剂或催化剂、光化学、感应加热、电化学、3D打印等结合，从而能够有效拓宽其应用范围。本章将重点针对微流控方法，对精细化学品制备中涉及的硝化、加氢、氧化等反应类型与适用于反应单元的微反应器（microreactor）及其反应过程进行讨论，进一步推动微化工技术在精细化学品制备方面的产业化应用。

9.2 微流控技术应用于硝化反应

硝化反应一般使用硝化剂如硝硫混酸、发烟硝酸、硝酸/乙酸酐、五氧化二氮等，通过硝化反应将硝基（—NO_2）引入反应物分子中，形成—C—NO_2、—N—NO_2、—COONO$_2$等基团，产生单个或多个硝基化合物，如1-甲基-4,5-二硝基咪唑、5-硝基水杨酸、硝化甘油、硝基氯苯、硝酸异辛酯、TNT、5-氟-2-硝基三氟甲苯等[1]。硝基衍生物广泛应用于染料、香水、药品、炸药、中间体、着色剂和农药等基础化学品和特种化学品中。釜式反应器具有单次反应量大的优势，是传统化工工业常用的硝化反应装置。但是，高度的设备腐蚀性、易产生局部热点等现象，导致了潜在的危险和污染等问题。微流控技术的发展和应用可以有效解决传统硝化工艺的这些缺陷，并已应用于许多化合物的硝化，如芳香族化合物、杂环化合物、脂肪族醇类、氟化物等。连续流硝化的典型实验装置包括用于反应物添加的微流泵、用于快速有效混合反应物的微混合器以及停留时间单元。停留时间单元是带有通道或管的微流控装置，该单元浸泡在恒温浴中，或者内置于冷却/加热系统，以保持特定的温度。本节将重点介绍两类反应物（芳香化合物、杂环化合物）的微反应器连续流硝化方法。

9.2.1 芳香化合物的硝化

芳香化合物硝化反应是在高酸性条件下的一种放热反应。传统的制备方法，产物产率和纯度低、易产生过热点造成安全隐患，微流控技术在芳香化合物的硝化方面展现出突出优势。采用连续或分段流微流控反应形式会使反应体系的表面积与体积比增加，热传导效率提高，从而有效控制高温反应中的放热。John Robert Burns 和 Colin Ramshaw 报道了等温条件下聚四氟乙烯（PTFE）与不锈钢毛细管在段塞流中直接硝化甲苯，以探索微反应器在化工生产中的工业化潜力[2]。Andrew de Mello 等人使用一种具有化学惰性的微流控芯片来硝化甲苯以高效获得硝基甲苯。该芯片使用一种商用非晶全氟化聚合物——CYTOP 作为涂料附着于微流控芯片内壁，使得微流控芯片内壁具有化学惰性，不易被酸性溶剂等腐蚀。此外该装置中分段流动反应平台加强了混合且消除了轴向分散。该反应体系中甲苯作为连续流（优先湿润氟聚合物涂层通道壁），而水相液滴在 T 形连接处形成，分段流以 23.74mm/s 的线速度向下游移动，平均停留时间为 17s（芯片内 14s，出口管 3s）。在 17s 时间内实现了原料的高效转化率（100%），且 2-硝基甲苯、4-硝基甲苯和 2,4-二硝基甲苯的收率分别为52.2%、37.8%和 4.3%。该方法使得硝化反应连续进行两小时以上，芯片没有任何泄漏或分层问题，同时实现了更高转化率和更短的停留时间，结果表明较高比表面积及分段流内部快速循环而增强的扩散有益于加速微流控硝化反应进度[3]。马晓明等采用 G1 型脉冲混合式微通道反应器 ［图 9-1(a)］ 与 HYM-PO-B2-NS-08 型计量泵，以萘为原料，进行了二硝基萘（1,5-DNN、1,8-DNN）的合成，如图 9-1(b)。在其他条件固定不变的情况下，以萘、硝酸为原料，考察反应温度、萘与硝酸摩尔比、硝酸浓度以及进料流速对反应的影响，从而确定了最佳工艺参数。即硝酸质量分数 95%，硝酸与原料摩尔比 6:1，反应温度 70℃，反应时间 76s，总选择性达到 90.5%[4]。其中 1,3,5-三甲基-2-硝基苯作为合成中间体，在染料工业中有重要的应用。传统反应器由于混合差、废酸消耗大、杂质含量不稳定，造成1,3,5-三甲基-2-硝基苯收率不稳定。此外传统硝化条件苯胺衍生物的氧化或过硝是不可避免的，因为双相条件下的界面传质严重限制了其反应速率。陈光文等人研究了一步二硝化生成N-(1-乙基丙基)-3,4-二甲基-2,6-二硝基苯胺的过程[5]，所有的实验都在微反应器（体积＝0.2mL）中进行，具有非常高的热传质系数，且具有极好的温控性能（＜±2℃）。在传统的两步法中，苯胺溶液（30%，质量分数）第一步用稀释的硝酸处理，第二步是分离中间体后再次用浓硝酸处理，反应时间为 4h，反应收率为 89%，产物 ［N-(1-乙基丙基)-3,4-二甲基-2,6-二硝基苯胺］ 与 N-亚硝基二甲基苯胺的摩尔比为 7:3，硝酸浓度越高，转化率越高[6]。当该反应在微反应器进行时，在 60℃下与 3mol 硝酸条件下，反应物的转化率为100%，产率为 97%。该工艺可扩大到 432t/a 的产量，且适用于其他苯胺衍生物。李斌栋等利用微反应器中两个微反应堆和三个泵快速组装微流控系统，实现了 1,3,5-三甲基-2-硝基苯的公斤级连续合成[7]。该微流控系统的微通道由心形形状的管路组成结构单元，形成一系列收敛-发散截面，提高传质速率，从而提高产物的产率与纯度。在实验参数下均三甲苯先与硝酸混合，再与硫酸结合，用于合成 1,3,5-三甲基-2-硝基苯。系统考察了有机溶剂、温度、摩尔比、流速和硫酸含量等对三种合成策略中工艺参数的影响。在工艺参数优化的基础上，在两个串联的微反应器上实现了公斤级 1,3,5-三甲基-2-硝基苯的生产。研究表明，优化的工艺参数如下：温度为 45℃，均三甲苯：HNO_3（98%）：H_2SO_4（80%）（摩尔比）为 1：2.6：1.5，停留时间为 60s，流速 $Q_{mesitylene}=39.6mL/min$、$Q_{HNO_3}=20.4mL/min$、$Q_{H_2SO_4}=21.1mL/min$。该条件下，均三甲苯的转化率为 99.8%，1,3,5-三甲基-2-硝基苯的收率为 95%，1,3,5-三甲基-2-硝基苯的纯度为 97%，生产效率为 1.88kg/h。1,3,5-三甲基-2-硝基苯的时空产率比间歇式反应器高 3 个数量级，硫酸用量降低了 88%，反应时间由 4h 缩短至 60s。该连续工艺提供了一种合成 1,3,5-三甲基-2-硝基苯的温和可靠的流动方法。该方法收率高，选择性好，为混合酸作为硝化剂硝化芳香族化合物的公斤级化学合成提供了必要的示范。

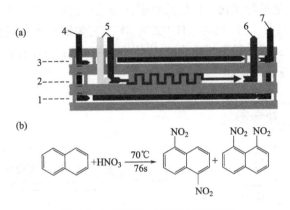

图 9-1 微流控用于芳香化合物的硝化

(a) G1 型微通道反应器[4]；(b) DNN 的合成[4]

1，3—传热层；2—反应层；4—换热介质（进）；5—反应物料（进）；6—产品（出）；7—换热介质（出）

9.2.2 杂环化合物的硝化

Shahriyar Taghavi-Moghadam 等人在 CYTOS 微反应器中使用标准硝化混合物连续流动硝化几种重要芳烃[8]，包括 2-甲基吲哚、药物"西地那非"的中间体 1-甲基-3-丙基-1H-吡唑-5-羧酸等。其中 2-甲基吲哚转化为 2-甲基-5-硝基吲哚的常规过程依赖于起始材料 H_2SO_4 中加入的 $NaNO_3$，反应时间超过 1.5h，这种长时间的反应可以保持釜内温度在 0℃ 的安全条件下，达到 80% 的收率。而连续的实验室规模的微流控技术过程只需要在 3℃ 条件下反应 48s，即可获得 70% 的收率。1-甲基-4,5-二硝基咪唑（4,5-MDNI）是一种性能良好的高能钝感炸药，具有低熔点、低酸性、低摩擦感度的特点。李斌栋等采用内交叉趾并联多层化式（HPIMM）微混合器成功制备了 4,5-MDNI。以硝硫混酸（质量分数 20% 的发烟硫酸和质量分数 98% 的发烟硝酸）、甲基咪唑为原料，通过采用单因素试验以及正交试验，对影响反应产率的因素（包括体积流速、反应温度、硝化剂用量等）进行了探究。HPIMM 微反应系统依靠内部狭缝状交叉型微结构对流体重组，不仅提高了混合性能，而且使反应过程中产生的大量热量快速传递到空气中，从而保证反应物的均匀混合和无反应混合死区以及无热量囤积。相比于传统合成工艺，微流控技术对反应温度的精准调节、反应进程的高度掌控减少了反应时间，提高了产品收率，使反应过程更安全可控[9]。传统的硝基吡啶是将 5-溴-2-氨基-4-甲基吡啶溶解在浓硫酸中分批制备的，当温度达到 25～33℃ 时加入发烟硝酸，最终产品收率为 52%～55%。James R. Gage 等开发了一种简单实用的流动反应器[10]，在放热硝化反应中生产硝基吡啶。其适用于数百或数千公斤的硝基芳烃的大规模生产。实验装置包括进料容器、混合器、停留时间单元和收集容器，所有这些都由不锈钢管和端口连接（图 9-2）。溶液 A 为溶于 H_2SO_4 的反应物（反应物与 H_2SO_4 质量比＝1∶3），溶液 B 为 HNO_3 与 H_2SO_4 混合物（质量比＝1∶12）。在 50～55℃ 的反应温度下反应 20min，可实现 97% 的转化率。詹乐武等以吡唑为原料，使用低沸点溶剂 1,2-二氯乙烷作为热重排介质和原料的良好溶剂，以形成液-液体系从而与微流控技术结合实现 3,4-二硝基吡唑（DNP）的安全、高效以及连续化制备。其中 N-硝基吡唑收率和纯度分别可达 94.91%、98.95%［高效液相色谱测试数值（HPLC）］，3-硝基吡唑收率和纯度可达 95%、99.09%（HPLC）。通过对热重排反应温度、时间等因素进行优化，最佳反应条件为反应温度 180℃ 和反应时间 4.5h，其收率和纯度分别可达 92.12%、99.12%（HPLC）。本工艺关键在于选用低沸点溶剂 1,2-二氯乙烷作为热重排介质，且可与硝化剂构成液-液体系，将 DNP 三步合成法与微流控技术相结合，让 DNP 连续化制备成为可能[11]。

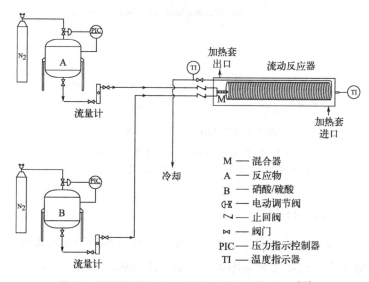

图 9-2　涉及基于压力的加料系统的实验装置示意图 [10]

9.2.3　微流控用于硝化的局限性以及在放大生产中的适用性

微流控技术应用于硝化反应，反应物或硝基衍生物在反应混合物中的溶解度有限，根据其密度的不同，在反应过程中产生的沉淀物可能对流动条件和通道的几何形状产生不同的影响。可通过选择对有机底物/产物具有良好溶解度的溶剂和增加反应器体积来克服该方法存在的问题[12]。通常，硝化之后是还原步骤，然后得到一个氨基，然而，硝化反应会产生几种额外的产物[13]，这阻碍了直接加氢。因此，硝化后的同分异构体分离是必不可少的一步。因此开发一种能选择性地只产生一种硝基异构体的液相硝化法，或实现还原产物混合物（即不同胺）的分离方案，始终是一个挑战。另外针对发烟硝酸使用的安全问题，微流控合成技术将有助于以更准确的方式估计硝化的动力学参数，从而很好地控制反应器内部的温度。现在微流控硝化已经成为一种成熟的技术，在一定程度上有助于控制所期望的异构体的产率，化学家和化学工程师有必要在详细的数学分析的基础上共同组建一套统一的体系，以理解界面传质、动力学，甚至热力学等速率控制问题。

9.3　微流控技术应用于氧化反应

氧化反应在精细化学品合成过程中占比最大，超过了 50%。然而许多氧化反应中间体的过度氧化难以控制，导致选择性低，反应放热量大，易发生火灾、爆炸和泄漏等安全事故。传统的反应器传热传质效率不高，界面面积小，存在返混问题和一些潜在的安全隐患。而微反应器具有独特的可强化传质与传热的结构，能够精确控制反应温度和反应时间。采用微反应器来进行氧化反应可提高反应的转化率和选择性，特别是能有效提高生产的安全性。本节对微反应器技术在精细化工领域氧化反应中的应用进展进行介绍，主要包括烷烃氧化、烯烃氧化、醇氧化、醛酮氧化等，为微反应器的更广泛应用提供借鉴。

9.3.1　烷烃的氧化

烷烃是能源和化工行业的原料，烷烃氧化是生产有机化工产品和精细化学品的重要工业过程，然而烷烃 C—H 键非常不活跃，很难直接发生氧化反应。传统的烷烃氧化过程存在诸多问题，如传质及传热效率差、转化率以及产率低、反应条件苛刻等，因此，利用微反应器的优势进行烷烃氧化已成为一种重要途径[14]。其中，苄基的 C—H 氧化是一种常见的烷烃氧化反应，研究者已经开发出了多种氧化剂用于该氧化过程。Henry A. Lardy 等人使用次氯酸钠和叔丁基过氧化氢合成了苄基化合物[15]。为了达到高转化率，需要苛刻的反应条件，这限制了其工业应用。贾瑜等人使用了一种微反应器氧化苄基化合物，以氧杂蒽为反应底物[16]，探究了反应时间和温度与反应产率的关系：室温 10s 内氧化，产率良好。Nico Fischer 等人开发了一种小型筛选反应器，可用于检测气流中的材料特性，同时可将邻二甲苯氧化成邻苯二甲酸酐[17]。此外该反应器可应用于其他的反应与催化剂系统，如丙烯酸的氧化脱氢。叔丁基过氧化氢由于其危险的生产工艺条件（高压、高温、纯氧），其氧化过程迄今为止尚未得到充分研究。针对此问题，Thomas Willms 等人开发了一种微反应器模块化设备，使用由硅涂层毛细管（内径 1mm，长度 100m）组成的微反应器，控制一定流速、温度（75～165℃）和压力（25～100bar），以液体异丁烷和氧气为原料制备出过氧化氢叔丁醇（TBHP）。在控制停留时间为 4h 时，异丁烷转化率可达到 5%，TBHP 选择性为 60%[18]。Thomas Turek 等人研究了在微反应器中将正丁烷选择性氧化为马来酸酐的过程，并探究了不同狭缝宽度的微反应器对于整体实验的影响。结果表明，当微反应器狭缝宽度为 1.5mm、反应温度为 410℃、反应时间为 48h 时，正丁烷转化率为 88%，马来酸酐选择性为 63%。当微反应器缝隙宽度增至 3.0mm 时，反应热显著增加，并出现了热点。与工业多管式反应器相比，毛细管反应器反应热减小了约 80%，表明微反应器结构在进行高放热、非均相催化的气相反应方面仍具有优势[19]。Bartholomäus Pieber 等人以加压空气为氧化剂、碳酸丙烯酯为绿色溶剂，在微反应器中进行气液连续流动氧化，将 2-苄基吡啶氧化为相应的酮。在温度为 200℃、停留时间为 13min 时，2-苄基吡啶转化率为 99%[20]。Dominique Roberge 等探究了以溴化钴（$CoBr_2$，2.5%，摩尔分数）为催化剂，醋酸锰为助催化剂 [$Mn(OAc)_2$，2.5%，摩尔分数]，以过氧化氢或空气在乙酸（AcOH）中催化乙苯的苄基进行氧化反应。在微反应器中氧化乙苯为苯乙酮和苯乙酸，其流程如图 9-3 所示。过氧化氢氧化引发乙苯发生 C—H 氧化，快速生成乙苯过氧化氢、苯乙酮等混合物；在将反应温度提高到 110～120℃，将反应时间减少到仅 6～7min 时，并不会影响反应的选择性，产率达到 66%。在 150℃的反应温度下将反应时间增加到 16min，得到苯甲酸终产物，收率为 71%[21]。

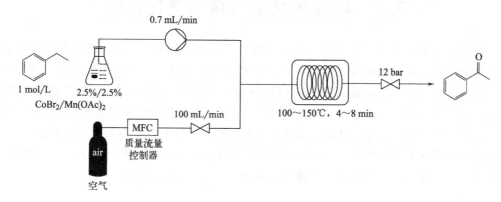

图 9-3　催化乙苯的苄基氧化的流程图[21]

9.3.2　烯烃的氧化

　　烯烃氧化成醇、醛和环氧化合物是均相催化反应的重要工业应用。其中烯烃的环氧化是合成环氧化合物的主要途径。己二酸是重要的脂肪族二元酸，其合成主要是环己酮在 40%～60%的硝酸作用下氧化。但是由于硝酸的存在，这种合成方法所形成的氮氧化物会对环境造成极大的危害。Chan Yi Park 等人探究了在两个连续流动的微反应器中单萜烯的光氧化过程[22]。通过比较间歇式系统、单通道微反应器与管中管微反应器对结果的影响发现，在管中管微反应器中 β-蒎烯的产量相较于在间歇式系统与单通道微反应器中分别提高了 17.4 倍和 277.6 倍，α-蒎烯提高了 56.9 倍和 273.8 倍，δ-柠檬烯提高了 20.3 倍和 298.6 倍。研究结果表明，采用管中管微反应器可实现绿色的光氧化工艺，并有望用于放大工艺。C. Oliver Kappe 等人使用过氧化氢作为绿色氧化剂[23]，在高温下将环己烯、环己醇和环己酮氧化为己二酸。过氧化氢分解会剧烈放热，放出的气体会使得容器内部的压力增加，而微反应器则可以有效解决内部体积问题。该研究表明，使用微结构反应器（0.8mm 内径，50m 长，25mL 的内部体积），反应时间仅需 20min，可实现环己烯全部氧化连续生成己二酸，得率为 63%。Volker Hessel 等人同样以环己烯和过氧化氢为原料，以 $Na_2WO_4 \cdot 2H_2O$ 为催化剂，无溶剂条件下在填充床微反应器中合成己二酸。微反应器中己二酸产率在 20min 内可达到 50%，成功缩短了 96%的反应时间（与传统间歇式反应器相比）。该方法也证实了微反应器在直接氧化反应中具有较大的发展潜力[24]。陈光文等人研究了在微反应器中使用仿生铁络合物催化缺电子烯烃的不对称环氧化[25]，即三取代乙烯酮在由聚四氟乙烯（内径0.8mm，长度 1989mm）制成的 1mL 微反应器中进行不对称环氧化。在连续流动微反应器中，产率在 4min 内达到 90%，选择性高达 92%。与传统的间歇式反应器工艺相比，连续流微反应器中的反应时间更短，操作更安全，反应条件控制更精确。S. V. Ley 课题组开发了一种高效、可重复、有氧的合成工艺[26]。该工艺采用了管中管气体微反应器，以 $(MeCN)_2PbCl_2$ 和 $CuCl_2$ 为催化剂，以氧气（20bar）为氧化剂，成功用 4-甲氧基苯乙烯合成 4-甲氧基苯乙醛。此外，这种方法并不需要通过昂贵的分离技术去除用过的氧化剂。T. O. Salmi 等人提出通过两个微反应器来研究乙烯氧化的动力学[27]，利用实验数据准确提出非线性朗缪尔-欣谢尔伍德-豪根-沃森动力学模型，该模型可以描述与环氧乙烷合成相关的反应速率的浓度和温度依赖性，并使用 gPROMs 软件对反应器模型进行数值求解。

9.3.3 醇的氧化

醇氧化在精细化工领域有着不可忽视的地位，其氧化产物醛或酮广泛应用于药物、涂料、食品添加剂等领域[14]。由于微反应器的精确温度控制，氧化醇的活性与选择性得到了极大的提高。同时微通道反应器具有高效传质和传热性能，氧气或者过氧化氢作为有效氧化反应中的绿色氧化剂，这种氧化醇的方式也逐渐受到人们的关注。Thomas Wirth 等人采用微反应器技术成功实现各种脂肪族、芳香族和烯丙醇的氧化[28]。例如，使用由注射泵驱动的两个注射器、T 形连接器和管式反应器（PTFE 管，长度 4m，内径 0.75mm）组成的简单装置用于将苯甲醇氧化成苯甲醛，在停留时间为 4.5min 时，苯甲醛的产率高达 95%。微反应器技术为不同醇的氧化提供了一种高效连续流动反应工艺，与间歇式反应相比，具有反应时间短、转化率高和选择性好等优点。

Alain Favre-Réguillon 等以铜盐和 2,2,6,6-四甲基哌啶氮氧化物（TEMPO）为共催化剂，在微反应器中催化氧化苯甲醇为苯甲醛。结果表明，在室温和 5bar 氧气的条件下，苯甲醇转化率在 5min 内可达 70%。微反应器的使用提高了苯甲醇的转化率，但是 Cu/TEMPO 催化剂的成本过高。因此，工业生产更青睐于使用廉价的均相催化剂（如金属溴化物）[29]。Jun Yue 等人在聚四氟乙烯微反应器中进行了均相催化剂 Co/Mn/Br 催化氧化苯甲醇合成苯甲醛[30]。在以乙酸为溶剂，空气或纯氧为氧化剂的 PTFE 微反应器中，将苯甲醇均匀地催化为苯甲醛。在优化条件（150℃和 5bar 空气）下，18s 即可获得 85.6% 的苯甲醛收率，且该反应对苯甲醛具有高度选择性。Swern 氧化反应是一个多步骤反应，用草酰氯、二甲基亚砜和三乙胺将醇氧化成醛或酮，反应温度一般在 −70～−50℃ 范围，这是将羟基转化成羰基的常用方法，在有机合成中被广泛应用，但是间歇式反应器对温度控制不好便会有副产物产生。Jan C. M. van Hest 等人采用自动化微反应器平台来进行快速放热反应[31]，通过改变五个实验参数，包括反应时间和温度，优化了苯甲醇在微反应器中的选择性。结果表明混合和反应时间只需 32ms，反应温度为 70℃，在该优化反应条件下的连续流动微反应器中，无论是在小规模还是在较大规模的微反应器系统中，转化率均可达到 96%。黎厚斌等分别在微反应器和传统间歇式反应器中采用 Swern 氧化法成功地进行了醇的氧化[32]。以草酰氯为活化剂，在连续流微反应器中通过 Swern 氧化反应氧化苯甲醇合成苯甲醛。与传统的间歇式 Swern 氧化法相比，微反应器是一种效率更高的装置，其停留时间较短、产率高、选择性好，极大地提高了产物的合成效率。然而，与传统的间歇式反应器相比，微反应器中的 Swern 氧化需要更多的原料，这可能会导致制造成本的增加和更多的浪费。郑福平等人在连续流动微反应器系统中采用 Swern 氧化法将苯甲醇氧化为苯甲醛[33]。实验表明，该方法是可行的，连续微反应器系统的设置是合理的。此外，它还可以应用于伴随易分解中间体和大量热量的类似反应。优化了反应温度、反应物流速、微混合器类型、延迟回路长度和反应物摩尔比等参数。最终苯甲醛产率可达 84.7%（1.800g/h），选择性为 98.5%。Anita Šalić 等将酶催化与微反应器技术相结合[34]，提出了一种生产己醛的新方法，通过使用乙醇脱氢酶在微反应器中将己醇生物催化氧化为己酸和己醛，使用具有微混合器的微反应器可以获得最佳的反应效果，因为它提高了传质速率，同时，需要使用的酶和辅酶的量也更低。Udo Kragl 等人研究了降膜微反应器（FFMR）中酶催化的 β-D-葡萄糖氧化为葡萄糖酸[35]。

该研究中，在不到 10s 的停留时间内底物的连续转化高达 50%，同时在使用等量酶的情况下，FFMR 中的初始反应速率比气泡柱中快 12 倍，比烧杯中快 588 倍，该研究为连续运行的微生物反应器的精细化学合成提供了借鉴。

9.3.4 醛、酮的氧化

醛和酮都是含有羰基的化合物，在精细化工合成领域占据重要地位。醛的活性大，易被进一步氧化成羧酸；而酮难以被氧化，只有在强氧化条件下酮的氧化才能进行下去。因此关于这类氧化反应的报道并不多。Alain Favre-Réguillon 等人在此方面做了颇多研究：①采用过渡金属催化剂或引发剂将 2-乙基己醛氧化为 2-乙基己酸。结果表明，使用流动的分子氧可以安全地将醛转化为相应的羧酸。当 Mn（Ⅱ）作为催化剂并与盐配合使用时，几乎实现了完全的选择性转化。在 7.5bar O_2 和 10mg/kg Mn（Ⅱ）作为催化剂条件下，使用 7m（内径 φ1.65mm，反应器体积约 15mL）的全氟烷氧基树脂（PFA）管可以生产高达 130g/h 的 2-乙基己酸。在这些条件下，碱金属盐和 Mn（Ⅱ）作为催化剂的协同使用可以将选择性提高至 94%，研究结果表明气液微反应器在安全筛选均相氧化催化剂方面具有潜力[36]。②开发了简单经济的连续流反应器系统。在白光 LED 宽发射波段（480～700nm）照射下，使用光引发剂樟脑醌，通过产生多种以氧和碳为中心的自由基，增强了脂肪醛和芳香醛的自氧化作用[37]。③证明了简易管式微反应器（总容积为 15mL，总占地面积为标准实验室通风柜大小的一半）具有在易爆条件下进行连续反应的能力。采用简单、廉价、易得的材料和设备，不需要进一步的提纯和溶剂分离，可达到日产 3.22kg 纯度为 94% 的 2-乙基己酸。而在反应物为爆炸性气体混合物、1065K 的绝热温升和约 700W 的排热能力条件下，基于安全考虑，使用经典的 10L 实验室规模的间歇式反应器达不到这样的生产率[38]。

苏远海等人开发了连续流动毛细管微反应器系统[39]，以硝酸为氧化剂，通过对环己醇和环己酮（K/A 油）的氧化，高效、安全地合成了己二酸。用高效液相色谱法分析氧化产物己二酸和两种主要副产物戊二酸和琥珀酸的含量，用气相色谱法确定气相混合物的组成。己二酸得率随反应温度、硝酸浓度、硝酸与 K/A 油体积流量比和毛细管长度的增加而增加。在 85℃ 条件下与 55%（质量分数）硝酸的微反应器体系中，仅用 6s 就可获得高产率的己二酸（90%），己二酸的选择性随硝酸浓度的增加而增加，随毛细管长度的增加而降低，特别是己二酸的选择性随温度的升高先升高后降低，这说明了微反应器在精确控制反应温度和反应器换热能力方面的重要性。Jun Yue 等以 Co/Mn/Br 为均相催化剂，通过气液流，在聚四氟乙烯毛细管微反应器中利用空气或纯氧对 5-羟甲基糠醛（HMF）进行氧化。通过研究 1bar 或 5bar 的压力下与 90～165℃ 温度下的反应效果，得到最佳反应条件，在 150℃、5bar O_2 和 2.73min 停留时间时，HMF 转化率达到 99.2%，其中 2,5-二甲酰呋喃、5-甲酰基呋喃甲酸和 2,5-呋喃二甲酸的收率分别为 22.9%、46.7% 和 23.8%。总体选择性从常压下的 5%～15% 提高到 60%～94%，实现了微反应器高效合成 FDCA。微反应器中传质限制少，因此它可作为一种潜在的过程强化工具[40]。

9.3.5 微流控用于氧化反应的局限性以及在放大生产中的适用性

随着生产力的不断提高，对更绿色、更安全的生产需求越来越强烈。氧化反应是工业上最常见的化学反应类型，通常伴随着剧烈的放热，因此安全生产受到广泛关注。由于微反应器高传质和传热特性，其可以实现高效、安全的生产。微反应器中的氧化反应基本上以氧气或过氧化氢为氧化剂，可以减少副产物，是非常理想、经济、可持续发展的绿色反应。然而，微反应器技术仍面临诸多困难和挑战，例如，在非均相反应中，由于微反应器的通道尺寸小，如果反应物颗粒稍大或黏度稍高，则很可能会被阻塞。虽然已经采用超声波分散和控制流速和温度来减少这些现象的发生，但仍然没有普遍适用的方法来解决这个问题。此外，氧化反应的理论体系，如动力学、热力学、流体力学等，并没有得到优化。综上所述，微反应技术在氧化反应方面仍有很大的提升空间。

9.4　微流控技术应用于氢化反应

氢化反应是有机合成中的一类重要反应，在精细化学品的合成中占有重要地位。氢化反应大多是在高压反应釜中进行，存在一定的爆炸风险。此外，氢化反应通常为间歇进行，存在转化率和选择性低等缺点。因此，开发新的、安全的、高效的氢化工艺是必要的。可连续生产的多相催化加氢反应工艺与传统间歇式生产工艺相比具有显著的优点，如微通道反应器能精确控制反应温度和反应时间，传质性能高，可极大提高反应的选择性和产量并减少催化剂损耗。本章总结了微通道反应器中烯烃、炔烃、醛酮及硝基的氢化等反应，其中，连续流微反应加氢技术因具有很好的发展前景而受到广泛关注，成为了未来化工合成的热门研究方向之一。

9.4.1　烯烃的氢化

C═C 双键加氢是有机化学中最重要的反应之一，在制药和精细化工领域中有着广泛的应用。这种反应是在专门的反应器中，在保证安全的前提下，通过提高氢气压力来实现气体直接加氢，或者通过将氢从液体或氢供体（如醇）中转移到目标分子上的方式实现氢转移。氨硼烷（NH_3BH_3，AB）是一种稳定的、具有良好水溶性的高氢含量（19.4%，质量分数）物质，然而，在传统的系统中，从高成本 AB 中释放的氢气不能被充分利用。Jingsan Xu 等人建立了一种新型的稳定的 $Pd/g-C_3N_4$ Pickering 乳液微反应器[41]，将界面处的 Pd 纳米粒子作为催化剂，使液滴的油水界面耦合氨硼烷产氢进而进行烯烃氢化，实现了氢气的利用率达到近 100%，这种微反应器的加氢方法比传统的加氢反应更经济。重要的是，简单改进后的 Pickering 乳液微反应器，可以将一系列烯烃的转化率提高到 95%。Shū Kobayashi 和其同事使用玻璃微通道反应器进行氢化反应[42]，其中，氢气流量分别为 0.1mL/min 和 1mL/min，氢气停留时间为 2min，Pd 固定在通道的内表面进行催化，烯烃/炔的还原反应和脱保护反应在这个过程中进展顺利，可以产生定量产率的相应饱和产物。这种方式与间歇式加氢相比，微通道反应器的容积产率提高了 14 万倍。C. Oliver Kappe 等人报道了使用微反应器气相加氢来催化（Z,E,E）-1,5,9-环十二烯和 1,5-环十二烯的氢化反应，其选择性高达 99%，产率也较好[43]。Scott E. Schaus 等人在四氢吡啶酮的合成过程中利用了选择性连续流加氢的优势，针对二氢吡啶酮骨架中碳-碳双键的还原[44]，初步筛选出了 Pd/C、Pt/Al_2O_3、Pt/C 和 Raney-Ni 几种催化剂，其中，Raney-Ni 在选择性碳-碳双键还原中效果最好。然而在传统的间歇条件下，将二氢嘧啶酮置于类似的加氢环境中（10% Pd/C 或 Raney-Ni），可得到多个加氢产物，且几乎没有化学选择性或立体选择性。Christopher G. Frost 等人在流动条件下使用 H-Cube 反应器将肉桂酸乙酯还原为苯丙酸乙酯[45]。利用 Pd/C（10%，质量分数）作为催化剂在室温下以 2mL/min 的速度将肉桂酸乙酯的乙酸乙酯溶液

（0.1mol/L）完全转化为苯丙酸乙酯。ICP-MS 分析表明，在洗脱液中 Pd 含量少于 0.1μg，证明只有极少的 Pd 浸出发生。另外，增加温度至 80℃以上可以抵消肉桂酸乙酯的浓度增加所导致的产物转化率降低效应，且能够实现 0.2mol/L 的肉桂酸乙酯在 3.0mL/min 流速下完全转换。Jun Yue 等选择在全氟烷氧基烷烃毛细管微反应器中[46]，以平均粒径为 0.3mm 或 0.45mm 的碳负载钌（Ru/C）作为催化剂，进行乙酰丙酸（LA）加氢制备 γ-戊内酯（GVL）反应。该反应在上游气液段塞流条件下进行，其中 1,4-二噁烷为溶剂，H_2 以气相方式供给，在 130℃、H_2 压力 12bar、液体进料的重量时空速度为 $3.0g_{feed}/(g_{cat} \cdot h)$ 的条件下，LA 的转化率为 100%，GVL 收率为 84%。

9.4.2　炔烃的氢化

Thomas H. Rehm 等人在降膜微结构反应器（FFMR）中，进行了 2-丁炔-1,4-二醇选择性加氢实验来制备烯烃衍生物[47]。在 FFMR 板上涂覆 Al_2O_3 或 ZnO，然后沉积 Pd 纳米颗粒作为催化剂，在以水为溶剂的条件下，可实现 96% 的原料转化率以及 98% 的产物选择性，与间歇式反应（99% 转化率下的选择性为 98%）结果接近。然而，FFMR 表现出高于传统间歇式反应器 15 倍的性能，实现了在连续流模式下加氢过程的强化。J. C. Schouten 等制备了一种 Pd/ZSM-5 和 Pd/硅石芯片微反应器[48]，并在其中进行了 3-甲基-1-戊炔-3-醇加氢生成 3-甲基-1-戊烯-3-醇的反应。反应在 25℃、1.5bar、H_2 流速 0.25~0.8mL/min、液体流速 1.5~5.7mL/h、3-甲基-1-戊炔-3-醇浓度 525mol/m³ 条件下进行，其中，乙醇为溶剂。Pd/硅石芯片微反应器的烯烃产率可达 95%，高于常规间歇式反应器（91%），这是由于芯片微反应器能够控制反应的停留时间。此外，芯片微反应器能够在高温、高压条件下操作，并具有较高的耐化学性，这进一步扩展了基于芯片的微反应器在特殊化学工业中的可操作性。

9.4.3　醛、酮的氢化

羰基化合物如醛和酮在加氢条件下表现出相似的行为，利用醛类化合物的还原来得到目标醇一直是化学化工中常用的方法之一。如何在其他还原性基团，特别是酮基存在的前提下，对醛基进行选择性地还原，这是化学工作者们时常遇到的问题[49]。Peter Claus 等在流动条件下气/液/液多相催化反应的研究中[50]，选择 α,β-不饱和醛选择性加氢生成相应的醇作为反应模型，在此过程中选择以 Ru^II 三苯基膦三磺酸钠（TPPTS）配合物作为水溶性催化剂，考察了水相和氢气的流量、温度、毛细管内径等参数对反应结果和 PTFE 微反应器行为的影响。结果表明，随着内径的减小，整体反应速率的增加是由于在液相与液相（L/L）的边界处的扩散路径缩短，这会加速传质速率。Masaaki Sato 和同事研究了流动方式下 4-氰基苯甲醛的氢化[51]，使用 Pd/C 负载的流动微反应器，温度保持在 90℃，进行醛和丁腈基团的还原，最终得到还原产物的混合物，通过优化反应混合物的浓度，提高了对单一产物的选择性。

9.4.4　硝基的氢化

硝基苯加氢制苯胺是一个高放热反应（545kJ/mol），它可以沿着不同的反应途径进行，并涉及多个中间产物，这些中间产物也可以相互反应。良好的温度控制对于避免硝基苯或部分氢化中间体，特别是苯羟胺的剧烈分解至关重要。Asterios Gavriilidis 等在降膜微反应器中[52]，60℃、1～4bar 氢气压力与 9～17s 反应时间的条件下，成功进行了硝基苯在乙醇中连续加氢生成苯胺的反应。Sho Kataoka 等将纳米铂固定在微反应器中[53]，在微反应器内壁设置催化剂支撑层，增强 Pt 纳米颗粒的吸附，催化硝基苯加氢制苯胺。采用这种固定方法，微反应器内的铂纳米颗粒表现出良好的催化活性。在硝基苯初始浓度为 50mmol/L 的条件下进行 14h 的连续反应，并控制停留时间为 12s，苯胺的平均收率可达 92％。James Gardiner 等采用催化静态混合器（CSMs）高效制备抗菌药物利奈唑胺的关键中间体（图 9-4）[54]。该方法将 3D 打印与连续流加工技术相结合，创造了一种催化加氢和快速生产目标分子的通用方法，是目前制备这种中间体的连续流动方法产量的 3 倍。

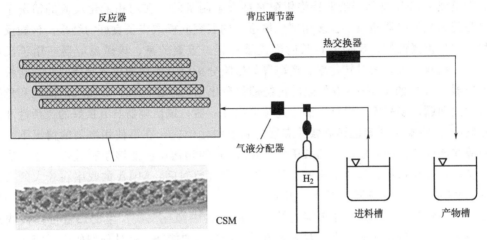

图 9-4 催化静态混合器（CSMs）及其内部单个 CSM 的示意图[54]

9.4.5 微流控用于氢化反应的局限性以及在放大生产中的适用性

异相催化加氢可以说是已知的最有价值的合成转化方法之一，通常是在适当贵金属充当催化剂的条件下，利用氢分子进行氢化反应从而制备目标有机化合物。异相催化加氢在化学和制药工业中具有重要意义，在催化加氢反应中使用氢分子作为试剂遵循了绿色化学的第二原则（原子经济）和第七原则（使用可再生原料）。然而，传统的间歇式加氢工艺方案，在大规模制备时，由于使用氢气对化合物加氢，往往需要专用的耐高压反应器、高压釜条件和特殊的安全预防措施，会增加操作风险。另外，这些反应本质上也是放热的，反应过程中需要采取有效的散热措施。由于这些原因，使用固定化金属催化剂的连续流加氢工艺在过去几年中显著增加。总体来说，微反应器技术和连续流动处理能够使有机合成更经济、更环保。在连续流动条件下的多相催化加氢反应与间歇过程相比还具有其他显著的优点，如能够连续生成产物、实现简单产物/催化剂的分离和催化剂的重复利用、增加反应速率、改进传热并实现精确温度控制、实现反应监测和反应一体化处理步骤、降低反应堆成本等。另外，在微流控装置中进行的连续流动过程比标准的间歇处理过程更有效，并能提供更高的单位体积和单位时间吞吐量。尽管目前微流控技术在微尺度下的多相流还存在认识不彻底、反应器放大难、适于微反应器的催化剂制备较困难且商业化选择少等情况，但微反应器技术正在不断发展，相信未来在氢化领域能取得重大突破。

9.5　微流控技术应用于酯化反应

作为过程强化平台，微流控技术在精细化学品的酯化反应领域同样受到学术界和工业界的极大关注。Amol A. Kulkarni 等人设计了微型固定床反应器（mFBR），用于均相和多相酸催化乙酸与丁醇的酯化反应[55]。如图 9-5(a) 与图 9-5(b) 所示，所用的微反应器整套系统主要由反应物、进料泵、微量混合器、微反应管道或 mFBR、收集器组成，其中，所用的微反应管道或 mFBR 是基于哈斯特洛伊耐腐蚀合金制备的。在均相催化反应的情况下，实验结果与间歇式反应器相当，在多相催化体系下的研究同样取得了良好的结果。该微反应器性能稳定，可重复性好，反应器可长时间连续运行。重要的是，该微反应器在用于反应温度、时间、物料比等因素对转化率、产率等的影响分析时，使用的化学物质量约为传统的间歇式反应器（1L）的 1/400。双烯酮的传统催化酯化工艺存在冗长、放热、高能耗和危险缺陷，针对此问题，凌祥等人设计了螺旋连续流微反应器，该反应器具有良好的灵活性和双向温度控制[56]。得益于螺旋连续流微反应器的系统强化效应，在不使用溶剂的情况下，双烯酮和甲醇在该反应器中合成乙酰乙酸甲酯（MAA）的酯化反应能够顺利进行，通过优化各种生产参数，如底物量、催化剂比例、反应温度和停留时间，MAA 的收率在较大的雷诺数下可达到 97% 以上（反应温度 70℃、反应时间 120s）。在 70℃ 的反应温度下，双烯酮的转化率更是能达到 100%，在这种螺旋连续流反应平台中酯化反应产生的热量可以被快速带走，实现 MAA 的高效安全生产，并大大降低生产过程的能耗。此外他们研究了酯化体系在该反应器中的动力学模型，并发现实验数据与该模型符合得很好。潘勇等人通过实验和数值研究分析了在微反应器中以丙酸酐和异丙醇为原料酸催化合成丙酸异丙酯的相关反应条件[57]，研究发现，提升反应温度、催化剂用量，减小微反应器通道直径，都能提升丙酸酐的转化率。其中，最佳反应条件为：通道直径 2mm，催化剂用量 0.8%，反应物物质的量之比 n（丙酸酐）:n（异丙醇）=1:1，流速 V（丙酸酐＋异丙醇）=1mL/min，反应温度 T=60℃，在此条件下，丙酸酐转化率达 89.9%，时空产率为 $2.39×10^6$ mol/(m^3 · h)，这比间歇式反应器高 4 个数量级。此外，他们利用计算流体动力学技术建立了一个具有该最佳条件的微反应器模型。结果表明，冷却剂的流速和微反应器的材料对温度的分布有很大影响，较低的冷却剂流速会导致在冷却夹套中形成一个传热屏障，从而减缓微反应器传热过程，在这种情况下，反应很容易失控，而硅玻璃微反应器具有更好的传热性能，可以更好地控制反应温度，降低反应失控的可能性。Jun Yue 等人在毛细管微反应器中形成的双相水-有机体系中[58]，对油酸与 1-丁醇进行了酶促酯化反应生成油酸丁酯。米黑根毛霉脂肪酶作为酶催化剂溶解在水相中，油酸溶解在正庚烷中，而 1-丁醇分布在两相中。设置反应温度为 30℃，在 PTFE 微反应器中以相同的停留时间但不同的流速下进行反应时，油酸的转化率没有明显的变化，这说明在微反应器中进行段塞流操作没有观察到质量传递的限制。设置外反应器内径为 0.8mm，反应物在 30min 的停留时间内可以实现接近 100% 的油酸丁酯产率。这是由于较小的微反应器直径能够增加界面面积，从而使更多的酶处于界面而增加酶活力，提高了反应速率。在相对较高的有机物体积分数下，与疏水性的 PTFE 微反应器相比，亲水性的不锈钢微反应器中的酶周转次数明显增强，在工艺强化方面很有前景。然而，由于非透明不锈钢微反应器中未知的流动曲线，其反应性能与动力学模型的预测相比 PTFE 微反应器还需要进一步研究。尽管在优化的实验室规模的间歇式反应器中可以获得比该工作中使用的微反应器更高的反应速率，但微反应器具有流动操作和相对容易扩大规模而没有明显性能损失的优点，且在微反应器中能够精确控制参数（包括界面面积），可以进行更精确的动力学研究，并优化反应条件，这在酶法生物柴油合成中得到了证明。

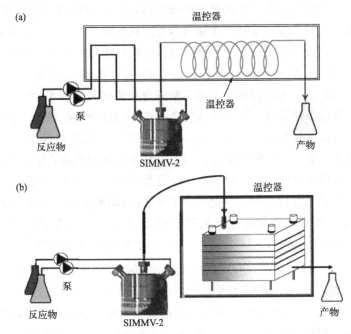

图 9-5　分别用于分析作用的均相和多相酸催化乙酸与丁醇的酯化反应的微反应管道（a）和 mFBR（b）示意图[55]

9.6　微流控技术应用于其他反应类型

微流控技术除了在精细化学品合成过程中涉及的硝化、加氢、氧化、酯化方面获得了较普遍的应用，该技术在酯交换、缩合、卤化、还原、磺化等方面也有一定的发展，这都得益于微反应器在工业过程中的高体积/表面比、高效传质传热速率、短扩散距离、过程控制简单等优点[59]。张利雄等人在具有直径 0.6mm 不锈钢毛细管的微反应器中进行了棉籽油与甲醇的酯交换反应实验[60]，经综合评价测试酯交换反应参数，在 120℃、停留时间 20min 的条件下获得了甲酯的最佳收率。他们进一步的实验表明，在微反应器中停留时间小于 1min，甲酯收率可达 94% 以上[61]。Masoud Rahimi 等人利用 T 形微反应器进行了生物柴油的连续生产。他们研究了甲醇/大豆油摩尔比、催化剂浓度、反应时间和反应温度对脂肪酸甲酯转化率的影响[62]。结果表明，在甲醇/大豆油的摩尔比为 9:1、催化剂质量分数为 1.2%、反应温度为 60℃、停留时间为 26s 的条件下，制备出脂肪酸甲酯含量为 89% 的生物柴油。在最佳停留时间为 180s 的条件下，产物收率可达 98%。为了比较混合时间和反应停留时间的重要性，测量了不同流速下微反应器的压降。结果表明，停留时间比混合时间更重要，这在缓慢酯交换反应中是符合逻辑的。2013 年，Timothy F. Jamison 和同事开发了合成盐酸苯海拉明的微反应器，与现有的间歇合成路线相比，最大限度地减少浪费，减少了提纯步骤，缩短了生产时间[63,64]。在优化的工艺中，氯二苯甲烷和二甲基乙醇胺混合均匀，泵入一个 720μL 的 PFA 管式反应器（内径＝0.5mm）内，控制反应温度 175℃，停留时间 16min，它们在二甲基乙醇胺的沸点以上且不使用任何溶剂的情况下进行反应，这样可以获得高的反应速率，最终获得熔融盐形式的盐酸苯海拉明产品（即高于盐的熔点），这样盐酸苯海拉明可以在微反应器系统中运输，在相同的生产规模条件下，这一过程在传统的间歇模式下是不可实现的。将微反应器中的产物与预热的 NaOH（3mol/L）相结合以中和铵盐，中和后的叔胺用己烷萃取到薄膜分离器中。有机层用盐酸（浓度为 5mol/L，溶剂为 iPrOH）处理，以沉淀盐酸苯海拉明，最终盐酸苯海拉明的总收率为 90％，产量为 2.4g/h。在微反应器的连续流动条件下可以更安全地生产有机中间体和各种精细化学品，在这种条件下，一些因安全原因而不被允许的合成工艺步骤可以最低的风险进行[64]。在咖啡酸烷基酯类中，咖啡酸丙酯具有最高的抗氧化活性，但由于其在传统的间歇式反应器中进行酶促酯化反应生产需要过长的反应时间（反应时间 24h，最大收率 98.5％），因此，它的工业化生产进程受到了阻碍。为了开发以高收率快速生产咖啡酸丙酯的方法，王俊等人设计了由两片 PDMS 组成的夹层式微通道结构的连续流微反应器（图 9-6），用于在离子液体［Bmim］［CF₃SO₃］中由诺维信脂肪酶 435（Novozym 435）催化咖啡酸甲酯和 1-丙醇进行酯交换反应生产咖啡酸丙酯[65]。研究表明，咖啡酸丙酯最佳制备条件为：流速 2μL/min，咖啡酸甲酯与 1-丙醇的摩尔比为 1：40，咖啡酸甲酯与 Novozym 435 的质量比为 1：90，反应温度为 60℃，在此条件下，反应 2.5h 即可达到 99.5％的最大收率，其动力学常数 K_m 比间歇式反应器低 94％。得益于微反应器对传热能力的强化，不会引起温度的局部升高，可避免酶失活现象，以上结果表明连续流动填充床酶微反应器为咖啡酸丙酯的生产提供了有效手段。

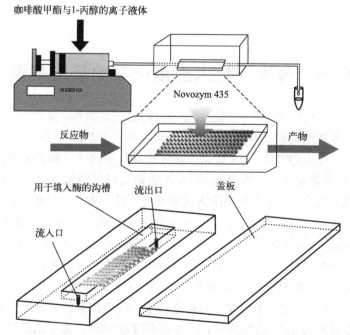

图 9-6 用于考察 Novozym 435 催化酯交换反应合成咖啡酸丙酯的小型化连续流动填充床微型反应器及其工艺参数[65]

9.7 微流控技术合成精细化学品典型设备和种类介绍

精细化学品的微流控合成涉及多种反应类型，如高温、高压、腐蚀性等反应，因此，一些典型的具有抗腐蚀、高温或高压的微反应器的发展极为重要。目前，研究人员已开发了一些具有代表性的微反应器，可为精细化学品的合成提供借鉴。李斌栋等人以间歇式反应器合成硝基间二甲苯的工艺参数为研究基础[66]，设计了由两个串联微反应器组成的两步硝化工艺。该微反应器主体材料采用Hartz alloy（HC276）制备，具有抗腐蚀性能，它由三层结构组成：传热层位于顶部和底部，反应层位于中间。反应层由许多心形单元（6排，36个单元）组成，每个心形单元有相同结构的月牙形以及圆柱形内部障碍，形成一系列收敛-发散截面，以促进反应物的混合，提高传质速率。张洁与康志永等人设计了一种具有蜂窝状微通道结构的微反应器[67]。该微反应器由氟化乙烯丙烯毛细管组成，以聚四氟乙烯板为材料，在台式微加工机上采用机械加工方法制备蜂窝状微通道。微通道的宽度为1mm，深度为0.8mm，总体积为0.4mL。另一块聚四氟乙烯板通过螺栓连接与蜂窝状微通道板连接，封闭通道 [图9-7(a)]。该结构类型通道能使微反应器的入口和出口获得相似的流量分布，这不仅能大幅加强气液传质效果，且制造方便。C. Oliver Kappe等人使用了另一种微反应器系统[68]，该系统的微反应单元是一个耐高温/高压的不锈钢螺旋盘管，可用于处理均相反应混合物，此外，不锈钢螺旋盘管具有可变长度，在反应温度或压力变化的情况下能够保持稳态而不会出现断裂等情况；且它可以通过电阻加热构件直接加热到350℃，突破有机材料难以承受的高反应温度；通过改变不锈钢螺旋盘的壁厚，它的压力承受值可以达到200bar。Amol A. Kulkarni等人设计了一种用于酯化的微反应器[55]，通过采用精密加工的方法在不锈钢（SS316）基材上构建微通道，如图9-7(b)，他们在一块3mm厚（60mm×40mm）的板上制作了矩形通道（宽1mm，深1.5mm），每块板上有20个平行通道串联在一起，总长度为0.4315m。通常情况下，将3~4块板堆叠在一起，通过适当的板与板之间的内部连接可实现通道长度的连续性，通过凹槽和凸出物将板内部固定可使每块板的有效厚度达到2mm。图9-7(b)中展示的结构为用4块板组装的微反应器的照片，上盖板和底板厚8mm，该微反应器可以连接到标准的HPLC组件上。这种结构在具备耐高温、高压、抗腐蚀的同

(a)

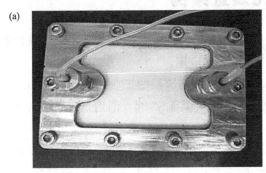
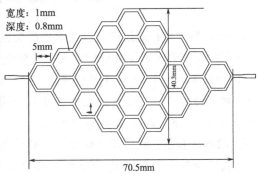

宽度：1mm
深度：0.8mm

5mm

40.3mm

70.5mm

图9-7

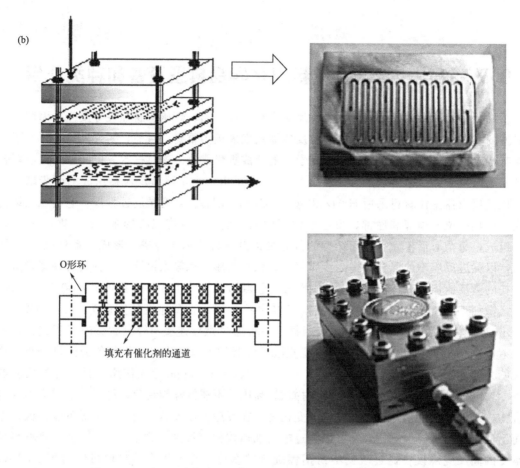

图 9-7　用于氢化反应的微反应器照片及其蜂窝状结构尺寸[67]（a）和用于
酯化反应的耐腐蚀微反应器结构示意图[55]（b）

时能够大幅增加传质传热速率，从而减少催化剂的消耗量；另外在用于分析反应物的反应效果方面，能够使所使用的化学物质的量比常规间歇式反应器（1L）低近 99.8%。

9.8　工业化装置案例

① 山东盛大科技通过微反应工业生产装置成功实现了 5 万吨/年的碳酸钙纳米颗粒的制备，在国际上率先实现了微结构设备在大型化工生产中的应用。

② 瓮福集团于 2011 年在贵州建成了年产 5 万吨食品级别磷酸的工业化装备，与全球领先的矿物工程公司 Bateman 的技术相比，该设备体积仅为其 1/2000，制造成本为其 1/50，年开工时间从不足 7200h 提高到 8000h。

③ 根据实验室连续化反应研究工艺路线及工艺参数，杭州吉化江东化工有限公司设计了一套偶氮染料连续管道化中试生产装置，并进行了 C. I. 活性黑 5、C. I. 活性红 195、C. I. 分散紫 93：4、C. I. 分散蓝 291：4 等的中试生产，经国家染料质量监督检验中心检测，产品的高温稳定性、分散性、扩散性、上色率（130℃，60min）、耐光、耐洗、耐污

渍、耐干热、耐热压、耐摩擦等均达到相应的标准要求。

④ 在农药合成中，很多剧烈反应，比如硝化、氯化、取代、环合等，在传统釜式反应器中难以控制，而在微通道中能较好地控制。微通道连续流反应不仅能解决生产的安全性问题，还能在收率和选择性上有较大的提升。和传统的化学反应器相比，康宁微通道反应器已经在安全性、质量、效率和成本等方面展现了明显的优越性。

⑤ 山东豪迈化工有限技术公司生产的碳化硅微通道反应器，实现了连续进料、均匀混合，产品收率提高。并且连续流技术在此反应器中有独特的优势，其高效的传热传质特点，保证了反应能够快速平稳进行；微反应器本身持液量小的特点，降低了反应过程中的危险性；而重氮盐的连续产出，很好地满足了现制现用的要求。综合来看，连续流工艺对于染料行业重氮化反应尤为适用。

⑥ 上海惠和化德生物科技有限公司完成了一项包括 3 步反应的微反应器中试，可以实现万吨级通量的规模化生产。此外，另一项氯化反应的微反应器技术已经实现了工业化生产。开车 30min 内即实现了调试稳定，反应时间从釜式工艺的 5h 缩短至微反应工艺的 20s，微反应工艺的收率在无需精馏的情况下即达 97%。

9.9　总结与展望

微反应器在精细化学品的合成中具有良好的应用前景，在许多情况下，微反应器的使用不仅改善了工艺的经济性，而且改善了工艺的安全性与环保性。相反，利用传统方法开发有机化合物合成的新生产工艺需要在实验室水平成功施行的基础上进行规模扩大，每个放大阶段均需要流程优化，这种转化方式不仅昂贵而且耗时耗力。而微通道系统可以解决放大问题，在这种情况下，工艺开发和优化可以在单个微反应器的实验基础上进行，可以通过增加微反应器的使用数量来提高生产能力。一组拥有不同功能的微通道模块通过串联或者并联等方式组合到一起，能够设计出可以调节生成不同类型产品的小型工厂，且通过并行连接其他微通道模块就可以提高生产能力。

经过 20 多年的发展，研究人员总结出微流控技术在精细化学品的合成方面具有以下优势：①亚毫米尺寸的通道大大提高了传热和传质效率，这为在几乎等温的条件下进行具有明显放热或吸热的化学过程，特别是催化过程提供了可能性。②反应物更容易与催化剂接触，更小的反应区自由体积确保了高效传导的化学过程。③层流型和窄停留时间分布提高了目标产品的工艺选择性和效率。④由于副产物的生成减少，E 因子大大降低（E 因子等于废弃物质量除以产品质量）。⑤降低具有爆炸性和剧毒性化合物传导过程的风险。⑥利用易于拆卸的微通道模块，可以快速替换使用过的多相催化剂甚至整个微反应器。⑦易于快速部署小型生产单元和小型工厂，具有独立于生产能力的高生产灵活性。

同样值得注意的是，微通道系统的上述所有工程优势在具有以下特点的化学过程中得到了最明显的体现：高反应速率，高反应温度，传质作为速率限制阶段，有毒、易燃或易爆化合物的制备过程。基于微流控技术的发展，越来越多的精细化学品制造商开始向微反应器技术倾斜，其中包括瑞士公司科莱恩和西格玛奥尔德里奇（SAFC）、德国巴斯夫公司和赢创工业、美国杜邦公司以及美国制药公司先灵葆雅、赛诺菲安万特、罗氏、葛兰素史克、诺华和阿斯利康，甚至是消费巨头宝洁，荷兰化工公司帝斯曼，且其已将美国康宁公司开发的微反应器用于硝化。然而,微通道系统也有其局限性,包括制造和反应特性的限制,微通道系统几乎不适用于固相形成的反应;且将足够量的催化剂可靠地附着在微通道壁上的工程问题仍然没有得到解决;此外,大规模吨级(例如每年多达 1000 吨)的生产依然受到现有技术水平的限制。

9.10 实验案例——连续流微流控反应器中邻甲基环己基醋酸酯的合成

(1)实验目的

① 了解用于酯化的微反应器基本结构。

② 掌握微反应器用于酯化的实验操作技能。

③ 从本质上理解微反应器用于酯化反应的优势。

(2)实验原理

邻甲基环己基醋酸酯(2-MCA)又名 2-甲基环己基醋酸酯,是一种主要应用于双氧水的生产的酯类物质,在制备双氧水所需的工作液中加入 2-MCA 后,能够提高工作液对蒽醌的溶解度,从而提高过氧化氢的生产能力,同时又不会产生蒽醌降解等不良影响[69]。

基于微通道反应器的高传质传热效率以及反应混合快、易于控制等优势,本实验将以邻甲基环己醇和醋酸酐为原料,采用微通道反应器合成 2-MCA,同时考察原料摩尔比、反应温度、停留时间、催化剂质量分数等对反应效果的影响,并确定最佳反应条件。

环己醇和醋酸酐反应生成 2-MCA 的路线图如图 9-8 所示:

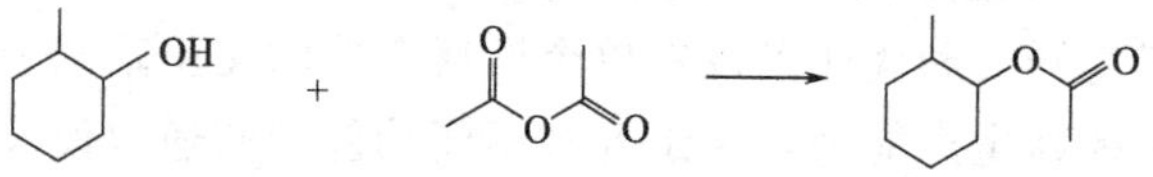

图 9-8 环己醇和醋酸酐反应生成 2-MCA 的路线图

(3)化学试剂与仪器

化学试剂:三氟甲磺酸(AR)、邻甲基环己醇(AR)、对甲苯磺酸(AR)、醋酸酐(AR)。所有试剂均购买自阿拉丁试剂有限公司。

仪器设备:微流控高效反应/组装仪(南京捷纳思新材料有限公司)。微流控反应器系统由物料储罐、物料输送区(蠕动泵)、Y 形混合器、低温预反应区、高温反应区、产物收集区和相关连接部件组成,如图 9-9 所示。

(4)实验步骤

① 采用如图 9-9 所示微通道反应器进行实验。

② 将催化剂与邻甲基环己醇以一定比例混合,置于其中一个物料储罐,利用 2 台独立的计量泵将邻甲基环己醇和醋酸酐按一定流速输送至 Y 形混合器进行混合。

③ 由于反应前期原料物质浓度高,反应速度快,放热较为剧烈,将混合后的物料在微通道反应器中进行低温预反应,利用外部循环控温装置调节反应体系温度。

④ 调节高温区反应温度促进反应完全进行。

⑤ 得到的产物利用气相色谱分析仪进行检测,并采用内标法进行定量分析,其收率可

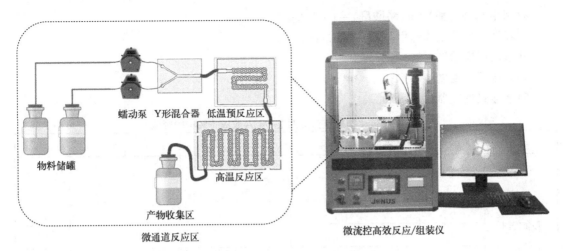

图 9-9　微反应器实验装置与实验流程图

按下式计算：

$$收率(\%)=(产物的质量/理论生成质量)\times100\%$$

（5）实验记录与数据处理

① 考察催化剂三氟甲磺酸（TfOH）质量分数对 2-MCA 收率的影响。

利用微通道反应器进行实验，设置如下参数，将所得数据填入表 9-1：

n（邻甲基环己醇）∶n（醋酸酐）=1∶1；

低温预反应区温度：30℃；

高温反应区温度：60℃。

② 考察邻甲基环己醇与醋酸酐的物料摩尔比对 2-MCA 收率的影响。

利用微通道反应器进行实验，设置如下参数，将所得数据填入表 9-2：

低温区反应温度：30℃；

高温区反应温度：60℃；

TfOH 质量为邻甲基环己醇质量的 0.5‰。

③ 考察高温区反应温度对 2-MCA 收率的影响。

利用微通道反应器进行实验，设置如下参数，将所得数据填入表 9-3：

n（邻甲基环己醇）∶n（醋酸酐）=1∶1.2；

TfOH 质量为邻甲基环己醇质量的 0.5‰；

低温区反应温度：30℃。

④ 考察停留时间对产物 2-MCA 收率的影响。

利用微通道反应器进行实验，设置如下参数，将所得数据填入表 9-4：

n（邻甲基环己醇）∶n（醋酸酐）=1∶1.2；

三氟甲磺酸质量为邻甲基环己醇质量的 0.5‰；

低温区反应温度：30℃；

高温区反应温度：70℃。

⑤ 考察连续流与间歇反应产物收率达到最高所需的时间。

利用传统间歇釜式反应器进行 2-MCA 合成实验，设置如下参数，将所得数据填入表

9-5：

n(邻甲基环己醇)：n(醋酸酐)=1：1.2；

三氟甲磺酸质量为邻甲基环己醇质量的 0.5‰；

低温区反应温度：30℃；

高温区反应温度：70℃；

间歇釜式反应器温度：70℃。

表 9-1　催化剂质量分数对 2-MCA 收率（%）的影响

TfOH 质量分数/‰		无催化剂	0.1	0.3	0.5	1	3	5
停留时间/min	5							
	10							
	15							
	20							
	25							
	30							
	35							

表 9-2　物料摩尔比对 2-MCA 收率（%）的影响

物料摩尔比		1：0.9	1：1.1	1：1.2	1：1.3	1：1.4	1：1.5	1：1.6
停留时间/min	5							
	10							
	15							
	20							
	25							
	30							
	35							

表 9-3　反应温度对 2-MCA 收率（%）的影响

反应温度/℃		35	40	45	50	60	70	80
停留时间/min	5							
	10							
	15							
	20							
	25							
	30							
	35							

表 9-4　停留时间对 2-MCA 收率（%）的影响

停留时间/min	10	15	20	25	30	35	40	45	50	55	60	65
收率/%												

表 9-5　连续流与间歇反应对 2-MCA 收率（％）的影响对比数据

停留时间/min	10	15	20	30	40	50	60	70	80	100	120	150	180
连续流反应													
间歇反应													

实验结果与分析：

（6）思考题

① 试分析或者结合实验分析不同微通道结构及尺寸对反应收率影响效果及其原因。

② 请结合实际阐述微通道反应器相较于传统间歇式反应器的优势。

③ 说明微反应器每一个结构的作用以及结合化工原理推导在本反应中微反应器管道的最佳尺寸。

参考文献

[1] 唐杰，魏应东，齐秀芳 . 微化工技术在炸药制备中的应用研究进展 [J]. 爆破器材，2020，49（03）：1-9.

[2] Burns J R，Ramshaw C. A microreactor for the nitration of benzene and toluene [J]. Chemical Engineering Communications，2002，189（12）：1611-1628.

[3] Yang T，Choo J，Stavrakis S，et al. Fluoropolymer-coated PDMS microfluidic devices for application in organic synthesis [J]. Chemistry-A European Journal，2018，24（46）：12078-12083.

[4] 倪伟，马晓明，陈代祥，等 . 微通道反应器中合成二硝基萘的连续流工艺 [J]. 南京工业大学学报（自然科学版），2016，38（03）：120-125.

[5] Chen Y，Zhao Y，Han M，et al. Safe, efficient and selective synthesis of dinitro herbicides via a multifunctional continuous-flow microreactor：one-step dinitration with nitric acid as agent [J]. Green Chemistry，2013，15（1）：91-94.

[6] Mcdaniel L A. Nitration processes [P]. US4621157.

[7] Guo S，Zhu G，Zhan L，et al. Continuous kilogram-scale process for the synthesis strategy of 1,3,5-trimethyl-2-nitrobenzene in microreactor [J]. Chemical Engineering Research & Design，2022，178：179-188.

[8] Panke G，Schwalbe T，Stirner W，et al. A practical approach of continuous processing to high energetic nitration reactions in microreactors [J]. Synthesis-Stuttgart，2003（18）：2827-2830.

[9] 刘阳艺红，李斌栋 . 微反应器中合成 1-甲基-4,5-二硝基咪唑的连续流工艺 [J]. 现代化工，2018，38（06）：140-143.

[10] Gage J R，Guo X，Tao J，et al. High output continuous nitration [J]. Organic Process Research & Development，2012，16（5）：930-933.

[11] 滕依依，张松，侯静，等 . 高效连续化制备 3,4-二硝基吡唑工艺研究 [J]. 化学工程，2022，50（04）：52-57.

[12] Henderson R K，Jimenez-Gonzalez C，Constable D J C，et al. Expanding GSK's solvent selection guide-embedding sustainability into solvent selection starting at medicinal chemistry [J]. Green Chemistry，2011，13（4）：854-862.

[13] Kulkarni A A. Continuous flow nitration in miniaturized devices [J]. Beilstein Journal of Organic Chemistry，2014，10：405-424.

[14] 李绪根，王建芝，刘捷，等 . 微反应器在精细化工领域氧化反应中的应用进展 [J]. 化学与生物工程，2022，39（08）：1-9.

[15] Marwah P，Marwah A，Lardy H A. An economical and green approach for the oxidation of olefins to enones [J]. Green Chemistry，2004，6（11）：570-577.

[16] Lv X，Kong L，Lin Q，et al. Clean and efficient benzylic c-h oxidation using a microflow system [J]. Synthetic Communications，2011，41（21）：3215-3222.

[17] Fischer N，Hubach P，Woll C. Incorporation of microreactor measurements into a pilot-scale phthalic anhydride reactor [J]. Chemie Ingenieur Technik，2015，87 (1-2)：159-162.

[18] Willms T，Kryk H，Hampel U. Partial isobutane oxidation to tert-butyl hydroperoxide in a micro reactor-comparison of DTBP and aqueous TBHP as initiator [J]. Chemie Ingenieur Technik，2018，90 (5)：731-735.

[19] Hofmann S，Turek T. Process intensification of n-butane oxidation to maleic anhydride in a millistructured reactor [J]. Chemical Engineering & Technology，2017，40 (11)：2008-2015.

[20] Pieber B，Kappe C O. Direct aerobic oxidation of 2-benzylpyridines in a gas-liquid continuous-flow regime using propylene carbonate as a solvent [J]. Green Chemistry，2013，15 (2)：320-324.

[21] Gutmann B，Elsner P，Roberge D，et al. Homogeneous liquid-phase oxidation of ethylbenzene to acetophenone in continuous flow mode [J]. Acs Catalysis，2013，3 (12)：2669-2676.

[22] Park C Y，Kim Y J，Lim H J，et al. Continuous flow photooxygenation of monoterpenes [J]. Rsc Advances，2015，5 (6)：4233-4237.

[23] Damm M，Gutmann B，Kappe C O. Continuous-flow synthesis of adipic acid from cyclohexene using hydrogen peroxide in high-temperature explosive regimes [J]. ChemSusChem，2013，6 (6)：978-982.

[24] Shang M，Noel T，Wang Q，et al. Packed-bed microreactor for continuous-flow adipic acid synthesis from cyclohexene and hydrogen peroxide [J]. Chemical Engineering & Technology，2013，36 (6)：1001-1009.

[25] Dai W，Mi Y，Lv Y，et al. Development of a continuous-flow microreactor for asymmetric epoxidation of electron-deficient olefins [J]. Synthesis-Stuttgart，2016，48 (16)：2653-2658.

[26] Bourne S L，Ley S V. A continuous flow solution to achieving efficient aerobic anti-markovnikov wacker oxidation [J]. Advanced Synthesis & Catalysis，2013，355 (10)：1905-1910.

[27] Russo V，Kilpio T，Carucci J H，et al. Modeling of microreactors for ethylene epoxidation and total oxidation [J]. Chemical Engineering Science，2015，134：563-571.

[28] Ambreen N，Kumar R，Wirth T. Hypervalent iodine/TEMPO-mediated oxidation in flow systems：a fast and efficient protocol for alcohol oxidation [J]. Beilstein Journal of Organic Chemistry，2013，9：1437-1442.

[29] Vanoye L，Pablos M，de Bellefon C，et al. Gas-liquid segmented flow microfluidics for screening copper/TEMPO-catalyzed aerobic oxidation of primary alcohols [J]. Advanced Synthesis & Catalysis，2015，357 (4)：739-746.

[30] Hommes A，Disselhorst B，Yue J. Aerobic oxidation of benzyl alcohol in a slug flow microreactor：Influence of liquid film wetting on mass transfer [J]. Aiche Journal，2020，66 (11)：e17005.

[31] Nieuwland P J，Koch K，van Harskamp N，et al. Flash chemistry extensively optimized：high-temperature swern-moffatt oxidation in an automated microreactor platform [J]. Chemistry-An Asian Journal，2010，5 (4)：799-805.

[32] Zou Y，Zhang T，Wang G，et al. Microfluidic continuous flow synthesis of 1,5-ditosyl-1,5-diazocane-3,7-dione using response surface methodology [J]. Journal of Industrial and Engineering Chemistry，2020，82：113-121.

[33] Zhu L，Xu X，Zheng F. Synthesis of benzaldehyde by Swern oxidation of benzyl alcohol in a continuous flow microreactor system [J]. Turkish Journal of Chemistry，2018，42 (1)：75-85.

[34] Sãlić A，Tusek A，Kurtanjek Z，et al. Biotransformation in a microreactor：New method for production of hexanal [J]. Biotechnology and Bioprocess Engineering，2011，16 (3)：495-504.

[35] Illner S，Hofmann C，Loeb P，et al. A Falling-film microreactor for enzymatic oxidation of glucose [J]. ChemCatChem，2014，6 (6)：1748-1754.

[36] Vanoye L，Pablos M，Smith N，et al. Aerobic oxidation of aldehydes：selectivity improvement using sequential pulse experimentation in continuous flow microreactor [J]. Rsc Advances，2014，4 (100)：57159-57163.

[37] Hamami Z E，Vanoye L，Fongarland P，et al. Metal-free，visible light-promoted aerobic aldehydes oxidation [J]. Journal of Flow Chemistry，2016，6 (3)：206-210.

[38] Vanoye L，Wang J，Pablos M，et al. Continuous，fast，and safe aerobic oxidation of 2-ethyihexanal：pushing the limits of the simple tube reactor for a gas/liquid reaction [J]. Organic Process Research & Development，2016，20 (1)：90-94.

[39] Li G，Liu S，Dou X，et al. Synthesis of adipic acid through oxidation of K/A oil and its kinetic study in a microreac-

tor system [J]. Aiche Journal, 2020, 66 (9): e16289.

[40] Hommes A, Disselhorst B, Janssens H M M, et al. Mass transfer and reaction characteristics of homogeneously catalyzed aerobic oxidation of 5-hydroxymethylfurfural in slug flow microreactors [J]. Chemical Engineering Journal, 2021, 413.

[41] Han C, Meng P, Waclawik E R, et al. Palladium/graphitic carbon nitride (g-C$_3$N$_4$) stabilized emulsion microreactor as a store for hydrogen from ammonia borane for use in alkene hydrogenation [J]. Angewandte Chemie-International Edition, 2018, 57 (45): 14857-14861.

[42] Kobayashi J, Mori Y, Okamoto K, et al. A microfluidic device for conducting gas-liquid-solid hydrogenation reactions [J]. Science, 2004, 304 (5675): 1305-1308.

[43] Irfan M, Glasnov T N, Kappe C O. Heterogeneous catalytic hydrogenation reactions in continuous-flow reactors [J]. ChemSusChem, 2011, 4 (3): 300-316.

[44] Lou S, Dai P, Schaus S E. Asymmetric mannich reaction of dicarbonyl compounds with alpha-amido Sulfones catalyzed by cinchona alkaloids and synthesis of chiral dihydropyrimidones [J]. Journal of Organic Chemistry, 2007, 72 (26): 9998-10008.

[45] Frost C G, Mutton L. Heterogeneous catalytic synthesis using microreactor technology [J]. Green Chemistry, 2010, 12 (10): 1687-1703.

[46] Hommes A, ter Horst A J, Koeslag M, et al. Experimental and modeling studies on the Ru/C catalyzed levulinic acid hydrogenation to gamma-valerolactone in packed bed microreactors [J]. Chemical Engineering Journal, 2020, 399: 117970.

[47] Rehm T H, Berguerand C, Ek S, et al. Continuously operated falling film microreactor for selective hydrogenation of carbon-carbon triple bonds [J]. Chemical Engineering Journal, 2016, 293: 345-354.

[48] Truter L A, Ordomsky V, Schouten J C, et al. The application of palladium and zeolite incorporated chip-based microreactors [J]. Applied Catalysis A-General, 2016, 515: 72-82.

[49] 屠佳成, 桑乐, 艾宁, 等. 连续微反应加氢技术在有机合成中的研究进展 [J]. 化工学报, 2019, 70 (10): 3859-3868.

[50] Onal Y, Lucas M, Claus P. Application of a capillary microreactor for selective hydrogenation of alpha, beta-unsaturated aldehydes in aqueous multiphase catalysis [J]. Chemical Engineering & Technology, 2005, 28 (9): 972-978.

[51] Yoswathananont N, Nitta K, Nishiuchi Y, et al. Continuous hydrogenation reactions in a tube reactor packed with Pd/C [J]. Chemical Communications, 2005 (1): 40-42.

[52] Yeong K K, Gavriilidis A, Zapf R, et al. Catalyst preparation and deactivation issues for nitrobenzene hydrogenation in a microstructured falling film reactor [J]. Catalysis Today, 2003, 81 (4): 641-651.

[53] Kataoka S, Takeuchi Y, Harada A, et al. Microreactor containing platinum nanoparticles for nitrobenzene hydrogenation [J]. Applied Catalysis A-General, 2012, 433: 280.

[54] Gardiner J, Nguyen X, Genet C, et al. Catalytic static mixers for the continuous flow hydrogenation of a key intermediate of linezolid (zyvox) [J]. Organic Process Research & Development, 2018, 22 (10): 1448-1452.

[55] Kulkarni A A, Zeyer K, Jacobs T, et al. Miniaturized systems for homogeneously and heterogeneously catalyzed liquid-phase esterification reaction [J]. Industrial & Engineering Chemistry Research, 2007, 46 (16): 5271-5277.

[56] Zhou H, Tang X, Wang Z, et al. Process performance and kinetics of the esterification of diketene to methyl acetoacetate in helicalcontinuous-flow microreactors [J]. Chemical Engineering Science, 2022, 262 (23): 117970.

[57] Wang Y, Ni L, Wang J, et al. Experimental and numerical study of the synthesis of isopropyl propionate in microreactor [J]. Chemical Engineering and Processing-Process Intensification, 2022, 170: 108705.

[58] Hommes A, de Wit T, Euverink G J W, et al. Enzymatic biodiesel synthesis by the biphasic esterification of oleic acid and 1-butanol in microreactors [J]. Industrial & Engineering Chemistry Research, 2019, 58 (34): 15432-15444.

[59] Kumar V, Paraschivoiu M, Nigam K D P. Single-phase fluid flow and mixing in microchannels [J]. Chemical Engineering Science, 2011, 66 (7): 1329-1373.

［60］ Sun P，Sun J，Yao J，et al. Continuous production of biodiesel from high acid value oils in microstructured reactor by acid-catalyzed reactions ［J］. Chemical Engineering Journal，2010，162（1）：364-370.

［61］ Sun P，Wang B，Yao J，et al. Fast synthesis of biodiesel at high throughput in microstructured reactors ［J］. Industrial & Engineering Chemistry Research，2010，49（3）：1259-1264.

［62］ Rahimi M，Aghel B，Alitabar M，et al. Optimization of biodiesel production from soybean oil in a microreactor ［J］. Energy Conversion and Management，2014，79：599-605.

［63］ Snead D R，Jamison T F. End-to-end continuous flow synthesis and purification of diphenhydramine hydrochloride featuring atom economy，in-line separation，and flow of molten ammonium salts ［J］. Chemical Science，2013，4（7）：2822-2827.

［64］ Porta R，Benaglia M，Puglisi A. Flow chemistry：recent developments in the synthesis of pharmaceutical products ［J］. Organic Process Research & Development，2016，20（1）：2-25.

［65］ Wang J，Gu S，Cui H，et al. Rapid synthesis of propyl caffeate in ionic liquid using a packed bed enzyme microreactor under continuous-flow conditions ［J］. Bioresource Technology，2013，149：367-374.

［66］ Guo S，Zhu G，Zhan L，et al. Process design of two-step mononitration of *m*-xylene in a microreactor ［J］. Journal of Flow Chemistry，2022，12（3）：327-336.

［67］ Wang S，Zhang J，Peng F，et al. Enhanced hydroformylation in a continuous flow microreactor system ［J］. Industrial & Engineering Chemistry Research，2020，59（1）：88-98.

［68］ Razzaq T，Glasnov T N，Kappe C O. Continuous-flow microreactor chemistry under high-temperature/pressure conditions ［J］. European Journal of Organic Chemistry，2009，2009（9）：1321-1325.

［69］ 宋青明，许蓉，李闯，等. 连续流微反应器快速合成邻甲基环己基醋酸酯的研究 ［J］. 现代化工，2022，42（08）：96-99.

第十章

微流控技术构筑 2D 和 3D 结构材料

10.1 引言

科学技术的进步促进了材料的多元化发展，并为材料科学带来了新的飞跃。其中，材料的图案化及 3D 打印技术的兴起，促进了电化学、光谱学、材料化学、生物医学的蓬勃发展，并在计算机、防伪、传感、显示、生物医学等领域有着巨大的应用前景。传统的电子束光刻、等离子体刻蚀、喷墨打印、纳米压印等技术常用于材料的图案化制备，然而存在着仪器成本高、操作复杂、精度难以精确控制的缺点。3D 打印作为一种先进的增材制造技术，利用计算机辅助设计特定形状，将材料连续加工获得 3D 结构材料，与传统的切削加工工艺相比，3D 打印所需的加工/切割量和产生的废料最少，是一种更具成本效益且能耗更低的制造工艺。3D 打印的目标是能够多尺度创建在组成和功能上均异质的打印对象，一些 3D 打印技术，如基于挤出打印、喷墨和立体光刻，获得了广泛的应用，特别是在生物医学工程领域。尽管 3D 打印可以轻松实现高打印分辨率，但处理和混合多种材料以创建异构打印的能力仍然有限，大多数商业 3D 打印一次只能处理一种墨水流。因此，亟需在不牺牲打印分辨率或引入打印缺陷的情况下，研究和开发处理多种材料的能力。

近年来微流控技术以其精确的操作和调控特点已成为构筑 2D 和 3D 材料的最新趋势之一。微流控技术是最近发展的一种以微管道网络为结构特征的流体控制方法，通过其微通道的表面张力、能量耗散及流体阻力主导流体行为优化达到对微量流体进行复杂、精确的操作。稳定的纳/微结构单元材料一般是以流体形式分散于介质中，因此，通过微通道导管的设计以及流体行为的调节对于可控集成纳/微结构单元进行打印具有极好的开发应用前景。然而此技术在打印方面仍处于起步阶段。基于两相或多相流体之间剪切作用的液滴微流控技术，可以实现尺寸精确可调的微/纳米级功能材料的图案化设计制造。此外，微流控技术独立的材料处理能力与 3D 打印技术可以互补。例如，连续微流体提供了良好的混合能力，可用于对油墨进行均质化或纹理化处理，从而实现对油墨成分和结构的控制。同样，将液滴微流控技术与 3D 打印相结合，可以实现以液滴为基元的全新 3D 打印模式。

本章探讨了传统打印技术的原理以及存在的局限性，包括挤出打印、喷墨打印、立体光刻打印以及选择性激光烧结打印技术。在此基础上，引出微流控打印技术，包括原理介绍、固化工艺以及应用领域。对关键固化工艺进行分类并详细分析，如溶剂蒸发、升华和交换、紫外光辅助固化和热辅助固化工艺。并对微流控打印技术应用领域进行分类考察，特别指出微流控技术在打印过程中的精确调控、材料处理以及性能优化作用。此外，对微流控打印技术进行展望，指出未来微流控打印技术的热点应用领域及发展趋势。另外给出了基于微流控打印技术的典型实验案例，旨在加深对微流控打印技术的理解，并掌握相关的实验操作。

10.2 传统打印技术原理及局限性

10.2.1 挤出打印

挤出 3D 打印，通过将材料逐层挤出并分配到基材表面或现有材料层上，最终形成多层 3D 打印结构，如图 10-1(a)[1]。挤出打印中使用的材料通常是黏弹性油墨，主要是为了在打印过程中易于流动并在打印后保持形状。对于许多研究应用，油墨通常由聚合物前驱体（例如环氧树脂和水凝胶）与其他材料组成，无论是稀释溶剂还是固体添加剂，根据所需的应用添加以赋予合适的挤出流变性、形状以及其他化学或功能特性。最终，墨水基于不同控制装置（例如气动控制装置、活塞或螺杆位移等）施加压力，由喷嘴处挤出连续的细丝，进行层层堆积形成 3D 结构。

然而，用于构建多材料打印时，使用基于挤出的 3D 打印，一次只能打印一种材料，很容易引入缺陷，需要强大且昂贵的控制系统来最大程度地减少此类缺陷。

10.2.2 喷墨打印

喷墨技术类似于挤压打印，不同之处在于墨水通常以高频分配为均匀的离散液滴，如图 10-1(b)[2]。在大多数情况下，喷墨打印采用连续喷墨或按需液滴方法用于二维图案化。前者基于瑞利不稳定性将流体分解成液滴，而后者具有致动器，以高达 60kHz 的频率逐个脉冲地产生单个液滴。喷墨打印具有产生皮升大小的液滴的能力以及在同一个喷墨打印头中集成多个喷嘴的便利性，可以实现多材料打印和高空间分辨率。

然而，喷墨打印对材料性能具有严格要求，即在打印后保持形状的同时分裂成离散液滴的材料要求，使得在设计基于喷墨的 3D 打印工艺和选择合适的墨水材料方面存在重大障碍。通常富含悬浮颗粒的墨水很容易导致喷墨打印头堵塞。同时，固化打印后的反应性前驱体油墨可用于实现逐层材料沉积，但这种方法需要良好控制反应物的沉积顺序以避免不必要的反应。

10.2.3 立体光刻

立体光刻（stereolithography，SLA）是一种基于光的增材制造技术，主要依靠树脂连续光聚合来形成 3D 结构[3]。具体来说，SLA 的标准操作涉及一个构建阶段，在该阶段上依次应用光敏树脂层，并将其浸入光敏树脂槽中，然后对层进行光聚合。此过程逐层重复以构建 3D 结构。如图 10-1(c)，光聚合通常使用扫描激光进行逐层图案化或数字光处理（digital light processing，DLP）技术一次性对整个平面或层进行图案化。DLP 技术具有显著加快制造速度的能力。此外，衍生出了连续液体界面生产技术，使用透氧窗口在不断润湿的打印层附近创建光聚合抑制区，从而实现连续可控的光聚合，进一步加快了 SLA 打印过程。基于 SLA 打印技术，垂直打印速度比传统的逐层扫描激光方法提升了上百倍。目前，已经开发出多种光树脂用于各种 SLA 3D 打印应用，包括光学透明树脂和用于细胞、组织工程应用的生物树脂。

然而，在多材料 SLA 3D 打印中，3D 打印物体的成分和功能特性在空间上各不相同，需要材料切换步骤，使得打印非常耗时且效率低下。

10.2.4 选择性激光烧结

选择性激光烧结（selective laser sintering，SLS）工艺是利用粉末状材料（塑料粉、蜡粉、金属粉、表面附有黏结剂的覆膜陶瓷粉、覆膜金属粉及覆膜砂等）在激光照射下烧结的原理，在计算机编程下进行有选择的烧结，层层堆积成型，如图 10-1(d)。SLS 技术使用的是粉体材料，从理论上讲，任何可熔的粉末都可以用来制造 3D 结构材料。在烧结前，整个工作台被加热至稍低于粉末熔化温度，以减少热变形，并利于与前一层的结合。粉末完成一层后，工作活塞下降一个层厚，铺粉系统铺设新粉，控制激光束扫描烧结新层[4]。如此循环往复，层层叠加，构建 3D 结构材料。然而，该技术对环境要求苛刻，预热和冷却时间长使得总的打印周期长，且打印的 3D 结构表面粗糙，后处理复杂。

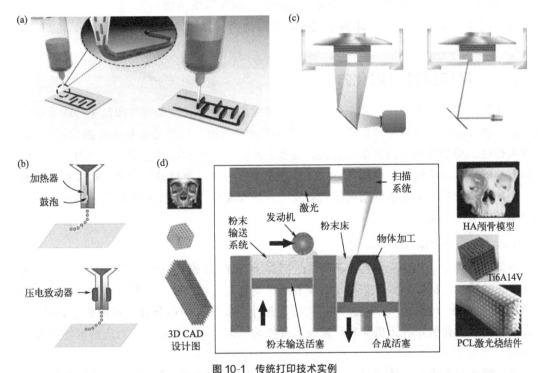

图 10-1 传统打印技术实例

（a）挤出打印示意图[1]；（b）喷墨打印系统的工作原理[2]；（c）立体光刻打印示意图[3]；
（d）选择性激光烧结打印示意图[4]

10.3 微流控打印技术原理及固化方式

10.3.1 微流控打印技术原理

在微流控技术辅助的打印中，打印墨水流过微通道时，其组分的流动、切换和混合被精确控制，可以实现对所打印物体的形态、尺寸和方向的有效控制。此外，微流控打印过程中由于层流核心周围存在鞘流，导致剪切应力的降低，提升了可打印性能。当与挤压打印相结合时，微流控技术可以提高打印过程的最终分辨率。

打印墨水以流体形式制备，然后以混合组分或单独的组分和交联剂一起送入打印机，这些打印前驱体溶液与交联剂在打印设备中或喷嘴处进行混合。此外，多喷嘴系统也可用于微流控打印。打印墨水也可以单独挤出，然后从独立的孔口出来后进行组合，以产生核壳结构。尽管目前已经开发了不同的微流控打印技术，但仍需要进一步提高打印过程的效率。在微流控打印中，可以通过设计微芯片（如 T 形或 Y 形芯片等）将多种材料切换或混合后送入打印喷嘴。通过微流泵的精确控制，可以精确操控打印墨水的流动、停止和混合，以打印在不同组成材料之间具有急剧过渡的结构。

将微流控系统集成到 3D 打印机中，该技术代表了一项重大突破，因为其具有以下几点优势：

① 精确控制要挤出的打印墨水的体积；

② 通过同一喷嘴同时挤出多种墨水，从而允许制造异质结构；

③ 由于低雷诺数可防止打印墨水混合，这些结构可以像纤维一样精确沉积，以创建图案分级或分层结构。

10.3.2 微流控打印固化方式

微流控打印技术涉及三个基本步骤：首先是油墨制备，其次是将打印油墨打印成所需形状，最后进行固化以及后处理以产生所需的最终微观结构。虽然油墨配方会影响可打印性，但可操作性、功能性和结构复杂性在很大程度上取决于固化和后处理步骤。原则上，这种基于微流控的打印技术包含多种固化方式。可进一步分为通过物理过程固化，这依赖于溶剂行为，例如水凝胶系统中通常使用的溶剂蒸发、升华和交换，紫外光辅助固化、热辅助固化以及化学反应辅助固化。

10.3.2.1 溶剂辅助固化工艺

溶剂辅助固化工艺是指包括溶剂蒸发、升华和溶胶-凝胶转变的工艺。可用于溶剂辅助固化方法的油墨包括丙烯酸分散体、线型和高度支化聚合物（例如，纤维素、壳聚糖和聚电解质）、无机溶胶（例如，硅酸盐和膨润土）。此外，金属（如铜和钛）和陶瓷（如磷酸钙、金属氧化物和碳化物）等无机填料可以与聚合物黏结剂一起打印，使用对应溶剂辅助方法进行固化。

对于溶剂蒸发固化工艺，Michael A. Hickner 等[5] 在室温下打印了聚砜和聚苯胺的复合材料。打印油墨由溶解在具有不同蒸发速率的二氯甲烷和二甲基甲酰胺混合物中的聚砜组成。二氯甲烷快速蒸发以固化挤出的长丝，而二甲基甲酰胺缓慢蒸发使得长丝表面更加光滑，层层堆积，构建 3D 结构材料。Daniel Therriault 等[6] 将纳米复合材料溶解到高挥发性溶剂中，施加压力后通过喷嘴挤出。溶剂的快速蒸发导致所需形状的保留：逐层、自支撑甚至独立结构。

为了打印过程中具有稳定和受控的溶剂蒸发过程，已经探索出了非挥发性溶剂。固化机理为溶剂升华，通常需要冷冻干燥步骤，这在打印气凝胶材料中至关重要。如图 10-2，高超等[7] 为了防止打印的三维结构在空气中干燥时受到毛细管压力而收缩，进行了冷冻干燥去除水分，固化得到了固体多孔气凝胶，该气凝胶在石墨烯气凝胶中得到了广泛的应用。Wim J. Malfait 等[8] 通过超临界 CO_2 干燥除去打印结构中的溶剂进行固化，构建了高比表面积和超低热导率的二氧化硅气凝胶材料。

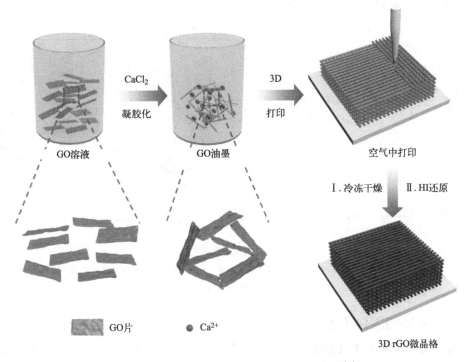

图 10-2　3D 打印氧化石墨烯气凝胶过程的示意图[7]

对于溶胶-凝胶转变固化的工艺，Jennifer A. Lewis 等[9] 开发了一种基于螯合钛醇盐二异丙醇双乙酰丙酮钛的溶胶-凝胶油墨，该油墨在碱催化剂的作用下，不稳定的异丙醇基团水解和缩合时形成可溶性线形链，从而进行固化。Juan Antonio Marchal 等[10] 开发了基于透明质酸的海藻酸钠水凝胶，在打印过程中，海藻酸钠与钙离子发生交联反应，得到固化的凝胶材料。

10.3.2.2　紫外光辅助固化工艺

在紫外光（ultraviolet，UV）固化体系中，聚合物网络通常由单体、低聚物、光引发剂和有机添加剂组成。UV 固化主要的光聚合机制是自由基和阳离子光聚合[11]。

自由基紫外光固化是涂料、油墨和黏结剂固化中应用最成熟的方法之一。自由基固化机制可大致分为三个主要过程，即光引发、链增长和链终止。根据光引发剂的化学结构，在不同的波长和强度条件下产生自由基。一般来说，引发剂自由基是通过分子内键断裂（Ⅰ型光引发剂）生成[12]，如图 10-3(a) 的二苯基-(2,4,6-三甲基苯甲酰)氧磷 [diphenyl (2,4,6-trimethylbenzoyl) phosphine oxide，TPO]，或从氢供体（Ⅱ型光引发剂）分子间夺氢生成[13]，比如图 10-3(b) 的二苯甲酮。由于自由基聚合的固化反应快，因此大多数紫外光固化工艺利用自由基聚合而不是阳离子聚合。

阳离子紫外光固化体系中使用的单体和低聚物与自由基紫外光固化体系不同。阳离子光引发剂也称为光致酸发生器。在紫外线辐射下，暴露的光引发剂转化为强酸物质，引发聚合反应。光引发剂由阳离子和阴离子物质组成，其中大部分光化学反应是由阳离子部分引发的。另一方面，阴离子部分决定了形成的酸的强度、引发和链增长效率。阴离子部分越大，其亲核性越低，因此阳离子部分的光酸强度越强[14]。例如阳离子光引发剂二芳基碘盐形成光酸的一般反应机制如图 10-3(c) 所示。

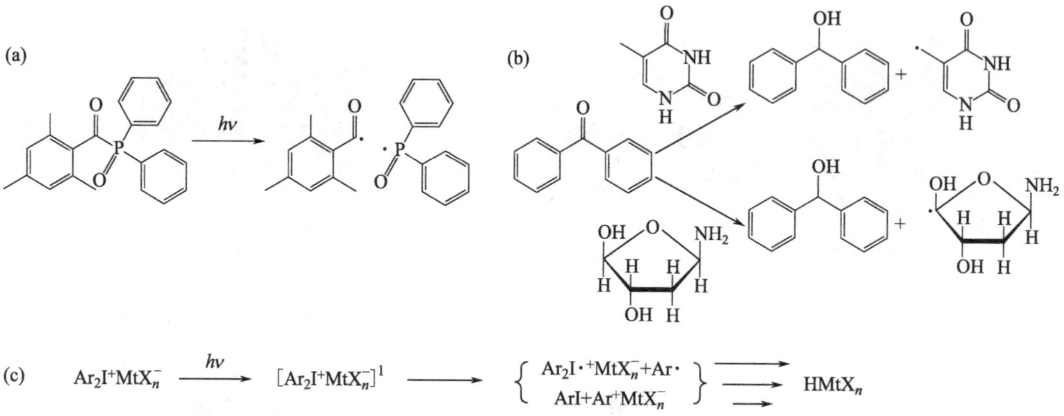

(c) $Ar_2I^+MtX_n^- \xrightarrow{h\nu} [Ar_2I^+MtX_n^-]^1 \longrightarrow \left\{ \begin{array}{l} Ar_2I\cdot^+MtX_n^-+Ar\cdot \\ ArI+Ar^+MtX_n^- \end{array} \right\} \longrightarrow HMtX_n$

图 10-3　紫外光辅助固化工艺实例

(a) Ⅰ型光引发剂 TPO 形成自由基的起始过程；(b) Ⅱ型光引发剂二苯甲酮形成自由基的起始过程；
(c) 二芳基锍盐生成光酸的反应机理

10.3.2.3　热辅助固化工艺

尽管原位紫外光辅助固化技术具有明显优点，但仍存在一些缺陷。首先，机械性能在很大程度上取决于打印参数。由于两个相邻层之间的界面强度较弱，可能会出现不利的各向异性力学性能。其次，如果光聚合过程在原位交联反应期间径向传播到喷嘴，则打印喷嘴可能会堵塞。由于某些材料的 UV 固化的局限性，发展了热辅助固化工艺，固化取决于聚合物网络中的化学交联。通常引入热能以加速固化过程，提高打印效率。

比如环氧单体反应时，环会打开以提供其他化学键的位点。环氧树脂有几种相互作用，例如水解、醇解、与胺和氮丙啶的反应。环氧油墨可以在室温或高温下进行自固化反应，通常在热辅助下可以引发或加速自固化反应，提升打印效率。丁军等[15] 基于热辅助的自固化反应工艺，采用聚乙二醇二缩水甘油醚和 EpoThin 2 固化剂分别用作环氧化物和胺类固化剂进行打印，将打印好的结构放入低于 80℃ 的烘箱中进行加速固化，实现了无裂纹和致密的微观结构。此外，Joshua R. Sangoro 等[16] 采用热固性聚合物环氧树脂与石墨烯混合进行打印，构建了高强度、刚度和功能性结构材料。聚二甲基硅氧烷 [poly (dimethylsiloxane)，PDMS] 通常是由弹性体基体和弹性体固化剂组成。基于 PDMS 的打印墨水，可以在室温或高温下固化，固化时间更短。如图 10-4(a)，Ibrahim T. Ozbolat 等[17] 将 Sylgard 184 和 SE 1700 （一种高黏度 PDMS）结合起来，基于热固化工艺，成功打印了人体器官模型。

前端聚合是一种很有前景的固化技术，其中自传播放热反应波将液态单体转化为聚合物。在各种前端聚合策略（例如，热引发前端聚合、等温前端聚合和光引发前端聚合）中，热引发前端聚合是最常见的前端聚合类型。前端聚合仅仅需要初始升高的温度就可以促进快速聚合固化，与传统需要大量能量输入的固化方式相比，前端聚合具有高效率和节能的优点。目前，前端聚合已经用于 3D 打印高性能热固性材料的固化。如图 10-4（b），Mostafa Yourdkhani 等[18] 在 80℃加热基板上打印了基于聚二环戊二烯的碳纤维复合油墨。在墨水沉积后的几秒钟内观察到聚合前端的引发和传播，迅速固化并将黏弹性凝胶转化为固体聚合物。在另一项工作中，基于前端聚合，Scott R. White 等[19] 成功地打印了具有微尺度特征的碳纤维增强聚合物复合材料。打印的基于双环戊二烯的复合材料表现出的力学性能可与传统航空级材料相媲美。

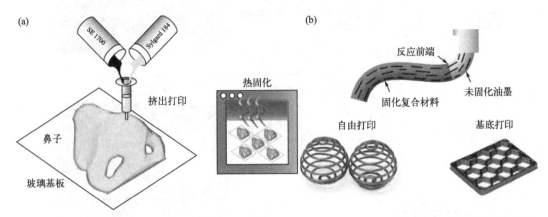

图 10-4　PDMS 基墨水打印过程及热固化示意图[17]（a）与基于前端聚合打印热固性聚合物复合材料[18]（b）
（见文前彩插）

10.3.2.4　化学反应辅助固化工艺

在微流控打印技术中，化学交联反应是常用的固化工艺。此外，点击化学开辟了以碳-杂原子键（C—X—C）合成为基础的组合化学新方法，并借助这些反应来简单高效地获得多样性分子[20]，用于微流控打印的固化。

化学交联反应是指 2 个或者更多的分子（一般为线形分子）相互键合交联成具有网络结构的较稳定分子（体形分子）的反应。这种反应使线形或轻度支链形的大分子转变成三维网状结构，以此提高强度、耐热性、耐磨性、耐溶剂性等性能[21]。如图 10-5，Julio San Román 等[22] 使用静态混合策略，将部分氧化的透明质酸和羧甲基壳聚糖进行混合，并通过静态混合器以受控速率进行打印，促进前体之间快速形成亚胺交联，同时利用可逆亚胺键实现的剪切稀化以确保连续的可打印性能。

点击化学交联固化主要有三种方法：Diels-Alder 反应、硫醇-烯反应以及叠氮化物和炔烃环加成。Diels-Alder 反应是一种有机反应，共轭双烯与取代烯烃（一般称为亲双烯体）反应生成取代环己烯。硫醇-烯反应目前有两种公认的反应机理，其一为硫醇与缺电子或富电子烯烃的自由基加成的反应机理，其二是在催化条件下进行的硫醇与缺电子烯烃的迈克尔加成反应。Daniel L. Alge 等[23] 使用硫醇-烯点击化学来交联聚乙二醇-降冰片烯和聚乙二醇-二硫醇前体聚合物，这些聚合物被预混合以引入过量的降冰片烯基团。在前驱体暴露于紫外光之前，打印油墨不会发生凝胶化，从而能够轻松预混合反应性前驱体聚合物。此外，对于叠氮化物和炔烃环加成的点击反应，Sarah C. Heilshorn 等[24] 基于菌株促进叠氮化物-炔烃环加成的点击化学，打印了双环壬酮和叠氮化物功能化聚合物。

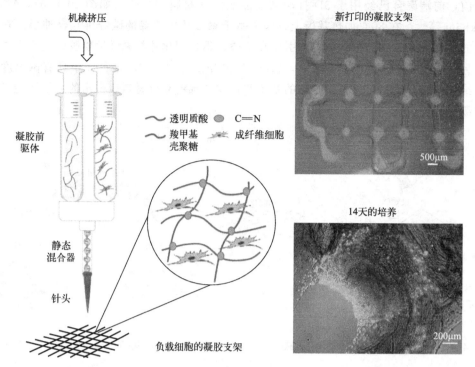

机械挤压

凝胶前
驱体

静态
混合器

针头

~ 透明质酸 ● C=N
~ 羧甲基 成纤维细胞
  壳聚糖

负载细胞的凝胶支架

新打印的凝胶支架

500μm

14天的培养

200μm

图 10-5 基于亚胺交联反应制备的羧甲基壳聚糖/部分氧化透明质酸水凝胶生物墨水用于打印[22] （见文前彩插）

10.4 微流控打印技术的应用

10.4.1 基于微流控技术构筑 2D 图案

材料图案化制备技术具有很高的应用价值，通过不同的构造方法可以制备出不同的图案并赋予其不同的功能，在防伪、传感器、显示等领域具有广泛应用[25]。近年来，将微流控技术与打印技术相结合，受到广大研究人员的青睐。与传统自上而下法制备图案不同，微流控技术可以按需分配、按量取用，避免了原料的浪费。并且，在微通道处理或操控微小流体，具有连续操作、高度可控的特点，在打印图案的过程中可以精准定位，因此可以实现对图案的精确调控。

10.4.1.1 防伪领域

图案化防伪技术是先进防伪技术的重要组成部分，近年来受到了研究人员的广泛关注[26,27]。其中，具有防伪功能的墨水制备问题尤其关键。与传统墨水相比，防伪墨水具有刺激响应性，打印样品的性质（如颜色）在不同的外部刺激下发生变化，使得能够更加直观地辨明真伪。同时，采用的打印技术也是其能否具有实际应用价值的关键所在。

目前，具有防伪性能的材料有很多，如光子晶体[28]、荧光材料[29]等已用于防伪油墨的制备。其中，采用微流控技术，基于微流控芯片设计以及流体性质的调控，将两种或多种材料复合更具有优越性[26]，可以在单一刺激下产生多种响应，从而显著提高防伪强度。

常春雨等[30]基于微流控打印技术，以表面功能化的纤维素纳米晶体（cellulose nanocrystals，CNCs）作为油墨，制备了光学防伪图案。采用有机硅烷和聚氧乙烯醚对 CNCs 进行改性，制得表面功能化的 CNCs 油墨。该油墨在剪切力下表现出良好的流动性，打印后迅速转变为凝胶状，打印无需其他添加剂。通过微流控设备精确操纵流体挤出速度，优化喷嘴微通道尺寸，使用计算机编程控制打印角度以及填充宽度，三者协同作用，在基材上精准打印图案，控制图案的纹理结构和光学特性。打印出来的图案经溶剂蒸发后在自然光下是透明的，但呈现出鲜艳的干涉颜色，在正交偏光镜之间呈现出防伪特征。

如图 10-6(a)，王彩凤等[31] 利用龟壳制备了荧光碳量子点（carbon dots，CDs），并结合胶体光子晶体（colloidal photonic crystals，CPCs）实现了在多信号编码和防伪领域的应用。龟壳作为前驱体，通过简单的热解方法合成荧光 CDs。通过微流控装置制备具有光致发光和角度依赖性结构色的 CPCs/CDs 图案化薄膜，用于多信号防伪。其中，打印油墨由聚氨酯与单分散 CPCs 微球乳液混合溶液、CDs 的水溶液构成。乳液和 CDs 溶液经微流泵精确控制，同时进入 Y 形微流控芯片，在微通道内以更高的传质效率进行混合。通过编程设计，在基材上进行打印。经溶剂蒸发后获得了具有结构色和荧光的 CPCs/CDs 图案薄膜。

此外，如图 10-6(b)，陈苏等[26] 提出了一种简便的方法，通过微流控打印技术将 CPCs 液滴用作像素点，精确构筑了具有结构色和荧光的 CPCs 二维码图案。通过种子乳液共聚制备了以聚苯乙烯为核，聚甲基丙烯酸甲酯-co-聚丙烯酸为壳的单分散核壳微球，其表面富含羧基，可进一步接枝第 2 代聚酰胺-胺（2nd generation polyamidoamine，G2 PAMAM）树枝状大分子。利用 CdTe/ZnS 量子点（quantum dots，QDs）表面官能团与 G2 PAMAM 树枝状大分子之间的相互作用，成功合成了 CPCs/QDs 杂化微球。研究者采用微流控打印技术，设计 T 形微流控芯片喷嘴，以三羟甲基丙烷三丙烯酸酯（trimethylolpropane triacrylate，TMPTA）为外相，CPCs/QDs 杂化微球为内相，制备了基于 CPCs 微珠的二维码图案。基于该微流控打印技术，不仅可以生成单分散的 CPCs 微珠，还可以精确控制每个微珠的位置，从而实现了具有红色和绿色两种结构色的二维码图案，同时在紫外光下呈现出红色和绿色两种荧光色。这种图案化 CPCs 具有双重光学信号，在应用中可提高防伪精度。

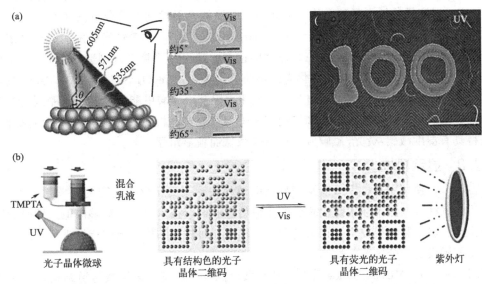

图 10-6 微流控打印构建 CPCs/CDs 防伪图案[31]（a）和通过微流控打印技术制备
具有结构色和荧光的 CPCs 微珠二维码防伪图案[26]（b）（见文前彩插）

10.4.1.2　传感领域

传感器在基础科学研究和日常生活中发挥了重要作用，例如用于生物学研究的生物传感器[32]、用于水质检测的环境传感器[33]、用于人体生理参数检测的可穿戴传感器[34]（如心率、大脑活动和血压）。其他如气体传感器[35]、湿度传感器[36]、温度传感器[37]、曲率传感器[38]和应变传感器[39]，在工业生产中发挥了重要作用。

具有周期性排列结构和有序可调光子带隙的CPCs在传感器领域具有较大的潜在应用价值。基于液滴微流控技术制备的CPCs响应微珠，具有角度无依赖性、结构多样性和可控性以及快速响应性等突出优势[40]。

如图10-7(a)，陈苏等[41]采用三相微流控装置将CPCs嵌入温度敏感的水凝胶中制备了Janus型CPCs微珠，同时实现温度、磁性和光学响应。基于T形微流体芯片，构筑荧光微珠。将非连续相和连续相分别引入T形微流体芯片，负载QDs的CPCs乳液用作非连续相，而甲基硅油用作连续相和收集相。通过甲基硅油相将乳液相剪切，形成均匀的液滴。在室温下溶剂蒸发后获得荧光微珠。在上述微流控芯片装置基础上，设计Y形微流体芯片构筑多功能Janus微珠的构筑。乳液、热敏凝胶单体及水性光引发剂混合物和Fe_3O_4、TMPTA及油性光引发剂混合物均为非连续相，两相经甲基硅油连续相剪切得到均匀微液滴。经微流控装置精确控制，填充入刻好的凹槽中，然后由紫外光进行光聚合，最终得到温度、磁性和光学响应的Janus微珠图案。

此外，如图10-7(b)，陈苏等[42]基于微流控打印技术，通过集成多种响应性材料制造了多响应性CPCs微珠图案。通过乳液聚合合成单分散核壳结构的聚苯乙烯@聚（丙烯酸正丁酯-co-丙烯酸）CPCs。基于微流控技术，设计不同的微流体芯片，将CPCs、CdTe/ZnS QDs、Fe_3O_4纳米粒子和功能性水凝胶聚丙烯酰胺（polyacrylamide，PAM）和聚（N-异丙基丙烯酰胺）[poly（N-isopropylacrylamide），PNIPAM]前驱体作为构筑单元，构筑了多种功能型结构，包括单球、Janus微珠和类分子微珠，可实现湿度、温度、磁性或荧光响应的功能。通过三相微流控芯片装置制备了Janus微球，该装置是基于Y形微流控芯片。CPCs乳液、湿度敏感性水凝胶单体、交联剂、水溶性光引发剂的混合溶液和QDs、表面活性剂以及TMPTA、Fe_3O_4纳米粒子（nanoparticles，NPs）、油溶性光引发剂的混合溶液均为非连续相。通过微流泵精确调控三相流体的速度，基于Y形微芯片制造具有Janus结构的液滴。待溶剂蒸发后，CPCs半球固化得到艳丽的结构色，Fe_3O_4 NPs和TMPTA通过紫外光固化，形成Janus单元。在此基础上，预先在聚甲基丙烯酸甲酯基板上通过雕刻机雕刻出所需图案，通过微流控机械设备精确控制液滴进行填充，基板凹槽的剩余空间用甲基硅油填充以获得具有湿度敏感/荧光/磁响应的可旋转微珠面板显示器。

10.4.1.3　显示领域

自古以来，使用图片、字母以及符号是记录和表达人类文化与文明的至关重要的方式。在当前的信息社会，显示技术是最著名的传输信息和通信技术之一，能够向他人即时和广泛地传播信息。基于微流控技术，在微米和纳米尺度上对材料结构与流体特性进行调控，可以显著提高显示设备的分辨率等性能。

如图10-8(a)，Hiroaki Onoe等[43]基于微流控技术，设计多层微通道结构，利用油墨填充像素制备了多色显示器。该显示器在表面上有一个$14×14$像素阵列用于显示图案。微流控显示器具有三层结构，顶层具有用于显示图像的像素，中间层用作背景屏幕，底层具有

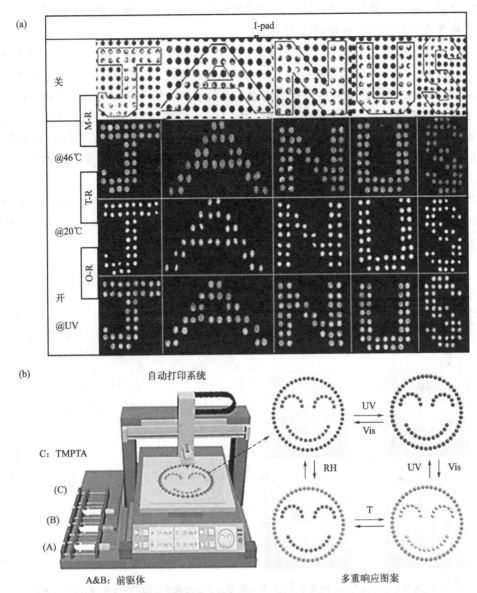

图 10-7　基于三相微流控技术打印的具有温度、荧光响应的传感图案[41]（a）和基于微流控
打印技术，制备具有温度、湿度、荧光响应的二维图案[42]（b）（见文前彩插）

连接像素的微通道。由于在微通道内可以在微尺度上对四种原色油墨流体进行操纵，因此可以精准控制油墨填充像素来获得多色的高分辨率图案。

　　Je-Kyun Park 等[44] 开发了一种通过手指驱动操作的微流控智能血型识别装置。该系统带有一个手指驱动的微流控装置，通过微流控通道显示血型。手指驱动泵更有效地利用了空间，多个入口通道连接到单个致动室，从而能够同时处理多种流体，其中电荷与入口通道的流体阻力成反比。多种流体的混合比例可以通过调节入口通道的流体阻力来控制。因此，血液样本通过一个按钮同时与多种血液分型试剂反应。通过微流控通道显示血型，需要两条流路：带有微缝过滤器的通道和旁路通道。如果发生凝结，血液和试剂的混合物仅被输送到旁路通道。反之，则混合物会被输送到微缝过滤器通道和旁路通道。在流路的基础上，通过微流控通道显示血型，并带有相应血型的字母和符号。血型显示器还有一个控制面板，以防止由红细胞聚集而导致的血液错误输入。

最近，如图 10-8(b)，陈苏等[45] 开发了一种构建磁性 Janus CPCs 微珠和图案化显示器的新方法，该方法结合了自动点胶打印系统和三相微流控技术。首先，合成了多尺寸的单分散 CPCs。然后通过微流控点胶打印技术制造一维线形和二维平面 CPCs 显示器。在此基础上，基于微流控打印技术，成功构建了可打印的 Janus CPCs 微珠和磁性显示器。通过微流控技术，采用 Y 形微流控芯片与微流泵协同作用，精确控制 TMPTA/Fe_3O_4 相和单分散 CPCs 相，经甲基硅油相剪切成微液滴。在重力作用下，两液滴相互接触，直接形成 Janus 结构。并且 Janus 结构是自导向的，即 TMPTA/Fe_3O_4 半球位于底部，而 CPCs 半球位于顶部。经过溶剂挥发和紫外光聚合后，得到了具有磁响应和明亮结构颜色的磁性 Janus CPCs 微珠，可以在磁场下对其进行操纵以改变颜色或形状。该方法具有工艺简单、操作简便等明显优势，有望促进 Janus CPCs 在图案显示应用方面的发展。

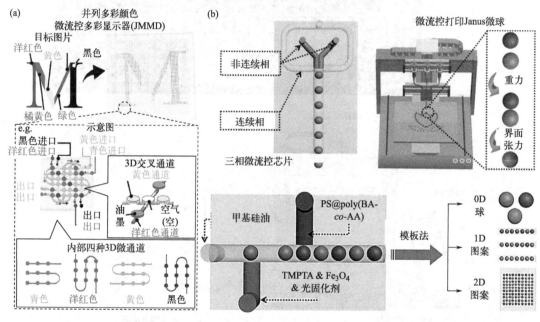

图 10-8　彩色微流控多色显示器显示多色图像的原理及多层结构示意图[43]（a）和三相微流控芯片及微流控打印磁性 Janus CPCs 微珠图案示意图[45]（b）（见文前彩插）

10.4.2　基于微流控技术构筑 3D 结构材料

3D 打印在成为全球高端智能制造业基础装备的同时，也正在融入人类社会的日常生活。3D 打印是一种利用逐点、逐线、逐面增加材料形成三维复杂结构零件的制造方法。一方面，通过加工方法的改变它可以适用于几乎任何类型材料的制造；另一方面，通过创造适合于其独特工艺特性的新材料而推动材料技术的发展。然而传统的 3D 打印技术不可避免地存在一些缺陷，如无法对微观结构进行调控、打印分辨率低以及无法同时打印多种材料等。通过引入微流控技术对传统 3D 打印技术进行补强，操纵流体性质，在微尺度下对打印材料的微结构进行精确调控，优化微通道尺寸提高打印分辨率，并设计功能型微流体芯片用于多功能异质性材料打印。基于微流控技术的 3D 打印，其应用领域不再局限，在微生物反应器[46]、柔性穿戴设备[47]、人造组织/器官[48] 等领域大放异彩。

10.4.2.1　3D 微生物反应器

相较于传统生物支架的复杂制备工艺，微流控 3D 生物打印技术更为简单、方便、快捷且廉价。此外，还具有更快的打印速度、更高的精度以及细胞友好型加工手段，并可实现个性化设计。而微流控 3D 生物打印与固定化细胞反应器的结合使得传统的固定化细胞反应器得到了进一步的发展，特别是通过微流控 3D 打印技术给反应器中的多孔晶格结构赋予不同的尺度大小，使得制备的反应器具有更大的比表面积，这也赋予了微生物反应器更大的质量传递，有助于生物发酵过程的快速进行。

如图 10-9(a)，Sarah E. Baker 等[49]采用冷冻干燥的活性细胞作为固体填料，用于微流控 3D 打印，制备具有密度可调和自支撑性能的多孔微生物反应器。贝克酵母被用作活性细胞生物催化剂，添加至打印墨水中，经微流泵精确控制流速从打印喷嘴均匀挤出沉积在打印平台上，通过堆叠直径逐渐减小的同心圆来打印空心圆锥结构，打印的结构显示出分辨率高、催化活性高和细胞生存能力强等优势，实现了高细胞负载量。由于微流控技术在微尺度上精准调控多孔结构改善了质量传递，基于微流控技术构筑的 3D 生物反应器与常规生物反应器相比显著提高了乙醇产量。

如图 10-9(b)，岳军等[50] 基于微流控 3D 打印技术构筑了一系列明胶基的 3D 水凝胶，其中固定有可以分泌透明质酸（hyaluronic acid，HA）的发酵细菌。3D 打印的具有网络结构体系的生物反应器能够生产 HA，并且与具有固体结构或无支架发酵条件的体系相比，具有更高的产量。基于微流控技术，通过微通道设计与流体流速调控，并对喷嘴打印速度进行优化，打印出的具有 90°支撑角和中尺度纤维间距的网络结构生物反应器显示出最高的 HA产量。微流控 3D 打印在微尺度上调控载有微生物的水凝胶微结构以提高生物合成效率方面具有重要作用。

近期，如图 10-9(c)，陈苏等[46] 探索了使用双网络超分子水凝胶作为生物相容性基质来容纳用于生物发酵和生物修复的功能性微生物的新方法。研究人员提出了一种葫芦[8]脲（cucurbit [8] urea，CB [8]）介导的生物墨水制备方法，将非共价动态相互作用和共价交联结合到单一的墨水体系中。HA 与甲基丙烯酸酯基团和半胱氨酸-苯丙氨酸二肽进行双重化学功能化。侧链二肽衍生物与 CB [8] 形成强且可逆的三元结合，导致 HA 聚合物骨架发生超分子交联并形成水凝胶。该墨水体系无需进行复杂的流变调整即可用于打印，避免了损害细胞。CB [8] 衍生的动态水凝胶表现出优异的打印性能，其中超分子交联网络在高剪切下表现出类似液体的特性，便于注射和挤出。使用微流控 3D 打印机制备了中尺度蛇形 3D 网络结构。打印墨水经微流泵控制与喷嘴微尺寸协同作用，连续可控地进行纤维沉积。打印后，将打印的结构置于紫外固化箱中进行交联固化。在光聚合时，分子网络中不饱和双键之间形成共价键，打印结构得到进一步增强。3D 网络中的微生物可以在发酵和生物修复过程中保持较高的细胞活力和代谢活性，可以重复使用。此外，微流控 3D 打印水凝胶能够区分小球藻的光养生物和枯草芽孢杆菌的异养生物，显示出通过去除污染物进行生物修复的性能。

10.4.2.2　3D 柔性电子器件

柔性电子器件是指能够穿戴的智能电子设备，这类智能电子设备能够灵敏地感知外部环境的变化，并迅速转化成电信号反馈到计算机，是实现互联网-服装-电子设备的集成技术。

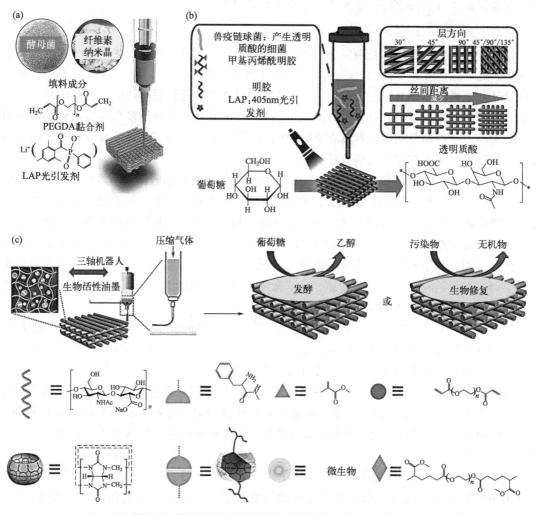

图 10-9　基于微流控技术构筑的 3D 微生物反应器及其应用

（a）基于微流控技术构筑的 3D 微生物反应器用于生产乙醇[49]；（b）基于微流控技术构筑的 3D 微生物
反应器用于生产 HA[50]；（c）基于微流控技术构筑动态 CB 介导的主客体复合物形成水凝胶网络[46]

1960 年，美国麻省理工学院数学系 Edward O Thorp 教授首次提出柔性电子技术的概念。随后，柔性电子技术受到全世界众多研究者的极大关注。近些年，随着互联网、智能医疗器件及大数据的发展，柔性电子技术已经在医疗健康、军事、储能、传感等领域得到飞速发展[51-54]。因此，柔性电子技术是未来人类社会的重点发展技术之一，并逐渐发展成为巨大的新兴市场。

　　基于微流控技术，通过对微芯片通道尺寸、流体流速、流体表面张力以及功能化掺杂等反应条件的精确控制，可实现有序微结构柔性电子器件的高效组装与连续化制备，该方法制备出的柔性电子器件具有优异的性能。因此，微流控技术极大地促进了新一代柔性电子器件的发展。

　　如图 10-10(a)，赵远锦等[55] 基于组氨酸辅助打印策略，通过微流控 3D 打印技术制备了氧化石墨烯（graphene oxide，GO）混合水凝胶。GO 添加剂可以显著阻碍苯甲醛和氰基乙酸酯基团官能化聚合物之间的 Knoevenagel 缩合反应以形成水凝胶，而当添加组氨酸时，

GO 混合溶液则迅速固化成水凝胶。因此，基于微流控技术，采用低黏度 GO 混合聚合物溶液作为可打印油墨，在组氨酸溶液中连续打印水凝胶微纤维，通过微流泵精确调控流体流速，实现纤维结构的精准构筑。在此基础上，采用微流控 3D 打印技术，通过对微流控芯片通道尺寸、流体浓度进行设计优化，并将流体速度与打印速度匹配，同时在三个维度上控制打印喷嘴，进一步构筑复杂 3D 结构。由于添加了 GO，打印材料表现出优异的导电性以及力学性能，可用作柔性穿戴器件感知运动变化并将这些刺激转换为电阻信号。此外，该打印体系具有高效、可控、温和的优点，油墨中的细胞在打印过程中能保持较高的活性，使得微流控 3D 打印技术有望用于微创的体内生物打印。

刘大刚等[56] 受聚合物纤维连续湿法纺丝的启发，将甲酸作为聚乙烯醇（polyvinyl alcohol，PVA）的良溶剂与改性剂，开发了一种聚甲酸乙烯酯（polyvinyl formate，PVFm）打印油墨。通过微流泵精确调控打印油墨的流体流速，并调控打印喷嘴通道尺寸，两者协同作用，高效构筑打印材料微结构。基于该微流控 3D 打印体系，PVFm 墨水以精确的流速从打印喷嘴处连续可控地沉积打印到凝固浴中。打印墨水在凝固浴中发生交联反应，逐渐凝固并逐层黏附成网格、星形、球状等 3D 结构。得益于微流控技术在打印材料微结构上的精确调控，可缩短打印材料固化时间，并将柔韧性提高到了 10 倍。在此基础上，在 3D PVFm 上原位聚合涂覆聚吡咯制造了可穿戴的柔性电子传感器。

近期，如图 10-10(b)，陈苏等[47] 将微流控技术和 3D 打印相结合，开发出一套微流控 3D 打印技术，基于该技术制备有序的各向异性电极并构建全集成固态柔性超级电容器。将碳纳米管（carbon nanotubes，CNTs）和黑磷/金属-有机框架（black phosphorus/ZIF-67，E-BP/ZIF-67）加入 N,N-二甲基甲酰胺（N,N-dimethylformamide，DMF）中，超声分散均匀。然后，在混合溶液中加入聚（偏二氟乙烯-co-六氟丙烯）[poly（vinylidene fluoride-co-hexafluoropropylene），PVDF-HFP]，得到电极打印墨水。将 PVDF-HFP 加入 DMF 中，并加入 1-乙基-3-甲基咪唑四氟硼酸盐得到电解质打印墨水。将制备好的电极和电解质墨水分别装入两个注射器，并且分别置于不同喷嘴中，在预热的玻璃基板上逐层 3D 打印一体式超级电容器。通过微流控注射泵精确调控两相打印墨水的流体流速，与多尺寸喷嘴协同作用，在微尺度上精确调控构筑材料的微结构。得益于微流控 3D 打印技术，基于 E-BP/ZIF-67 的超级电容器具有良好的电极-电解质界面耦合性和机械柔性，并且其电极呈现互连多孔骨架结构，有助于电子快速传导和离子快速扩散及积累，因此该超级电容器具有能量密度高、比电容大和循环寿命长等优势。同时，该超级电容器具有高形变稳定供电能力，在大角度弯曲和持续运动状态下，均能保持较好的电化学性能。

10.4.2.3　3D 组织/器官

目前，对组织移植物以及器官修复和再生的需求不断增加，组织器官供应和需求之间存在严重的不平衡，因此亟须开发人造组织器官以满足当前需求。3D 生物打印技术作为一门新型的组织工程技术能生产仿生结构组织并得到显著发展[57]。基于 3D 生物打印技术，通过逐层打印载有细胞的结构单元，可获得 3D 组织器官。在此基础上，已开发出各种类型的 3D 生物打印技术，例如挤出、喷墨、激光辅助、立体光刻生物打印技术。随着 3D 打印和生物技术的发展，3D 生物打印技术的应用领域已经扩展到骨骼、软骨、血管等复杂组织以及肝脏、皮肤等复杂器官等[58,59]。然而，目前大多数生物打印方法仍处于形状控制阶段，而不是功能控制阶段，且仍有许多障碍需要克服，如分辨率的提高、在复杂的 3D 组织中构

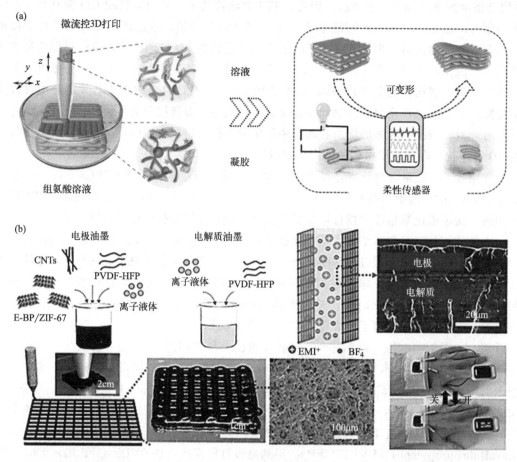

图 10-10　基于微流控技术构筑运动传感器[55]（a）和基于微流控技术构筑全集成固态柔性超级电容器[47]（b）

建特定分布的微结构等。

　　基于微流控技术，可以操纵可控流体携带生物分子、细胞、有机体或化学试剂在芯片内形成生物或化学功能单元[60]。微流控技术存在操作灵活、可在微/纳米尺度上进行规模化集成等优势，能够精确制备人造组织器官[61,62]。将 3D 打印与微流控技术相结合，通过 3D 生物打印实现生物单元逐层组装，并通过微流控技术在微/纳米尺度上精确调节结构，两者协同作用可构建具有复杂结构的功能性人造组织和器官。

　　Ali Khademhosseini 等[62] 将微流控技术与生物打印技术结合，基于该微流控打印技术，可快速打印由不同材料构筑的生物结构，以媲美天然组织结构的异质性。通常，异质结构的构筑需要多喷嘴进行打印，打印速度相对较慢，限制了其在打印载细胞结构中的使用。基于微流控技术，可同时操控不同生物墨水的流动，将多种材料集成到含有不同细胞类型的纤维或液滴中。在沉积过程中，微流体通道以可编程的方式在不同的生物墨水之间快速切换，将同轴喷嘴与 Y 形微流控芯片相结合，并使用两种不同的具有绿色和红色荧光的生物墨水进行异质结构打印。通过编程将不同类型生物墨水基于微芯片选择性输送到喷嘴，对两种溶液进行串行编码，并在打印结构的不同层中沉积了含有不同生物墨水的异质结构。在此基础上，接种小鼠心肌细胞，经培养后可实现跳动。

　　Marco Costantini 等[63] 将微流控打印喷嘴集成到挤压式生物打印机中，打印了带状软骨组织和细胞外基质组合结构。整个喷嘴系统由一个 Y 形微流控芯片与一个蛇形微流控芯片组成。Y 形芯片通过编程，可操纵多种生物墨水单独或同时输送到蛇形微流控芯片中，并快速混合到喷嘴中进行沉积打印。基于该打印系统，以载有细胞的水凝胶作为打印油墨，成功打印了具有分层结构的软骨，即透明软骨和钙化软骨。体外培养 21 天后，基于微流控 3D 打印的软骨组织支架与普通支架相比，具有显著优势。

如图 10-11(a)，傅建中等[64] 开发了一种制造人造血管的新方法，该方法通过微流控 3D 生物打印技术制造了具有多级流体通道的 3D 水凝胶血管结构，该结构可以集成到器官中。由两个同轴喷嘴组成了微流控辅助生物打印平台。两个同轴喷嘴的外管分别分配载有成纤维细胞的海藻酸钠（Na alginate，Na-Alg）溶液和载有平滑肌细胞的 Na-Alg 溶液，在内管分配 $CaCl_2$ 溶液。采用微流泵精确调控 Na-Alg 溶液和 $CaCl_2$ 溶液的流速以构筑精密结构。通过控制两种溶液的浓度和流速，获得了一种部分交联的微纤维，同时将中空海藻酸盐纤维缠绕在一根杆状接收器上。由于部分交联的中空纤维可以与相邻的纤维融合，因此可以获得具有螺旋状的 3D 海藻酸盐结构。在此基础上，将同轴喷嘴限制为水平运动，并保持杆的旋转运动，基于微流控系统控制相邻中空纤维沉积在融合所需的精确位置。为制备人造血管结构，首先打印一层充满平滑肌细胞的结构，其次在第一层上打印一层充满成纤维细胞的结构。当两层结构完全打印出来后，将血管状结构转移到 $CaCl_2$ 溶液中以实现完全交联。然后将胶原溶液喷射到大通道中，形成内皮细胞黏附层，用磷酸盐缓冲盐水（phosphate buffered saline，PBS）清洗该结构数次以去除残留的胶原蛋白。最后，将内皮细胞均匀地接种到大通道中。基于微流控技术构筑的 3D 水凝胶血管包含三种血管细胞，该结构具有多级流体通道，包括中间的大通道和壁上两个微通道。

近来，如图 10-11(b)，陈苏等[65] 受凝胶自修复特性的启发，开发了基于微流控技术的自修复驱动组装（self-healing drive assembly，SHDA）策略，即以球形自修复凝胶微珠为构筑单元，实现软材料的程序化宏观自组装。为了设计智能软材料，基于连续可控的微流控技术制造了三种均匀的球形凝胶微珠，即毫米级聚（马来酸酐改性 β-环糊精-co-丙烯酸）和聚（乙烯基咪唑-co-丙烯酸）凝胶微珠，以及微米级载有 CdSe/ZnS 量子点的聚（丙烯酸羟丙酯-co-N-乙烯基吡咯烷酮）凝胶微珠。基于羧基和羟基之间的氢键相互作用以及 β-环糊精基团和咪唑基团之间的主客体相互作用，凝胶微珠表现出优异的自愈合性能。借助这些凝胶基元之间固有的自愈合力，实现了宏观线形和平面结构的快速构筑，并通过逐层组装获得了 3D 有序结构。

此外，为了精确连续和可控地进行自修复驱动组装，他们设计了包含不同通道类型的微流控装置，可实现程序化组装。例如，对于均质线形组装体，设计了一个长单通道（直径，4.5mm），末端带有一个支架。随着甲基硅油的流动，微珠被不断向前推动并聚集在通道的末端，形成线形排列的组装结构。Y 形通道（直径，4.5mm）用于微珠交替排列的线形组装结构。不同的微珠在微流体装置的控制下依次向前移动，并形成异质线形结构。通过调整 Y 形通道的入口和出口直径（入口直径，4.5mm；出口直径，9mm），保持两个入口流速相同，可以实现两排有序的平面组装结构。同样，利用三个平行通道，可获得具有三排凝胶微珠的平面结构。此外，使用三角通道实现了 3D 有序组装体的可控制造。通过采用平行通道并延长通道长度，可用于大规模生产有序凝胶组装结构。

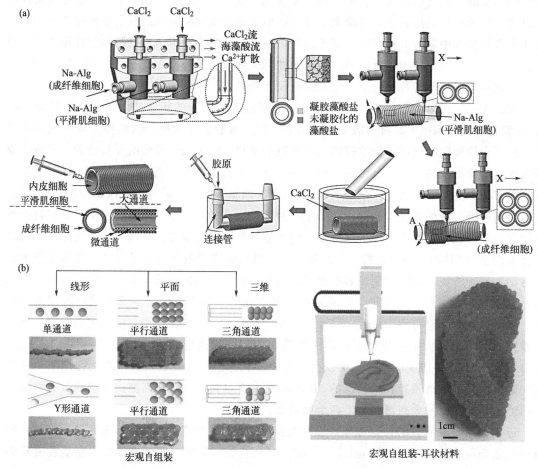

图 10-11　微流控 3D 打印具有多尺度流体通道的 3D 人造血管[64]（a）和
微流控辅助组装构筑 3D 有序结构材料[65]（b）（见文前彩插）

10.5　小结与展望

近年来，微流控技术与打印技术相结合，越来越受到学者们的青睐。纳米材料 2D 图案化的应用已扩展到光电、传感器和储能等多个研究领域，并取得了重大突破。从长远来看，将图案化和材料功能相结合，使得可以生产基于柔性、高水平集成和小型化功能二维材料的可打印电子、传感和交互设备。而这将需要微流控打印技术的介入，大面积地对 2D 材料和其他功能材料进行精确的图案化，以促进材料用于光检测和成像、能量存储、交互式触摸表面、可穿戴传感器甚至人造皮肤等领域。

3D 打印技术仍有很大的改进空间，需要微流控技术对其进行补强。未来打印技术的主要领域应当在生物打印领域，尽管生物打印在组织工程中取得了进步，但仍然存在一些局限性，例如无法构建包含精细微结构的组织以进行适当的血管化、神经支配或整合后续的培养和分析步骤。组织/器官的生物打印与微流控技术相结合是一个有前景的方案。微流控技术改进的打印喷嘴可以在温和的制造环境中，同时在时间和空间上操纵精确配制的生物打印墨水进行沉积，从而可以提高打印的准确性和质量。利用微流控通道和腔室作为接收板可以在芯片上进行打印。将微通道引入内置的复杂结构有助于生成包含微型流动网络的组织/器官，与生物体自身组织/器官更为相似。

微流控辅助的生物打印构建 3D 组织/器官显示出独特的优势：①在精细结构构建的前提下，可以实现组织的体积堆积和比例放大，可更接近真实的组织器官尺寸；②与 3D 生物打印精细加工能力的结合，使得微流控辅助生物打印中微流控设计、制备和操作的复杂性将显著降低；③与大多数微流控系统中相对封闭和有限的空间相比，微流控辅助生物打印的样品更容易回收并用于后续的蛋白质和基因分析，从而有助于机制研究。

此外，受组织/器官打印理念的启发，3D 打印与微流控技术的结合有望打印出成分（细胞、生物因子等）精确控制的人造食品，作为食品安全和质量检测模型。

10.6 实验案例

10.6.1 基于微流控 3D 打印技术构筑 2D 图案

10.6.1.1 实验目的

① 了解微流控 3D 打印技术的原理及应用。
② 掌握 2D 图案打印技术。

10.6.1.2 实验原理

微流控涂膜仪打印机包括喷嘴、注射泵、打印基板以及高压电源。打印基材通常接地，以足够快地消散静电荷。在施加电压差后，当电场力足够大时，作用在聚合物液体表面上的电应力克服了表面张力应力，液体弯月面就会形成一个泰勒锥，墨水被静电推向打印基材，并且在喷射过程中溶剂蒸发或固化，形成微/纳材料。射流的默认轨迹是液滴和最近的基板点之间的直线。射流厚度与喷嘴孔径的大小无关，并且可以低于约 100nm，具体取决于墨水特性和施加的电压，实验装置与示意图如图 10-12 所示。

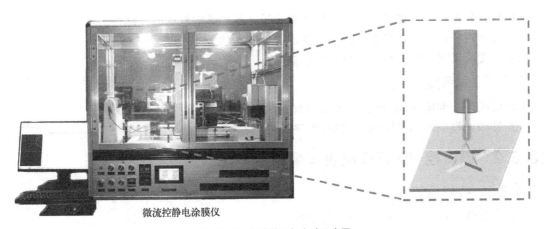

微流控静电涂膜仪

图 10-12 实验装置与实验示意图

10.6.1.3 化学试剂与仪器

化学试剂：聚乙烯醇（AR，阿拉丁）、去离子水（AR，国药）。

仪器设备：微流控涂膜仪（南京捷纳思新材料有限公司）、25mL 烧杯、磁子、磁力搅拌器（1 台）、一次性注射器（20mL）、锡纸。

10.6.1.4 实验步骤

① 打印溶液配制：取 0.1g 聚乙烯醇溶于 10mL 去离子水中，调节磁力搅拌速度至 300～1000r/min 搅拌 10h 完全溶解后待用。

② 打印路径设计：预先在 CAD 软件中将打印路径设计完成，导出为 DXF 文件格式。接着将文件导入 JDPaint 软件中，设置打印雕刻深度、吃刀深度以及打印速度，最后导出格式为 nc 的文件。由于导出的文件只进行一次运行，因此使用记事本在其中加入循环代码，若 Z 轴坐标为负则改为大于等于 0 的数。

③ 打印墨水装载：使用 20mL 注射器分别将聚乙烯醇打印墨水吸取，确保无气泡。将吸取溶液后的注射器安置在微流泵上。然后将锡纸基板固定在合适的位置。最后将打印喷嘴调整至原点位置后，X、Y、Z 的坐标全部归零。

④ 开始打印：打开微流控 3D 打印机总开关，接着打开微流泵，将打印路径文件装载入打印软件中，设置打印流速为 0.5～1mL/h，调节电压 10～20kV，在锡纸基板上进行打印。

10.6.1.5 实验记录与数据处理

序号	室温/℃	大气压/kPa	打印墨水流速/(mL/h)	电压/kV
1				
2				
3				
4				
5				

10.6.1.6 注意事项

① 将打印溶液吸入注射器时需要将气泡排尽，避免影响打印的连续性。

② 打印进行时，请勿将身体探入仪器，避免受伤。

③ 本实验采用高压电源，实验时当心触电。

10.6.1.7 思考题

① 微流控技术构筑 2D 图案与传统构筑方法相比，优势在哪里？

② 打印过程中是如何控制 2D 结构有序排列的？

10.6.2 微流控 3D 打印凝胶耳朵

10.6.2.1 实验目的

① 了解微流控 3D 生物打印方法的原理。

② 掌握微流控 3D 生物打印技术的操作方法及应用。

10.6.2.2 实验原理

生物 3D 打印，又称生物增材制造，是一种能够在数字三维模型驱动下，按照增材制造原理定位装配生物材料或细胞单元，制造医疗器械、组织工程支架和组织器官等制品的过程。本实验将基于微流控 3D 打印技术，以明胶为构筑单元、卡波姆为流变调节剂，利用相转变原理和剪切稀化原理，进行凝胶耳朵的打印。

明胶是一种以动物皮、骨中的胶原蛋白为原料制成的胶质。其主要成分为蛋白质，无味，呈透明浅黄色。当温热的明胶水溶液冷却时，黏度逐渐升高，若浓度足够大，温度充分低，则明胶水溶液转变为凝胶。明胶凝胶类似固体物质，能够保持其形状并具有弹性。加热后，明胶凝胶可逆地转变为溶液状态 [图 10-13(a)]。本实验基于相转变原理，生物明胶墨水在打印头呈现溶胶状态，便于顺利从针头处挤出，挤出后在低温条件下明胶发生相转变变为凝胶状态，进而增加打印模型的结构强度。

卡波姆，也称卡波（carbomer），是一种丙烯酸交联树脂，由季戊四醇等物质进行交联制备。它是一种非常重要的流变调节剂，中和后可形成出色的凝胶基质，具有增稠、悬浮等重要功能。卡波姆具有剪切稀化的能力，当高分子聚合物溶液或熔体受到剪切力作用时，高分子链开始发生运动，相互作用力被部分破坏，高分子链之间的空隙增大，黏度减小，使得溶液或熔体易于流动。随着剪切力的增加，高分子链的相互作用力被进一步破坏，黏度进一步降低，形成剪切稀化现象，导致溶液或熔体的黏度降低 [图 10-13(b)]。本实验中，卡波姆在针头处剪切变稀，使得体系可在较低的气压下便可挤出，挤出后的卡波姆又变成了凝胶状态，保证了打印模型的稳定性。

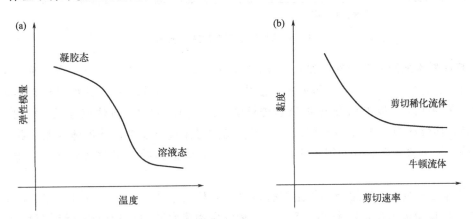

图 10-13　明胶弹性模量与温度之间的关系（a）和牛顿流体与剪切稀化流体的比较（b）

生物模型的顺利打出，除了需要有良好的生物墨水外，还需要有精密 3D 打印设备的支持，本实验所用的微流控生物 3D 打印机基于模块化设计，可适用于生命科学、生物材料、临床医学等交叉学科领域的研究。其特殊设计的循环控温系统，由智能 PID 单元控制，效率高，温度分辨率高达 0.01℃，控温精密，能够在 $-10\sim100℃$ 的区间内进行温度调控，这一特性尤其适合基于相变原理的 3D 打印实验。此外打印过程中保持稳定的气压也十分重要，该微流控生物 3D 打印机采用精密气压控制系统，压力可在 $0\sim15psi$ ❶ 范围内精确调控，精度可达 $\pm0.3psi$，确保了打印过程的顺利进行。

10.6.2.3　化学试剂与仪器

化学试剂：明胶（AR，阿拉丁）、卡波姆 940（AR，麦克林）、NaOH 溶液（1mol/L）、

---

❶　1psi＝6.89kPa。

去离子水（国药）。

仪器设备：微流控生物 3D 打印机（南京贝耳时代科技有限公司）、玻璃板（1 个）、100mL 烧杯（1 个）、磁子（1 个）、玻璃搅拌棒（1 个）、药匙（1 个）、小号裱花袋（1 个）、塑料铲刀（1 个）、磁力加热搅拌台（1 台）、机械搅拌台（1 台）、3D 打印专用针筒（10mL）、不同出口直径的针头若干（绿色 0.85mm、粉色 0.6mm 和蓝色 0.4mm）、培养皿若干、胶头滴管若干、无尘纸若干。

10.6.2.4 实验步骤

实验装置及打印过程如图 10-14 所示。

微流控生物3D打印机

图 10-14 实验装置及打印过程示意图

① 打印墨水配制：在烧杯中加入 3g 明胶和 50g 去离子水，在 55℃下，使用磁力加热搅拌台将明胶进行搅拌溶解。向溶解好的明胶中加入 1.5g 卡波姆 940，并将烧杯转移至机械搅拌台，在 30℃下，以 150r/min 的转速进行搅拌，直至烧杯中的流体充分混合均匀。之后取下烧杯，向烧杯中滴加 NaOH 溶液，并用玻璃搅拌棒进行搅拌，待流体成胶质状且静止并能保持一定形状不坍塌时，停止滴加 NaOH 溶液，继续搅拌一段时间后将此生物打印墨水静置备用。

② 打印墨水装载：使用药匙将生物打印墨水转移至裱花袋中，之后将裱花袋出口对准 3D 打印专用针筒的入口，用手轻轻挤动裱花袋将生物墨水装填至针筒中，装填量不宜超过针筒容积的 2/3，装填好后将针筒配套的活塞塞入针筒、针筒插上针头，之后将针筒安放固定在生物 3D 打印机中。调节生物打印机的温度为 25℃，待温度稳定后，将生物运动控制系统软件中的冷却液打开，并将气体控制系统的模式调为 Teach 模式，调节气压，待针头出液后关闭冷却液。

③ 开始打印：首先将耳朵打印程序装载至打印系统，之后将一块干净的玻璃板放在打印平台上，调节好玻璃板的位置，使用鼠标调节针头坐标至合适的原点位置，并将 X、Y、Z 的坐标全部归零。点击运行按钮，程序开始自动运行，观察并记录此 3D 打印过程，打印过程中可拧动气压调节旋钮进行气压的调节，确保能稳定连续出液。

④ 后处理：打印完毕后将玻璃板从平台中取出，使用铲刀将凝胶耳朵轻轻铲下并转移至培养皿中，盖上培养皿盖进行保存，储存环境宜低温。之后用水将玻璃板清理干净，并用无尘纸擦干后放入生物打印机，可按照前述步骤进行再次打印。

10.6.2.5　实验记录与数据处理

序号	环境温度/℃	打印机温度/℃	针头出口直径/mm	气体压力/psi	实验现象
1					
2					
3					
4					
5					

10.6.2.6　注意事项

① 使用裱花袋将打印溶液装入针筒时需要将气泡排尽，避免影响打印的连续性。

② 打印进行时，请勿将身体探入仪器，避免受伤。

10.6.2.7　思考题

① 除了相转变原理和剪切稀化原理，微流控生物 3D 打印原理还有哪些？

② 实验过程中如果温度发生较大波动，将会对耳朵模型的打印结果产生何种影响？

参考文献

[1] Orangi J，Hamade F，Davis V A，et al. 3D printing of additive-free 2D $Ti_3C_2T_x$ (MXene) ink for fabrication of micro-supercapacitors with ultra-high energy densities [J]. ACS Nano 2020，14 (1)：640-650.

[2] Zhao H，Yang F，Fu J，Gao Q，et al. Printing@Clinic：From medical models to organ implants [J]. ACS Biomaterials Science & Engineering 2017，3 (12)：3083-3097.

[3] Lee M，Rizzo R，Surman F，et al. Guiding Lights：Tissue bioprinting using photoactivated materials [J]. Chemical Reviews，2020，120 (19)：10670-10747.

[4] Shirazi S F S，Gharehkhani S，Mehrali M，et al. A review on powder-based additive manufacturing for tissue engineering：Selective laser sintering and inkjet 3D printing [J]. Science and Technology of Advanced Materials，2015，16 (3)：e033502.

[5] Miao Z，Seo J，Hickner M A. Solvent-cast 3D printing of polysulfone and polyaniline composites [J]. Polymer，2018，152：18-24.

[6] Sampada B，Gabrielle T，Frederick P G，et al. One-step solvent evaporation-assisted 3D printing of piezoelectric PVDF nanocomposite structures [J]. ACS Applied Materials Interfaces，2017，9 (24)：20833-20842.

[7] Jiang Y Q，Xu Z，Huang T Q，et al. Direct 3D printing of ultralight graphene oxide aerogel microlattices [J]. Advanced Functional Materials，2018，28 (16)：e1707024.

[8] Zhao S，Siqueira G，Drdova S，et al. Additive manufacturing of silica aerogels [J]. Nature，2020，584 (7821)：387-392.

[9] Duoss E B，Twardowski M，Lewis J A. Sol-gel inks for direct-write assembly of functional oxides [J]. Advanced Materials，2007，19 (21)：3485-3489.

[10] Antich C，de Vicente J，Jiménez G，et al. Bio-inspired hydrogel composed of hyaluronic acid and alginate as a potential bioink for 3D bioprinting of articular cartilage engineering constructs [J]. Acta Biomaterialia，2020，106：114-123.

[11] 唐在峰. 紫外光固化技术浅谈 [J]. 云南印刷，1998 (1)：21-22.

[12] Fouassier J，Lalevée J. Photochemical production of interpenetrating polymer networks；simultaneous initiation of radical and cationic polymerization reactions [J]. Polymers，2014，6 (10)：2588-2610.

[13] Marazzi M，Wibowo M，Gattuso H，et al. Hydrogen abstraction by photoexcited benzophenone：consequences for

DNA photosensitization [J]. Physical Chemistry Chemical Physics, 2016, 18 (11): 7829-7836.

[14] Sangermano M. Advances in cationic photopolymerization [J]. Pure and Applied Chemistry, 2012, 84 (10): 2089-2101.

[15] Zhang D, Jonhson W, Herng T S, et al. A 3D-printing Mmethod of fabrication for metals, ceramics, and multi-materials using a universal self-curable technique for robocasting [J]. Materials Horizons, 2020, 7 (4): 1083-1090.

[16] Compton B G, Hmeidat N S, Pack R C, et al. Electrical and mechanical properties of 3D-printed graphene-reinforced epoxy [J]. JOM, 2018, 70 (3): 292-297.

[17] Ozbolat V, Dey M, Ayan B, et al. 3D printing of pdms improves its mechanical and cell adhesion properties [J]. ACS Biomaterials Science & Engineering, 2018, 4 (2): 682-693.

[18] Ziaee M, Johnson J W, Yourdkhani M. 3D Printing of short-carbon-fiber-reinforced thermoset polymer composites via frontal polymerization [J]. ACS Applied Materials & Interfaces, 2022, 14 (14): 16694-16702.

[19] Robertson I D, Yourdkhani M, Centellas P J, et al. Rapid energy-efficient manufacturing of polymers and composites via frontal polymerization [J]. Nature, 2018, 557 (7704): 223-227.

[20] 章谏正, 任杰, 刘艺帆, 等. "巯基-烯/炔"点击反应在有机材料合成中的应用 [J]. 粘接, 2021, 45 (2): 56-62.

[21] 方敏, 王璐, 侯佳欣, 等. 丝素蛋白复合石墨烯类材料在生物医学领域中的研究进展 [J]. 材料导报, 2020, 34 (S1): 511-515.

[22] Puertas-Bartolomé M, Włodarczyk-Biegun M K, del Campo A, et al. 3D printing of a reactive hydrogel bio-ink using a static mixing tool [J]. Polymers, 2020, 12 (9): 1986.

[23] Xin S, Chimene D, Garza J E, et al. Clickable peg hydrogel microspheres as building blocks for 3D bioprinting [J]. Biomaterials Science, 2019, 7 (3): 1179-1187.

[24] Hull S M, Lindsay C D, Brunel L G, et al. 3D bioprinting using universal orthogonal network (union) bioinks [J]. Advanced Functional Materials, 2020, 31 (7): e2007983.

[25] 耿悦, 高寒飞, 吴雨辰, 等. 高分子功能材料图案化制备及其在光电领域的应用 [J]. 高分子学报, 2020, 51 (05): 421-433.

[26] Liu K, Tian Y, Li Q, et al. Microfluidic printing directing photonic crystal bead 2D code patterns [J]. Journal of Materials Chemistry C, 2018, 6 (9): 2336-2341.

[27] Yu D, Shen Y, Zhu W, et al. Raman inks based on triple-bond-containing polymeric nanoparticles for security [J]. Nanoscale, 2022, 14 (21): 7864-7871.

[28] Ye S, Fu Q, Ge J. Invisible photonic prints shown by deformation [J]. Advanced Functional Materials, 2014, 24 (41): 6430-6438.

[29] Qin L, Liu X, He K, et al. Geminate labels programmed by two-tone microdroplets combining structural and fluorescent color [J]. Nature Communications, 2021, 12 (1): 1-9.

[30] Li D, Yuan J, Cheng Q Y, et al C. Additive printing of recyclable anti-counterfeiting patterns with sol-gel cellulose nanocrystal inks [J]. Nanoscale, 2021, 13 (27): 11808-11816.

[31] Guo J Z, Li H, Ling L T, et al. Green synthesis of carbon dots toward anti-counterfeiting [J]. ACS Sustainable Chemistry & Engineering, 2019, 8 (3): 1566-1572.

[32] Cui X, Gao G, Qiu Y. Accelerated myotube formation using bioprinting technology for biosensor applications [J]. Biotechnology Letters, 2013, 35 (3): 315-321.

[33] Loudiki A, Hammani H, Boumya W, et al. Electrocatalytical effect of montmorillonite to oxidizing ibuprofen: Analytical application in river water and commercial tablets [J]. Applied Clay Science, 2016, 123: 99-108.

[34] Windmiller J R, Wang J. Wearable electrochemical sensors and biosensors: A review [J]. Electroanalysis, 2013, 25 (1): 29-46.

[35] Varghese S S, Lonkar S, Singh K K, et al. Recent advances in graphene based gas sensors [J]. Sensors and Actuators B: Chemical, 2015, 218: 160-183.

[36] Rivadeneyra A, Fernández-Salmerón J, Agudo-Acemel M, et al. A printed capacitive-resistive double sensor for tol-

uene and moisture sensing [J]. Sensors and Actuators B: Chemical, 2015, 210: 542-549.

[37] Mansoor M, Haneef I, Akhtar S, et al. Silicon diode temperature sensors—A review of applications [J]. Sensors and Actuators A: Physical, 2015, 232: 63-74.

[38] Huang Y R, Kuo S A, Stach M, et al. A high sensitivity three-dimensional-shape sensing patch prepared by lithography and inkjet printing [J]. Sensors, 2012, 12 (4): 4172-4186.

[39] Borghetti M, Serpelloni M, Sardini E, et al. Mechanical behavior of strain sensors based on PEDOT: PSS and silver nanoparticles inks deposited on polymer substrate by inkjet printing [J]. Sensors and Actuators A: Physical, 2016, 243: 71-80.

[40] Gu H, Zhao Y, Cheng Y, et al. Tailoring colloidal photonic crystals with wide viewing angles [J]. Small, 2013, 9 (13): 2266-2271.

[41] Wang H H, Yang S Y, Yin S N, et al. Janus suprabead displays derived from the modified photonic crystals toward temperature magnetism and optics multiple responses [J]. ACS Applied Materials & Interfaces, 2015, 7 (16): 8827-8833.

[42] Hao L W, Liu J D, Li Q, et al. Microfluidic-directed magnetic controlling supraballs with multi-responsive anisotropic photonic crystal structures [J]. Journal of Materials Science & Technology, 2021, 81: 203-211.

[43] Muramatsu J, Onoe H. Microfluidic multicolor display by juxtapositional color mixing with a pattern of primary color pixels [J]. Journal of Micromechanics and Microengineering, 2021, 32 (2): e025002.

[44] Park J, Park J K. Finger-actuated microfluidic display for smart blood typing [J]. Analytical Chemistry, 2019, 91 (18): 11636-11642.

[45] Li G X, Qu X W, Hao L W, et al. A microfluidics-dispensing-printing strategy for janus photonic crystal microspheres towards smart patterned displays [J]. Journal of Polymer Science, 2022, 60 (11): 1710-1717.

[46] He F K, Ou Y T, Liu J, et al. 3D printed biocatalytic living materials with dual-network reinforced bioinks [J]. Small, 2021, 18 (6): e2104820.

[47] Wu T Y, Ma Z Y, He Y Y, et al. A covalent black phosphorus/metal-organic framework hetero-nanostructure for high-performance flexible supercapacitors [J]. Angewandte Chemie International Edition, 2021, 60 (18): 10366-10374.

[48] Jia W, Gungor-Ozkerim P S, Zhang Y S, et al. Direct 3D bioprinting of perfusable vascular constructs using a blend bioink [J]. Biomaterials, 2016, 106: 58-68.

[49] Qian F, Zhu C, Knipe J M, et al. Direct writing of tunable living inks for bioprocess intensification [J]. Nano Letters, 2019, 19 (9): 5829-5835.

[50] Cui Z H, Feng Y W, Liu F, et al. 3D bioprinting of living materials for structure-dependent production of hyaluronic acid [J]. ACS Macro Letters, 2022, 11 (4): 452-459.

[51] Li Z N, Gadipelli S, Li H C, et al. Tuning the interlayer spacing of graphene laminate films for efficient pore utilization towards compact capacitive energy storage [J]. Nature Energy, 2020, 5 (2): 160-168.

[52] Peng H J, Raya J, Richard F. Synthesis of robust MOFs@COFs porous hybrid materials via anaza-diels-alder reaction: Towards high-performance supercapacitor materials [J]. Angewandte Chemie International Edition, 2020, 59 (44): 19602-19609.

[53] Pan Z H, Yang J, Zhang Y F, et al. Quasi-solid-state fiber-shaped aqueous energy storage devices: Recent advances and prospects [J]. Journal of Materials Chemistry, A 2020, 8 (14): 6406-6433.

[54] Wu X J, Xu Y J, Hu Y, et al. Microfluidic-spinning construction of black-phosphorus-hybrid microfibres for nonwoven fabrics toward a high energy density flexible supercapacitor [J]. Nature Communications, 2018, 9 (1): 4573.

[55] Ding X Y, Yu Y R, Shang L R, et al. Histidine-triggered GO hybrid hydrogels for microfluidic 3D printing [J]. ACS Nano, 2022, 16 (11): 19533-19542.

[56] Qian J, Xiao R M, Su F, et al. 3D wet-spinning printing of wearable flexible electronic sensors of polypyrrole@polyvinyl formate [J]. Journal of Industrial and Engineering Chemistry, 2022, 111: 490-498.

[57] Mandrycky C, Wang Z, Kim K, Kim D H. 3D bioprinting for engineering complex tissues [J]. Biotechnology Ad-

vances，2016，34（4）：422-434.

[58] Markstedt K，Mantas A，Tournier I，et al. 3D bioprinting human chondrocytes with nanocellulose-alginate bioink for cartilage tissue engineering applications [J]. Biomacromolecules，2015，16（5）：1489-1496.

[59] Singh D，Singh D，Han S S. 3D printing of scaffold for cells delivery：Advances in skin tissue engineering [J]. Polymers，2016，8（1）：19.

[60] Mark D，Haeberle S，Roth G，et al. Microfluidic lab-on-a-chip platforms：Requirements，characteristics and applications [J]. Chemical Society Reviews，2010，39（30）：1153-1182.

[61] Huang G Y，Zhou L H，Zhang Q C，et al. Microfluidic hydrogels for tissue engineering [J]. Biofabrication，2011，3（1）：e012001.

[62] Colosi C，Shin S R，Manoharan V，et al. Microfluidic bioprinting of heterogeneous 3D tissue constructs using low-viscosity bioink [J]. Advanced Materials，2015，28（4）：677-684.

[63] Idaszek J，Costantini M，Karlsen T A，et al. 3D bioprinting of hydrogel constructs with cell and material gradients for the regeneration of full-thickness chondral defect using a microfluidic printing head [J]. Biofabrication，2019，11（4）：e044101.

[64] Gao Q，Liu Z J，Lin Z W，et al. 3D bioprinting of vessel-like structures with multilevel fluidic channels [J]. ACS Biomaterials Science & Engineering，2017，3（3）：399-408.

[65] Li Q，Zhang Y W，Wang C F，et al. Versatile hydrogel ensembles with macroscopic multidimensions [J]. Advanced Materials，2018，30（52）：e1803475.

第十一章
微化工典型工业化装置

11.1 引言

 微化工以集成化、微型化的微通道反应器为核心，通过在微通道中进行微米级的混合和分散，强化传质传热，实现反应的高度可控，抑制副产物的生成，节能降耗，是二十一世纪化工产业的革命性技术。微化工将传统化工的间歇式合成工艺变为连续化可控生产工艺，通过"数量放大"原则，实验室达标产品能够直接应用于工业化生产，快速推进了实验室成果的实用化进程。其次，微化工设备的小型化使得万吨级反应器及配套装置的场地占比缩小到几十平方米，反应时间从几小时缩短到几十秒，让化工工艺朝着高效精细、连续控制、小型化和智能化方向发展[1,2]。当然，微化工仍有许多难题需要解决，如物料的形态和黏度、催化剂的设计和反应器内的过程控制等。

 目前，微化工虽不能取代传统化工生产，但在一些领域（如化学分析、生物监测和新材料工业等），微化工技术的工业化应用意义重大。微化工的工业化装置主要由微通道反应器、微换热器、微混合器、分离和分析等系统组成。其中，微通道反应器和微换热器作为核心部件表现出比传统间歇式反应器更出色的性能，包括物性检测和反应过程的研究试剂用量少，成本降低；在生物反应过程中有效控制反应的动力学和热力学过程，反应精度高；微换热器的传热效率高，能量消耗小；微反应器降低了返混的情况，强化传质过程，加速反应过程；微反应器大的比表面积使反应安全进行，降低爆炸风险。近年来，中国在微化工技术的产业化方面已处于国际领先水平，在液相反应、气相反应、气/液/固反应方面实现了工业化应用[3]。其他反应如纳米颗粒制备、聚合反应、酶催化反应、电化学反应等均已获得广泛应用。通过优化微反应系统结构、攻克微反应器防腐、防堵塞等技术难点，微化工技术也逐渐成为聚合物材料制备的重要手段。

 本章总结了微化工技术工业化生产的技术发展，包括工业微化工反应器、微精馏装置、微化工典型产品工艺流程及设备装置等。最后对微化工技术的未来发展进行了思考与展望。

11.2 微化工反应器

11.2.1 工业微化工反应器概述

 将传统的反应器、换热器等单元操作的化工设备尺寸缩小到微米级别，这种微通道的化工设备称为"微通道反应器"，也就是所谓的"微反应器""微化工反应器"。在工业上它是将传统的反应器缩小，以微单元为核心，使用微加工技术等技术集成，使得其内部流体的流动状态发生改变，有效地减少了流体的分散尺度，称这种特殊的流体为"微流体"。在工业上微通道反应器具有传质及传热的速率快、反应时间较短且连续性较强、安全性能有保障、集成度较高、可控性较强、占用体积较小、抗干扰能力强等优点，且更加绿色环保[4]。因此，相对于传统的釜式反应器，在工业生产中微通道反应器具有其特有的优势。

11.2.2　工业微化工反应器的优势

(1) 对反应温度的精确控制

设备的传热面积决定了传热效率，微化工反应器中的微通道具有极大的比表面积，因此在热量传递过程中可以最大化地降低热量损失。化工生产中反应会大量放热，传统的反应器常常会出现局部温度过高的问题。在特定的温度和压力下，局部高温会导致副产物的生成，从而影响整个工艺的产率和转化率。

(2) 对反应时间的精确控制

化工生产过程中，原料在反应器中的停留时间至关重要，精准地控制反应时间有利于提高工艺过程中的产率。传统的釜式反应器由于体积庞大，常常伴随着搅拌不均匀等问题。投入的原料不能有效地参与反应，停留时间分布不均匀。难以控制原料的停留时间，导致不能精准调控整个工艺过程，限制了传统反应器的应用。微反应器特有的微通道，使得流体在微通道中流动，定向地控制流体的流动，从而精准控制反应时间，优化整体工艺。

(3) 进料时反应物的比例精准控制

在连续化生产中，常常需要分批次加入反应物。以釜式反应器为例，当反应器内部正在工作时，突然加入的原料会导致液面能量突变。液面的液体在外力作用下产生飞溅现象，从而使得一部分原料粘在反应器的侧壁上而不参与反应。微流控反应器以连续化进料的微通道为基础，能够确保原料持续不断，持续稳定反应。

(4) 结构保证安全

由于反应物在微通道中进行流动，微反应器所涉及的反应物通量相对可控。传统的反应器由于搅拌等问题常常会出现局部温度过高，化工生产中所产生的大量热量难以传递。微反应器中较高的传热速率保证了反应能够安全高效地进行，即使发生局部的产热过多也不会引起整个装置的安全运行。微通道中的流体局部受热所产生的副产物对反应的产率影响较低。在整个工艺生产中极大地提高了单元操作的稳定性，保证了生产的安全进行。

(5) 无放大效应

在化工工艺设计中一般要经历从实验室到工业生产这一过程，常常会伴随着放大效应。传统的中试放大实验是将实验室中的小型设备等比例放大，在设备的尺寸上进行调整。反应釜体积的扩大，常常伴随着传质传热效率低下等问题。由于不能充分搅拌，在反应釜壁上的反应物常常不能充分参与反应，导致传质效率低下最终影响反应的产率和转化率。微反应装置通过各种形式的反应控制模式，可以实现化学反应的再现性，有利于并行测试。

11.2.3　工业微化工反应器的类型

微化工反应器根据形状和结构可分为盘管式反应器、填料床反应器和芯片式反应器三大类。

盘管式反应器在价格上占据一定的优势，价格低廉，通常使用含氟聚合物进行制备或由不锈钢材质加工制备而成。此外，盘管式反应器还可与其他装置进行组装，实现反应的多样化。

填料床反应器呈柱状或筒状结构，通常由玻璃、聚合物或不锈钢材质制备而成。与间歇式反应器相比，填料床反应器中进行的非均相催化反应接触面积更大，能增加催化剂的有效物质的量，大大减少了反应时间，提高了反应效率。填料床反应器也存在一定的弊端，主要表现在固定化的过渡金属催化反应问题上，尤其在催化剂的性能稳定性、转化率问题、反应效果三方面。此外，反应过程中往往还会产生大量的污染物。

芯片式反应器通常由 PMMA、不锈钢等材料经过精密加工得到。在三种微反应器中，芯片式反应器由于微通道的存在而具有较大的比表面积，传质传热的效率相对提高，增强了反应物之间的混合效果，使得反应速度较快。

11.2.4　微化工反应器的工业化案例

国内已经有多套工业化微反应器装置运行，如清华大学自主研发的膜分散微结构反应器，是将一定数量的微混合器连接起来，使用分段流动式管状反应器对碳酸钙进行强制沉淀，并建造出万吨级生产装置用以工业化生产单分散纳米碳酸钙。为了解决工业制备纳米颗粒过程中的分散、混合和传质问题，骆广生等人[5] 利用以微滤膜为分散介质的微结构反应器，制备了粒径尺寸分布较窄的纳米碳酸钙颗粒。东湖高科股份有限公司设计建成一套万吨级的微反应装置用于有机合成领域，成功将微化工技术运用到精细化工生产中。该工业装置主要由典型的微反应器、微混合器和微热交换器组成。其中，微结构管式反应器和微热交换器将矩形横截面通道与静态混合插件结合，增强了介质与工艺设备间的热传递，同时能够提高多相反应的高效混合，精确控制反应温度，从而提高产率和选择性；微结构板式反应器相对于传统设备具有传热性能高、停留时间分布短和混合时间快等优势，并且坚固的金属材料和模块化设计让其能够适应各种有机反应；封闭式单通道微反应器设备可在高压下运行，灵活的设计可以使不同微通道设计的模块化微反应装置自由互换，适应特定的反应条件和工艺任务，且能够通过增加反应器的数量从而满足生产所需的吞吐量，能够轻松满足年产两万吨的产量。扬农化工公司利用微反应装置，首次研发出吗啉丙醛法制"一氯"工艺，与数字控制系统结合实现自动化生产。该装置将传统的间歇反应变成了连续反应，不仅让单步能耗降低 95%，而且大幅缩短了反应停留时间。微反应装置的反应设备少，生产的产品收率和质量稳定性都得到了提高。

11.3　微精馏装置

随着国家对化工系统环保要求的不断提高，新型分离技术可以显著提高化工生产效率，实现绿色化工生产，近些年已逐渐成为化工分离技术的新趋势。

微精馏装置是一种新型的微化工分离装置，是微化工的重要组成部分。与传统精馏装置相比，其优点大致有以下几点：①反应效率高；②能耗低；③操作简单安全，可控性强；④无外界放大效应。在化工生产中，微精馏装置可以显著地提升化工生产效率，在学术界受到大批量专家学者的关注和讨论。微精馏装置使用最多的是玻璃精馏塔，其主要部件有塔釜、精馏塔、精馏头和冷凝器。为了提高化工分离效果，将填料装入微精馏塔柱内。在外观上，常用的玻璃微精馏塔的柱高为 0.3～1.6m 不等，直径大概为 30mm。另外更重要的是，微精馏装置要尽量保持密封，所以微精馏装置接口一般选用磨砂口[6]。

相比于传统精馏装置，微精馏装置具有很多自身结构特征可以完成许多特殊的过程。微精馏装置优势可总结为三点：

(1) 传热强化

增加精馏装置的通道表面积与自身体积之比，可显著提高微精馏装置的传热速率。在反应过程中，传热效率高代表反应速度快。微精馏装置的内径一般在 10～1000μm 之间，其通道的表面积与其自身的体积之比相比工业及实验室精馏装置的比值大几十甚至几百倍。相比之下，微精馏装置传热效率更高，更容易将装置温度保持在稳定范围内。

(2) 传质强化

微精馏装置拥有更大的长纵比，流体分子在微通道内的流动急剧缩短，导致分子在通道内的扩散距离缩短，从而提高了传质速度，使微通道内的反应物可以实现限域空间内快速混合，反应更加完整。

(3) 操作简单方便

微精馏装置的体积一般比较小，便于携带。传统化工生产过程中，为了实现目标产品的高质量、高数量、高效生产，通常使用大型化工设备。而微化工行业则采用了区块化的模式，将整个过程模块化，效率更高，易于控制。同时，微精馏装置具有良好的传热传质效率，资源可以得到充分利用，为化工操作过程的安全和环保提供了很好的保障。

该微精馏装置具有操作简单、卸料灵活、成本低、一塔多用途等优点，并且可根据不同物料和工艺条件等调整微通道和装置的规格。微精馏装置在新产品研发、小试生产、实验教学等各化工操作方面都是必不可少的基础设备。

11.4　微化工典型工艺流程及应用案例

微化工技术在化学、生物及热力系统的优势让其在科学界和工业界快速发展。目前，诸多微化工设备已被应用到工业生产过程中，包括氧化还原反应（催化加氢、氢化还原和环氧化等）、官能团转化反应（氯化、硝化、磺化、酰胺化和烷基化等）、金属偶联反应及其他化学反应等[7]。微化工技术提高了化学过程的稳定性，也推动了反应过程强化以及工业生产设备的小型化发展。微化工系统以集成化、微型化的微结构元件为核心，在微米级受限空间内实现化工过程[1]。微观尺度体系的强化搅拌、传质和传热，满足了高温、高压、超临界等非常规要求，反应收率也显著提高。所以，微化工技术在未来具有巨大的应用前景和发展空间。

11.4.1　微化工典型工艺设计

微化工系统的设计可以分三个步骤：基本可行性、技术可行性和工业可行性。工艺稳定和参数优化是使用微结构装置进行工业化生产的基础，用于化学反应的微结构装置在工业上得到了迅速发展。2001 年，国际权威化工数据库（DECHEMA）成立了模块化微化学技术工业平台，强调了微化工技术的工业应用。微化工设备的设计建造方面，既可以完全使用微流控元件，也可以使用传统化工装置与微流控元件相混合的概念。尽管复杂的微结构反应装置存在许多分布和结构连接的问题，但这些技术障碍会随时间相继解决。目前，拥有微结构设备和服务的公司已逐渐进入市场。2004年，德国 Degussa 公司在哈瑙建立了一个异质催化气相反应的实验工厂，该工厂的核心便是用于气相反应的微结构反应器，该项目解决了关键结构、工艺和操作等问题，证明了微化工技术在工业规模上的可行性[8]。在整个工业化装置系统中，选择不同尺寸和功能的微结构反应器可以组合成最佳内部特征和外部尺寸的工艺创新设备，协同大型反应器或大型工程部件以获得最佳生产效益；将传统工程与微反应处理相结合，在扩大传统设备规模的同时增加微反应器数量，以连续过程模式来操作非连续的批量反应以获得最佳经济效益。德国 Axiva 公司按工业生产的需求，将微反应器装置与传统管式反应器结合的设备系统生产聚丙烯酸酯。该系统将多个微混合器作为中心单元，连接一个管状反应器缠绕形成空心圆柱体，并通过加热套进行外部加热反应。因此，在工业应用方面，微反应装置的设计都以整体的生产效益为目的，当这些装置中的所有微结构元件之间能够相互提供优势时，将会为工业生产节省更多的空间及时间。清华大学骆广生团队研制了丁基橡胶溴化、中和工业微反应器，克服了溴化丁基橡胶合成过程的高黏度、大混合比、强腐蚀性等问题。同时，他们完成了丁基橡胶溴化微反应技术的产业化示范，创制了国际上首套万吨级溴化丁基橡胶微化工生产系统，实现溴化度在 0～0.20% 范围内可调，产品质量达到国际高端产品水平，开创了微化工技术在合成橡胶领域大规模产业化应用的先河。

11.4.2 微化工典型装置及应用案例

迄今为止，微反应器技术在医药、纳米材料、精细化学品以及新材料合成等领域中已得到广泛应用。微反应器独特的微通道结构让许多在常规反应器中无法实现的反应可以通过微反应器实现。

比如，硝化反应是强放热反应，反应速率快，控制不好会引起爆炸。微反应器在反应进行的过程中能保持适当的反应温度，以避免生成多硝基物和氧化等副反应[9]。山东金德新材料有限公司设计并制造了基于碳化硅的微反应器模块，该模块适用于 -40～200℃ 的温度范围，最大工作压力可达到 50bar。在其基本结构中，双层的换热通道集中并联，使换热均衡稳定。该微反应器模块的通道尺寸可达到 2mm，可以实现最大 66mL 的持液量以及 1～20L/h 反应通量，所用的进出液外接配管可灵活选配 1/8 PTFE 管、合金管等。通过将单模块的微反应器串联/并联，改造成可以构筑多模块式微反应器机组或者芯片集成工业型微反应器，集成的微反应器模块反应通量可达到 2000t/a。通过与进料装置、混合装置、测试分析装置、加热装置以及收集装置等联合使用，可以组装成整套大规模工业化设备。对于硝化反应，为了保持一定的硝化温度，通常要求反应器具有良好的传热装置以及具备极强的耐酸腐蚀性，碳化硅微通道反应器完美攻克了这项难题。在同样产能的情况下，该微通道反应器的持液体积仅为反应釜的 1/1000，是管道反应器的 1/10～1/100，即使反应段失控，由于瞬间反应物料很少，所以也在可控范围之内，而不会对生活及环境等造成较大危害，且可以自动化生产，实现工业生产的连续操作，反应时间大大缩短，减少人工，降低成本。

在化妆品领域已经有了微流控技术最初的尝试。例如，多重乳液在传统搅拌机下很难稳定成型，基于微流控技术能够让多重乳液均匀分散，连续传输，最终将其转化为稳定的产品。目前常见的乳化装置主要有以下几类：搅拌乳化机、高压均质机、高剪切均质机、胶磨等[10]。但存在许多不足之处：①不能连续化生产，设备体积庞大，能源消耗大；②基于现有技术，物料在剪切过程中呈分散状态，分散面积广，剪切效率低，所生产的乳液系统中分散相颗粒大小不均，致使乳化液稳定性差，易分层，对其使用效果造成严重影响[11]。因此，苏州安拓斯公司基于微流控技术，开发出 AH-MF1 以及 AME-02 微流控乳化装置。对比传统乳化装置，物料在微流控反应芯片内受结构限制以及精密泵头的流动控制，油水两相在微反应流道中相遇，所受剪切力更均匀，内相液体会形成微小的液滴分散在外相中形成乳液，分散更充分，乳化效率高，质量稳定；微流泵可精确调控油水相的流速比，获得相应尺寸的液滴；连续化反应可使乳化周期明显缩短，生产效率高；设备整体占地面积小，成本低[12]。康宁公司多年来积极投入连续流平台一体化的研究，打造连续化学反应快速筛选平台。目前，已经开发出多代微通道反应器，如第一代微反应器 Advanced-Flow® G1，年产量可达 70 吨；以及第三代微反应器 Advanced-Flow® G3，年产量则可达 1000 吨。基于微流控技术，将水溶性和脂溶性的成分仅以物理方式结合，同时通过特殊的凝聚过程保持复合液滴的稳定性。此外，通过合理设计配方，甚至可以不使用乳化剂就可以稳定悬浮的液滴。

近几年，随着生物医药工业的迅速发展，微球的需求量也在迅速增长。传统的微球制备技术主要有乳化溶剂挥发法、喷雾干燥法等，但在提高包封率、提高粒径均一度、降低药物损耗等方面仍需改善。微流控技术制备微球具有明显优势，但在工业界的研究并不多，其最大的问题在于微流控制备微球的产能问题。一个单一通道的微流控芯片，可以在一个小时内产生 $500\mu L$ 的微球，这个通量虽然可以满足科学研究的需要，但远远无法满足需要数千升到数万升的工业应用。因此为满足微流控微球的工业化生产的要求，就必须对微流控的通道进行改进。

华东理工大学张莉等人[13]通过使用基于模块化微流控反应器的多维放大策略，将 8 个微通道并联组成一个阵列，10 个阵列堆叠成一个模块，5 个模块集成在一个拥有 400 个微通道的系统中，达到了工业化的生产规模，与平行阵列相比，圆形阵列排列将产品液滴的均匀性提高了 42.4%，粒径分布缩小到 3.59%。清华大学骆广生等人[14]采用毛细管微通道平行放大策略，仅通过四个平行液滴发生器便可以产生频率高达 2.8×10^4 Hz 的液滴，产生了具有高通量的均匀液滴模板，可用于苯乙烯和交联剂的聚合。阿卡索生物公司利用 3D 叠层技术，将微流控芯片的生产能力放大了几十万倍，达到了规模化生产的需要，所得微球粒径均一。通过调节连续相和分散相流速，可精确控制微球粒径，药物损耗低，包封率能到高于 98%。制药公司也已经投入越来越多的精力来建立试验室设备并将结果转移到中试和大生产中。美国阿莫西林药厂投资 6000 万美元建设了千吨级高通量微化工制药系统，对药物的生产和研发进程起到关键的推进作用。

在多功能纳米材料领域，南京捷纳思新材料有限公司致力于微流控纺丝产业化设备研发，成功设计出大规模制备纳米纤维毯的工艺［图 11-1(a)］。其中，微流控纳米气喷纺丝机是大规模制备纳米纤维毯的新型设备。该设备利用微流控技术（如微流泵、微流芯片）形成的微通道，通过控制气泵的气压大小，调控接收装置与喷头之间的距离，制备出尺寸可控的纳米纤维，结合了卷轴式收集装置，实现大规模制备纳米纤维毯；也可通过控制多组微通道形成微反应器，制备出量子点、光子晶体等纳米材料纤维毯以及生物仿生腹膜等［图 11-1(b)］。量子点作为一种新型半导体纳米材料，是纳米生物光子学研究的有力工具之一。随着电子信息技术的飞速发展，量子点纳米材料的市场需求越来越广泛，如何批量连续合成高品质量子点成为科技及工业领域关注的焦点。以微流控反应器为核心，构建"微型化工厂"，使量子点纳米材料的产业化成为可能。英国 Dolomite 公司开发了一种纳米粒子微流控制备系统，实现了窄尺寸分布硅量子点的连续化制备。Dolomite 纳米粒子微流控系统采用平滑泵将试剂传输至混合区域，能够保证各反应组分更加快速有效地混合。同时该系统可精确控制反应停留时间、反应温度和组分传质，可确保纳米粒子的可控合成，获得窄尺寸分布的量子点。Dolomite 微流控系统以连续反应过程代替准连续或间歇反应过程，可将研究成果快速转化为生产力，以满足市场应用需求。昆山复希工程技术有限公司根据微通道反应特征设计开发出一套多功能微反应装置，可对反应温度、反应压力、停留时间等多种因素进行调控，适用于两相、多相等量子点合成反应。该微反应装置集成进料控制、预热和延时、微混合模块、微反应模块、系统控制、多功能出料等功能模块，可以完成反应介质的预热和反应产物的延时，能够更好地控制反应介质参与反应时的温度和反应产物的停留时间，得到较佳的反应效果和产品质量；进行实时监控，能够快速地筛选和优化工艺条件，加快实验进度，提升实验结果，为量子点的中试、工业化连续化生产提供保障。此外，Milad Abolhasani 等人[15] 开发出一种"微流体工厂"，可用于合成发射峰可调的钙钛矿量子点。模块化的微反应系统与持续的过程监控相结合，允许反应参数的实时调控，以确保产品质量控制。"微流体工厂"以精确控制化学成分和加工参数，可用于连续制造高质量的量子点。此外，该系统可显著降低量子点的制造成本，可以把整个制造成本降低至少 50%，为量子点的商业化应用奠定了基础。

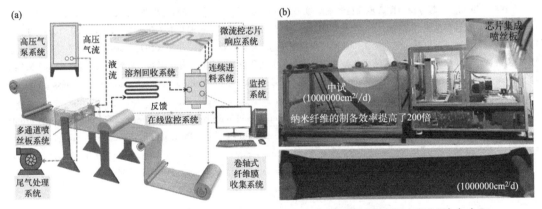

图 11-1 微流控大规模制备多功能纳米纤维毯的工艺流程（南京捷纳思新材料有限公司）（a）和
微流控气喷中试设备（南京捷纳思新材料有限公司）（b）

11.5 微化工工业化的挑战与展望

微结构装置可以加快工艺开发速度，并在短时间内进行大量反应。简单稳定的规模化和多用途模块化设计将为微反应器的发展和应用提供动力。通过微流控实验，可以成功将宝贵的实验经验直接转移到生产中，而不会损失额外生产力。尽管微流控系统的开发已经取得了显著的成果，但这些对于未来绿色化工的可持续性发展仍然是不够的，值得进一步研究。例如，目前适用于微流控的基底材料种类有限，原料来源有待进一步拓宽。与合成聚合物相比，由于其不依赖于石化资源，在自然界中的天然材料如蛋白质和天然聚合物等，具有良好的生物相容性和更广泛的可用性，因此更有前途。未来的研究应更多地关注更多的天然原材料作为基底材料的潜力。而且，微流控技术的产业化和商业化远未完成，大多数实验仍涉及将小型微流控装置与复杂的仪器连接，或与宏观控制架构对接，而不是建立集成和小型化的系统。更重要的是设计建成真正意义上集成化和微型化的绿色微流控系统，并实现工业化应用。

参考文献

[1] 辛靖，朱元宝，胡淼，等. 微化工技术的研究与应用进展 [J]. 石油化工高等学校学报，2020，33（5）：8-13.

[2] Weitz D A，Chen J F. Editorial for the special issue on soft matter for green chemical engineering [J]. Engineering，2021，7（5）：543.

[3] 袁权，赵玉潮，张好翠，等. 微化工技术在化学反应中的应用进展 [J]. 中国科技论文在线，2008，3（3）：157-167.

[4] 杨伟琪. 探微化工工程工艺中的绿色化工技术 [J]. 化工管理，2017（30）：69.

[5] Wang K，Wang Y J，Chen G G，et al. Enhancement of mixing and mass transfer performance with a microstructure minireactor for controllable preparation of $CaCO_3$ nanoparticles [J]. Industrial & Engineering Chemistry Research，2007，46（19）：6092-6098.

[6] 闫德. 微精馏系统中传热传质强化的建模与仿真 [D]. 呼和浩特：内蒙古工业大学，2021.

[7] 彭川. 浅析微化工技术在化学反应中的应用进展 [J]. 当代化工研究，2016（2）：33-34.

[8] Jähnisch K，Hessel V，Löwe H，et al. Chemistry in microstructured reactors [J]. Angewandte Chemie International Edition，2004，43（4）：406-446.

[9] 殷国强，龚党生，鄢冬茂. 微通道反应器在危险工艺中的应用研究 [J]. 染料与染色，2020，57（1）：55-61.

[10] 申桂英. 微通道反应器在精细化工产品合成中的应用研究进展 [J]. 精细与专用化学品，2021，29（10）：19-21.

[11] 郭红卫. 微通道反应器在精细化工行业的安全应用 [J]. 现代职业安全，2020（10）：92-95.

[12] 邓传富，汪伟，谢锐，等. 液滴微流控的集成化放大方法研究进展 [J]. 化工学报，2021，72（12）：5965-5974.

[13] Han T，Zhang L，Xu H，et al. Factory-on-chip: Modularised microfluidic reactors for continuous mass production of functional materials [J]. Chemical Engineering Journal，2017，326：765-773.

[14] Zhang S L，Wang K，Luo G S. High-throughput generation of uniform droplets from parallel microchannel droplet generators and the preparation of polystyrene microsphere material [J]. Particuology，2023，77：136-145.

[15] Abdel-Latif K，Epps R W，Kerr C B，et al. Facile room-temperature anion exchange reactions of inorganic perovskite quantum dots enabled by a modular microfluidic platform [J]. Advanced Functional Materials，2019，29（23）：1900712.